计算机技术入门丛书

数据科学导论

张旗　魏惠梅　编著

清华大学出版社
北京

内 容 简 介

本书是一本集"数据思维训练、数据能力培养、批判性思维实践"于一体的关于数据科学的引导性图书,以循序渐进引发读者自主思考与探究为宗旨,在建立数据思维的同时,注重逻辑思维、批判性思维能力的提升。

本书共4篇。第1篇"数据思维",从数据科学的"道"出发,探究数据科学的起源、数据思维的特点、DIKW模型及其应用;第2篇"数据价值"和第3篇"数据技术"则是数据科学"术"的全面覆盖,包括数据预处理、描述性分析、探索性分析、数据挖掘、机器学习、深度学习、大数据存储、分布式计算、大数据云平台等内容;第4篇"数据未来"则从科学、工程与技术层面,畅想数据科学的未来、人工智能的未来,以及你我的未来。

本书适合作为高等学校大数据类专业的导论性必修课教材,也适用于计算机类及工科各专业、统计及商业类各专业相关选修课和通识课程,对数据科学爱好者及相关领域从业者来说也是一本值得研读的书籍。

版权所有,侵权必究。举报: 010-62782989, beiqinquan@tup.tsinghua.edu.cn。

图书在版编目(CIP)数据

数据科学导论 / 张旗,魏惠梅编著. -- 北京 : 清华大学出版社,2024.8. -- (计算机技术入门丛书).
ISBN 978-7-302-66964-7

Ⅰ. TP274

中国国家版本馆CIP数据核字第2024Z8X789号

责任编辑:贾 斌 薛 阳
封面设计:刘 键
责任校对:胡伟民
责任印制:丛怀宇

出版发行:清华大学出版社
  网 址: https://www.tup.com.cn, https://www.wqxuetang.com
  地 址: 北京清华大学学研大厦A座 邮 编: 100084
  社 总 机: 010-83470000 邮 购: 010-62786544
  投稿与读者服务: 010-62776969, c-service@tup.tsinghua.edu.cn
  质量反馈: 010-62772015, zhiliang@tup.tsinghua.edu.cn
  课件下载: https://www.tup.com.cn,010-83470236
印 装 者:三河市龙大印装有限公司
经 销:全国新华书店
开 本:185mm×260mm 印 张:24 插 页:1 字 数:605千字
版 次:2024年9月第1版   印 次:2024年9月第1次印刷
印 数:1~1500
定 价:79.00元

产品编号:101331-01

前　言

当今社会,数据已经成为了我们生活和工作中不可或缺的一部分。随着技术的不断进步,数据的规模和种类也在快速增长,数据在企业、政府乃至个人决策过程中所起的作用越来越大。人们渴望了解数据科学,国家需要培养大数据人才。随着全国高校"数据科学与大数据技术"及相关专业建设的持续推进,一大批专业性强的好书已经陆续推出,满足相关专业人士的需求,但通识导论性书籍目前还处于稀缺状态。

大数据时代的"数据科学导论"教学应该关注数据思维,由知识传授型课程转变为思维能力培养型课程,这种共识变得越来越强烈,因此也亟需覆盖面广、应用性强,能够深入浅出引导人们进入数据科学世界、帮助读者培养数据思维的书籍。目前,市面上数据科学导论类的教材多以概念讲概念或以概念述原理,引入大量数据科学的相关术语却又未能阐释这些术语的来源及相互之间的关系,使初学者掉入概念与术语的海洋中越发茫然;也有另一类以"导论"为题的教材,则更多地偏重技术描述,几乎变成某种数据分析课程的微缩版,且 Python 及 R 语言等编程语言基础知识占据大量篇幅,内容较单一,更缺乏数据思维的引导及训练。

本书的最大特色在于将数据思维和数据科学基本概念、方法与技术工具、应用实践紧密结合,旨在培养并提高读者在数据时代必须具备的数据思维及批判性思维的能力。书中创新性地提出以"数据-信息-知识-智慧"(Data-Information-Knowledge-Wisdom,DIKW)模型作为数据思维总框架的构想,并将这条主线贯穿始终,将 DIKW 模型应用于概念理解、案例分析、探究实践等方方面面,便于读者构建关于数据科学的点-线-面知识体系及数据思维框架。这与徐宗本等多位院士在 2022 年出版的论著《数据科学:它的内涵、方法、意义与发展》中提出的数据科学目标是完成"从数据到信息、从信息到知识、从知识到决策的转换,并实现对现实世界的认知和操控"的描述完美契合。

本书围绕构建读者数据思维宗旨展开:第 1 篇"数据思维"从数据科学的"道"出发,探究数据科学的起源,阐述统计思维、计算思维及数据思维的不同及演化过程,提倡像统计学家、计算机专家和数据科学家那样去思考,从 DIKW 模型的不同层次理解数据科学的内涵。第 2 篇"数据价值"和第 3 篇"数据技术"两大部分则是对数据科学流程的全面覆盖,从数据分析到数据挖掘、从神经网络到深度学习、从关系型数据库到数据仓库、从 Hadoop 框架到云平台、从 MapReduce 分布式计算到流计算和图计算,为读者展开了一个基于 DIKW 模型层次的数据科学全景图。所有对这些数据科学"术"的阐述强调结合案例挖掘技术的"演进脉络"及创新的"底层逻辑",高阶性、创新性与挑战性并存,不过分拘泥于编程代码细节及实操。第 4 篇"数据未来"则以 DIKW 的视角审视未来,包括物联网、自动机器学习、知识图谱及 ChatGPT 等学科前沿的未来,以及不同产业发展的未来。希望这种接触和体验的方式能够激发出读者在感兴趣领域进一步探索的好奇心及潜力,结合本书最后部分关于数据科学相关职位及所需技能的分析,找到自己的定位及未来学习与提升的方向。

相较于市面上其他数据科学类的教材,本书以 DIKW 模型为整体框架,强调数据思维的重要性;采取案例驱动的创作方法,以知识点为载体循序渐进地引发读者自主思考与探究,在建立数据思维的同时,注重逻辑思维、批判性思维能力的培养。具体体现在以下几点:

- 近 80 个"技术洞察"带领读者发现技术背后的奥秘,探究其底层逻辑;
- 50 多个"应用案例"既贴近生活也面向学科前沿,启发读者对过去、现在、未来的思考;
- 近百个"想一想"、"试一试"及"探索与实践"互动主题,以其独特的视角及开放性,充分挖掘读者的好奇心,开拓读者的视野;
- "布鲁姆学习分类"自检题、"商业思维分析方法"问题集、"批判性思维"工具、"哈佛思维可视化"路径的引入,让思维训练有章可循。

本书作者有多年高校教学、科研及项目开发的经验,曾先后在日本川崎重工、美国 IBM、加拿大 Manulife 等世界 500 强公司担任过软件工程师、项目开发经理、高级数据分析师等职位。本书是作者从 2018 年开始为计算机类专业本科学生开设的,"数据科学导论"课程已被认定为省级"线上线下混合式一流本科课程"。本书凝聚了教学团队十几轮授课的探索及积累,由张旗教授主要执笔,魏惠梅老师参与第 2 篇中部分小节的编写工作。在整个撰写过程中,申丽然老师、薄喻老师就教材构思提出了具体且有益的建议;李瑶老师、路旭明老师提供了宝贵的教学资源及素材;张钥迪老师、齐航老师参与绘制图表及其他辅助工作。衷心感谢各位老师的辛勤付出。

"立体看世界、底线想问题",期望各位读者通过本书的阅读和学习,感受数据科学的魅力,构建自己的数据思维,提升面向未来的能力!"未来已来",你准备好了吗?

本书除配套常规的教学辅助资料外,还提供微课视频、概念逻辑导图、思维训练模板、省级一流课程线上资源等。

由于笔者能力有限,书中难免存在不足之处,望广大读者不吝赐教。

目　录

第 1 篇　数　据　思　维

第 1 章　数据时代 ... 3
开篇案例：你听说过"大数据杀熟"吗？ ... 4
学习目标 ... 4
1.1　数、数据与大数据 ... 4
　1.1.1　数与数据 ... 4
　1.1.2　信息化浪潮与大数据 ... 7
　1.1.3　从 IT 时代到 DT 时代 ... 13
　思考题 ... 16
1.2　大数据时代的变革 ... 16
　1.2.1　大数据时代的思维变革 ... 16
　1.2.2　大数据时代的商业变革 ... 18
　1.2.3　大数据时代的生活方式变革 ... 20
　思考题 ... 21
1.3　大数据时代的挑战 ... 21
　思考题 ... 23
1.4　探究与实践 ... 23

第 2 章　数据科学 ... 25
开篇案例：啤酒与尿不湿 ... 26
学习目标 ... 26
2.1　什么是数据科学 ... 26
　2.1.1　数据科学的产生 ... 26
　2.1.2　数据科学的定义 ... 27
　2.1.3　数据科学的维恩图 ... 29
　思考题 ... 31
2.2　科学范式及演化 ... 31
　2.2.1　范式及范式的演变 ... 31
　2.2.2　第四范式的特点 ... 32

   2.2.3 第四范式的挑战 ·· 34
   思考题 ··· 35
 2.3 数据科学项目的实施 ·· 35
   2.3.1 数据科学流程 ·· 35
   2.3.2 数据特征与数据准备 ··· 37
   2.3.3 从商业问题到数据科学问题 ···································· 40
   思考题 ··· 43
 2.4 探究与实践 ··· 43

第3章 数据思维 ··· 45
开篇案例：别轻易点赞，它会泄露你的性格秘密 ························ 46
学习目标 ·· 46
 3.1 统计学与统计思维 ·· 46
   3.1.1 什么是统计 ··· 46
   3.1.2 统计学原理与统计思维 ·· 48
   3.1.3 像统计学家一样思考 ··· 49
   思考题 ··· 51
 3.2 计算机与计算思维 ·· 52
   3.2.1 计算与自动计算 ·· 52
   3.2.2 算法与程序 ··· 53
   3.2.3 什么是计算思维 ·· 54
   3.2.4 像计算机专家一样思考 ·· 57
   思考题 ··· 58
 3.3 大数据与数据思维 ·· 58
   3.3.1 数据思维的特点 ·· 58
   3.3.2 一切皆可量化 ·· 60
   3.3.3 像数据科学家一样思考 ·· 62
   思考题 ··· 64
 3.4 探究与实践 ··· 64

第4章 DIKW 模型 ··· 67
开篇案例：《纸牌屋》背后的数据故事 ······································ 68
学习目标 ·· 68
 4.1 数据与 DIKW 模型 ··· 68
   4.1.1 什么是 DIKW 模型 ·· 68
   4.1.2 DIKW 模型中的过去与未来 ·································· 70
   思考题 ··· 71

4.2 数据价值链与DIKW ... 71
4.2.1 从数据到信息 ... 71
4.2.2 从信息到知识 ... 72
4.2.3 基于数据驱动的决策 ... 72
4.2.4 数据科学与DIKW ... 74
思考题 ... 75

4.3 从DIKW视角看世界 ... 75
4.3.1 数据思维实现的要素 ... 75
4.3.2 大数据原理与DIKW模型 ... 79
4.3.3 DIKW的应用及创新 ... 81
思考题 ... 82

4.4 探究与实践 ... 82

第2篇 数据价值

第5章 从数据到知识 ... 87
开篇案例："百度指数"能告诉你什么？ ... 88
学习目标 ... 88

5.1 知识与知识发现 ... 89
5.1.1 什么是知识 ... 89
5.1.2 知识发现的任务 ... 90
5.1.3 决策与决策支持 ... 92
思考题 ... 94

5.2 数据分析、数据挖掘与人工智能 ... 94
5.2.1 知识发现的方法 ... 94
5.2.2 数据分析与业务分析 ... 95
5.2.3 数据挖掘与知识发现 ... 96
5.2.4 机器学习与人工智能 ... 96
5.2.5 从数据到知识 ... 97
思考题 ... 100

5.3 数据科学项目的选择 ... 100
5.3.1 数据科学的认知误区 ... 100
5.3.2 成功的数据科学项目 ... 101
5.3.3 数据科学项目的选择之旅 ... 103
思考题 ... 105

5.4 探究与实践 ... 105

第6章 数据分析——描述与探索 ········· 107

开篇案例：如果你在"泰坦尼克号"上会怎样？ ········· 108
学习目标 ········· 108
6.1 数据分析常用方法 ········· 108
6.1.1 因素分解法——相关思维 ········· 108
6.1.2 对比法——比较思维 ········· 109
6.1.3 象限分析法——分类思维 ········· 110
6.1.4 漏斗分析法——漏斗思维 ········· 111
思考题 ········· 112
6.2 数据描述性分析 ········· 112
6.2.1 认识数据 ········· 112
6.2.2 数据统计量及分布 ········· 113
6.2.3 数据统计的可视化 ········· 116
6.2.4 数据描述性分析 ········· 117
思考题 ········· 119
6.3 数据探索性分析 ········· 119
6.3.1 什么是探索性分析 ········· 119
6.3.2 探索性分析与数据清洗 ········· 121
6.3.3 探索性分析与可视化 ········· 121
思考题 ········· 123
6.4 探究与实践 ········· 123

第7章 从结构化数据中挖掘价值 ········· 126

开篇案例：Target的精准营销靠谱吗？ ········· 127
学习目标 ········· 127
7.1 机器学习概述 ········· 127
7.1.1 什么是机器学习 ········· 127
7.1.2 机器学习算法分类 ········· 128
7.1.3 机器学习的要素及流程 ········· 130
7.1.4 机器学习中的"哲学"思想 ········· 132
思考题 ········· 133
7.2 监督回归——线性与非线性 ········· 133
7.2.1 线性回归 ········· 133
7.2.2 模型的泛化及优化 ········· 138
7.2.3 模型的评估 ········· 140
思考题 ········· 141
7.3 监督分类——目标明确、八仙过海 ········· 141

		7.3.1 逻辑回归	141
		7.3.2 支持向量机——学习	143
		7.3.3 决策树——基于规则	145
		7.3.4 朴素贝叶斯——基于概率	148
		7.3.5 分类模型评价及优化	149
		思考题	152
	7.4	非监督探索——自学成才	153
		7.4.1 聚类——物以类聚、人以群分	153
		7.4.2 关联分析——猜你还喜欢	155
		思考题	158
	7.5	探究与实践	158

第8章 在非结构化数据中深度学习 … 160

开篇案例：ImageNet 数据库有什么用？ … 161
学习目标 … 161

8.1	模拟人脑的学习	162
	8.1.1 机器学习的本质	162
	8.1.2 复杂数据及场景的突破	162
	8.1.3 神经网络——模拟人的大脑	163
	思考题	164
8.2	神经网络与深度学习	164
	8.2.1 神经元模型	164
	8.2.2 深度神经网络模型	166
	8.2.3 深度学习的实现	169
	思考题	172
8.3	卷积神经网络	172
	8.3.1 图像与图像卷积	172
	8.3.2 卷积神经网络（CNN）	174
	8.3.3 CNN 应用	176
	思考题	178
8.4	循环神经网络	178
	8.4.1 为什么需要循环神经网络	178
	8.4.2 循环神经网络的基本结构	179
	8.4.3 循环神经网络的长短记忆	179
	8.4.4 RNN 的应用	180
	思考题	182
8.5	图神经网络	182

    8.5.1 图数据与图结构表征 …… 182
    8.5.2 图神经网络（GNN） …… 183
    8.5.3 GNN 的应用 …… 184
    思考题 …… 185
  8.6 强化学习——从监督学习到自主学习 …… 185
    8.6.1 什么是强化学习 …… 185
    8.6.2 如何强化学习 …… 186
    8.6.3 从 AlphaGo 到 AlphaZero …… 187
    思考题 …… 189
  8.7 探究与实践 …… 190

第 3 篇　数 据 技 术

第 9 章　数据存储与管理 …… 195
开篇案例：阿里巴巴数据仓库架构 …… 196
学习目标 …… 196
  9.1 数据库与数据库管理系统 …… 197
    9.1.1 数据存储管理的演变 …… 197
    9.1.2 关系型数据库的设计 …… 199
    9.1.3 数据库操作与 SQL 查询 …… 202
    思考题 …… 204
  9.2 数据仓库与商业智能 …… 205
    9.2.1 OLTP 与 OLAP …… 205
    9.2.2 数据仓库及其分层架构 …… 205
    9.2.3 数据立方体构建及查询 …… 207
    9.2.4 数据挖掘与商业智能 …… 210
    思考题 …… 213
  9.3 大数据的挑战 …… 213
    9.3.1 大数据存储与管理 …… 213
    9.3.2 Google 颠覆性技术创新 …… 215
    9.3.3 数据科学生态系统 …… 216
    思考题 …… 218
  9.4 探究与实践 …… 218

第 10 章　大数据分布式存储 …… 220
开篇案例：春晚抢红包大战究竟"战"什么？ …… 221
学习目标 …… 221
  10.1 分布式文件系统 …… 221

		10.1.1	分布式文件系统概述	221
		10.1.2	HDFS 存储原理及操作	223
		10.1.3	HDFS 应用场景	226
		思考题		227
	10.2	分布式数据库 HBase		228
		10.2.1	BigTable 的创新思考	228
		10.2.2	HBase 数据模型	230
		10.2.3	HDFS 与 HBase	233
		10.2.4	HBase 应用场景	234
		思考题		236
	10.3	NoSQL 数据库		236
		10.3.1	NoSQL 数据库的兴起	236
		10.3.2	NoSQL 数据库的 4 大类型	237
		10.3.3	从 NoSQL 到 NewSQL	238
		思考题		241
	10.4	探究与实践		241

第 11 章 大数据计算与分析 242

开篇案例：你的用户画像是如何构建出来的？ 243
学习目标 243

	11.1	分布式计算 MapReduce		244
		11.1.1	分布式并行计算	244
		11.1.2	MapReduce 流程	245
		11.1.3	MapReduce 的特点及应用	246
		思考题		248
	11.2	内存计算与 Spark		248
		11.2.1	什么是内存计算	248
		11.2.2	RDD 原理及操作	251
		11.2.3	Spark 机器学习库及工作流	253
		思考题		255
	11.3	流计算		255
		11.3.1	大数据与流分析	255
		11.3.2	Spark Streaming 流计算	257
		11.3.3	流计算的应用	259
		思考题		261
	11.4	探索与实践		261

第12章 大数据平台与云计算 ... 262

开篇案例：淘系的"生意参谋" ... 263
学习目标 ... 263

12.1 大数据平台 ... 263
- 12.1.1 Hadoop 的原则 ... 263
- 12.1.2 Hadoop 生态系统 ... 264
- 12.1.3 Hadoop 与实时数据仓库 ... 267
- 思考题 ... 269

12.2 云计算与云服务 ... 269
- 12.2.1 什么是云计算 ... 269
- 12.2.2 面向分析的云服务 ... 271
- 12.2.3 百度深度学习开源云平台 ... 273
- 思考题 ... 275

12.3 业务中台与数据中台 ... 275
- 12.3.1 什么是中台 ... 275
- 12.3.2 数据中台与 AI 中台 ... 276
- 12.3.3 阿里巴巴数加大数据平台 ... 279
- 思考题 ... 280

12.4 探索与实践 ... 280

第4篇 数据未来

第13章 从 DIKW 视角看技术未来 ... 283

开篇案例：通用人工智能是 AI 的终点吗？ ... 284
学习目标 ... 284

13.1 工业物联网 ... 284
- 13.1.1 物联网要素 ... 284
- 13.1.2 传统物联网与工业物联网 ... 285
- 13.1.3 面向物联网的数据分析 ... 287
- 思考题 ... 290

13.2 AutoML——自动机器学习 ... 291
- 13.2.1 AutoML 的目标 ... 291
- 13.2.2 AutoML 的流程 ... 291
- 思考题 ... 292

13.3 知识图谱 ... 293
- 13.3.1 什么是知识图谱 ... 293
- 13.3.2 如何构建知识图谱 ... 294
- 13.3.3 知识图谱的自动构建 ... 295

　　　　思考题 ·· 296
13.4 大语言模型 ChatGPT ·· 296
　　13.4.1　自然语言模型的变迁 ·· 296
　　13.4.2　注意力机制与 Transformer 模型 ··································· 297
　　13.4.3　GPT 与 ChatGPT ·· 299
　　13.4.4　AIGC 智能创作时代 ··· 305
　　　　思考题 ·· 306
13.5 探究与实践 ·· 306

第 14 章　从 DIKW 视角看产业未来 ······································ 307
开篇案例：腾讯进军"新能源" ·· 308
学习目标 ·· 308
14.1 数字化转型与数据驱动 ·· 308
　　14.1.1　数字化转型与数据驱动 ·· 308
　　14.1.2　数据驱动的特征 ··· 310
　　14.1.3　数字化转型与赋能 ··· 310
　　　　思考题 ·· 312
14.2 大数据产业的趋势 ·· 313
　　14.2.1　政府大数据从管理走向服务 ·· 313
　　14.2.2　电信大数据从小圈子走向大生态 ····································· 314
　　14.2.3　健康医疗大数据从大走向精准 ······································· 315
　　14.2.4　工业大数据围绕小场景从项目走向产品 ······························ 315
　　14.2.5　营销大数据从流量营销走向精细运营 ································· 316
　　14.2.6　金融大数据从强管控走向创新服务 ··································· 317
　　　　思考题 ·· 318
14.3 智能时代 ··· 318
　　14.3.1　AI 的角色 ·· 318
　　14.3.2　从弱 AI 到强 AI ··· 318
　　14.3.3　人机融合的未来 ··· 321
　　　　思考题 ·· 322
14.4 探究与实践 ·· 322

第 15 章　数据科学的未来 ·· 324
开篇案例：数据科学的 4.0 版 ··· 325
学习目标 ·· 325
15.1 数据科学的挑战 ·· 325
　　15.1.1　数据科学的 4 大科学任务 ··· 325

    15.1.2 数据科学的 10 大技术方向 ……………………………………… 327
    15.1.3 数据科学的发展趋势 …………………………………………… 328
   思考题 ………………………………………………………………………… 329
  15.2 **数据科学家团队** ……………………………………………………………… 329
    15.2.1 数据科学与系统开发 …………………………………………… 329
    15.2.2 数据科学家和开发人员的合作 ………………………………… 330
    15.2.3 数据科学相关职位与技能 ……………………………………… 333
    15.2.4 数据科学家团队 ………………………………………………… 335
   思考题 ………………………………………………………………………… 336
  15.3 探究与实践 …………………………………………………………………… 337

参考文献 ……………………………………………………………………………… 339

附录 …………………………………………………………………………………… 342
  附录 A 布鲁姆（Bloom）认知分类法 ……………………………………… 343
  附录 B 商业分析方法 …………………………………………………………… 346
  附录 C 批判性思维工具 ………………………………………………………… 351
  附录 D 哈佛大学"思维可视化"路径集 ……………………………………… 355

案例目录

【开篇案例】

第 1 章开篇案例：你听说过"大数据杀熟"吗？ ················ 4
第 2 章开篇案例：啤酒与尿不湿 ················ 26
第 3 章开篇案例：别轻易点赞，它会泄露你的性格秘密 ················ 46
第 4 章开篇案例：《纸牌屋》背后的数据故事 ················ 68
第 5 章开篇案例："百度指数"能告诉你什么？ ················ 88
第 6 章开篇案例：如果你在"泰坦尼克号"上会怎样？ ················ 108
第 7 章开篇案例：Target 的精准营销靠谱吗？ ················ 127
第 8 章开篇案例：ImageNet 数据库有什么用？ ················ 161
第 9 章开篇案例：阿里巴巴数据仓库架构 ················ 196
第 10 章开篇案例：春晚抢红包大战究竟"战"什么？ ················ 221
第 11 章开篇案例：你的用户画像是如何构建出来的？ ················ 243
第 12 章开篇案例：淘系的"生意参谋" ················ 263
第 13 章开篇案例：通用人工智能是 AI 的终点吗？ ················ 284
第 14 章开篇案例：腾讯进军"新能源" ················ 308
第 15 章开篇案例：数据科学的 4.0 版 ················ 325

【想一想】

想一想 1.1："大"数据	10
想一想 1.2：Excel 中的数据格式	12
想一想 1.3：什么是推荐系统	18
想一想 1.4：你的超星（学习通）数据及价值	21
想一想 2.1：统计学与数学	30
想一想 2.2："大数据买披萨"的故事	35
想一想 2.3：什么是整洁数据（Tidy Data）	37
想一想 3.1：文字"可能""差不多"等词可以量化吗	60
想一想 4.1：生活中的 DIKW	69
想一想 4.2：你听说过"信息茧房"吗	74
想一想 4.3：Analysis 与 Analytics 有什么区别	75
想一想 5.1：知识的不确定性及不确切性的表示	90
想一想 5.2：你能从下面对"知识"的描述中得到什么	95
想一想 5.3：到底是"算法"还是"模型"	99
想一想 5.4：数据科学还是什么	101
想一想 5.5：数据收集要考虑什么	104
想一想 6.1：中位数与众数的计算	114
想一想 6.2：为什么数据准备那么花时间	121
想一想 7.1："回归"的含义	133
想一想 7.2：空间变换——从非线性到线性	142
想一想 7.3：智慧决策到底做什么	150
想一想 7.4：建模是一个过程——大厨做菜	152
想一想 7.5：关联规则能使东北小菜馆重获新生吗	157
想一想 8.1：人类是如何思考的——为什么需要 RNN	178
想一想 8.2：知识从哪里来	185
想一想 8.3：游戏中的 AI 三要素——数据、算法与算力	189
想一想 9.1：什么是元数据	215
想一想 10.1：Google 工程师是如何思考的——定义清楚问题比解决问题更难	229
想一想 10.2：行存储与列存储	231
想一想 10.3：NoSQL 数据库的特点	238
想一想 10.4：从 DIKW 视角看数据管理	240
想一想 11.1：分布式机器学习的原理	249
想一想 11.2：静态数据与流数据、批处理与实时处理	256
想一想 11.3：Spark 中数据抽象的演变——RDD、DataFrame 及 DStream	258
想一想 12.1：网络时代，我们可以享受哪些云服务	271

想一想 13.1：边缘计算的未来 …………………………………………… 288
想一想 13.2：人类反馈是如何打分的 …………………………………… 304
想一想 14.1：数据驱动你体会到了吗 …………………………………… 309
想一想 14.2：免费 WiFi 谁会受益 ……………………………………… 314
想一想 14.3：你的智能手环真的"智能"吗 …………………………… 315
想一想 14.4：现在的自动驾驶到了哪一级 …………………………… 322
想一想 15.1：科学、工程与技术 ………………………………………… 329
想一想 15.2：入职的门槛你准备好了吗 ………………………………… 334
想一想 15.3：你想转行吗 ………………………………………………… 336

【试一试】

试一试 1.1：十进制、二进制、十六进制 …………………………………………… 5
试一试 2.1：开放数据 …………………………………………………………………… 29
试一试 2.2：数据一致性及 Excel 变换 ………………………………………………… 39
试一试 3.1：排序算法——计算思维的实践 …………………………………………… 55
试一试 3.2：网站重要性度量 …………………………………………………………… 59
试一试 3.3：余弦定理与文本相似度 …………………………………………………… 61
试一试 4.1：微信指数 …………………………………………………………………… 72
试一试 4.2：幸福与爱情 ………………………………………………………………… 77
试一试 7.1：胜率几何——小明能抢到票吗 …………………………………………… 148
试一试 7.2：K-means 算法的结果是如何来的 ………………………………………… 153
试一试 7.3：支持度、置信度、提升度怎么算 ………………………………………… 156
试一试 8.1：神经元计算 ………………………………………………………………… 166
试一试 8.2：神经网络游乐场 PlayGround ……………………………………………… 171
试一试 9.1：SQL 实践——查询与统计 ………………………………………………… 204

【技术洞察】

技术洞察 1.1：图灵模型与冯·诺依曼计算机 ……………………………………	6
技术洞察 1.2：第二次工业革命——电力革命 ………………………………………	8
技术洞察 1.3：CRM 的起源与发展 ……………………………………………………	9
技术洞察 1.4：什么是摩尔定律 ………………………………………………………	14
技术洞察 1.5：用户数据的价值知多少 ………………………………………………	18
技术洞察 1.6：什么是"爬虫" ………………………………………………………	19
技术洞察 1.7：什么是用户画像 ………………………………………………………	22
技术洞察 2.1：自然语言处理——从规则到统计、从理性到经验 …………………	33
技术洞察 2.2：什么是"埋点数据" …………………………………………………	36
技术洞察 2.3：数据标注 ………………………………………………………………	40
技术洞察 3.1：大数定律与中心极限定律——统计学的基石 ………………………	49
技术洞察 3.2：统计描述与统计推断 …………………………………………………	51
技术洞察 3.3："人"计算与"机器"计算的思维差异 ……………………………	52
技术洞察 3.4：三种基本算法的结构及流程 …………………………………………	53
技术洞察 3.5：蒙特卡罗方法——统计模拟法 ………………………………………	56
技术洞察 3.6：计算中的递归与迭代 …………………………………………………	57
技术洞察 3.7：用户偏好计算——TF-IDF ……………………………………………	62
技术洞察 5.1：什么是 A/B 测试——奥巴马当选美国总统背后的故事 …………	93
技术洞察 5.2：自动驾驶中的数据科学、机器学习与人工智能 ……………………	97
技术洞察 5.3：什么是利润曲线 ………………………………………………………	102
技术洞察 6.1：数据分析前的准备——明确目标、定义指标 ………………………	109
技术洞察 6.2：同比和环比 ……………………………………………………………	109
技术洞察 6.3：RFM 模型——客户分类 ………………………………………………	110
技术洞察 6.4：AARRR 漏斗模型 ………………………………………………………	111
技术洞察 6.5：理解数据——变量说明表 ……………………………………………	113
技术洞察 6.6：探索性可视化分析实例 ………………………………………………	122
技术洞察 7.1：什么是特征工程 ………………………………………………………	131
技术洞察 7.2：回归建模背后的底层逻辑 ……………………………………………	134
技术洞察 7.3：模型参数的"迭代优化"——梯度下降法 …………………………	136
技术洞察 7.4：什么是"正则化" ……………………………………………………	139
技术洞察 7.5：Python 代码实现线性回归算法 ………………………………………	140
技术洞察 7.6：核函数高维映射 ………………………………………………………	144
技术洞察 7.7：SVM 的隐含假设 ………………………………………………………	145
技术洞察 7.8：结点不纯度——信息熵 ………………………………………………	146
技术洞察 8.1：为什么需要非线性激活函数 …………………………………………	167

技术洞察 8.2：BP 学习算法 …… 169
技术洞察 8.3：神经网络的参数与超参数 …… 170
技术洞察 8.4：卷积核与卷积计算——垂直边缘检测 …… 173
技术洞察 8.5：激活函数 Sigmoid 与 Softmax …… 175
技术洞察 8.6：Seq2Seq 模型——编码/解码结构 …… 180
技术洞察 8.7：图的表示——邻接矩阵与邻接链表 …… 182
技术洞察 8.8：蒙特卡罗树搜索 …… 188
技术洞察 9.1：从计算思维看数据模型 …… 198
技术洞察 9.2：实体与 E-R 图 …… 199
技术洞察 9.3：刚性事务与 ACID 原则 …… 202
技术洞察 9.4：关系模型与 SQL 的诞生 …… 203
技术洞察 9.5：数据解读的六字箴言——时间、对象、指标、对比、细分、溯源 …… 211
技术洞察 9.6：模型标记语言（PMML） …… 213
技术洞察 9.7：柔性事务与 BASE 原则 …… 216
技术洞察 10.1：Google 论文"Google File System"（2003 年）——引言（译文） …… 222
技术洞察 10.2：写时模式与读时模式 …… 224
技术洞察 10.3：HDFS 的文件操作命令 …… 226
技术洞察 10.4：Hadoop 大事记（截至 2011 年） …… 227
技术洞察 10.5：Google 论文"BigTable：A Distributed Storage System for Structured Data"（2006 年）——摘要（译文） …… 228
技术洞察 10.6：HBase 的存储示例 …… 232
技术洞察 10.7：HBase 常用操作 …… 234
技术洞察 11.1：Google 论文"MapReduce：Simplified Data Processing on Large Clusters"（2004 年）——引言（译文） …… 244
技术洞察 11.2：Spark 诞生记 …… 250
技术洞察 11.3：从 RDD 再看计算思维的实践——抽象、自动化 …… 251
技术洞察 12.1：从 Hadoop 1.0 到 Hadoop 2.0 …… 264
技术洞察 12.2：推荐系统的 Hadoop 实现 …… 266
技术洞察 12.3：基于云的深度学习框架 …… 272
技术洞察 12.4：算力——CPU、GPU、TPU 及 NPU …… 274
技术洞察 12.5：阿里巴巴数据中台的演进之路 …… 277
技术洞察 12.6：模型迭代（Refit）与模型重构（Rebuild） …… 278
技术洞察 13.1：传感器 …… 285
技术洞察 13.2：采样与采样频率 …… 286
技术洞察 13.3："5G+工业互联网"成为数字经济"新名片" …… 287
技术洞察 13.4：Auto-Sklearn——基于 Python 的开源工具包 …… 292
技术洞察 13.5：注意力机制与注意力模型 …… 297

技术洞察 13.6：ChatGPT 的预训练数据从哪里来 …………………………… 300
技术洞察 13.7：什么是"在上下文中学习" …………………………………… 302
技术洞察 13.8：百度"文心一言" ……………………………………………… 305
技术洞察 14.1：AGI 何时实现——来自顶级大佬的预测 …………………… 321
技术洞察 15.1：2023 年 Gartner 新兴技术成熟度 ………………………… 327
技术洞察 15.2：数据科学与开发系统的工作流 ……………………………… 331

【应用案例】

应用案例 2.1：Google 的核心——PageRank 算法 …………………………………… 41
应用案例 2.2：使用 CRM 构建全方位用户画像 …………………………………… 42
应用案例 3.1：面包的故事 …………………………………………………………… 48
应用案例 3.2：幸运者偏差 …………………………………………………………… 50
应用案例 3.3：淘宝的"淘气值" …………………………………………………… 64
应用案例 4.1：国民阅读率 …………………………………………………………… 71
应用案例 4.2：什么是多维度？——百度"吃货"排行榜 ………………………… 75
应用案例 4.3：东数西算——国家大数据战略 …………………………………… 77
应用案例 4.4：用户画像的构建——标签分级 …………………………………… 80
应用案例 4.5：坐姿与汽车防盗 …………………………………………………… 82
应用案例 5.1：什么是"可执行的知识" ………………………………………… 91
应用案例 6.1：哪个 NBA 球员发挥更稳定 ……………………………………… 115
应用案例 6.2：直方图与箱线图 …………………………………………………… 116
应用案例 6.3：描述性分析实例——驾驶员出险因素分析及结论 ……………… 118
应用案例 6.4：出租车 GPS 数据的探索性分析 ………………………………… 123
应用案例 7.1：FICO 信用分（美国征信体系）是怎么来的 …………………… 138
应用案例 7.2：逻辑回归预测点击率（Click-Through-Rate，CTR） …………… 143
应用案例 7.3："泰坦尼克号"上的生还预测 …………………………………… 147
应用案例 7.4：垃圾邮件识别 ……………………………………………………… 149
应用案例 7.5：航空公司 RFM 聚类 ……………………………………………… 155
应用案例 8.1：手写数字识别——参数知多少 ………………………………… 166
应用案例 8.2：ImageNet 大赛 …………………………………………………… 176
应用案例 8.3：语言模型的演进——从统计到神经网络 ……………………… 181
应用案例 8.4：GNN 应用——增强推荐系统 …………………………………… 184
应用案例 9.1：阿波罗登月计划与数据管理 ……………………………………… 197
应用案例 9.2：学生选课管理数据库系统 ………………………………………… 201
应用案例 9.3：零售企业中的事实表与星状模式 ………………………………… 209
应用案例 9.4：数据仓库与用户标签 ……………………………………………… 210
应用案例 10.1：HBase 在滴滴出行中的最佳实践 ……………………………… 235
应用案例 11.1：词频统计 WordCount 的 MapReduce 实现 ………………… 246
应用案例 11.2：用户行为（clickstream 日志）数据分析 ……………………… 247
应用案例 11.3：基于 MapReduce 的视频语义分类 …………………………… 247
应用案例 11.4：一个基于 Spark 的 WordCount …………………………………… 253
应用案例 11.5：用于文本分析的机器学习工作流 ……………………………… 255
应用案例 11.6：滴滴出行的 ETA 预测 …………………………………………… 260

应用案例 12.1：基于阿里云的实时数据仓库 ……………………………………… 268
应用案例 13.1：阿里巴巴的"犀牛工厂" ……………………………………………… 289
应用案例 13.2：无人驾驶汽车传感器知多少 …………………………………………… 289
应用案例 13.3：个性化推荐研究热点：深度学习、知识图谱、强化学习、可解释推荐 …… 296
应用案例 13.4：一个伟大的公司需要几个人 …………………………………………… 306
应用案例 14.1：数字孪生与数字城市 …………………………………………………… 313
应用案例 14.2：自动驾驶迎来这样一个新阶段 ………………………………………… 316
应用案例 14.3：广告投放从"千人一面"到"一人千面" ……………………………… 317
应用案例 14.4：你的芝麻信用评分是多少 ……………………………………………… 317

第1篇

数 据 思 维

第1篇聚焦本书的主题,提出了一系列重要的问题:什么是数据?大数据的4个特征(4V)是什么?大数据为什么现在火了?它的技术基础是什么?什么是数据科学?数据科学的研究内容和流程是什么?数据思维为什么如此重要?为什么说数据思维是人们在大数据时代的通行证?对你来说,大数据时代的机遇与挑战是什么?

大数据作为一个时代象征、一项技术、一个挑战、一种文化,正在走进并深刻影响着每个人的生活。大数据改变了人们的思维模式,不精确数据集上的价值发现、全数据集上的决策分析、只看关系不求因果的大数据思维正在深入影响人们的各种习惯。大数据催生了数据科学;数据科学形成了大数据分析处理核心技术;数据科学蕴含大数据价值实现的有效途径;数据科学承载着大数据发展的未来。

数据从采集、汇聚、传输、存储加工、分析到应用,形成一条完整的数据链,是一个数据价值增值的过程。数据科学的研究对象是数据价值链的实现,数据科学的任务是实现"从数据到信息、从信息到知识、从知识到决策"的三个转换,而数据科学的目标是"实现对现实世界的认知与操控"。

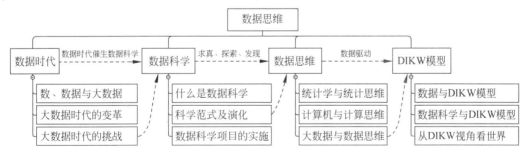

本篇的思维训练方面人的思维进阶逐步展开,从5W1H、5Why方法开始,引入结构化思维、金字塔原理及批判性思维工具。学会利用这些方法,将有助于更好地理解第1篇的内容,从数据科学的"道"这个层面认识它的本质,建立宏观的数据思维。DIKW模型是贯穿全书的基本模型及工具,理解并灵活应用DIKW模型是建立数据思维的关键。

"学而不思则罔,思而不学则殆。"

——孔子

"疑惑随着知识而增长。"

——歌德

第1章 数据时代

 **你听说过"大数据杀熟"吗?**

大数据"杀熟"是指同样的商品或服务,老客户看到的价格反而比新客户要贵出许多的现象。2022年3月1日上午,北京消费者协会发布互联网消费大数据"杀熟"问题调查结果,在16个平台的32个模拟消费体验样本中,竟有14个样本的新老用户价格不一致。结果显示,在饿了么平台订购同一饭店的同样饭菜,老用户账号不仅比新用户少了7元"双重补贴"红包,而且配送费也比新用户少优惠0.4元。

调查报告显示,有8成多(86.91%)受访者有过被大数据"杀熟"的经历。其中,网络购物中的大数据"杀熟"问题最多,其次是在线旅游、外卖和网约车。有8成多(82.44%)受访者表示在网络购物过程中遭遇过大数据"杀熟",7成多(76.85%)受访者在在线旅游消费中遭遇过大数据"杀熟",反映在网络外卖(66.96%)和网络打车(63.00%)消费过程中遭遇大数据"杀熟"的受访者均达到6成多。

你被"杀"过吗?想一想,什么是"熟"?怎么"熟"起来的?"杀熟"的目的是什么?

学习目标

学完本章,你应该牢记以下概念。
- 数据、大数据4V。
- 结构化数据、非结构化数据。
- 商业价值三要素。
- 四次工业革命、三次信息化浪潮。

学完本章,你将具有以下能力。
- 举例说明大数据的4个特征。
- 区分结构化数据与非结构化数据。
- 解释大数据时代的三个技术基础。
- 用5W1H法分析数据来源(某个数据产品、App、网站等)。

学完本章,你还可以探索以下问题。
- 你每天有哪些数据被"偷偷"记录下来了?分析并推断它们为什么有价值。
- 根据数据的定义有哪些还未"数据化"?这个问题未来的创新点会是什么?

1.1 数、数据与大数据

1.1.1 数与数据

1. 数与数的特征

"数"是量度事物的概念,是客观存在的量的意识表述。"数字"起源于原始人用来数数、记数的记号,是人类最伟大的发明之一,是人类精确描述事物的基础。在人类漫长的历史发展进程中,人类通过对现实事物数数这种方式得到了数,数可以使用一定的方式进行运算,同时数同空间事物相联系时,可表明这些事物的多少。

数往往具有以下特点：①神秘性，数与宗教神学、天体学相联系；②简洁性，数用来记录(罗马数字、阿拉伯数字)；③统一性，数是概念的抽象。如图1.1所示，古代人类"万物皆数"的朴素观念，促进了近代自然科学的发展，认为数是万物的本原，事物的性质是由某种数量关系决定的。从另一个角度来看，数字和文字一样都是信息的载体，它们之间原本有着天然的联系，都是为人类记录和传播信息。

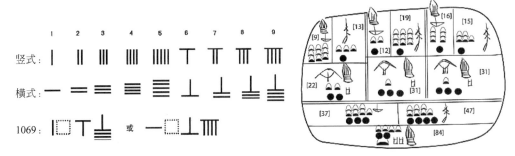

图1.1 数字、文字及信息载体

2. 什么是数据

数据是指对客观事件进行记录并可以鉴别的符号，是对客观事物的性质、状态以及相互关系等进行记载的物理符号或这些物理符号的组合。数据是可识别的、抽象的符号。它不仅指狭义上的数字，还可以是具有一定意义的文字、字母、数字符号的组合、图形、图像、视频、音频等，也是客观事物的属性、数量、位置及其相互关系的抽象表示。例如，"0、1、2、…""阴、雨、下降、气温""学生的档案记录""货物的运输情况"等都是数据。数据经过加工后就成为信息。

"数据(Data)"这个词在拉丁文里是"已知"的意思，也可以理解为"事实"。如今，数据代表着对某件事物的描述，数据可以被记录、分析和重组。在信息化时代，数据被记录并以数字化的形式保存在计算机内，所以可以说数据就是原始的"电子记录"。

在计算机科学中，数据是所有能输入计算机并被计算机程序处理的符号介质的总称，是用于输入电子计算机进行处理，具有一定意义的数字、字母、符号和模拟量等的通称。在计算机系统中，数据以二进制信息单元0、1的形式表示。比特由英文 bit 音译而来，是信息量的最小度量单位。这个计算机专业术语表示二进制数字中的位，在现实社会看到和听到的被记录下来后存入计算机里(电子记录)均是以比特的方式，所有的计算机都是基于0和1的计算。

试一试1.1：十进制、二进制、十六进制

进制即"进位记数制"，是一种用数码和数位(权)表示数值型数据的方法。一个数由若干数码排列在一起组成，每个数码的位置规定了该数码所具有的数据等级(权)。记数制又称为以基值为进位的记数制，数位的"权"值是基值的幂。记数中，某一数位累积到基值后，向高位数进1；高位数的1，相当于低数位的基值大小。

十进制：$(245.25)_{10} = 2\times 10^2 + 4\times 10^1 + 5\times 10^0 + 2\times 10^{-1} + 5\times 10^{-2}$

二进制：$(00100000)_2 = 0\times 2^7 + 0\times 2^6 + 1\times 2^5 + 0\times 2^4 + 0\times 2^3 + 0\times 2^2 + 0\times 2^1 + 0\times 2^0 = (32)_{10}$

十六进制：$(F5)_{16} = F \times 16^1 + 5 \times 16^0 = 15 \times 16 + 5 = (245)_{10}$

在ASCII编码中,小写字母a的二进制编码为"0110 0001",并且大写字母A的ASCII码比小写字母a小32,请计算并给出大写字母A的二进制、十进制编码分别是多少？

a：$(0110\ 0001)_2 = (97)_{10}$

A：$(97-32)_{10} = (65)_{10} = (0100\ 0001)_2$

想一想：

比特的计算你明白了吗？一切皆比特,在计算机里,都是"0"与"1"的组合。

你能够试着写出字母b或B的二进制表示吗？

计算机中的另一个信息量单位是"字节"(Byte,B),1字节由8比特组成。编码有各种方式,最常用的ASCII编码是美国信息交换标准,可理解为指定8位二进制数组合来表示256种可能的字符标准基础码,包括所有大小写字母、数字0~9、标点符号及美式英语中使用的特殊控制字符。一个字符的ASCII编码占用存储空间为1B。例如,数字1,2,3的二进制编码为00000001,00000010,00000011；小写字母a,b,c的二进制编码为01100001,01100010,01100011。GB2312编码为简体中文编码标准,一个汉字占2B,编码通常用十六进制表示。中英文单词对应的编码示例如图1.2所示。

01001000	01100101	01101100	01101100	01101111	00101110
H	e	l	l	o	.

我	爱	计	算	机
CED2	B0AE	BCC6	CBE3	BBFA

图1.2 中英文单词对应的编码表示

技术洞察1.1：图灵模型与冯·诺依曼计算机

20世纪30年代,图灵(Alan Turing)提出了一种模型,奠定了计算机的理论基础。图灵认为,"计算"就是计算者(人或机器)对一条两端可无限延长的纸带上的一串0或1执行命令,执行由"指令"来控制,一步一步地改变纸带上的0或1,经过有限步骤,最后得到一个满足预先规定的符号串的变换过程(下图)。正是因为有了"图灵模型",人类才发明了有史以来最伟大的工具——计算机。

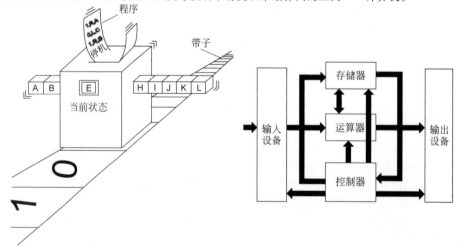

被称为"现代计算机之父"的数学家冯·诺依曼设计并制造出历史上第一台电子计算机。"冯·诺依曼计算机"(上右图)由5个基本部件构成：存储器(内存)、运算器、控制器、输入及输出(I/O)设备。5个部件各司其职并有效连接以实现整体功能。其中，运算器和控制器是计算机的"心脏"，统称为"中央处理器(Central Processing Unit，CPU)"，而I/O设备包括的范围比较广泛，如键盘、鼠标、显示器、外存(硬盘、磁盘、光盘等)。

1.1.2 信息化浪潮与大数据

1. 工业革命从1.0到4.0

"工业革命"是基于工业发展的不同阶段做出的划分，如图1.3所示。按照共识，蒸汽机的出现促进了机械化生产，掀起了第一次工业革命。而电力应用、劳动分工和批量生产的实现，拉开第二次工业革命的大幕。进一步实现了生产自动化的电子和信息技术系统，开创了第三次工业革命。第四次工业革命则是利用信息化技术促进产业变革的时代，也就是智能化时代。

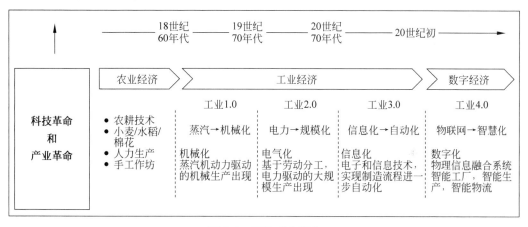

图1.3 四次工业革命

纵观人类300年工业化历程，三次"革命"推动了工业化进程。第一次是蒸汽机革命，18世纪的英国抓住了这次机遇爆发了工业革命，使工场从手工业阶段走向大机器生产阶段，从此兴旺了近百年。第二次是电力革命，19世纪的美国抓住了这次大浪潮，将电力广泛应用于各行各业，极大地促进生产力的发展，促使美国走向世界霸主的地位。第三次工业革命是互联网革命，20世纪90年代，美国率先建立了信息互联网，经过初期短暂的泡沫期后，现在已经形成最具革命性的新浪潮。三次革命依次形成了工业的发展趋势，即从机械化、电气化到智能化。智能化即"工业4.0"，主要分为三大主题：①智能工厂，重点研究智能化生产系统及过程，以及网络化分布式生产设施的实现；②智能生产，主要涉及整个企业的生产物流管理、人机互动以及3D技术在工业生产过程中的应用等；③智能物流，主要通过互联网、物联网、物流网，整合物流资源，充分发挥现有物流资源供应方的效率，而需求方则能够快速获得服务匹配，得到物流支持。

技术洞察 1.2：第二次工业革命——电力革命

第二次工业革命起始于 19 世纪 70 年代，在规模上远大于第一次工业革命。电力作为新能源进入生产领域。由于发电机和发动机的发明和使用，电力的应用日益广泛，电能逐步取代蒸汽，成为工厂机器的主要动力，人类进入"电气时代"。在电力技术的发展方面，美国和德国超前其他国家，部分有标志性的发明与创造如下表所示。

类 别	年 代	内 容	国 别
电力	1866	西门子制成发电机	德国
	19 世纪 70 年代	电力成为新能源	
	19 世纪 80~90 年代	电灯、电车、放映机相继问世	
内燃机 交通工具	19 世纪 70~80 年代	汽油内燃机	德国
	19 世纪 80 年代	本茨制成汽车	德国
	19 世纪 90 年代	狄塞尔制成柴油机	德国
	1903 年	飞机试飞成功	美国
通信手段	19 世纪 40 年代	有线电报开发成功	美国
	19 世纪 70 年代	贝尔发明有线电话	美国
	19 世纪 90 年代	马可尼发明无线电报	意大利

以前的工业革命把人类从畜力中解放出来，使大规模生产成为可能。然而，第四次工业革命有根本的不同。它的特点是融合了物理、数字和生物等新技术，影响着所有学科、经济和行业，甚至对人类的意义提出了挑战。

想一想：

互联网的出现"堪比"电的发明，它给你的生活带来了哪些变化？哪些还正在变化中？

大数据与人工智能是否会像 100 多年前电力的出现一样，用人类无法企及的洞察力与心智，为各个行业乃至整个时代带来更多的可能性？

2．三次信息化浪潮

第三次工业革命为信息化革命，其特点是以计算机为智能工具的新的生产力。1946 年，世界上第一台计算机的出现揭开了又一次工业革命的序幕，从此一场关于信息控制技术的革命便展开了。1980 年，著名未来学家阿尔文·托夫勒（Alvin Toffler）在《第三次浪潮》书中，将大数据赞颂为"第三次浪潮的华彩乐章"。

三次信息化浪潮出现的时间及技术进步标志物分别是：1980 年前后个人计算机（微机）的出现，解决了信息处理的问题；1995 年前后互联网横空出世，解决了信息传输的问题；2010 年以后，随着物联网、人工智能、云计算、大数据等技术的发展，信息爆炸，信息的量级呈几何级增长，对海量数据的处理能力也在逐步增加，迈入了第三次浪潮的时代，即数据智能时代。

图 1.4 表明三次信息化浪潮与信息关注的重点之间的关系，可以看出，对信息的管理从内部封闭式到流动分散式，经过引入、扩展、控制及集成等阶段，通过互联网形成了跨界、融合、创新的新模态，信息化管理从常规的业务信息管理系统逐步演化为基于网络的交流互通的大平台模式。

视频讲解

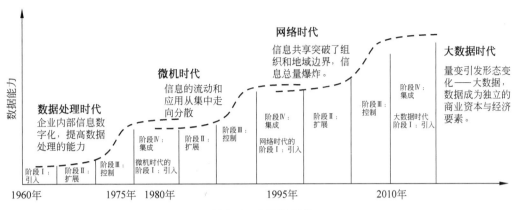

图 1.4　大数据时代

 技术洞察 1.3：CRM 的起源与发展

CRM 是（Customer Relationship Management，客户关系管理）的缩写，其概念起源于 20 世纪 80 年代末期到 90 年代初期。CRM 系统既是一套管理制度，也是一套软件和技术。其目标是通过提高客户的价值、满意度、营利性和忠实度来缩减销售周期和销售成本，改善客户服务关系并协助客户保留并推动销售增长。CRM 的发展经历了三个阶段：第一个阶段是客户数据整合，第二个阶段是客户交互，第三个阶段是客户体验。企业为提高核心竞争力，利用相应的信息技术以及互联网技术协调企业与顾客间在销售、营销和服务上的交互，从而提升其管理方式，向客户提供创新式的个性化的客户交互和服务。其最终目标是吸引新客户，保留老客户以及将已有客户转为忠实客户，增加市场。

同期出现的 ERP 系统是企业资源计划（Enterprise Resource Planning）的简称，是业务流程管理软件。其目标是从供应链范围去优化企业的资源，优化现代企业的运行模式，反映市场对企业合理调配资源的要求，它对于改善企业业务流程、提高企业核心竞争力具有显著作用。

想一想：
CRM 的三个发展阶段与三次信息化浪潮之间的关系是什么？
SCRM 又是什么呢？

3. 大数据 4V

大数据的概念有诸多版本，并无统一的定义。来自维基百科的定义是："大数据是指一些使用目前现有数据库管理工具或传统数据处理应用很难处理的大型而复杂的数据集"。来自百度百科的定义是："大数据是指无法在一定时间范围内用常规软件工具进行捕捉、管理和处理的数据集合，是需要新处理模式才能具有更强的决策力、洞察发现力和流程优化能力的海量、高增长率和多样化的信息资产"。两个概念共同昭示了大数据的主要特点：数量大、种类多、复杂、难处理、价值大。

与传统数据不同，大数据具有 4 个显著特征，通常称为大数据 4V，如图 1.5 所示。

（1）大量（Volume）：大数据的大量性是指数据量的大小。

（2）多样（Variety）：大数据的多样性是指数据的种类和来源是多样化的，数据可以是结构化的、半结构化的以及非结构化的，数据的呈现形式包括但不仅限于文本、图像、视频、HTML 页面等。

视频讲解

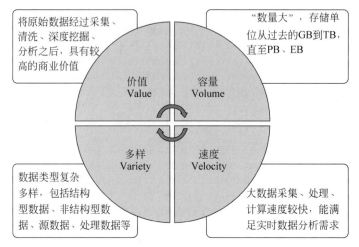

图 1.5 大数据 4V

（3）高速（Velocity）：大数据的高速性是指数据增长快速，处理快速。每天各行各业的数据都在呈现指数性爆炸增长。在许多场景下，数据都具有时效性，如搜索引擎要在几秒钟内呈现出用户所需数据。企业或系统在面对快速增长的海量数据时，必须高速处理、快速响应。

（4）低价值密度（Value）：大数据的低价值密度性是指在海量的数据源中，真正有价值的数据少之又少，许多数据可能是错误的，是不完整的，是无法利用的。总体而言，有价值的数据占据数据总量的密度极低，提炼数据好比浪里淘沙。

> **想一想 1.1："大"数据**
>
> 数据大小的度量很难跟上新名词的出现。我们都知道千字节（KB，即 1024B），而大数据则处理的是 PB/EB/ZB 级别的数据。其中，1PB=1024TB，1EB=1024PB，1ZB=1024EB。其他人们还不太熟悉的名称如下表所示。
>
> 如果说一块 1TB 的硬盘可以存储大约 20 万张照片或 20 万首 MP3 音乐，那么 1PB 的大数据，则需要大约两个机柜的存储设备存储约两亿张照片或两亿首 MP3 音乐。1EB 则需要大约 2000 个机柜的存储设备。大数据瞬时处理 1PB 的数据量，就相当于瞬时处理 26 万部的高清电影容量。
>
> | 名称 | 符号 | 量级 | 名称 | 符号 | 量级 |
> | --- | --- | --- | --- | --- | --- |
> | 千字节 | KB | 10^3 | 艾字节 | EB | 10^{18} |
> | 兆字节 | MB | 10^6 | 泽字节 | ZB | 10^{21} |
> | 吉字节 | GB | 10^9 | 尧字节 | YB | 10^{24} |
> | 太字节 | TB | 10^{12} | 波字节* | BB | 10^{27} |
> | 拍字节 | PB | 10^{15} | Gego 字节* | GeB | 10^{30} |
>
> 当今时代，数据与人们的日常生活密切相关，衣、食、住、行等相关领域的海量数据持续迸发。2017 年，滴滴用户数达 4.5 亿，提供了超过 74.3 亿次移动出行服务；2018 年，微信每日发送信息 450 亿次，新浪微博日活跃用户 2 亿人，微博视频/直播日均发布量超过 150 万条；2018 年，天猫双 11 当日物流订单量突破 10 亿个；2019 年，京东"6·18"开场 1 小时下单金额 50 亿元；中国 3 万家

综合性医院,每年新增数据量可达 20ZB。根据 IDC 预测,到 2025 年,全球数据量将会从 2018 年的 33ZB 上升至 175ZB。而到 2035 年,这一数字将达到 2142ZB,全球数据量将迎来更大规模的爆发。

> **想一想:**
> 英语中的 big 和 large 有什么不同?为什么大数据是"big data",而不是"large data"?

4. 结构化数据与非结构化数据

数据结构是计算机存储、组织数据的方式。数据按照结构化程度可分为以下三种。

(1) 结构化数据:数据有固定的结构,包括预定义的数据类型和数据格式,例如,交易数据、在线分析处理数据集、传统的数据库、CSV(逗号分隔符)文件甚至电子表格等。

(2) 非结构化数据:数据没有固定的结构,例如,文本文件、PDF 文件、图像和视频等。

(3) 半结构化数据:有识别模式的文本数据文件,支持语法分析,例如,有模式定义的和自描述的可扩展标记语言(XML)数据文件、网页、电子邮件等。

结构化数据的典型例子是数据表格,即存储在传统数据库中的数据,其特点是先定义好数据存储的格式(模式),然后再放入数据。非结构化数据则是无法事先定义好的数据,如各类文本、图像视频、语音、社交网络等,未来 80%~90% 的增长数据都将是非结构化数据类型。结构化、非结构化和半结构化数据的示例如图 1.6~图 1.7 所示。

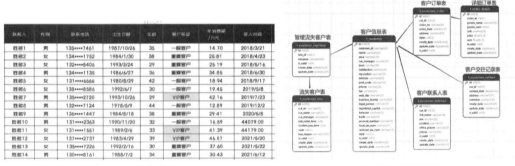

图 1.6 结构化数据与关系型数据库示例

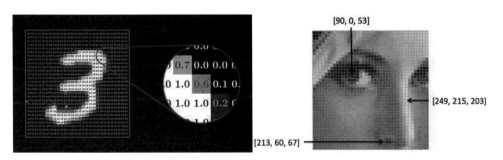

图 1.7 非结构化数据半结构化数据示例

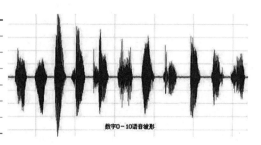

(b) 文本数据与语音数据

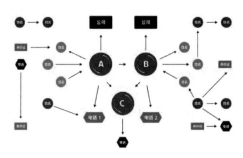

(c) 关系图谱数据

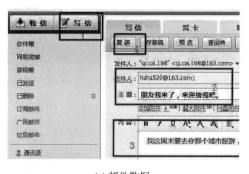

(d) 网页数据　　　　　　　　　　　　(e) 邮件数据

图 1.7（续）

> **想一想 1.2：Excel 中的数据格式**
>
> 　　数据格式是数据保存在文件或记录中的编排格式，可以为数值、字符或二进制数等形式，由数据类型及数据长度来描述。数据类型是与程序中出现的变量相联系的数据形式，传统的结构化数据的存储方式是先定义数据格式，再进行数据存储及使用，所以数据格式的确定对后续工作影响很大。Excel 表格是最典型的二维表格结构化数据，下面以学生学号在 Excel 中的格式为例，说明不同格式对数据的影响。虽然"学号"看起来像数值，但正确的做法是设置为文本格式，二者的区别示例如下。
>
> | 学号（文本格式） | 学号（数值格式） |
> | --- | --- |
> | 000101 | 101 |
> | 000102 | 102 |
> | …… | …… |
> | 100201 | 100201 |
> | 100202 | 100202 |
> | …… | …… |
>
> **想一想：**
> 非结构化数据图像、邮件能存入 Excel 吗？

5. 数据产生的方式

数据产生方式的变革,是促成大数据时代来临的重要原因。截止到目前,人类社会的数据的产生大致分为以下三个阶段。

1) 运营式系统阶段

数据的产生可以说是从数据库的诞生开始的。大型超市销售系统、银行交易系统、股市交易系统、医疗系统、企业客户管理系统等,都是建立在数据库之上的。它们用数据库保存大量结构化的关键信息,用来满足企业的各个业务需求,如典型的业务数据管理系统 CRM(Customer Relationship Management,客户关系管理)与 ERP(Enterprise Resource Planning,企业资源计划)系统。这个阶段数据的产生是被动的,只有当业务真正发生时,才会产生新的数据并保存到数据库中。例如,股市的交易系统,只有发生一笔交易后,才会有相关记录生成。

2) 用户原创内容阶段

互联网的出现使得数据的传播更加快捷。Web 1.0 时代主要以门户网站为代表,强调内容的组织和数据的共享,网络用户本身并不产生数据。真正的数据爆发产生于以"用户原创内容"为特征的 Web 2.0 时代,如 Wiki、博客、微博、微信、论坛等这样的技术。这个时候,用户是数据的生成者,尤其随着智能手机的普及,用户可以随时随地地发微博、传照片,数据量急剧增长。例如,Twitter、Facebook、微信等这样的社交媒体平台产生的社交数据包含用户行为轨迹等大量有价值的信息。

3) 感知式系统阶段

物联网的发展最终导致了人类社会数据量的第三次飞跃。物联网中包含大量的设备传感器,如温度传感器、湿度传感器、光电传感器等,再如射频识别(RFID)、红外感应器、全球定位系统、激光扫描器及视频监视摄像头也是物联网的重要组成部分。物联网中的这些设备,无时无刻不在产生大量数据。与 Web 2.0 时代的人工数据的产生方式相比,物联网中的数据的自动产生方式,将在短时间内生成更密集、更大量的数据,使得人类社会迅速进入"大数据时代"。

1.1.3 从IT时代到DT时代

1. 大数据时代的技术基础

在大数据出现之前,对数据的日常处理分析常常使用的是传统关系数据库,如 CRM、ERP 等,处理 TB 级别的数据量已经是这些数据库的极限,面对 PB/EB/ZB 级的数据量那就更无能为力了。20 世纪 80 年代起步的"第三次浪潮的华彩乐章",由于当时数据处理能力有限,大数据并没有发展起来。直到 2005 年,提供大数据基础能力的 Hadoop 项目诞生,从技术层面上搭建了一个对结构化和复杂数据进行快速、可靠分析的平台。从这个时候开始,"大数据"才逐步成为互联网信息技术行业的高频热词而为人们所熟知。从这点上可以看出,技术的发展不仅在改变人们的生活,其本身也在推进着更高级的技术的诞生。

信息化浪潮带来的信息科技需要解决信息存储、信息传输和信息处理等核心问题，人类社会及信息科技领域的不断进步，为大数据时代的到来提供了技术支持。如图1.8所示，包括以下三点。

（1）存储设备容量不断增加。随着科学技术的不断进步，存储设备的制造工艺不断升级，容量大幅度增加，速度不断提升，价格却在不断下降。

（2）CPU处理能力大幅提升。CPU（中央处理器）是计算机系统的运算和控制核心。性能不断提升的CPU，大大提高了处理数据的能力，使得更快地处理不断积累的海量数据成为可能。

（3）网络宽带不断增加。1977年，世界上第一条光纤通信系统的数据传输速率为45Mb/s。近些年，移动通信宽带网络迅速发展，各种终端设备可以随时随地传输数据。5G网络也就是第5代移动通信网络，其峰值理论传输速度可达10Gb/s，比4G网络的传输速度快数百倍。

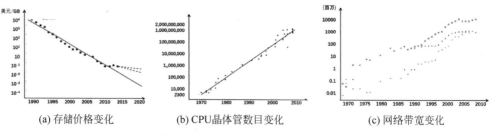

(a) 存储价格变化　　(b) CPU晶体管数目变化　　(c) 网络带宽变化

图1.8　技术进步随时间变化曲线

 技术洞察1.4：什么是摩尔定律

摩尔定律是英特尔创始人之一戈登·摩尔在1965年提出的，其核心内容为：集成电路上可以容纳的晶体管数目大约每经过18个月到24个月便会增加一倍。换言之，处理器的性能大约每两年翻一倍，同时价格下降为之前的一半。摩尔定律是内行人摩尔的经验之谈，汉译名为"定律"，但并非自然科学定律，它在一定程度上揭示了信息技术进步的速度。

摩尔定律现在还有效吗？有趣的是，2023年2月26日，"ChatGPT之父"Sam Altman在社交媒体Twitter上发文提出了"新摩尔定律"，称一个全新的摩尔定律可能很快就会出现，即全球"智能量"每经过18个月就会提升一倍。

想一想：

关于这个观点，你想到了什么？你是如何理解的？

2. 大数据时代：从IT到DT

IT（Information Technology）的核心本质是"信息的传播"，IT技术的发明和发展大幅度延伸了人们的触觉、视觉、听觉所能够触及的距离及广度，并且具有即时性。有了信息技术，人们不再需要借助电报和固定电话与远在千里之外的家人通话；有了信息技术，公司的信息传达不再需要使用纸质文档进行审批；有了信息技术，人们不再需要亲自到商场里选购产品。借助互联网和计算机，我们实现了几乎是"即时"的信息传递，它改变了人们的沟通方式、交易方式,以及人们的生活方式,甚至改变了人与人之间的社会关系,改变了社会结构。

DT(Data Technology)即数据技术。从字面上来看,"数据""数+据",其本质的意思是数字化的证据,是利用信息技术将事物的发生和发展进行数字化的记录,并存储在计算机中,以此证明某个事情存在过、发生过。数据是数字化的大千世界的记录,这种记录随着计算机和智能设备的发展而得到广泛应用,有越来越多的数据被记录、存储。

而数据技术的本质就是对数据进行存储、清洗、加工、分析、挖掘,从数据中发现事物的发展规律。数据技术的本质是数据的"加工"技术,而数据反映的是大千世界的事物及其活动,数据技术使得借助计算机的计算能力认知这个世界成为可能,所以数据技术的本质也是"认知"技术。从IT到DT的变化可以总结为如图1.9所示。

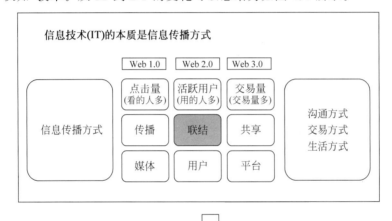

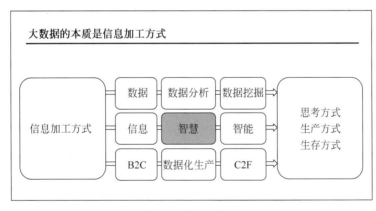

图1.9 从IT到DT

3. 数据价值与商业三要素

大数据时代的到来,让人们领略到以往那些不被重视的各种信息、数据,它们所具有的巨大潜在价值。而运用好这些海量且时刻都在变化的数据,将会显著提高人们现有的生活质量。大数据的4V特性蕴含着巨大的"价值"。大数据变革针对的领域,并不是单独一个领域或一个产业,而是众多领域全部进行以及交叉进行,各个行业的巨量数据的融合必将带来新商机。然而所有数据都是有时效的,商业业务决策也是有时效的,如果不快速处理,快速得到结果,那么就很可能会失去商机,因此,利用大数据做实时分析是非常必要的。

从商业的角度来看,将数据价值转换为商业价值是关键的核心环节。数据的价值如何体现,可以从三个方面来考虑:增加收入、减少支出、防范风险,可以称之为"商业三要素"。这里的关键是要把业务问题定义为数据可分析的问题。

从 IT 到 DT 实质上就是迎接大数据 4V 特性带来的问题与挑战,大数据的核心是挖掘数据价值,大数据时代以数据为中心是认识观念的一次变革。DT 时代一个非常重要的特征就是体验,只有抓住用户体验,才能抓住 DT 时代的根本。这也是商业三要素实现的根本。

思考题

1. 什么是"数据"?大数据 4V 特性是什么?
2. 结构化数据与非结构化数据的区别是什么?举例说明。
3. 三次信息化浪潮的标志是什么?从数据产生的方式来看,又有什么不同?
4. 大数据时代的三个技术基础是什么?
5. CRM 与 ERP 分别是什么?它们的作用是什么?
6. 什么是商业三要素?将数据价值变为商业价值的关键点是什么?

1.2　大数据时代的变革

1.2.1　大数据时代的思维变革

1. 传统思维

传统思维方式(机械思维)的代表是牛顿的方法论,其核心思想可以概括为以下三点。

(1) 世界变化的规律是确定的。

(2) 因为有确定性做保障,因此规律不仅是可以被认知的,而且可以用简单的公式或者语言描述清楚。

(3) 这些规律应该是放之四海而皆准,可以应用到各种未知领域指导实践。

传统思维更广泛的影响力是作为一种准则指导人们的行为,其核心思想可以概括为确定性(或者可预测性)和因果关系。没有这些确定性和因果关系,人们就无法认识世界。

在信息时代,传统思维的局限性也越来越明显。随着人们对世界的认识越来越清楚,人们发现世界本身存在着很大的不确定性,人们开始考虑在承认不确定性的情况下如何取得科学上的突破,或者把事情做得更好。大数据时代需要新的思维方式。

2. 大数据思维——全样、效率、相关

世界的不确定性折射出信息时代的方法论：获得更多的信息，有利于消除不确定性。因此，谁掌握了信息，谁就能够获取财富，这就如同在工业时代，谁掌握了资本谁就能获取财富一样。维克托·迈尔—舍恩伯格被誉为"大数据商业应用第一人"，他在2010年出版的《大数据时代：生活、工作与思维的大变革》一书中明确指出，大数据时代需要一种全新的思维方式，即全样而非抽样、效率而非精确、相关而非因果。同时，人类解决问题的思维方式，正在朝着"以数据为中心"以及"人人为我、我为人人"的方式迈进。

1）全样而非抽样

在大数据时代，可分析的数据更多，有时候甚至可以处理和某个特别现象相关的所有数据，而不再依赖于随机采样。以前把随机采样看成是理所应当的限制，但是真正的大数据时代是指不用随机分析法这样的捷径，而采用对所有数据进行分析的方法，通过观察所有数据，来寻找异常值进行分析。

例如，信用卡诈骗是通过异常情况来识别的，只有掌握了所有数据才能做到这一点。在这种情况下，异常值是最有用的信息，可以把它与正常交易情况做对比从而发现问题。

2）效率而非精确

数据量的大幅增加会造成一些错误的数据混进数据集。但是，正因为我们掌握了几乎所有的数据，所以不再担心某个数据点对整个分析的不利影响。我们要做的就是接受这些纷繁的数据并从中受益，而不是以高昂的代价消除所有的不确定性。这就是由"小数据"到"大数据"的改变。

研究数据如此之多，以至于追求精确度不再成为必须。之前需要分析的数据很少，所以必须尽可能精确地量化所有的记录，但随着规模的扩大，对精确度的痴迷将减弱。拥有了大数据，我们不再需要对一个现象刨根问底，只要掌握了大体的发展方向即可，适当忽略微观层面上的精确度，会在宏观层面拥有更好的洞察力。

3）相关而非因果

在数据科学中，广泛应用"基于数据"的思维模式，重视对"相关性"的分析，而不是等到发现"真正的因果关系"之后才解决问题。在大数据时代，人们开始重视相关分析，而不仅仅是因果分析。无须再紧盯事物之间的因果关系，而应该寻找事物之间的相关关系。相关关系也许不能准确地告诉我们某件事情为何会发生，但是它会告诉我们某件事情已经发生了。

在大数据时代，我们不必非得知道现象背后的原因，而是要让数据自己发声。知道是什么就够了，没必要知道为什么。例如，知道用户对什么感兴趣即可，没必要去研究用户为什么感兴趣。

相关关系的核心是量化两个数据值之间的数据关系。相关关系强是指当一个数据值增加时，其他数据值很有可能也会随之增加。相关关系是通过识别关联物来分析某一现象的，而不是揭示其内部的运作。通过找到一个现象良好的关联物，相关关系可以帮助我们捕捉现在和预测未来。

> **想一想 1.3：什么是推荐系统**
>
> 推荐系统是利用电子商务网站向客户提供商品信息和建议，帮助用户决定应该购买什么产品，模拟销售人员帮助客户完成购买过程。个性化推荐是根据用户的兴趣特点和购买行为，向用户推荐用户感兴趣的信息和商品。
>
> 随着电子商务规模的不断扩大，商品个数和种类快速增长，顾客需要花费大量的时间才能找到自己想买的商品。这种浏览大量无关的信息和产品的过程无疑会使淹没在信息过载问题中的消费者不断流失。为了解决这些问题，个性化推荐系统应运而生。个性化推荐系统是建立在海量数据挖掘基础上的一种高级商务智能平台，以帮助电子商务网站为其顾客购物提供完全个性化的决策支持和信息服务。
>
> 你被"推荐"了吗？你对推荐的结果满意吗？你的"用户体验"怎么样？为什么会是这样的？

1.2.2 大数据时代的商业变革

大数据时代需要建立由数据驱动的世界观：大数据重新定义商业新模式；大数据重新定义研发新路径；大数据重新定义企业新思维。对于未来，特别是这个充斥着智能化的时代，虽然不能正确地预测未来，但通过不断完善的先进技术，数据处理能力大大提高，完全能够发现未来的一些变化趋势，这也暗示着运用大数据思维去决策的重要性。

大数据时代的商业变革从改变对数据的认知开始，具体体现可归纳为以下几个方面。

1. 对数据重要性的新认识：从数据资源到数据资产

在大数据时代，数据不仅是一种"资源"，更是一种重要的"资产"。因此，各行各业应把数据作为一种"资产"来管理，而不能仅作为"资源"来对待。与其他类型的资产相似，数据也具有财务价值，且需要作为独立实体进行组织与管理。

大数据时代的到来，让"数据即资产"成为最核心的产业趋势。目前，作为数据资产先行者的 IT 企业，如苹果、谷歌、IBM、阿里巴巴、腾讯、百度等，无不想尽各种方法，挖掘多种形态的设备及软件功能，收集各种类型的数据，发挥大数据的商业价值，将传统意义上的 IT 企业，打造成为"终端＋应用＋平台＋数据"四位一体的泛互联网化企业，以期在大数据时代获取更大的收益。

总而言之，作为信息时代核心的价值载体，大数据必然具有向价值本体转化的趋势，而它的"资产化"，或者未来更进一步的"资本化"蜕变，将为未来完全信息化、泛互联网化的商业模式打下基础。

> **技术洞察 1.5：用户数据的价值知多少**
>
> 在互联网时代，用户数就是流量，流量就是钱。而在移动互联网这个高达 12 亿用户的流量池里，微信独占 10 亿活跃用户，可想而知，微信的营利能力未来会有多强。目前，微信的营利方式包括微信公众号、小程序认证收费；微信信息流、公众号、小程序广告变现；企业微信等。人们熟悉的 B 站收入构成如下表所示，这里有你的贡献吗？

	2018年报	2019年报	2020年报	2021年报	2022年报
移动游戏(%)	71.1	53.1	40.0	26.3	22.9
增值服务(%)	14.2	24.2	32.0	35.8	39.8
广告(%)	11.2	12.1	15.4	23.3	23.1
电商及其他(%)	3.5	10.7	12.6	14.6	14.1
合计(%)	100.0	100.0	100.0	100.0	100.0

想一想：

2022年10月，马斯克收购Twitter，据说有意将其打造成为"国际版微信"。结合马斯克的特斯拉智能手机、特斯拉电动车及星链计划，你能想象未来场景吗？大数据时代需要改变的不仅是生活习惯，而是人们的思维。

2. 对决策方式的新认识：从目标驱动型到数据驱动型

传统科学思维中，决策制订往往是"目标"或"模型"驱动的，也就是根据目标（或模型）进行决策。然而，大数据时代出现了另一种思维模式，即数据驱动型决策，数据成为决策制订的主要"触发条件"和"重要依据"。

小数据时代，企业讨论什么事情该做或不该做，许多时候是凭感觉来决策的。基本上就是产品经理通过一些调研，想了一个功能，做了设计。下一步就是把这个功能研发出来，然后看一下效果如何，再进行下一步。整个过程都是凭一些感觉来决策。这种方式总是会出现问题，很容易走一些弯路，很有可能做出错误的决定。

数据驱动型决策加入了数据分析环节，基本流程就是企业有一些点子，通过点子去研发这些功能，之后要进行数据收集，然后进行数据分析。基于数据分析得到一些结论，再去进行下一步的研发。整个过程就形成了一个循环。在这种决策流程中，人为的因素影响越来越少，而主要是用一种科学的方法来进行产品的迭代。相比于基于本能、假设或认知偏见而做出的决策，基于数据的决策更可靠。通过数据驱动的方法，企业能够判断趋势，从而展开有效行动，推动创新或解决方案的出现。

技术洞察1.6：什么是"爬虫"

在互联网领域，爬虫一般指抓取众多公开网站网页上数据的相关技术，又称为网络爬虫。我们所熟悉的一系列搜索引擎都是大型的网络爬虫，如百度、搜狗、360浏览器、谷歌搜索等。每个搜索引擎都拥有自己的爬虫程序，如360浏览器的爬虫称为360Spider，搜狗的爬虫叫作SogouSpider。

Python的请求模块和解析模块丰富成熟，并且提供了强大的Scrapy框架，让编写爬虫程序变得更为简单，因此使用Python编写爬虫程序是个非常不错的选择。以抖音为例，用Python爬取用户信息可能包括用户的抖音号、头像地址、用户的昵称、用户的签名、用户的出生日期、用户的所属国家、用户的省份、用户的城市、用户所在的区域、用户的粉丝数、用户的关注数、发布的抖音数量、发布的动态数量、用户点赞的视频数、总共被点赞的次数等。

想一想：

爬虫数据有什么价值？基于爬虫数据可以实现"数据驱动"吗？

可以下载免费爬虫软件"八爪鱼"试一试。

3. 对产业竞合关系的新认识：从以战略为中心到以数据为中心

在大数据时代，企业之间的竞合关系发生了变化，原本相互竞争甚至不愿合作的企业，不得不开始合作，形成新的业态和产业链。在大数据时代，竞合关系是以数据为中心的。数据产业就是从信息化过程累积的数据资源中提取有用信息进行创新，并将这些数据创新赋予商业模式。这种由大数据创新所驱动的产业化过程具有"提升其他产业利润"的特征，除了能探索新的价值发现以谋求本身发展外，还能帮助传统产业突破瓶颈、升级转型，是一种新的竞合关系，而非一般观点的"新兴科技催生的经济业态与原有经济业态存在竞争关系"。

如聚划算、京东团购、当当团购、58团购等纷纷开放平台，吸引了千品网、高朋、满座、窝窝等团购网站的入驻，投奔平台正在成为行业共识。对于独立团购网站来说，入驻电商平台不仅能带来流量，电商平台在实物销售上的积累对其实物团购也有一定的促进作用。

4. 对数据处理模式的新认识：从小众参与到大众协同

在传统科学中，数据的分析和挖掘都是具有很高专业素养的"企业核心员工"的事情，企业管理的重要目的是如何激励和考核这些"核心员工"。在大数据时代，用户不再仅仅热衷于消费，他们更乐于参与到产品的创造过程中，大数据技术让用户参与创造与分享成果的需求得到实现。市场上传统的著名品牌越来越重视从用户的反馈中改进产品的后续设计和提高用户体验。例如，"小米"这样的新兴品牌建立了互联网用户粉丝论坛，让用户直接参与到新产品的设计过程之中，充分发挥用户丰富的想象力，企业也能直接了解他们的需求。

如果能够做到大规模定制，为大量用户定制产品和服务，既能降低产品成本，又兼顾个性化，从而使企业有能力满足要求，且价格又不至于像手工制作那般让人无法承担。因此，在企业可以负担得起大规模定制带来的高成本的前提下，要真正做到个性化产品和服务，就必须对用户需求有很好的了解，这就需要用户提前参与到产品设计中。

大众协同的另一个方面就是企业可以利用用户完成数据的采集，"人人为我，我为人人"是大数据思维的又一体现，特别是在智能交通方面，每个使用导航软件的智能手机用户，在享受导航软件公司提供的基于交通大数据的实时导航服务的同时，又通过共享自己的实时位置信息为导航软件公司提供实时的交通路况的原始数据。

1.2.3 大数据时代的生活方式变革

大数据时代人们的生活发生了巨大的改变，主要体现在购物、交通、医疗、教育几个方面。这些生活的变革都是底层商业模式变革的产物，也是大数据思维的具体实践。

（1）购物方面。当前网络购物在改变人们传统购物方式的基础上，为电商提供了大量的信息。通过大数据分析，电商可以挖掘单个消费者的喜好，包括消费者经常买什么商品，偏向买什么品牌等，从而进行相关产品的推送。同时针对公众对某一商品的需求，为商品供应商的生产活动提供参考。

(2) 交通方面。随着网约车的合法化,乘客的需求数据可以通过移动互联网传给每位网约车司机,实现了移动互联网线上与线下的融合,乘客无须到路边打车即可以享受"接驾待遇"。同时,网约车平台通过数据分析,规划出适合乘客出行的交通路线,最大程度上方便了乘客出行,降低空驶率,最大化节省司乘双方的资源与时间。

(3) 医疗方面。通过大数据集成平台,医院的医生可以清楚地知道患者的病史、用药史等信息,患者无须携带以往的病历卡即可就诊。同时,集成平台可以根据各医院的患者数量合理分配医疗资源,实现医疗资源的最大化利用,也为患者的及时就医提供了便利。

(4) 教育方面。在线教育改变了传统教育模式,学生可以随时、随地接受教育。老师也可以通过大数据监测学生的学习行为,了解学生们的反馈。知识的获取变得以学生为中心,人们不再需要传统意义上的老师,老师的职责从传道授业变成解惑。

> **想一想 1.4:你的超星(学习通)数据及价值**
>
> 如果你是一名学生,一定有过上网课的经历,而你在网课上的"一言一行"都被如实地记录下来了。例如,从超星集团提供的"学习通"在线学习平台上,教师可下载的数据除了各教学任务点完成情况(包括测验、作业的完成时间和成绩),还包括线上行为数据,如签到次数、参与讨论次数、课堂活动积分、学习次数、学习时间段等。
>
> 你觉得这些数据有什么价值?

思考题

1. 传统思维与大数据思维的本质区别是什么?
2. 大数据思维关键点包括哪三个?举例说明。
3. 大数据对生活的改变体现在哪里?会产生哪些数据?产生的方式是什么(主动式、被动式还是感应式)?
4. 举例说明"相关"而非"因果"的区别。在大数据时代,为什么需要这种思维?

1.3 大数据时代的挑战

大数据的概念最早可以追溯到 20 世纪 90 年代。当时,美国 IT 产业界的商业分析专家艾德温·诺维克(Edwin Novak)首先提出了"Big Data"这一概念,指的是由于信息技术的发展,数据量有了爆炸性的增长。最初人们对这一概念并不是特别感兴趣,直到 2011 年后才成为热门搜索词汇,这源于新技术的涌现,尤其是各类先进的开源存储及处理工具的迅速发展。

大数据带来的挑战首先是技术性的,当数据的数量或种类达到一个限度时,传统的数据采集、存储、处理、分析技术已经不再适用,须采用分布式存储、分布式并行计算、流处理等技术。在这些技术得到应用之前,海量的非结构化数据、飞速变换的数据模式以及巨大的数据存储任务难以解决,更无法从中提取价值,"大数据"自然也就无从谈起。

因此技术能力决定大数据的理念极限。

从业务角度来看,大数据归根结底是需要服务业务创造价值的。因此利用新的采集、处理、存储和分析技术,能为组织带来新的业务洞察,并转换成可执行的业务策略或者改变现有业务模式,最终为组织创造价值的一切数据就是我们认为的大数据。

从数据本身的角度来看,其实大数据也是数据,很难说数据与大数据之间的界限何在。可以把数据比喻为一个小孩子,他从出生到长大成人,需要上学受教育,就像数据需要治理、完善、标准化,但不确定何时可以着手挖掘带来价值。从数据到大数据,代表着人们在认知上的深入和广泛。

技术洞察1.7:什么是用户画像

"用户画像"(User Profile)即用户信息标签化,通过收集用户的社会属性、消费习惯、偏好特征等各个维度的数据,对用户或者产品特征属性进行刻画,并对这些特征进行分析、统计,挖掘潜在价值信息,从而抽象出用户的信息全貌,如下图所示。

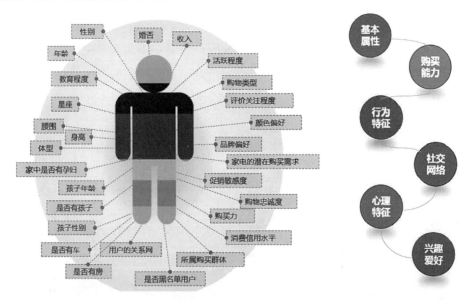

用户画像可以视为企业应用大数据的根基,是定向广告投放与个性化推荐的前置条件,为数据驱动运营奠定了基础。由此看来,从海量数据中挖掘出有价值的信息越发重要。

想一想,用户画像的数据从哪里来?"大数据比你自己还了解你自己",这句话你认同吗?

大数据时代最大的挑战应该是对人的思维的挑战。九大互联网思维包括用户思维、简约思维、极致思维、迭代思维、流量思维、社会化思维、大数据思维、平台思维及跨界思维,如图1.10所示。理解各种思维的关系,可以以全新的视角全方位解读大数据时代的大变革,开启对新商业文明时代的系统思考。而大数据思维在其中起着关键且承上启下的作用,这也是本书重点探讨的内容,从数据的底层逻辑开始,逐步解开大数据的迷雾,认清现实,面向未来。数据思维是当代每个人的通行证。

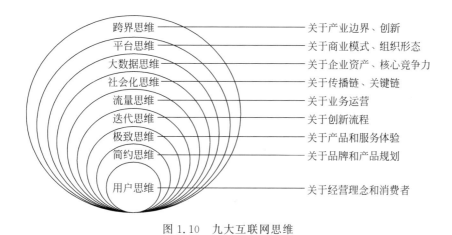

图 1.10　九大互联网思维

思考题

1. 什么是用户画像？用户画像数据从哪里来？
2. 什么是数据驱动？
3. 大数据与"用户思维""迭代思维"有什么联系？

1.4　探究与实践

1. 数据的产生——我的一天（5W1H 分析实战）。

采用 5W1H 分析方法理解"数据"的产生，请结合你的日常生活场景，主题可以是"我的一天""我的一次旅行"等。注意，"数据"是电子化的原始记录，即 What 为具体的数据。再结合你的日常生活举例说明这些数据有可能"驱动"什么。

2. 微信初探——结构化与非结构化数据。

微信是我们最熟悉的即时通信工具，更是一种生活方式。打开微信仔细研究各种功能，可以利用金字塔原理分层绘制微信功能结构图。分析在这些功能相关的数据中，哪些是结构化数据，哪些是非结构化数据。

3. 试从商业价值三要素的角度出发，谈谈你对以下描述的理解，这些数据有什么价值？可以采用 5Why 分析法步步深入。

- Google 眼镜将其所视范围内的景象转换成数据。
- 微博、微信将人们偶尔产生的想法转换成数据。
- 朋友圈将社交网络转换成数据。

4. 什么是大数据？请仔细观察下图，并实践 See-Think-Wonder（STW）三级思考方法。

5. 数据太重要了,不能免费提供给企业。你同意这个观点吗?

第 2 章 数据科学

啤酒与尿不湿

大数据的经典案例"啤酒与尿不湿"你听说过吗?这个故事据说发生于20世纪90年代的美国沃尔玛超市,超市管理人员分析销售数据时发现了一个令人难以理解的现象:在某些特定的情况下,"啤酒"与"尿不湿"两件看上去毫无关系的商品会经常出现在同一个购物篮中,这种独特的销售现象引起了管理人员的注意,经过后续调查发现,这种现象往往出现在年轻的父亲身上。分析原因可能是:在美国有婴儿的家庭中,一般是母亲在家中照看婴儿,年轻的父亲前去超市购买尿不湿。父亲在购买尿不湿的同时,往往会顺便为自己购买啤酒以犒劳自己,这样就会出现啤酒与尿不湿这两件看上去不相干的商品经常会出现在同一个购物篮中的现象。因此可以推断,如果这个年轻的父亲在卖场只能买到两件商品之一,则他很有可能会放弃购物而到另一家商店,直到可以一次同时买到啤酒与尿不湿为止。超市发现了这一独特的现象,开始在卖场尝试将啤酒与尿不湿摆放在相同的区域,让年轻的父亲可以同时找到这两件商品,并很快地完成购物。

为什么电商巨头(如沃尔玛、淘宝等)能够发现客户购买模式,即购买偏好呢?"啤酒+尿不湿"的关系靠谱吗?有理论依据吗?

学习目标

学完本章,你应该牢记以下概念。
- 数据科学的定义及韦恩图。
- 数据科学的主要内容及流程。
- 数据加工、数据集成、数据清洗。
- 范式及范式的演变。

学完本章,你将具有以下能力。
- 举例说明数据加工(数据预处理、数据准备)为何如此重要?为何如此花费时间?
- 概括4种科学研究范式的特点及关系。

学完本章,你还可以探索以下问题。
- 结合数据科学流程理解"数据密集型科学发现"范式。
- 应用5Why分析法,理解数据科学的新术语。
- 分析交叉学科对数据科学的具体贡献。

2.1 什么是数据科学

2.1.1 数据科学的产生

视频讲解

顾名思义,"数据科学"就是与数据相关的科学。在古代人类就已经有收集和分析数据的传统,这些可视为数据科学的雏形。20世纪90年代末,在讨论统计学家是否需要与计算机科学家一同为大型数据集的计算分析引入数学般严谨性的问题时,"数据科学"一词进入了人们的视线。1997年,C. F. Jeff Wu的公开演讲"Statistics=Data Science?"强调了一些有前景的统计学趋势,包括大规模数据库中大型/复杂数据集的可用性,以及可计算的算法和模型被越来越多地使用。

大数据促进了数据科学的形成。数据科学的目标是从大数据集中获得洞察力并基于它改进决策。进入信息时代之后,数据科学逐步迈入应用阶段,但是真正被大众熟知则是在大数据时代。目前,大数据正在急剧改变着人们的工作、生活与思维模式,同时也对数据科学的学术研究及应用产生了深远影响。大数据技术日新月异的发展、可用数据的激增及计算能力的提升,为数据科学实践提供了肥沃的土壤,数据科学项目在各种规模的组织机构中如雨后春笋般涌现。

数据科学承载着大数据发展的未来。数据科学的一个基本出发点是将数据作为信息空间的元素来认识,而人类社会、物理时间与信息空间(或称数据空间、虚拟空间)被认为是当今社会构成的三元世界,如图 2.1 所示。这些三元世界彼此间的关联与交互决定了社会发展的技术特征。例如,感知人类社会和物理世界的基本方式是数字化(数据化),连接人类社会与物理世界的基本方法是网络化,信息空间用于物理世界与人类社会的方式是智能化。

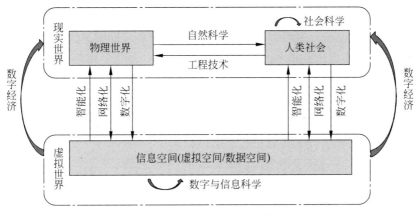

图 2.1 三元世界理论与科学技术

(图片来源:《数据科学:它的内涵、方法、意义与发展》)

自然科学及社会科学研究的内容及研究方法是我们熟知的,而网络将现实世界"映射"到虚拟的数据世界,数据科学就是分析"数据世界",并利用其结果对"现实世界"进行预测、洞见、解释或决策的新兴学科。从这一点来说,"数据可以映照现实,数据可以认知现实,数据可以操控现实"。

2.1.2 数据科学的定义

1. 数据价值链

数据价值链是指数据从采集、汇聚、传输、存储、加工、分析到应用形成了一条完整的数据链,伴随这一数据链的是数据价值的增值过程。数据价值链是促进数据向其价值不断提升的过程,如图 2.2 所示。

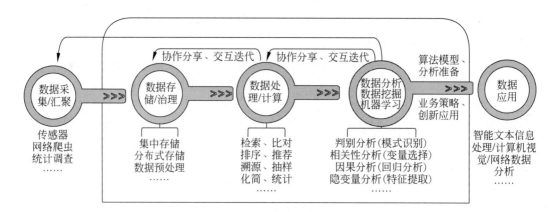

图 2.2 数据价值链

(图片来源:《数据科学:它的内涵、方法、意义与发展》)

(1) 数据采集汇聚也称为数据获取,依赖于数据源。按三元世界理论,数据源主要包含物理世界数据、人类社会活动、信息空间数据,如知识库、数据库等。获取数据的主要工具是传感器、网络爬虫、统计调查等,其本质是利用某种装置或手段,从系统外部采集数据并输入到系统内部的一个接口。数据采集追求全面、准确、及时、优质、高效。数据汇聚特指数据采集的这样一种特别情形,将彼此关联但从不同渠道、领域、方式采集到的数据进行聚合,以利于对数据进行全面的分析。

(2) 数据存储是将数据以某一特定格式记录在计算机内部或外部存储介质中。数据可以集中存储、分布式存储,也可以云端存储,存储方式的选择应以有利于后续数据分析为原则。为了达到这一目标,在数据存储前或数据存储后,对数据进行一定的预处理和治理是必要的。数据预处理主要包括对数据进行识别、提炼、萃取、分组、筛选、变换等质量提升处理。数据治理通常包括对数据进行加密、脱敏、变换等安全与隐私处理,以及对数据调用、共享、发布的数据信用管理等。除技术外,数据治理也涉及法律法规、公共管理的诸多方面。

(3) 数据处理计算是指以逻辑处理为基础,以查询为主要特征的数据加工技术及数据应用。典型的数据处理任务包括检索、对比、排序、推荐、溯源、抽样、统计等。数据处理与数据治理从技术上有诸多通用,但区别主要在于前者是应用驱动,直接与应用目的相关。而后者偏重于对数据自身的加工处理,在计算机里数据处理与数据分析往往不加区分,数据处理主要通过计算来实现。

(4) 数据分析是指综合运用建模、计算、分析、学习等理论工具,对数据中所蕴含的模式、结构、关系、趋势特征等有用信息进行提取并形式化的过程,统计学方法、计算机科学中的数据挖掘、知识发现方法、人工智能中的机器学习方法等是数据分析及技术的主要贡献者。数据分析的典型任务包括判别分析(模式识别)、相关分析(变量选择)、因果分析(回归分析)、隐变量分析(特征提取)等。与数据处理不同,数据分析以模型为基础,以运用复杂的数学算法(特别是计算机基础算法)通过计算分析解决问题为特征,数据分析与数据处理技术通常需要耦合使用。

(5) 数据应用是将数据处理、数据分析的结果与领域知识结合,形成决策并解决问题的过程。也可以说是实现从信息到知识、从知识到决策、从决策到收益的阶段。数据应用的关键是密切结合应用场景,深入应用领域知识。当然这个原则也应该在数据价值链的每一个环节得到体现。秉承这一原则的数据价值链实现技术即是大数据智能技术。大数据智能技术还包括自然语言处理、智能文本信息处理、计算机视觉(图像及视频处理)、网络数据分析等。

> **试一试 2.1:开放数据**
>
> 开放数据是公开可供任何人访问和使用的数据,无须向政府提出正式申请,所有人都可以在线免费使用,无须注册。开放数据提供多种形式和格式,使其对最广泛的用途和用户发挥最大作用。为了提高透明度,地方政府已开始主动共享大量数据集,数据公司提供平台(现在称为"开放数据门户")以开放格式存储其中一些数据。部分城市开放数据链接如下,进入并找到你感兴趣的数据集,下载并思考这些数据的价值。
>
> 深圳市:https://opendata.sz.gov.cn/
> 上海市:https://data.sh.gov.cn/
> 北京市:https://data.beijing.gov.cn/

视频讲解

2. 数据科学的定义

数据科学的定义有多种提法。徐宗本等多位院士专家在 2022 年最新出版的《数据科学:它的内涵、方法、意义与发展》一书中给出了关于数据科学的严谨定义,即"数据科学是有关数据价值链实现过程的基础理论与方法学,它运用建模、分析、计算和学习杂糅的方法研究从数据到信息、从信息到知识、从知识到决策的转换,并实现对现实世界的认知和操控"。

定义明确了以下几点:①阐明数据科学"以数据的价值链实现"为研究对象;②指明数据科学的"三个转换(从数据到信息、从信息到知识、从知识到决策的转换)、一个实现(对现实世界的认知和操控)"目标,不仅限定了数据科学的主题内涵,而且强化了数据科学对背景相关学科的强依赖性;③将数据科学的方法论概括为"建模、分析、计算和学习的杂糅"是方法论的创新;④强化了"认知和操控现实世界"的科学目标,这与数字经济的本质吻合,即"数据科学是为数字经济提供基础与技术支撑的科学"。

可见,任何数据驱动的科学技术本质上都是对特定类型数据链实现的科学技术。以大数据价值链实现为基础的创新经济活动构成大数据产业,或称数字经济。

2.1.3 数据科学的维恩图

2010 年起,Drew Conway 开始用一张维恩图(即用不同的圆圈显示元素集合重叠区域的图示)表示数据科学,如图 2.3 所示。之后,虽然不同的数据科学家根据自己对数据科学的理解对这一维恩图进行了不同程度的删改和调整,但第一张数据科学的维恩图至今依然是很多数据科学家最认可的对数据科学的基本描述,其清楚地显示了与数据科学最相关的知识来自三大基础领域:数学和统计知识、计算机科学、行业应用知识。强调了

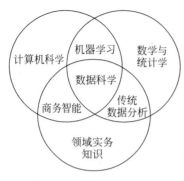

图 2.3　数据科学维恩图

数据科学将成为数学和计算机科学之间的桥梁,还强调了需要将数据科学理解为一门交叉学科,并让数据科学家学会如何与业务专家接触和工作,解决现实存在的商业问题。

从理论体系来看,数据科学主要以统计学、机器学习、数据可视化以及某一领域知识为理论基础,其主要研究内容包括数据科学技术理论、数据加工、数据计算、数据管理、数据分析和数据产品开发等。作为一个新兴科学领域,数据科学需要提出新的理念、理论及方法,需要发明新的技术与工具,同时解决数据价值链中的一系列实际问题,如数据加工、大数据分布式存储与计算、数据管理与分析、大数据领域应用等。

计算机科学基于逻辑,一个问题只有形式化了才能够为计算机所处理。而数学揭示和表征了现实世界的数量关系、空间形式及其之间的演化规律,只有把一个问题形式化成一个数学问题,才能有望对该问题获得最优解、近似解和对其性质有所了解。

大数据是抽象的大,是思维方式上的转变,包括两个方面:①数据的量变带来质变,与之对应的思维方式、方法论都应该和以往不同;②计算机并不能很好地解决人工智能中的诸多问题,利用大数据实现了突破性的解决,其研究的核心问题变成了数据问题。数据科学是新兴的交叉学科,它体现在从数据到行动的基于数据驱动的全过程。在数据科学出现之前,人们往往关注的是数据"被动"的一面,而数据科学中更加重视的是数据科学的另一面——"主动作用":数据能驱动什么?数据告诉了我们什么?数据会带来什么?这才是数据科学的新视角。

> **想一想 2.1:统计学与数学**
>
> 　　与数学不同,统计学是收集、分析、呈现和解释数据的科学。政府对人口普查数据的需求以及关于各种经济活动的信息对统计领域提供了很多早期的推动。目前在许多应用领域对转换大量数据为有用的信息的需求刺激了统计理论和实践的发展。
>
> 　　从源头上来分析这两个学科,数学始于演绎,统计始于归纳。数学研究通过几条公理,演绎出了丰富多彩的数学世界;而统计学则通过考察个别事物,归纳出普遍事物的规律。两者从本质上的区别主要有如下几点。
>
> 　　(1) 研究的目的不同。统计学理论研究主要是根据实际的问题和困难提出创新的数据处理方法、模型和算法,比较容易落到实处。数学通常研究的是一些比较理论性的框架。
>
> 　　(2) 研究的对象不同。统计学研究的根本对象是与具体问题相关的数据。数学则研究的是抽象的空间和数量关系。
>
> 　　(3) 思考的逻辑不同。统计学更倾向于一种归纳逻辑,很多统计学问题,很难像数学一样给出一个定理性的证明。数学更倾向于一种演绎逻辑。
>
> 　　(4) 研究的手法不同。统计学更倾向于使用基于数据的实证的方法。
>
> 　　换一个角度看问题:统计学始于"数据匮乏"年代,而数据科学始于"数据富足"时代……

思考题

1. 描述数据科学是如何产生的。
2. 什么是数据价值链？从数据价值链的视角如何定义数据科学？
3. 什么是数据科学的韦恩图？阐述交叉学科在数据科学中的作用。
4. 关于"三元世界"你是如何理解的？

2.2 科学范式及演化

2.2.1 范式及范式的演变

1. 什么是范式

"范式"(Paradigm)最初是由美国著名科学哲学家托马斯·库恩于1962年在《科学革命的结构》中提出的一个术语。范式指常规科学所赖以运作的理论基础和实践规范，即从事某一科学研究的研究者群体所共同遵从的世界观和行为方式。范式的基本原则可以在本体论、认知论和方法论三个层次表现出来。这些理论和原则对特定的科学家共同体起规范作用，协调他们对世界的看法以及他们的行为方式。

一个稳定的范式如果不能提供解决问题的适当方式，它就会变弱，从而出现范式转移(Paradigm Shift)。按照库恩的定义，范式转移就是新的概念诞生，是激进的改变，科学据此对某一知识和活动领域采取全新的视角。库恩认为：科学的发展不是靠知识的积累而是靠范式的转换完成的，一旦形成了新范式，就可以说建立起了常规的科学。

2. 范式的演变

2007年，计算机图灵奖得主、著名的计算机科学家吉姆·格雷在美国国家研究理事会计算机科学和远程通信委员会(NRC-CSTB)发表了他的著名演讲《科学方法的一次革命》。在这篇演讲中，吉姆·格雷将科学研究的范式分为4类，除了之前的经验(实验)范式、理论范式、模拟(仿真)范式之外，新的信息技术已经促使新的范式出现——数据密集型科学发现范式。范式的演变如图2.4所示。

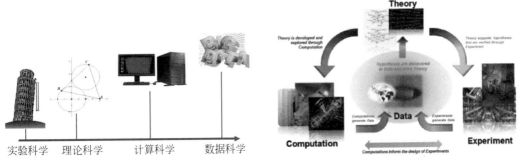

图2.4 从第一范式到第四范式

到目前为止,科学研究范式的演变及特点对比如表 2.1 所示。从中可以看出,随着科学技术的不断进步,思维方式、关注点及研究方法均发生了巨大变化,与数据科学相对应的第四范式已经到来,它是前三种研究范式的综合及提升。当前科学正在进入一个崭新的阶段,在信息和网络技术迅速发展的推动下,大量从宏观到微观、从自然到社会的观察、感知、计算、仿真、模拟、传播等设施和活动,产生出大量科学数据。数据不再仅仅是科学研究的结果,而是变成科学研究的要素;人们不仅关心数据建模、描述、组织、保存、访问、分析、复用和建立科学数据基础设施,更关心如何利用泛在网络及其内在的交互性、开放性,利用海量数据的可知识化、可计算化,构造基于数据的、开放协同的研究与创新模式,因此诞生了"数据密集型科学发现范式",即科学研究的第四范式。所谓的"数据密集型",也就是现在我们所称的"大数据"。

简单来说,在"第四范式"时代,过去由牛顿、爱因斯坦等少数人类的聪明大脑所从事的研究工作,未来可以交给计算机去做。而新一代数据科学家,则扮演牛顿的角色——教会计算机如何成为一个科学家。也就是说,所谓第四研究范式,就是收集大量的数据,让计算机去总结规律的"数据科学"研究模式。

表 2.1 科学研究范式的演变及特点对比

范 式	思维模式	主要领域	关 注 点	研 究 方 法	典型实例
第一范式 经验范式	实验思维	主要用来描述自然现象:实验物理、化学、生物学、地质学	定性、归纳法为主,带有较多盲目性的观测和实验	科学实验: 观察→假设→实验→修正假设再实验	钻木取火、伽利略比萨斜塔实验
第二范式 理论范式	理论思维	使用模型或归纳法进行科学研究	定量、演绎法为主,不局限于经验事实	数学模型: 知识/经验→演绎推理→理论总结/概括	经典力学(牛顿三大定律)、数学、微观经济学
第三范式 模拟范式	计算思维	模拟复杂的现象:分子问题、信号系统、计算与数学优化	计算机仿真,对各个科学学科中的问题,进行计算机模拟及其他形式的计算	计算机仿真和模拟: 问题→模型构建/定量分析→最优化方案 人脑为主导:人脑+计算机	航空航天模拟计算
第四范式 发现范式 数据密集型研究发现范式	数据思维	统一于理论、实验和模拟:大数据、人工智能、新商业模态 数据建模、描述、组织、保存、访问、分析、复用	关注相关:追求最迅速和实用的解决问题的途径	数据挖掘与机器学习: 数据→知识发现→智慧决策 计算机为主导:计算机(擅长相关分析)+人脑	电商推荐系统、无人驾驶、智能交通

2.2.2 第四范式的特点

人类的本性是好奇,无论何时总是对未知充满好奇,好奇就会开始去想象,人类的联想与记忆功能是智能发展的基础,没有记忆就无从想象,没有想象就无从创造。人类思想的发展史,就是一个不断好奇、不断想象、不断探索的过程。

与工业革命的变革联系起来我们会看到:在机械时代,主宰人类知识体系的是因果论,那个时候的科学家研究的都是自然客观规律,从牛顿三大定律到相对论,从电学理论到麦克斯韦方程理论,一切的一切都是确定的。万有引力,你在或者不在,它永远都在,所以因果论下的知识都是非常优雅而确定的,一个数学方程式就能搞定。

当人类步入信息时代,我们的知识体系不再是优雅而确定的了,开始引入了不确定的因素,以量子理论为代表的科学,开创了信息时代,人类发明了无线电、因特网,构造了一个虚拟的信息世界,只有人类自己可以独享的一个世界。这个信息世界,无法用准确的数学方程来描述。当人类在信息世界里,产生的信息越来越多,各种文本、图片、视频在这个信息世界里自我野蛮地复制与生长,人类步入了大数据时代。在大数据时代,因果论就显得越来越淡化了,而最重要的常识是相关性。人们只关心表象,不再去追究表象背后的原因。

数据科学的韦恩图概括了数据科学与其他科学的关系,如果用一个公式来表达,数据科学可以理解为:数据科学≈数据思维+计算机科学+统计学+应用。首先数据科学家需要建立数据思维方式,学习怎样利用数据;其次应该了解数据清理、集成、探索等相关技术;最后洞见和商业意识也至关重要。显然,数据科学同样离不开计算机的参与,同样是计算,第四范式与第三范式有什么区别呢?最显著的区别就是:计算(模拟)范式是先提出可能的理论,再搜集数据,然后通过计算仿真进行理论验证。而数据密集型范式,是先有了大量的已知数据,然后通过计算得出之前未知的可信的理论。这里体现出"计算思维"加"数据思维"的强强联合!

 技术洞察 2.1:自然语言处理——从规则到统计、从理性到经验

自然语言处理(Natural Language Processing,NLP)就是研究如何让计算机读懂人类语言,让计算机理解自然语言文本的意义,以自然语言文本来表达给定的深层的意图、思想等,其地位极其重要。20世纪60年代,科学家认为理解自然语言的基础是做好两件事:句法分析和语义分析。句法分析就是将句子分为主语、动词短语(谓语)和结尾符号三部分。之后对每一部分进一步分析得到语义分析。例如,对句子"徐志摩喜欢林徽因"进行语法分析,构建的语法分析树如下。

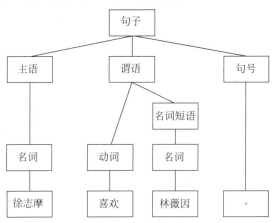

构建语法树的语法分析规则对于简单句子可以实现,然而对于复杂的语句这种方法并不适用。它存在两个缺点:①要实现真实的语句的语法规则,语法规则数量需要很多,覆盖20%的真实语句就可能需要几万条规则,并且句子随着时间会不断增加,出现新的句子后需要添加新的规则;②自然语言的语法和高级程序语言的语法规则不同,不易于计算机编程实现。自然语言的文法规则是复杂的上下文(Context)有关文法,而程序语言是便于计算机解码的上下文无关文法。语义的处理相比于文法分析面临更大的问题。

弗里德里克·贾里尼克和IBM华生实验室的科学家们提出了一个全新的假设:一个句子是否合理,就看它的存在可能性大小如何,即"存在即合理",至于可能性可用概率来衡量。使用基于统计的方法解决的语音识别的问题,将识别率从70%提升到了90%。

2005年,随着Google基于统计的方法翻译系统全面超过基于规则的方法的SysTran翻译系统之后,基于统计的方法替代了被研究几十年的基于规则的NLP方法。简单来说,基于统计的语言模型的构建就是对语言文本进行概率建模,用前面已经出现的文本来预测下一段输出内容的概率,形式上有些类似于文字接龙游戏。例如,输入的内容是"你好",模型可能就会在可能的结果中选出概率最高的那一个,用来生成下一部分的内容,也称为生成式模型。

以统计模型中的二元模型为例,假定 S 表示某个有意义的句子,由一连串特定顺序排列的词 w_1, w_2, $\cdots$, w_n 组成,这里 n 就是句子的长度,根据数学上的马尔可夫假定(任何一个词出现的概率只与它前面的词有关),S 出现的概率可由条件概率(出现的频率)算出:

$$P(S)=P(w_1)P(w_2|w_1)P(w_3|w_2)\cdots P(w_i|w_{(i-1)})\cdots P(w_n|w_{(n-1)})$$

二元模型假定后一个词的出现只与前一个词有关,n-Gram模型则假定与前 $n-1$ 个词有关。语言模型从规则到统计的变化,使得自然语言处理发生了颠覆性的突破。

想一想:

n 如果很大,会带来什么问题?

2022年横空出世的大语言模型ChatGPT是解决这类问题的"颠覆性创新"吗?

2.2.3 第四范式的挑战

第四范式的特点决定了数据科学所面临的挑战是巨大的。数据思维下的科学行动范式是对大数据创新活动的概括提炼,主要包括采集、连接、开放和跨界4种行动范式。

(1)采集。采集是指尽可能采集所有数据。除了单位内部纵向不同层级、横向不同部门间的数据积累外,还应注重相关外部单位的数据储备,以实现创新应用所需数据全集的流畅协同。

以餐饮业为例,餐饮业的核心在于获得稳定的客源,而这一过程需要菜品、服务、管理等一系列的优化。绑定会员卡记录顾客消费行为和消费习惯,记录顾客点菜和结账时间,记录菜品投诉和退菜情况,形成月度、季度和年度数据,进而判断菜品销量与时间的关系、顾客消费与菜品的关系等,为原材料和营销策略等方面的调整提供决策依据。

(2)连接。基于事物相互联系的观点,大数据建立连接应该放宽视野,营造一个多方共赢互利的数据应用生态体系。因为数据之间的连接越多,连接越快,越容易打通数据的价值链,发掘数据的价值。

以支付宝发展为例,很多人都使用支付宝,它最初只是一个第三方保障工具,为买卖双方提供信用担保。随着支付宝用户数据的积累,在支付宝平台上逐渐发展出移动支付、余额宝、芝麻信用、花呗等金融服务产品,又通过连接电信、娱乐、公交等发展出充值服务、电影购票、公交地铁、打车等服务,进一步通过连接城市服务、生活服务、医疗健康,发展出缴费、社保、公积金、诊疗挂号等服务。

(3) 开放。开放是大数据得以存在和发展的首要条件和本质特性。政府、企业和个人需要克服封闭和保守思想,树立数据开放、共享和共赢的意识。数据只有在不断地应用中才能增值,通过各方数据的协同创新,才能产生聚变效应。

(4) 跨界。跨界的关键要发挥数据的外部性,实现数据的跨域关联和跨界应用。

> **想一想 2.2:"大数据买披萨"的故事**
>
> "大数据买披萨"经典案例在互联网和各种社交媒体上广泛流传,故事的情节是这样的。
>
> 一位顾客给披萨店打电话订购披萨,客服在询问了顾客的会员卡号之后,很快就报出了顾客的住址、手机等联系方式。当顾客提出想订购海鲜披萨时,客服却回复:根据对方的体检记录,他的胆固醇偏高,不适合海鲜披萨,并为其推荐了低脂肪的蔬菜披萨,理由是这位顾客上周刚刚在图书馆借了一本《低脂健康食谱》。而当顾客想要一份超大号的披萨时,客服又建议其购买小一号的披萨,因为顾客的家里只有 6 个人,小一号的披萨已经足够全家食用了,并且建议其母亲少吃,因为老人家上个月刚做过心脏搭桥手术,还处于恢复期……当顾客提出用信用卡付费时,客服则指出:根据记录,该顾客的信用卡已经刷爆了,现在还欠银行 4807 元,而且还不包括房贷利息,同时当天提现额度也已经超过了。客服还根据 CRM 全球定位系统跟踪到顾客正在解放路东段华联商场右侧骑着车号为 SB748 的摩托车,距离披萨店很近,可以顺路来取……
>
> 很多读者都惊叹于这家披萨店对顾客信息的掌握程度,而很多企业却从中得到了启示:利用 CRM 系统,结合大数据技术,可以掌握顾客的详细信息,根据这些信息进行分析,可以为顾客提供更合理化的消费建议,从而更好地服务于客户。
>
> 该案例对你的启示是什么?

思考题

1. 什么是范式?给出 4 个范式的名称及实例。
2. 描述技术的发展与范式演变的关系。
3. 对于第四范式"数据密集型研究发现范式"中隐含"数据""密集型""科学""发现"几个概念,你能够再深入理解一下吗?

2.3 数据科学项目的实施

2.3.1 数据科学流程

数据科学的流程如图 2.5 所示,主要包括数据化、数据加工、数据规整化、探索性分析、数据分析与洞见(数据挖掘、机器学习)、结果展示及提供数据产品等。关于数据科学流程,各部分具体分析理解如下。

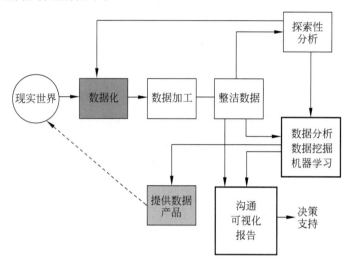

图 2.5 数据科学流程

(图片来源:《数据科学理论与实践》)

(1) 数据化是指捕获人们的生活、业务或社会活动,并将其转换为数据的过程。其本质是从现实世界中采集信息,并对采集到的信息进行计量和记录之后,形成原始数据,也可以称之为零次数据。

技术洞察 2.2:什么是"埋点数据"

埋点分析是网站分析的一种常用的数据采集方法,指在需要采集数据的"操作节点"的地方将数据采集的程序代码附加在功能程序代码中,对操作节点上的用户行为或事件进行捕获、处理和发送相关技术及其实施过程。数据埋点分为初级、中级、高级三种方式。

- 初级:在产品、服务转化关键点植入统计代码,并保证独立 ID 的数据采集不重复,如"购买"按钮点击率。
- 中级:植入多段代码,追踪用户在平台每个界面上的系列行为,事件之间相互独立,如打开商品详情页→选择商品型号→加入购物车→下订单→购买完成。
- 高级:联合软件工程、ETL 处理(数据抽取、变换与加载),分析用户全量行为,建立用户画像,还原用户行为模型,作为产品分析、优化的基础。

无疑,数据埋点是一种良好的私有化部署数据采集方式。数据采集准确,满足了企业去粗取精,实现产品、服务快速优化迭代的需求。但因手动埋点工程量极大,且一不小心容易出错,成为很多工程师的痛。另外,开发周期长,耗时费力,很多规模较小的公司并不具备自己埋点的能力。目前,无埋点成为市场新宠。

想一想:

采用埋点和无埋点两种技术,谁能成为最后赢家?

(2) 数据加工及规整化处理的本质是将低层次数据转换为高层次数据的过程。从加工程度看,干净数据(Clean Data)是指数据的质量较好,数据质量有问题通常是指数据存在缺失值、错误值或噪声信息等。数据科学家采用数据审计方法判断数据是否"干净",

并用数据清洗（Data Cleaning）的方法将"脏数据"加工成"整洁数据"。整洁数据（Tidy Data）是指数据的形态是否符合计算与算法要求。通常，数据科学家采用数据的整洁化处理（Data Tidying）的方法将"乱数据"加工成"整洁数据"。

> **想一想 2.3：什么是整洁数据（Tidy Data）**
>
> 为了更好地分析数据，需要将数据整合成"整洁（Tidy）"格式，如下图所示。整洁格式的主要思想是尽量减少不同观测值之间的耦合，以保证：
> - 每行都是一次独立的观测。
> - 每列都是一个独立的变量。
> - 每个观测值构成了一个表格。
>
>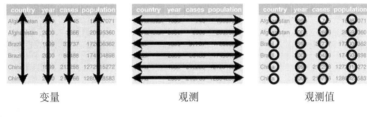
>
> **想一想**
> 整洁数据是如何得到的？

（3）探索性数据分析（Exploratory Data Analysis，EDA）是对已有的数据（特别是调查或观察得来的原始数据）在尽量少的先验假定下进行探索，并通过作图、制表、方程拟合、计算特征量等手段探索数据的结构和规律的一种数据分析方法。EDA 方法与传统统计学中的验证性分析方法不同，其主要区别有以下两点：①EDA 不需要事先假设，而验证性分析需要事先提出假设；②EDA 中采用的方法往往比验证性分析简单。在一般数据科学项目中，探索分析在先，而验证性分析在后。

（4）挖掘数据价值是数据科学的核心任务。数据分析、数据挖掘、机器学习（数据洞见）的三个基本类型及其内在联系为：描述性分析将数据转换为信息的分析过程；预测性分析将信息转换为知识的分析过程；规范性分析将知识转换为智慧的分析过程。

（5）结果展现的具体实施是指在机器学习算法、统计模型的设计与应用的基础上，采用数据可视化、故事描述等方法将数据分析的结果展示给最终用户，进而达到决策支持和产品提供的目的。数据分析的结果通常以分析报告的形式与相关部门沟通，以支持决策。数据产品的提供则是在机器学习算法、统计模型的设计与应用的基础上，进一步将"干净数据"转换加工成各种数据产品，并提供给现实世界，方便交易与消费。

2.3.2 数据特征与数据准备

数据的商业价值不可否认，因此数据必须符合一些基本的可用性和质量指标，而且并非所有数据对所有任务都是有用的。也就是说，数据必须与任务相匹配（具有特定的范围)。忽略与数据相关的任务(一些关键的步骤)的数据科学项目常常会以正确任务的错误结果告终,而这些无意中产生的不正确的答案可能会导致不准确和不合时宜的决策。数据加工方法和数据是相互关联和影响的,询问从哪里得到所需的数据是一切数据科学项目展开的前提。数据影响你所使用的方法,方法取决于你可使用的数据,如果你能收集容易使用的数据,一些方法可以得到更好的结果。数据科学项目研究中关于数据准备程度的一些特征如表2.2所示。

表2.2 数据特征及相关问题

特 征	含 义	问 题
数据源可靠性	获取数据的存储介质的独创性和适当性	我们对这个数据源有正确的信心和信念吗
数据可访问性	数据是否易于获取	我们在需要时可以轻松获取数据吗
数据内容准确性	数据的正确性	我们是否有适合该工作的数据
数据丰富性	所有必需的数据元素都包括在数据集中	数据是否描述了足够丰富的基础主题维度
数据一致性	数据被准确地收集和合并集成	数据的格式是一样的吗 需要什么变换
数据时效性	对于给定的目标,数据应该是最新的(或根据需要是最近的)	数据的"时间窗口"是如何定义的
数据粒度	要求变量和数据值定义为数据预期用途的最低详细程度	我们应该使用原始记录(属性)还是汇总的数据
数据有效性	数据从内容到类型的限制	这些数据对于现在的问题是有效的吗
数据相关性	数据集中的变量都与正在进行的研究相关	我们能够将变量按相关性排序吗
数据安全与数据隐私	对数据进行安全保护	使用这些数据是合法的吗 需要脱敏吗

通常数据分析算法的设计与选择需要考虑被处理数据的特征。当被处理数据的质量过低或数据的形态不符合算法需求时,需要进行必要的数据加工处理工作。

数据加工是指根据后续数据计算的需求对数据进行的处理,包括对原始数据集进行的清洗、变换、集成、脱敏、规约和标注等一系列处理活动。数据加工的主要目的是提升数据质量,使数据形态更加符合某一算法需求,进而提升数据计算的效果和降低其复杂度。数据加工的主要动机往往来自两个方面。一方面是数据质量要求。原始数据的质量不高,可能导致数据处理活动的"垃圾进、垃圾出"。在数据处理过程中,原始数据可能存在多种质量问题,如存在缺失值、噪声、错误和虚假数据等。这些将影响数据技术处理算法的效率与数据处理结果的准确性。因此,在数据进行正式的分析和挖掘工作之前,需要进行一定的预处理工作,发现数据中存在的质量问题,并采用特定方法处理问题数据。另一方面是数据计算要求。原始数据的形态不符合目标算法的要求,后续处理方法无法直接在原始数据上进行,如数据的类型、规模、取值范围、存储位置等不满足要求时,也需要进行数据加工操作。

试一试 2.2：数据一致性及 Excel 变换

常用的 Excel 软件也可以进行简单的数据分析工作,但关于时间变量的格式往往会有多种形式,这些不一致的格式就需要统一起来。例如,在研究交通事故数据分析时,可能收集到的原始数据包括：①与事故直接相关的数据；②当时的气象数据；③行人地铁口刷卡数据。假设三类数据的部分样本如下,你能够发现"时间"数据格式的不同之处吗?你知道 Excel 可以通过什么方式统一它们的格式吗？

事故编号	事故类型	事故地点	事故时间
3101044201500061	一般	中山南二路进东安路西约200米	2015-11-28 16:53:00
3101069201500107	一般	北京西路出铜仁路西约50米	2015-7-11 10:20:00
3101157201500524	一般	康新公路下盐公路东约5米	2015-12-28 15:40:00
3101125201500119	一般	兴虹路申滨路东约200米	2015-7-6 6:39:00
3101159201500393	一般	沪南公路秀沿路西约5米	2015-10-26 4:50:00
3101117201500159	一般	新南路进明兴路东约120米	2015-7-1 11:24:00
3101153201600086	一般	川南奉公路进卫亭路北约100米	2016-3-26 7:40:00
3101092201500063	一般	广粤路进广中路北约80米	2015-10-19 18:42:00
3101146201600024	一般	外青松公路出民丰路北约60米	2016-2-20 7:38：00
3101062201600015	一般	江宁路进昌平路南约50米	2016-2-6 13:45:00

时间	站点	温度	风向	风速	雨量
20150710000	闵行	22.8	0	2.3	0
20150710000	宝山	22.2	279	1.7	0
20150710000	嘉定	22	16	2.9	0
20150710000	崇明	20.9	312	1.7	0.1
20150710000	徐家汇	22.8	60	0.9	0
20150710000	南汇	22.4	1	3.3	0
20150710000	浦东	22.6	282	1.4	0
20150710000	金山	23.7	348	2.3	0
20150710000	青浦	22.6	13	2.1	0

卡号	刷卡日期	刷卡时间	刷卡站点	交通方式	票价	优惠方式
3102664781	2016/3/1	22:03:05	3号线曹杨路	地铁	4	非优惠
3102664781	2016/3/1	11:38:03	3号线虹口足球场	地铁	3	优惠
3102664781	2016/3/1	10:51:52	11号线枫桥路	地铁	0	非优惠
3102664781	2016/3/1	21:43:07	3号线虹口足球场	地铁	0	非优惠
602141128	2016/3/1	08:35:04	1号线莘庄	地铁	0	非优惠
602141128	2016/3/1	14:05:05	2号线虹桥火车站	地铁	5	非优惠
602141128	2016/3/1	09:29:05	4号线大连路	地铁	5	非优惠
602141128	2016/3/1	13:08:13	4号线大连路	地铁	0	非优惠
2804568717	2016/3/1	09:19:43	9号线嘉善路	地铁	3	优惠
2804568717	2016/3/1	08:43:40	8号线黄兴路	地铁	0	非优惠

想一想：

上述"数据加工"的工作重要吗？

如果这类工作"巨大",能自动完成吗?有什么工具吗?

需要强调的是,上述数据加工活动之间并非孤立的,可能存在一定的重叠或交叉关系,因此,同一个数据科学项目往往需要综合多种数据加工方法。许多数据科学项目表明,花费在数据预处理上的时间要比花费在其他分析任务(如分析模型构建和评估)上的时间长得多(80%),这可能是整个过程中"最不愉快"的阶段,但也是非常重要及关键的一步,而探索性分析在这一过程中也发挥重要的作用。

技术洞察 2.3:数据标注

数据标注是人工智能产业的基础,是机器感知现实世界的起点。从某种程度上来说,没有经过标注的数据就是无用数据。机器识别事物主要通过物体的一些特征,被识别的物体通过数据标注让机器知道这个物体是什么。数据标注师的工作就是对图片、语音、文本、视频等数据内容进行标注,使用的标注工具通常有 2D 框、3D 框、点标注、线标注、语义分割等。

数据标注的类型非常多,如文本分类、图片拉框、语音转写、人像打点等。

 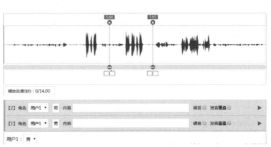

你知道被誉为"下一个马斯克"的人是谁吗?Alexandr Wang 是位 19 岁从麻省理工学院辍学创业的华裔男孩,这个 5 年成就市值为 73 亿美元的独角兽公司的创业者已经成为全球最年轻的亿万富翁!他创办的公司 Scale AI 就是一个数据标注公司。

想一想:
数据标注为什么重要?为什么"有价值"?

2.3.3 从商业问题到数据科学问题

关于数据科学的成果(数据科学项目)在各行业业务中可以扮演的高级角色的分类如图 2.6 所示,可以使用这个分类法来指导数据科学的应用,以解决企业的具体商业问题及可用的业务操作。

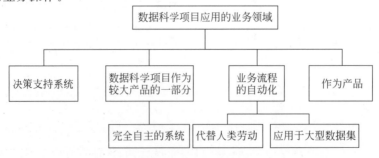

图 2.6 数据科学项目在商业中的角色

如图 2.6 所示,数据科学项目的应用包括以下几个方面。

(1) 决策支持系统。数据科学项目能帮助员工或组织经理做出更好的决策。这些系统的使用范围从帮助管理层做出影响整个组织的决策到帮助一线员工完成日常工作。

(2) 更大的产品。数据科学项目可能只是更大产品的一部分。这种产品具有数据驱动可能实现的能力,但不是纯粹的全自动的能力,如推荐系统、清洁机器人或智能恒温器等。在完全自主系统的情况下"自"指导系统操作,并在不需要人类参与的情况下作出决定。

(3) 业务流程的自动化。数据科学项目自动化了业务流程中的一些步骤。有时这样做是为了代替人类劳动;其他时候,这样做是为了处理大到人类无法处理的数据集。

(4) 作为产品。可以将数据科学成果包装成产品,卖给其他组织。一个例子是能够识别交通标志图像的系统,该产品将出售给自动驾驶汽车制造商。

应用案例 2.1:Google 的核心——PageRank 算法

1996 年,拉里·佩奇(Larry Page)和谢尔盖·布林(Sergey Brin)在斯坦福大学的宿舍里发明了强大而精妙的算法。他们最初想把新算法命名为"网络爬虫(Backrub)",但最终还是决定叫"Google(谷歌)",其灵感来自 1 后面的 100 个 0。他们的目标是找到一种对互联网上所有的页面进行排序的方法,以帮助人们在这个不断增长的海量数据库中进行检索,所以起这个代表巨大数字的名字似乎特别贴切,而且也很酷炫。

之前的算法会将所有包含这些检索关键词的页面识别出来,并按顺序排列,搜索词出现频率最高的网站会被放在最顶部。这种方式虽然有效,却容易被黑客攻击或人为操纵。佩奇和布林想出一个聪明的方法:如果一个网站有很多链接指向它,就暗示着其他网站认为这个网站值得访问。其原理是通过其他网站的评估去衡量某个网站的重要性,或者说该网站的访问价值。但是,这种方式也有可能被黑客攻击,例如,只需伪造出有 1000 个网站的链接指向这个网页就行了,这样也会使其被纳入搜索名录。

为了防止这种情况出现,他们决定给那些获得广泛好评、深受信赖的网站赋予更高的权重。可这仍然会让他们面临一个挑战:如何客观评价一个网站的重要性?

PageRank 有以下两个假设。

- 数量假设:如果一个网页被很多其他网页链接,说明这个网页比较重要,也就是 PageRank 值会相对较高。
- 质量假设:如果一个 PageRank 值很高的网页链接到一个其他的网页,那么被链接到的网页的 PageRank 值会相应地因此而提高。

虽然 PageRank 算法不再是谷歌公司用来给网页进行排名的唯一算法,但它是最早的也是最著名的算法。那么,一个大学生的算法又是如何催生出了一个伟大的公司的呢?再探究一下吧……

想一想:

批判性思维中"假设"的重要性你体会到了吗?

数据科学的实施是基于数据、挖掘数据价值的过程,其关键问题是:如何系统地发现可以采取的领域?如何将商业问题转变为数据科学问题?如何将数据价值变为商业价值?以商业需求为出发点,然后借助数据的手段,来发现商业活动的本质,进而形成商业

活动的决策和建议,以实现最终的商业目的。这里主要包含以下三个关键环节。

(1) 将商业问题转换为数据可分析问题。

(2) 对数据进行有效的处理和分析,提取数据中蕴含的业务信息。

(3) 基于业务信息,形成最终的业务策略及应用。

这三个环节可以理解为业务数据化、数据信息化、信息策略化,如图 2.7 所示。

图 2.7 从商业问题到数据问题

在数学家的眼里,世界的本质是数学的。同样,在数据分析师的眼里,任何一个商业问题,都可以转换为一个数学问题,或者是任何一个数据问题,最终都能够用数据分析方法和分析模型来解决,并找到业务问题的答案。下面以电子商务为例:

- 用户行为分析,其实就是对客户的浏览数据、搜索数据、点击数据和交易数据等进行统计分析,以提取用户特征、客流规律、产品偏好等信息,这些问题其实用一些基本的统计方法就能够得到答案。
- 精准营销,其实是要判断一个客户是否会买本公司的产品,会买公司的哪款产品,以及大概是在什么时候会有购买需求,等等。因此,精准营销的问题其实可以转换为一个分类预测问题,来对客户的喜好产品进行预测。
- 风险控制,不外乎是要判断一个客户是否会拖欠贷款,因此依然可以转换为一个定性预测的数据模型问题。实际上,所有客户行为的预测,都可以看成一个预测问题。
- 客户群细分,其实可以看成一个数据聚类的问题,实现对象数据的自动聚类,以发现不同客户群的需求特征。
- 产品销量提升,可以看成一个相关性问题,就是要找出有哪些因素会影响产品销量,并通过控制和调整这些关键因素,进而使得产品销量得到提升。
- 产品功能设计问题,也可以是一个影响因素分析的问题,即哪些功能和特征会对销量产生比较大的影响,这些有显著影响的功用和特征是需要在设计时重点考虑的。

当然,一个商业问题也可以同时转换为几个不同模式的数据问题,不同的数据问题得到的业务模式和业务信息也是不相同的。

应用案例 2.2:使用 CRM 构建全方位用户画像

用户画像的焦点工作就是为用户打"标签",而一个标签通常是人为规定的高度精练的特征标识,如年龄、性别、地域、用户偏好等,最后将用户的所有标签综合起来,基本就可以勾勒出该用户的立体"画像"了。借助 CRM,用户画像的具体应用可以包括以下几个方面。

(1) 客户特征细分。

借助 CRM,可以对现有客户或者是潜在客户的特征进行整理分析,这些信息是多维度的,包括姓名、性别、年龄、联系方式、地址、职业、客户编号等基本信息(静态信息)。此外,企业还可以根据自身需求添加自定义字段,在开发以及维护的过程中不断完善客户资料,形成对客户的基础认知。

(2) 客户价值细分。

CRM 可以详细记录客户的消费记录(动态信息),打开 CRM 就可以详细看到客户的下单时间,购买的产品种类、数量、价格、下单的频率等。企业可以根据这些数据统计得出客户的价值,如哪些客户是一次性消费大宗消费的、哪些客户是持续性消费的、哪些客户从来没有消费过。结合消费金额和消费频率,可以从总体上将客户划分价值区间:高价值客户、低价值客户、中间价值客户等。

(3) 客户需求细分。

CRM 中的各个板块既相互独立又相互融合,企业可以根据需要做交叉数据分析。根据 CRM 中的咨询记录、沟通及跟进记录、订单记录、收款记录及合同记录等,企业可以得出目标客户及客户群对产品的需求及购买规律,如客户需要的是什么商品、客户购买的是什么商品、在什么时间购买的、购买的频率是什么……从而得出客户的需求状况,以及需求是否被满足。

消费方式的改变促使用户迫切希望尽快获取自己想要了解的信息,因此,基于用户画像上的精准营销不管对企业还是对用户来说,都是有需求的,这会给双方交易带来极大便捷,也为双方平等沟通搭建了一个畅通平台。

思考题

1. 数据科学流程一般包括哪些环节?
2. 什么是数据的"一致性"?为什么会产生数据不一致的问题?可以避免吗?
3. 什么是数据加工?数据加工一般包括对数据的哪些处理?

2.4 探究与实践

1. 为什么数据质量如此重要?正因如此,对数据(电子记录)的加工处理的描述用语也很多,如数据准备、数据整理、数据预处理、数据清洗等。每个词出现的年代、内涵及所强调的重点不尽相同。进一步探究其含义并用金字塔结构按层次及分组整理,可以更好地理解其在数据科学中的地位及作用。

2. 第四范式中的"数据密集型"为什么不是"计算密集型"?用 5Why 方法试着多问几个"为什么"。

3. 什么是数据科学?基于批判性思维要素的理解。

理查德·保罗提出的"批判性思维工具",指出:人类的思维结构由 8 个思维元素构成,不同学科的逻辑也可以由 8 个要素构成的,将批判性思维工具中的"要素"用于学习、阅读、思考及探究实践,有助于理解各种概念及观点,是深入思考的起点。关于数据科学的定义有很多,试一试用部分"要素"来理解一下"什么是数据科学"吧,示例如下。

- 目地:数据科学的目的是发现大数据的价值。

- 问题：数据科学中待解决的问题包括数据采集与存储、数据分析与计算、数据应用等。
- 假设：数据科学的一些假设是对大数据时代现象的解释，如大数据 4V 特性。数据科学研究的是真实世界映射到的"数据世界"，并假设这个数据世界是真实世界中人们思维、需求及行动的反映，因而数据世界并不是完全虚构的世界，"数据会讲故事"，当然有时会因各种因素的影响而发生偏差。
- 信息：数据科学使用的信息是原始的电子记录，它来自于所有人与人（或人与物、物与物）的交互作用的结果。
- 结果及意义：数据科学研究的结果（数据价值）可以指导企业的决策，实现基于数据的驱动。也深刻影响人们的思维和行动。
- 观点：从数据科学观点看，数据是资源；数据需要经过加工、挖掘等一系列处理才能体现它的价值；数据价值的应用需要结合行业需求，并在反复试错、不断优化中迭代完成。

用批判性思维中的"要素"对所学概念再思考，可能会有别样的感悟、别样的困惑、别样的收获。关于"什么是数据清洗"的理解，试着找出相关"要素"及其描述。

4．理解数据科学的新术语。

在下面罗列的术语中，找到一个你最感兴趣的词作为关键字，在百度找到一张你认为适合解释该关键词的图片，谈谈你对该词和该图片的理解（可采用 STW、5W1H、5Why 分析法），并提出三个相关性的问题。

百度的关键词可以是有关数据科学的方方面面，举例如下。

- 数据科学的定义：数据驱动、数据业务化、数据洞见、数据生态系统。
- 数据科学的理论体系：数据加工、数据生产、数据管理、数据分析。
- 数据科学基本流程：数据生产、数据处理、探索性分析、数据可视化、数据产品。

可能还会有很多与"大数据"有关的新术语，你也可以自己找一个感兴趣的来做。例如，数据规模、多样性和异构型、不可靠、实时性、隐私、人机协作、访问与共享等。

第3章 数据思维

 **别轻易点赞，它会泄露你的性格秘密**

美国科学院院报(PNAS)最新的一篇研究表明，在社交网站上别轻易点赞，因为点赞能够泄露你一些比较私密的性格特质。该项目的研究人员邀请脸书上 8.6 万名志愿者参与这项性格测试，并且收集了他们的"点赞"数据(即对什么帖子或内容发生点赞行为)。同时邀请了被试的亲朋好友参与测试，给出有关该被试者性格的评价。这样就获得了被试者的三份性格数据，一份是自我的评价，一份是亲朋好友的评价，一份是基于点赞数据计算的结果。研究结果表明，算法得到的性格倾向指数比亲朋好友的判断更为准确。

想一想在点赞的时候，我们希望向脸书好友展示我们对特定内容(包括状态更新、照片、书籍、产品、音乐)的积极态度。与此同时，"点赞"行为也暴露了你很多的私密信息、敏感特质、性格偏好和行为倾向等。例如，宗教信仰、政治观点、性取向和酒量等。具体的结论是，大概只需要 10 个"赞"，计算机就能比同事更准确地判断你的性格；通过 70 个"赞"，计算机的判断就能超过你的朋友；140 个"赞"便能超过你的家人(父母亲兄妹)。300 个"赞"则能"击败"你的伴侣。

这个结论你想到了吗？你的性格密码被大数据"熟知"了会怎样？

学习目标

学完本章，你应该牢记以下概念。
- 统计思维——采样、总体。
- 计算思维——递归、容错(抽象、自动化)。
- 数据思维——全数据思维、相关性思维、容错思维。

学完本章，你将具有以下能力。
- 比较统计思维与数据思维的本质区别。
- 说明计算思维与数据思维是如何解决容错性问题的。

学完本章，你还可以探索以下问题。
- 探究你在某平台/App 上留下了哪些数据，你自己的"画像"你了解吗？
- 探究大数据案例中数据思维的具体应用(全数据、相关、容错)。
- 关于"一切皆可量化"，对现在、对未来意味着什么？

视频讲解

3.1 统计学与统计思维

3.1.1 什么是统计

什么是统计？顾名思义，"统"是总括、概括，"计"是计算，合在一起就是概括的计算。所以，统计是指对某个事件进行概括性的计算，以得出支撑结论的统计数据。很久以前，古代人们就掌握了记数的技术，主要用于记录食物的数量。但是随着人们智慧的增长，人们不再局限于记数，对于记录下来的数据，总有人会去探索一些有趣的事情，其中最简单的一种计算就是均值,计算一组数据的平均数来衡量这组数据的平均水平。有了均值来衡量平均水平,那么人们自然会关注个体与平均水平的差异,这时方差应运而生,基于均值来衡量整体水平之间的差异程度。假设共有 n 个样本数据 $x_i(i=1,2,3,\cdots,n)$,则该样本集的均值、方差(标准差)的计算公式如下。

$$均值:\overline{X}=\frac{\sum_{i=1}^{n}X_i}{n}$$

$$标准差:s=\sqrt{\frac{\sum_{i=1}^{n}(X_i-\overline{X})^2}{n-1}}$$

$$方差:s^2=\frac{\sum_{i=1}^{n}(X_i-\overline{X})^2}{n-1}$$

随着统计学继续发展,人们很快发现,之前定义的整体只是当前收集到的全部数据,对于某个事件(偶尔发生的个体为随机变量的具体值)不可能穷尽搜集到它的所有数据,这所有的数据称为总体,之前定义为整体的那部分数据称为这个总体下的一份样本。总体与样本之间的关系如图 3.1 所示。

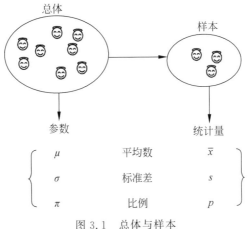

图 3.1 总体与样本

样本的数据表现并不稳定,但是在多次实验的情况下,事件的某种情况发生的频率趋于稳定,结合极限的概念,可以给总体中事件出现的频率一个定义,即"概率"。进而为了理解某个事件的规律,我们希望穷尽事件所有可能的概率,因此需要知道总体数据大概以什么样的方式呈现。为了刻画总体的模样,分布又应运而生,即事件所有可能的概率分布。有了分布的概念,人们开始研究各种不同事件的分布形式,进化出 0-1 分布(伯努利分布)、二项分布、泊松分布、指数分布、正态分布等。正态分布的发现是一个里程碑式的事件。正态分布曲线形状优美,与其对应的密度函数的数学表达及分布图如图 3.2 所示。正态分布的期望值 μ(随机变量的均值)可解释为位置参数,决定了分布的位置;

其方差 σ^2 的平方根或标准差 σ 可解释为尺度参数,决定了分布的幅度。

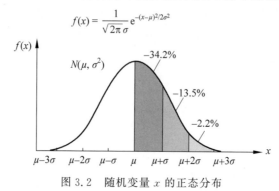

图 3.2　随机变量 x 的正态分布

总之,在统计学家眼里,世上所有发生的事件都是随机的,但所有的随机事件都可以用概率分布来描述。

应用案例3.1：面包的故事

由于战争,德国有一个时期物资特别紧缺,对面包实行配给制:政府把面粉发给指定的面包房,面包师傅烤好了面包再发给居民。有一个统计学家,怀疑他所在区域的面包师傅私扣面粉,于是就天天称自己的面包。几个月以后,他去找面包师傅,说:"政府规定配给的面包是400g,因为模具和其他因素,你做的面包可能是398g、399g,也可能是401g、402g,但是按照统计学的正态分布原理,这么多天的面包质量平均应该等于400g,可是你给我的面包平均质量是398g。我有理由怀疑是你使用较小的模具,私吞了面粉。"面包师傅承认确实私吞了面粉,并再三道歉保证马上更换正常的模具。又过了几个月,统计学家又去找这个面包师傅,说:"虽然这几个月你给我的面包都在400g以上,但是这可能是因为你没有私吞面粉,也可能是因为你从面包里特意挑大的给我。同样根据正态分布原理,这么多天不可能没有低于400g的面包,所以我认为你只是特意给了我比较大的面包,而不是更换了正常的模具。我会立刻要求政府检查你的模具"。面包师傅只好当众认错道歉,接受处罚。

这个故事用到了正态分布原理,是不是很有趣啊?其实统计学离我们的生活并没有那么遥远,很多时候可以利用统计学解决一些生活中的小问题。

3.1.2　统计学原理与统计思维

统计学源于人们对客观现象的描述及分析,标志从理论数学到统计学、从确定到不确定、从部分推整体、从演绎到归纳的思维变化,而基本统计量如均值、方差、概率分布等是这一思维实施的方法及工具。统计学将现实世界的问题抽象成某种描述(模型),借此就可能发现问题的本质及其能否求解。

统计学的精髓就在于通过可以观测的样本来推测总体的情况。统计学有三大基石,即大数定律、中心极限定理及正态分布。在统计活动中,人们发现,随着实验次数的增加,一个事件发生的概率会收敛于一个稳定的值。在数学上的表达就是,n 个随机变量的均值(或者说期望)会随着 n 趋近于无穷而收敛于总体均值,也就是实际的均值。

技术洞察 3.1：大数定律与中心极限定律——统计学的基石

大数定律表明：在实验不变的条件下，重复实验多次，随机事件的频率近似于它的概率。随着样本的增大，随机变量对平均数的偏离是下降的。

大数定律解决了样本和总体的关系问题，其核心思想就是当样本量足够大的时候，样本的分布（均值）与总体的分布（真实均值）充分接近，也就是可以把两者视为相等的。大数定律告诉我们只要获取适合的数据样本就可以把握住事物的分布规律，而不需要所谓的海量数据。关键是数据样本的代表性、数据的真实性、有效性以及适合的样本量。大数定律反映了一个自然规律：在一个包含众多个体的大群体中，偶然性而产生的个体差异，使得个体都是毫无规律、难以预测的，但由于大数定律，整个群体能呈现出稳定的形态。但要注意的是，大数定律仅在样本数量足够多的情况下才成立。

中心极限定律表明：在随机变量的个数无限多的时候，随机变量的分布会趋近于正态分布，并且这个正态分布以 μ 为均值，以 σ^2/n 为方差。

综上所述，这两个定律都是在阐述样本均值性质。随着 n 增大，大数定律表明：样本均值几乎必然等于均值。中心极限定律则进一步阐述，它越来越趋近于正态分布，并且这个正态分布的方差越来越小。

想一想：

"数据富足"时代，这两个定律给你的启发是什么？

统计学是研究如何有效收集、整理、分析数据的一门学科，它以数据为研究对象，以统计描述、统计建模和统计推断等方式分析处理数据，是数据科学最重要的理论基础与方法论。

统计描述是利用各种数学方法对数据的结构和特征进行描述的方法。常用的统计描述方法包括统计图表、分布函数、数字特征等。统计推断是用样本推断数据总体分布或分布的数值特征的统计方法，而统计建模主要是指如何选择合适的模型（分布）去描述给定的数据和数据与数据之间的关系，内容涉及变量选择（或称特征选择）、模型构造与模型选择等方面。

简单来说，统计学所做的工作就是从随机性中寻找规律性，这是统计的基本思想，也是统计的魅力所在。统计学里所表达的两个核心理念就是：允许误差下的概率保证及允许误差下的统计推断。概率和误差构成了统计思维的两大支柱，并发展出统计学里几乎所有的关键要点。

3.1.3 像统计学家一样思考

统计思维从属于一般思维，是人脑和统计学原理、方法、统计学工具交互作用并按照一般思维规律认识各类现象的内在的批判性思维活动。它是一种思维方式、行为方式、工作方式及决策方式。统计思维最终要指导人们如何和数据打交道，解决客观现实问题。思维的基本特点体现在数量性、总体性、客观性、历史性、对比性、综合性、具体性、创造性和实用性等。

统计学家思考的前提是基于数据不完全或者数据过于庞大，导致无法全面研究和分析的情况。利用事物或数据整体（总体）与部分（样本）之间的内在联系通过研究挖掘部分数据的某些特征达到推测整体特征的目的（抽样分析法），根据对采取样本进行分析而推测总体的结论。采样的绝对随机性成为随机采样成功的关键因素,但保证绝对的随机性是非常困难的事情。要想保证结果的可信性,往往对样本有严格的限制(或假设),如独立同分布等。

应用案例 3.2:幸运者偏差

1941 年第二次世界大战中,盟军的战机在多次空战中损失严重,无数次被纳粹炮火击落,盟军总部秘密邀请了一些物理学家、数学家以及统计学家组成了一个小组,专门研究"如何减少空军被击落概率"的问题。当时军方的高层统计了所有返回飞机的中弹情况,发现飞机的机翼部分中弹较为密集,而机身和机尾部分则中弹较为稀疏,于是当时的盟军高层的建议是加强机翼部分的防护。但这一建议被小组中的一位来自哥伦比亚大学的统计学教授沃德(Abraham Wald)驳回了,沃德教授提出了完全相反的观点:加强机身和机尾部分的防护。

那么这位统计学家是如何得出这一看似不够符合常识的结论的呢?沃德教授的基本出发点基于以下三个事实。

- 统计的样本只是平安返回的战机。
- 被多次击中机翼的飞机,似乎还是能够安全返航。
- 而在机身机尾的位置,很少发现弹孔的原因并非真的不会中弹,而是一旦中弹,其安全返航的概率极小,即返回的飞机是幸存者,仅依靠幸存者做出判断是不科学的,那些被忽视了的非幸存者才是关键,它们根本没有回来!

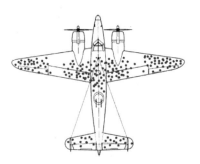

军方采用了教授的建议,加强了机尾和机身的防护,并且后来证实该决策是无比正确的,盟军战机的击落率大大降低。

可见,统计学中样本的随机性如此重要!

统计学里的思维方法和人们的思维方式有一定的对应关系。具备统计思维的第一步就是要求假设任何随机现象都是服从某一分布的,有了这个认识才能去做出后续的判断。统计思维的实践体现在以下几点。

(1)要有善于利用数据的思维。做决策要有数据,每一项数据,都可能是有用的信息。统计学家要善于运用数据,具有对数据的"敏感性"。

(2)要有善于捕捉不确定性的思维。宇宙的运转,必然性与随机性交错着进行。人们对未来,知道大致会发生哪些事,以及何时发生,但又不能完全掌握。由于不确定性的存在,人们所能做的,就是要了解它,很多时候还要设法减少这些不确定性。因此,先辈针对随机的世界,总结了一些所谓的法则来应对这样的不确定性。例如大数定理及中心极限定理。在统计里做预测和估计,本质上是在做以偏概全的事。虽偏却能概全,这是统计学家的本领。

(3)要有相信概率的思维。数学家拉普拉斯(Pierre-Simon Laplace)曾说过,"大部分生活中最重要的疑问,都只是概率的问题"。在随机世界里,通常以"相同的可能性"来解释概率。在随机的世界里,要相信概率,而不是要挑战概率。

(4)要有合理估计的思维。随着统计学的发展,各种估计方法百家争鸣。这些有道理的估计方法,往往有各自的优点,并且适用于某些场合,不会有哪种方法永远是最佳的。例如,有时觉得给个范围能更清楚地描述,这就是著名的置信区间估计方法。

(5) 要有疑罪从无的假设检验思维。英文中的假设 Hypothesis 一词,是由古希腊文 Hypotithenai 演变而来,科学上的假说(或称假设学说)也是这个词。在数学里,常在证明一个命题是真或伪。但在随机世界中,很多现象都只能视为假设,就看更愿意接受哪一个。接受不表示就完全相信该假设为真,拒绝也不表示该假设为伪。统计里的假设,经检定后,不论接受哪一个,都无法让该假设成为定律,假设永远是假设。

统计分析的局限性在于,采样数据更适用于宏观分析,在微观领域能发挥的作用有限。不能掌握全面的数据,不能适应算力、存储能力、传输能力高速发展的今天。因此在大数据时代背景下,统计学的知识体系需要一定程度的调整,统计学本身的理念是注重方式方法的,为数据科学进行数据价值化奠定了一定的基础。而大数据催生出的数据科学则更关注整个数据价值化的过程,数据科学不仅需要统计学知识,还需要数学知识和计算机知识。

 技术洞察 3.2:统计描述与统计推断

统计描述与统计推断是统计学中常用的词汇,百度百科给出的定义是:描述统计学是研究如何取得反映客观现象的数据,并通过图表形式对所搜集的数据进行加工处理和显示,进而通过综合概括与分析得出反映客观现象的规律性数量特征的一门学科。推断统计学是研究如何根据样本数据去推断总体数量特征的方法,它是在对样本数据进行描述的基础上,对统计总体的未知数量特征做出以概率形式表述的推断。想一想以下两类问题的异同点。

统计描述问题:
- 样本中家庭年观测的收入是不是无偏差的?
- 某产品在不同区域的月销售量均值/方差是多少?
- 变量的量级差异大吗?(决定是否需要对数据标准化。)
- 使用模型中的预测变量缺失情况如何?
- 问卷调查回复者的年龄分布范围是多少?

统计推断问题:
- 参与促销活动和没有参与促销活动的消费者购买量有差异吗?
- 男性是不是比女性更倾向于购买我们的产品?
- 用户满意度在不同商业区是不是有不同?

需要注意的是,数据挖掘及机器学习算法同样能够解决统计推断问题,旨在进行精确预测,而统计学处理问题从严格的统计假设开始,主要用于推断变量之间的关系。

思考题

1. 什么是样本?统计学为什么需要采样?对采样的基本要求(假设)是什么?
2. 大数定律的现实意义是什么?结合正态分布图进行解释说明。
3. 什么是统计思维?解释说明什么是统计描述、统计推断、统计建模。

3.2 计算机与计算思维

3.2.1 计算与自动计算

计算是指由数据和运算符形成的运算式,按运算符的计算规则对数据进行计算并获得结果。如我们从幼儿开始就学习和训练的算术运算:

$$3+2=5, \quad 3\times2=6, \quad 8-3=5, \quad 8-(3\times2)=2$$

在这里不断学习和练习的内容包括两方面:一是用各种运算符组合来表达对数据的变换,即熟悉各种运算式;二是能够按照运算符的计算规则对前述运算式进行计算并得到正确的结果。这种运算式的计算是需要人来完成的,可以被称为"人"计算。

广义地讲,一个函数 $f(x)$(如正态分布函数)就是把 x 变成 $f(x)$ 的一次计算。在高中及大学阶段,我们也是不断学习各种函数及其计算规则并应用这些规则来求解各种问题,得到正确的计算结果,如对数与指数函数、微分与积分函数等。

计算规则可以学习及掌握,但应用计算规则进行计算可能超出了人的计算能力,即人知道规则但却没有办法得到计算结果。自动计算就是让机器来完成计算,即用机器来代替人类按照计算规则自动计算,这就是计算机科学家要研究的内容,即怎样实现自动计算。

 技术洞察 3.3:"人"计算与"机器"计算的思维差异

人和机器是如何求解一元二次方程 $ax^2+bx+c=0$ 的整数解呢?如果是"人"计算,则可以直接利用公式 $x=\dfrac{-b\pm\sqrt{b^2-4ac}}{2a}$ 进行求解。如果是"机器"计算,则采取如下方法:从 $-n$ 到 n,产生 x 的每一个整数值,将其依次代入到方程中,如果其值使方程成立,则该值即为其解。

进一步思考可以发现,"人"进行计算,计算规则可能很复杂,如求根公式,但计算量可能很小,只需按照求根公式计算一次即可。人需要知道数据的计算规则才能完成计算(这是数学家要提供的),有时人所应用的规则只能满足特定方程的求解,如上述公式可求解一元二次方程,但却不能应用于一元三次方程或一元任意次方程。而"机器"进行计算,规则可能很简单,只需要简单加减乘除的运算,但计算量却很大,有多少个 x 值就需要按照方程重复计算多少次。机器使用的方法可以应用于一元任意次方程,并不限于一元二次方程。

自动计算是由计算机来实现的。1642 年,法国科学家帕斯卡发明了著名的帕斯卡机械计算机,它告诉人们用"纯机械装置可代替人的思维和记忆",开辟了自动计算的道路。1854 年,布尔基于二进制创立了布尔代数,为一百年后的数字计算机的电路科技提供了重要的理论基础。

正是由于前人对机械计算机的不断探索与研究,不断追求计算的机械化、自动化、智能化,即如何能够自动存储数据?如何能够让机器识别可变化的计算规则并按照规则执行计算?这些问题促进了机械技术和电子技术的结合,最终导致了现代计算机的出现。现代计算机基于二进制,设计了能够理解和执行任意复杂计算的程序,如数学计算、逻辑推理、图像图形变换、数理统计、人工智能与问题求解,计算机的功能在不断提高。

3.2.2 算法与程序

算法是计算机和软件的灵魂。算法是指解题方案的准确而完整的描述,是一系列解决问题的清晰指令,算法代表着用系统的方法描述解决问题的策略机制。也就是说,能够对一定规范的输入,在有限时间内获得所要求的输出。如果一个算法有缺陷,或不适合于某个问题,执行这个算法将不会解决这个问题。不同的算法可能用不同的时间、空间或效率来完成同样的任务。一个算法的优劣可以用空间复杂度与时间复杂度来衡量。

算法的5大特征如下。

(1)有穷性:算法必须能在执行有限个步骤之后终止。

(2)确切性:算法的每一步骤都必须有确切的定义。

(3)输入项:一个算法有一个或多个输入,以刻画运算对象的初始情况,所谓0个输入是指算法本身定出了初始条件。

(4)输出项:一个算法有一个或多个输出,以反映对输入数据加工后的结果。没有输出的算法是毫无意义的。

(5)可行性:算法中执行的任何计算步骤都可以被分解为基本的可执行的操作步,即每个计算步都可以在有限时间内完成(也称为有效性)。

程序是由若干指令构造的一个指令组合或一个指令序列,使外界使用者用于表达其期望计算系统实现的千变万化功能的一种手段。计算系统应该是能够执行程序的系统,程序用计算机语言实现求解某些问题的算法。"是否会编程序"本质上讲,首先是能否想出求解问题的算法,其次才是将算法用计算机可以识别的形式(程序)书写出来。

 技术洞察3.4:三种基本算法的结构及流程

任何简单或复杂的算法都可以由顺序结构、选择结构和循环结构这三种基本结构组合而成,三种基本结构的流程如下图所示。

顺序结构是最简单的程序结构,程序中的各个操作是按照它们在源代码中的排列顺序,自上而下,依次执行,流程如图(a)所示。选择结构用于判断给定的条件,进而控制程序的流程。它会根据某个特定的条件进行判断后,选择其中一支执行,流程如图(b)所示。循环结构是指在程序中需要反复执行某个或某些操作,直到条件为假或为真时才停止循环一种程序结构。它由循环体中的条件判断继续执行某个功能还是退出循环,流程如图(c)所示。

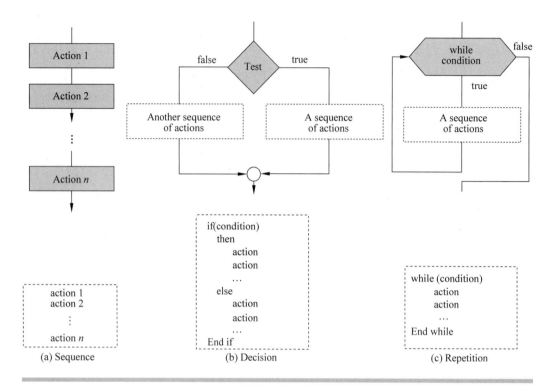

(a) Sequence　　　　　　　(b) Decision　　　　　　　(c) Repetition

构造与设计算法需要从问题本身来挖掘求解的思想。各学科利用计算系统进行问题求解的关键是发现构造与设计求解问题的算法，包括以下两点：构造与设计在有限的时间内可以执行的算法；构造与设计尽可能快速的算法。不同环境可能产生不同的算法，不同的审视问题的视角也可能产生非常简单但却很重要的算法。社会自然中的问题求解同样有助于产生计算问题的求解算法。将具体问题抽象出其数学模型，更是有利于算法的发现与构造。

3.2.3 什么是计算思维

正如数学家在证明数学定理时有独特的数学思维、工程师在设计制造产品时有独特的工程思维、艺术家在创作诗歌音乐绘画时有独特的艺术思维一样，计算机科学家在用计算机解决问题时也有自己独特的思维方式和解决方法，统称为计算思维（Computational Thinking）。从问题的计算机表示、算法设计直到编程实现，计算思维贯穿于计算的全过程。计算思维是运用计算机科学的基础概念去求解问题、设计系统和理解人类行为的涵盖了计算机科学广度的一系列思维活动。

基于上述定义，可以挖掘出如下三个层次的内涵。

(1) 求解问题中的计算思维。利用计算手段求解问题的过程是：首先要把实际的应用问题转换为数学问题，可能是一组偏微分方程（Partial Differential Equations，PDE）；其次将 PDE 离散为一组代数方程组；然后建立模型、设计算法和编程实现；最后在实际的计算机中运行并求解。前两步是计算思维中的抽象,后两步是计算思维中的自动化。

(2) 设计系统中的计算思维。R. Karp 认为:任何自然系统和社会系统都可视为一个动态演化系统,演化伴随着物质、能量和信息的交换,这种交换可以映射为符号变换,使之能用计算机实现离散的符号处理。当动态演化系统抽象为离散符号系统后,就可以采用形式化的规范来描述,通过建立模型、设计算法和开发软件来揭示演化的规律,实时控制系统的演化并自动执行。

(3) 理解人类行为中的计算思维。计算思维是基于可计算的手段,以定量化的方式进行的思维过程。计算思维就是能满足信息时代新的社会动力学和人类动力学要求的思维。在人类的物理世界、精神世界和人工世界三个世界中,计算思维是建设人工世界所需要的主要思维方式。

试一试 3.1:排序算法——计算思维的实践

排序是现实世界中常见的问题,其本质是对一组对象按照某种规则进行有序排列的过程。通常是把一组对象整理成按关键字递增(或递减)的排列,关键字是对象的一个用于排序的特性。

一个升序排序算法的简单描述是:对给定的一个数据表,算法从第一个元素开始扫描整个列表,找到最小的元素,并将其与第一个位置的元素交换。然后算法从第二个位置的元素开始扫描剩下的列表,找到次小的元素,并将其与第二个位置的元素交换,如此循环,直到排完所有的元素。

排序算法的伪代码如下。

```
BubbleSort(A[1..n]) {
    for i = 1 to n do
        for j = i + 1 to n do
            if (A[i] > A[j]) then
                swap(A[i], A[j]);    //数据交换
}
```

初始排序数据:[49 78 65 97 36 13]
第一轮排序后:13 [78 65 97 36 49]
第二轮排序后:13 36 [65 97 78 49]
第三轮排序后
第四轮排序后
第五轮排序后
最后排序结果

假设数据表 A[i]如右侧所示,$n=6$,试着写出右侧几轮排序的结果。
你能理解什么是算法吗?你体会到循环结构的算法在计算机中是如何运行的吗?
你能体会到计算思维中提到的"抽象"和"自动化"吗?

想一想
还有哪些地方的数据需要排序?

学习计算思维,就是学会像计算机科学家一样思考和解决问题。计算思维的本质是抽象(Abstract)和自动化(Automation)。它反映了计算的根本问题,即什么能被有效地自动进行。

计算是抽象的自动执行,自动化需要某种计算机去解释抽象。从操作层面上讲,计算就是如何寻找一台计算机去求解问题,隐含地说就是要确定合适的抽象,选择合适的计算机去解释执行该抽象,后者就是自动化。

与数学相比,计算思维中的抽象显得更为丰富,也更为复杂。数学抽象的特点是抛开现实事物的物理、化学和生物等特性,仅保留其量的关系和空间的形式。而计算思维

中的抽象却不仅如此。例如,算法也是一种抽象,也不能将两个算法简单地放在一起构建一种并行算法。

抽象层次是计算思维中的一个重要概念,它使人们可以根据不同的抽象层次,进而有选择地忽视某些细节,最终控制系统的复杂性。在分析问题时,计算思维要求将注意力集中在感兴趣的抽象层次或其上下层,还应当了解各抽象层次之间的关系。

计算思维中的抽象最终是要能够机械地一步一步自动执行的。为了确保机械地自动化,就需要在抽象过程中进行精确、严格的符号标记和建模,同时也要求计算机系统或软件系统生产厂家能够向公众提供各种不同抽象层次之间的翻译工具。因此,从思维的角度看,计算科学主要研究计算思维的概念、方法和内容,并发展成为解决问题的一种思维方式,极大地推动了计算思维的发展。

技术洞察 3.5:蒙特卡罗方法——统计模拟法

蒙特卡罗方法(Monte Carlo Method)是一种"统计模拟方法"。20 世纪 40 年代,为建造核武器,冯·诺依曼等人发明了该算法。因赌城蒙特卡罗而得名,暗示其以概率作为算法的基础。

假设要计算一个不规则形状的面积,只需在包含这个不规则形状的矩形内,随机地掷出一个点,每掷出一个点则 $N+1$,如果这个点在不规则图形内则 $W+1$,落入不规则图形的概率即为 W/N。当掷出足够多的点之后,可以认为:不规则图形面积=矩形面积×W/N。

要应用蒙特卡罗算法的问题,首先要将问题转换为概率问题,然后通过统计方法将其问题的解估计出来。蒙特卡罗方法基本思想就是:当所求解问题是某种随机事件出现的概率,或者是某个随机变量的期望值时,通过某种"实验"的方法,以这种事件出现的频率估计这一随机事件的概率,或者得到这个随机变量的某些数字特征,并将其作为问题的解。该方法的理论基础是中心极限定理,样本数量越多,其平均就越趋近于真实值。不断抽样,逐渐逼近。

π 是一个无理数,没有任何一个精确公式能够计算出来,只能采用近似计算。通过蒙特卡罗算法求 π 的示例如图所示,图中构造了一个正方形和一个 1/4 单位圆,往整个区域随机投入点,根据点到原点的距离判断是落在圆内还是圆外,从而根据落在不同区域点的数目,求出两个区域的比值,进而可以求出 1/4 单位圆的面积,再进一步可以求出圆周率 π。图中给出了模拟 3000 次 π 的结果,如果模拟 100 000 次,得到 π 的值是 3.140 76(注意,这个值每次模拟是不确定的)。

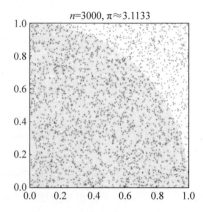

蒙特卡罗方法是统计思维与计算思维的完美结合,你体会到了吗?用统计思维再想一想,为什么每次模拟计算的结果会不一样呢?这样还有意义吗?

3.2.4 像计算机专家一样思考

计算机专家的思考方式是将数学、工程学和自然科学中一些最好的特征结合在一起。像数学家一样,计算机专家使用形式化语言来表达思想(即语义符号化、逻辑的抽象)。像工程师一样,他们设计事物,把部件装配为系统,在候选方案中寻求一种平衡。像科学家一样,他们观察复杂系统的行为,形成假设,并对其进行检验。

计算思维强调可行与实践,追求"可交付、可使用"。和哲学式的探究与纯逻辑的符号推导不同,计算思维强调实践性——解决方案不是理论正确就好了,要在实际中可行才可以。这一特点是由这一思维的诞生背景所决定的,当计算机科学家处理问题时,除了要知道如何将一个问题抽象为计算机能够理解的可计算模型,还要能够将计算收敛到有限空间中得到结果。如果算法的时空复杂度过大,以当前的算力在有效求解的时间内无法得出结果,那么再完美的理论算法也无法在现实中奏效。计算思维能够让我们明白正确性和可行性的关系,明白"实验室结果"和"日常使用效果"的必然差距。

归纳起来,计算机思维的特点体现在以下几个方面。

(1) 通过简约、嵌入、转换和仿真的方法,把一个看起来困难的问题变成一个可计算的解决方案。

(2) 一种递归思维、一种并行处理,采用抽象和分解来控制庞杂的任务。

(3) 按照预防、保护的原则,通过冗余、容错、纠错的方法,并从最坏情况进行系统恢复及维护。

(4) 在时间和空间之间、在处理能力和存储容量之间进行折中的思维方法。

技术洞察 3.6:计算中的递归与迭代

递归(Recursion):常被用来描述以自相似方法重复事物的过程,在数学和计算机科学中指的是在函数定义中使用函数自身的方法(A 调用 A)。递归是一个树结构,从字面可以理解为重复"递推"和"回归"的过程,当"递推"到达底部时就会开始"回归",其过程相当于树的深度优先遍历。

迭代(Iteration)是一种重复反馈过程的活动,每一次迭代的结果会作为下一次迭代的初始值(A 重复调用 B)。迭代是一个环结构,从初始状态开始,每次迭代都遍历这个环,并更新状态,多次迭代直到到达结束状态。

关于阶乘的计算有两种表示方式:递归与迭代。你发现了吗?递归中一定有迭代,迭代中不一定有递归。多数情况下上二者可以相互转换。计算机所实现的编程算法也是这样实现的。

$n! = n \times (n-1)!$

$n! = n \times (n-1) \times (n-2) \times (n-3) \times \cdots \times 3 \times 2 \times 1$

从直观上讲,递归是将大问题转换为相同结构的小问题,从待求解的问题出发,一直分解到已经已知答案的最小问题为止,然后再逐级返回,从而得到大问题的解(自上而下)。而迭代则是从已知值出发,通过递推式,不断更新变量新值,一直到能够解决要求的问题为止(自下而上)。

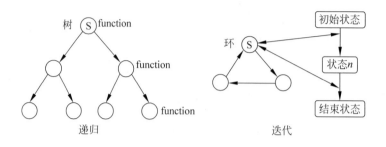

想一想:

"思维决定行动!"计算思维决定计算机的编程实现。

思考题

1. 什么是算法?简述算法的5大特征是什么。
2. 三个典型算法的基本流程是什么?排序算法中使用了哪种流程?
3. 什么是计算思维?关于"抽象"与"自动化"你能举例说明吗?

3.3 大数据与数据思维

3.3.1 数据思维的特点

视频讲解

数据科学需要全新的数据思维,有其鲜明的"以数据为中心"的特点。"数据是21世纪的石油"这句话已经充分说明了数据的价值。大数据时代信息的不断整合及分析,已然使得信息、数据量化及互联转变为多维度的发展状态。换言之,数据思维渗透至各个领域及行业的不同维度,是大数据发展的初始动机和直接目的。

1. 整体性——整体反映全貌

从基本特征层面分析,数据思维的主要特征之一就是整体性(全数据)。整体性是相对于系统的部分或者元素来讲的,整体性是事物系统的本质特性,没有整体性就无法维持系统自身的存在及其发展。系统的自身性质及其功能由自身系统的整体性赋予。每种数据来源均有一定的局限性和片面性,事物的本质和规律隐藏在各种原始数据的相互关联之中,只有融合、集成各方面的原始数据,才能反映事物全貌。因此,以整体性的思维把握事物本身,才能真正客观而全面地把握对象的真实本质及其变化发展的趋势。

2. 动态性——动态多维多层

世界事物的本原是以多维状态和层次形态呈现,传统的静态思维只是一维结构,无形中制约了人类对数据价值的判断和更高层次的认知。

采用动态观点在同一时间从多个角度看问题,则可以正确看待各类数据存在的价值。这种模糊、非确定、灵活且立体型的思维决定了在多个维度上。事物亦此亦彼,亦黑亦白,即没有绝对的对错判断,必须结合具体问题和背景环境才能做出对错判断。数据思维摆脱了静态思维的束缚,从动态视角多维且多层次认知数据的价值,从而进一步接近事实真相,更全面地认识世界。

3. 相关性——泛在的相关性

数据思维的互联性源于事物泛在的相关关系,任何一个事物都有其内部结构,且与同一系统内的其他事物存在广泛的联系,这种泛在的相关关系要求在面对问题时具备相关思维。大数据作为由各种数据构成相互联系的整体,在数据相互作用的状态中生存和发展。

相关性思维将事物与其周边事物联系起来进行考察,既注重内部各部分数据之间的相互作用关系,又重视大数据与其外部环境的相互作用关系。通过数据的重组、扩展和再利用,突破原有的框架,开拓新领域,发掘数据蕴含的价值。

4. 多样性——多维多角度

数据思维的多样性特征是通过数据种类的不同体现的。关系数据库中存储的基本是结构化数据,而非关系数据库中存储的多源异构数据成为数据思维多样性的主要来源。多样性并不仅存在于大数据领域,人类生活的方方面面均存在多样性。因此,应尽可能全方位把握多样性的存在,搞清楚多样性在数据思维中的具体表现,为利用数据思维奠定基础。

5. 量化互联性——要么数字化,要么死亡

"不论是有形之物还是无形之物,一切皆可量化",这是道格拉斯·W.哈伯德在《数据化决策》中的名句。知名投资人孙正义也认为:"要么数字化,要么死亡"。数字化成为时代发展的必然趋势,而量化思维是数字化的必然思维结果。

量化可以解释为使用共性语言描述和解释世界的一种方式,体现在充分运用最新的技术手段,对于各个领域进行信息全面定量采集以及信息互通,打通信息间的隔阂,并进行全新的信息整合,实现分析实用性及数据科学性,创造更具价值的数据应用和信息资产。

试一试 3.2:网站重要性度量

PageRank 算法的核心是"网站重要性"度量,以一个"权重"来表示,该算法的"精妙"之处在哪里呢?以一个小型网络为例,首先给每个网站设定相同的权重。然后,让我们把网站想象成一个桶,给每个桶里放 8 个球,表示网站的初始权重相同(第 1 列)。现在,每个网站必须将球交给它链接的其他网站,如果链接多个网站,那么就要球均分给那些网站。如图所示,由于网站 A 链接了网站 B 和网站 C,它将为每个网站提供 4 个球;而网站 B 只链接了网站 C,它就需要将拥有的 8 个球全部放入网站 C 的桶中。第 1 轮分配后(第 2 列),网站 C 得到的小球数最多。

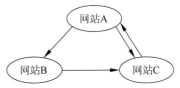

但是我们需要继续重复这个分配过程,因为现在位于最高排名的网站 C 链接了网站 A,所以又会产生新的分配结果。9 轮重复分配过程中各网站小球数量的变化情况如下表,表明网站 A 及网站 C "重要性"都很高,而网站 B 则最低。你也不妨试着算一下,把空白列补齐。

	第1轮	第2轮	第3轮	第4轮	第5轮	第6轮	第7轮	第8轮	第9轮
网站 A	8	8	12	8		10	9		9.5
网站 B	8	4	4	6		5	5		5
网站 C	8	12	8	10		9	10		9.5

想一想:

PageRank 算法还可以用到哪里?

3.3.2 一切皆可量化

大数据发展的核心动力来源于人类测量、记录和分析世界的渴望。数据无处不在，它们躲在暗处嘲笑不会善加利用的人们，真相往往隐藏在数字的排列组合里。数据看似枯燥而烦琐，但它们是指向真相的最佳路径。如果一切皆可通过合理方法予以量化，那么就可以说"认识"了这个世界。不论是有形之物还是无形之物，一切皆可量化，量化是一切决策的有益助手，甚至包括婚姻、感情、幸福。量化一切，是数据化的核心，也是大数据时代的基石。

> **想一想 3.1：文字"可能""差不多"等词可以量化吗**
>
> 想一想，我们通常说的程度用词可以定量描述吗？也就是说，可以将定性的描述变换成定量的描述吗？如果能，通过什么方法？这样的定量描述准确吗？假如有大量的样本数据后会更准确吗？这样的定量描述（概率统计分布描述）有应用价值吗？用"迭代思维"再想一想。

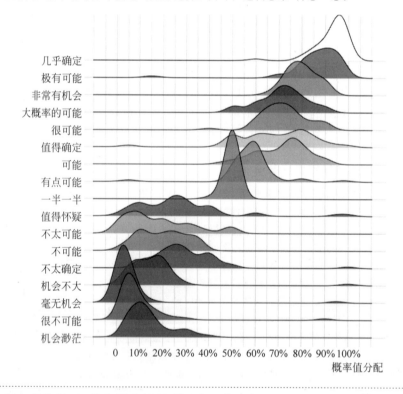

当文字变成数据时，数字图书馆孕育而生；当方位变成数据时，GPS 系统横空降世；当沟通变成数据时，Twitter 家喻户晓。我们所有的行为、兴趣爱好甚至是情绪都在不知不觉中被记录，成为数据并组成信息。不同的商业目的会截取不同的信息，再进行交叉组合，事实上，我们也越来越发现，搜索引擎的推送更加贴心精准。这一切都是大数据的功劳。

谈到量化的概念,其核心就是"减少不确定性",但没有必要完全消除不确定性,"不求精确,但求有效"是概率思维的核心体现。一般来说,量化方法就隐藏在量化目标中,一旦管理者弄清楚要量化什么以及被量化的事物为什么重要,就会发现事物显现出更多可量化的方面。确定真正要量化什么,是几乎所有科学研究的起点。商业领域的管理者需要认识到,某些事物看起来完全无形无影,只是因为你还没给所谈论的事物下定义。

> **试一试 3.3:余弦定理与文本相似度**
>
> 一段文本的相似度可以通过统计词频然后通过比较词频向量的余弦距离计算其相似程度。其计算公式如下,其中,A 与 B 分别是词频统计的结果。
>
> $$\text{similarity} = \cos(\theta) = \frac{A \cdot B}{\|A\| \|B\|} = \frac{\sum_{i=1}^{n} A_i \times B_i}{\sqrt{\sum_{i=1}^{n}(A_i)^2} \times \sqrt{\sum_{i=1}^{n}(B_i)^2}}$$
>
> 以如下两个用户购物后的评价信息(文字组)为例,你认为二者的相似度多少?应该如何计算呢?
> - 句子 A:这只皮靴号码大了。那只号码合适。
> - 句子 B:这只皮靴号码不小,那只更合适。
>
> 文本相似度算法实现的步骤如下。
>
> 第一步,分词:句子 A:这只 / 皮靴 / 号码 / 大了。/ 那只 / 号码 / 合适
> 　　　　　　 句子 B:这只 / 皮靴 / 号码 / 不 / 小,/ 那只 / 更 / 合适
>
> 第二步,列出所有的词:这只、皮靴、号码、大了、那只、号码、合适、不、小、更
>
> 第三步,计算词频:句子 A:这只 1,皮靴 1,号码 2,大了 1,那只 1,合适 1,不 0,小 0,更 0
> 　　　　　　　　 句子 B:这只 1,皮靴 1,号码 1,大了 0,那只 1,合适 1,不 1,小 1,更 1
>
> 第四步,写出词频向量:句子 A:(1,1,2,1,1,1,0,0,0)
> 　　　　　　　　　　 句子 B:(1,1,1,0,1,1,1,1,1)
>
> 第五步,按照相似度公式,计算相似度为 0.70 即 70% 的相似度。
>
> **想一想:**
>
> 如果评价的内容(文字)稍作变化,试计算一下它们的相似度会有什么变化。

用户画像是"一切皆可量化"的最好范例。用户画像的概念,最早由交互设计之父 Alan Cooper 提出,是对产品或服务的目标人群做出的特征刻画。在早期,也就是用户数据的来源渠道比较少,数据量也相对比较小的时期,用户画像的研究主要基于统计分析层面,通过用户调研来构建用户画像标签。近年来,随着互联网海量数据的爆炸式增长,众多企业的用户画像研究有了新的机遇。目前,用户画像泛指根据用户的属性、用户偏好、生活习惯、用户行为等信息而抽象出来的标签化用户模型。通俗地说,就是给用户打标签。而标签是通过对用户信息分析而来的高度精炼的特征标识。通过打标签可以利用一些高度概括、容易理解的特征来描述用户,可以让人更容易理解用户,并且可以方便计算机处理。用户画像的构建及应用全过程较好地体现了数据思维的 6 大特点。

技术洞察 3.7：用户偏好计算——TF-IDF

TF-IDF(Term Frequency-Inverse Document Frequency)是一种用于文本分析的常用加权技术。TF是词频，IDF是逆文本频率指数。TF表述的核心思想是，在一条文本中反复出现的词更重要。而 IDF的核心思想是，在所有文本中都出现的词是不重要的，IDF 用于修正 TF 所表示的计算结果。

$$TF = \frac{该词语在文本中出现的次数}{文本的总词数}$$

$$IDF = \log\left(\frac{文本总数}{出现该词语的文本数+1}\right)$$

$$TF\text{-}IDF = TF \times IDF$$

某电商平台用户 A、用户 B 的浏览记录如下所示。

用户 A	
浏览记录 1	白色 短袖 女 XXL 可爱
浏览记录 2	黑色 长袖 女 XL 皮卡丘 宠物小精灵
浏览记录 3	黑色 短袖 男 XL 哪吒 国潮

用户 B	
浏览记录 1	白色 短袖 女 XL 职业
浏览记录 2	黑色 长袖 男 XXXL 商务

假设将一名用户浏览记录类比为一篇文章，用户浏览的商品标题在分词汇总后作为其中的词库，平台的用户总数即为文本总数。TF-IDF 计算及用于用户的偏好标签的简单示例如下。

用户 A 拥有三条浏览记录，分词后总计 17 个词；用户 B 拥有两条浏览记录，分词后总计 10 个词。假设平台的用户总数为 10 000 人，用户浏览过的商品标题带有"黑色"一词的用户有 500 人，那么以底数为 2，可计算用户 A 和用户 B 对标签"黑色"的 TF-IDF。

用户	词频(TF)	逆文本频率指数(IDF)	TF-IDF
用户 A	$\frac{2}{17} = 0.12$	$\log_2\left(\frac{10000}{500+1}\right) = 4.32$	$0.12 \times 4.32 = 0.52$
用户 B	$\frac{1}{10} = 0.1$	$\log_2\left(\frac{10000}{500+1}\right) = 4.32$	$0.1 \times 4.32 = 0.432$

得到"黑色"这个标签对用户 A 和用户 B 的权重分别为 0.52 和 0.432，说明用户 A 对"黑色"的偏好高于用户 B。因此有了权重，就能够将其运用于寻找相似用户。

想一想：

这个方法可以用于更大范围的文本分类吗？如新闻稿件的分类、论文的分类、用户评论的分类。

3.3.3 像数据科学家一样思考

如前所述，数据科学的使命是完成"三个转换和一个实现"，数据分析生命周期定义了从项目开始到项目结束整个分析流程的最佳实践，像数据科学家一样去思考，体现在数据分析生命周期的全过程中，用数据思维去思考并提出问题，再通过反复迭代循环，最终解决商业问题,为企业带来价值。图 3.3 概述了数据分析生命周期的 6 个阶段,它是一个循环,箭头代表了项目在相邻阶段之间可能的反复迭代,而最大的环形箭头则代表了项目最终的前进方向。

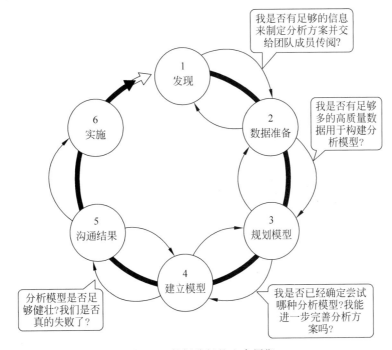

图 3.3 数据分析的生命周期

数据分析生命周期(数据科学项目)几个主要阶段应该完成的具体任务如下。

(1) 发现阶段:在这个阶段理解业务领域的相关知识是关键,其中包括项目的相关历史。例如,可以了解该组织或者企业以前是否进行过类似项目,能否借鉴相关经验。这时还需要评估可以用于项目实施的人员、技术、时间和数据。在这个阶段,重点要把业务问题转换为分析挑战以待在后续阶段解决,并且制定初始假设用于测试和开始了解数据。

(2) 数据准备:该阶段需要执行提取、加载和转换(ELT)。数据应在这一过程中被转换成可以被使用和分析的格式。在这个阶段,需要彻底熟悉数据,并且逐步治理数据。

(3) 规划模型:在该阶段需要确定在后续模型构建阶段所采用的方法、技术和工作流程。探索性分析用于探索数据以了解变量之间的关系,然后挑选关键变量和最合适的模型。

(4) 建立模型:该阶段首先创建用于测试、训练的数据集。此外,在这个阶段构建并运行由上一阶段确定的模型,同时还需要考虑现有的工具是否能够满足模型的运行需求,或者需要一个更强大的模型和工作流的运行环境(例如,更快的硬件和并行处理)。

(5) 沟通阶段:该阶段需要与主要利益相关人进行合作,以第 1 阶段制定的标准来判断项目结果是成功还是失败。鉴别关键的发现、量化其商业价值,并以适当的方式总结发现并传达给利益相关人。

(6) 实施:提交最终报告、简报、代码和技术文档是一种数据分析的成果物。此外,也可以在生产环境中实施一个试点项目来应用模型。运行模型并产生结果后,根据受众采取相应的方式阐述成果非常关键。此外,阐述成果时展示其清晰价值也非常关键。如果经过精确的技术分析,但是没有将成果转换成可以与受众产生共鸣的表达,那么人们将看不到成果的真实价值,也将浪费许多项目中投入的时间和精力。

应用案例 3.3:淘宝的"淘气值"

用户画像可理解成"用户标签",用户标签是用来概括用户特征的,如姓名、性别、职业、收入、养猫、喜欢美剧等。需要强调的是,组成用户画像的标签要跟业务或产品结合。为了实现大数据"杀熟",电商企业建立用户画像标签可以说是煞费苦心。例如,商家要判断用户喜欢什么类型的活动,就要监测用户促销敏感度、满减促销敏感度、满赠敏感度、打折促销敏感度、换购促销敏感度、团购促销敏感度等。2017 年 6 月,阿里巴巴宣布"淘气值"将作为阿里巴巴会员等级的统一衡量标准,成为阿里巴巴最核心的用户画像标签,标志着淘宝会员评级从之前"买买买"的评分维度,到现在以"购买、互动分享、购物信誉"三个属性为重要用户特征,进而对用户进行更加多维度的精准分类。

针对不同"淘气值"的会员阿里巴巴提供更具特色的个性化服务。例如,2017 年"双十一"期间,淘气值超过 1000 的超级会员只需要 88 元就能买到一年能省 2000 元的 88VIP,而淘气值在 1000 分以下的普通会员需要花 888 元才能买到同样的"吃/玩/听/看/买"一卡通。

想一想:

你的"淘气值"是多少?对于"双十一"淘宝歧视"穷人"的说法你怎么看?

结合数据分析的生命周期来看,你又有哪些感想?

思考题

1. 什么是全数据思维、相关性思维、容错思维?结合统计学的"大数定律"又如何理解呢?
2. 什么是语言模型?为什么建立语言模型非常重要?
3. 如何理解数据思维的 5 个特点?请举例说明。

3.4 探究与实践

1. 百度"情感倾向分析"。

百度大脑是百度 AI 核心技术引擎,包括视觉、语音、自然语言处理、知识图谱、深度学习等 AI 核心技术和 AI 开放平台。进入"情感倾向分析"主题页,在功能演示区测试一下,你觉得"量化"结果靠谱吗?可以应用到哪些场景?

https://ai.baidu.com/tech/nlp_apply/sentiment_classify

2. 从生活中的用户画像你想到了什么?

秋高气爽,爸爸带着 Coco 出去玩,在某个湖边看到好多人在放风筝。突发奇想:我们也去放吧!Coco 表示:嗯!于是两人一起去走鬼(广东话,指无证流窜小摊贩)大叔那买风筝(场景还原1)。看到Coco喜欢,爸爸就准备掏钱了,然而峰回路转,没想到又有下边一段(场景还原2)。

```
场景还原1
爸爸:买风筝。
              大叔:大人放?小孩放?
爸爸:小孩。
              大叔:男孩?女孩?
爸爸:男孩。
              这个小号海豚风筝看一下……
              大叔从背包里,抽出一个卷起来的风筝。
              大叔摊开风筝给爸爸看。
爸爸:Coco喜欢吗?
Coco:喜欢!(#^.^#)
```

```
场景还原2
爸爸:多少钱?
大叔:20块。
爸爸:我扫哪里?
大叔:给小孩玩的话,可以换这个安全绕线轮,只要30块,线不会割着孩子的手哦。
爸爸:(拿起20块的普通线轮,放在手上割了下试试)没事,就这个了,我扫哪里?
大叔:扫这里,微信支付宝都行。
爸爸:好了,走咯!
全程不到1分钟搞掂!!!
```

然后爸爸就和 Coco 愉快地放风筝去了。仔细想一想,是不是基于用户画像的推荐系统提升了交易的完整流程呢?数据采集→打标签→产品推荐→向上销售一气呵成,还做了二次推荐,把成交率和客单价分开提升,真是巧妙!

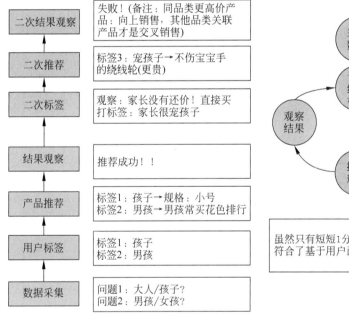

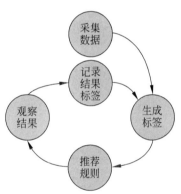

虽然只有短短1分钟,但是大叔的操作完美符合了基于用户画像进行推荐的工作流程。

进一步探究你在×××平台/App上留下了哪些数据,你自己的"画像"你了解吗?

3. 相关思维与推荐算法。

推荐算法中较为传统的算法是协同过滤算法。假设已知小明、小张、小李、小王分别买了以下几本书。用"相关思维"思考可以得到的假设是:如果买书习惯跟小明类似的人购买了小明没有买的书,那么就认为,小明很有可能买这本书。于是,这类问题就变成了"找买书习惯跟小明类似的人"的相似度量化问题。

假设几位同学的购书记录数据如下，"0"和"1"分别表示未购买和已购买。

	《Hadoop权威指南》	《Java核心技术》	《新东周列国传》	《论语别裁》	《男装手册》	《世界是平的》
小明	1	0	1	0	1	0
小张	0	1	1	0	0	0
小李	1	1	0	1	1	0
小王	0	0	0	0	1	1

利用余弦定理提供的计算公式，你能得出如下结论吗？小李与小明"更"相似，应该推荐小明购买《Java核心技术》这本书。

第 4 章

DIKW 模型

《纸牌屋》背后的数据故事

《纸牌屋》(*House of Cards*)是一部以政治为题材的美国电视连续剧。网飞公司(Netflix)早期是北美家喻户晓的在线影片租赁提供商,在确定大卫·芬奇为导演、凯文·史派西为主演后,决定投资参与《纸牌屋》的制作,在提出了无须先看试播集、预付一亿美元资金、一次性订购完整的两季内容,以及不干涉剧集的艺术创作过程、制作团队保有最终剪辑权等诱人条件后,网飞公司最终与制片方达成合作,获得了《纸牌屋》的两年独播权,从此改变了自己多年来仅作为电视台首播后的线上播出渠道的历史。大数据带来的效果是:2013年2月,《纸牌屋》第一季正式上线后,网飞公司的用户数增加了300万,第一季财报公布后股价狂飙26%,较以往8月的低谷价格累计涨幅超三倍。这一切都源于《纸牌屋》的诞生是从三年间3000万付费用户的数据中总结收视习惯,并根据对用户喜好的精准分析进行创作的。

电视剧拍什么、谁来拍、谁来演、怎么播,都由数千万观众的客观喜好统计决定。从受众洞察、受众定位、受众接触到受众转化,每一步都由精准细致高效经济的数据引导,从而实现大众创造的C2B,即由用户需求决定生产。

10年前的"大数据的力量"就如此之大,现在会怎样?

学习目标

学完本章,你应该牢记以下概念。
- DIKW模型。
- 数据、信息、知识、智慧。
- 数据价值链。
- 数据驱动(从数据到智慧决策)。

学完本章,你将具有以下能力。
- 理解"数据"与"信息"的不同。
- 结合数据价值增值过程理解DIKW的层次关系。
- 初步理解"知识K"的内涵及不同行业基于数据驱动的"决策W"应用现状。

学完本章,你还可以探索以下问题。
- 结合你的日常生活,理解并运用DIKW模型。
- 基于DIKW模型的大数据案例分析。

4.1 数据与DIKW模型

4.1.1 什么是DIKW模型

DIKW模型是信息科学领域中一个广泛应用的知识管理框架,是由英国信息学家泽勒于1987年提出的。DIKW模型由4个层次组成,分别是数据(Data)、信息(Information)、知识(Knowledge)和智慧(Wisdom)。

视频讲解

数据是指任何一种符号化的记录,可以是数字、文字、图形、声音等形式,但它本身并不具有意义。例如,一组数字"1,2,3,4,5"就是一组数据,但并没有表达任何信息。

信息是在数据的基础上添加了解释和解读的过程,使得数据变得有意义。例如,如果将上述数字组合成"1+2+3+4+5=15",则这就是一条具有信息量的信息,它表达了数字的总和。

知识则是在信息的基础上添加了经验、理解、洞察和判断等高级思维过程,使得信息变得更加具有实用价值。例如,如果将上述信息与实际情境结合起来,如在计算账单时使用这个数字和,这就是一种知识。

智慧则是在知识的基础上添加了高度的判断力和人生经验,使得人们能够做出智慧性的决策和判断。例如,如果将上述知识运用于一个人的生活中,通过对数字的理解和经验的运用,他可以做出更好的财务决策,这就是一种智慧。

DIKW 模型将知识管理的整个过程分为 4 个层次,这有助于人们更好地理解和应用知识管理的理论和实践。通过将数据、信息、知识和智慧进行区分和归类,DIKW 模型可以帮助人们更好地组织和管理知识资源,提高知识管理的效率和质量。总之,DIKW 模型是知识管理领域中的一个重要理论框架,它将知识管理过程分为 4 个层次,分别是数据、信息、知识和智慧。通过对这些层次的分析和管理,人们可以更好地组织和利用知识资源,提高知识管理的效率和质量。

图 4.1 DIKW 模型

> **想一想 4.1:生活中的 DIKW**
>
> (1) 天气预报。
> 数据:A 城市本周下雨三天、多云四天;B 城市本周七天都是晴天。A 城市本周平均温度是 18℃;B 城市本周平均温度是 25℃。
> 信息:B 城市和 A 城市相比晴天的天数更多;B 城市比 A 城市的平均温度高 7℃。
> 知识:天气和温度可能存在某些关联。
> 智慧:如果今天早上下雨,那么今天的温度可能就会更低,可能需要带一件外套出门。
> (2) 人事管理。
> 数据:小明过去一周上班时间为 9:15,9:12,9:18,9:17,9:13。
> 信息:小明过去一周平均每天比标准上班时间晚到 15min。
> 知识:小明一直在迟到。

> 智慧：小明很懒，可以考虑辞退。
> 你在生活中运用 DIKW 模型了吗？

4.1.2 DIKW 模型中的过去与未来

在数据科学与大数据时代，DIKW 模型是一个可以很好地帮助人们理解数据（Data）、信息（Information）、知识（Knowledge）和智慧（Wisdom）之间关系的模型。DIKW 模型将数据、信息、知识、智慧纳入到一种金字塔形的层次体系，每一层比下一层都赋予一些特质。原始观察及量度获得了数据，分析数据间的关系获得了信息，在行动上应用信息产生了知识，智慧则关心未来，提供最优化的解决方案。如果将人类的学习过程做类比，简单的"数据"（基本概念、基本原理等）积累虽然很重要，但进一步的"思考"与"交流"才能抵达聪明智慧的顶峰。

DIKW 模型中几部分关系较好地体现了数据价值链的变化，体现了"数据可以映射现实""数据可以认知现实""数据可以操控现实"这一本质具体可理解如下。

数据：可以是数字、文字、图像、符号等，它直接来自于事实，通过原始的观察或度量来获得；DIKW 模型中的数据仅代表数据本身，并不包含任何潜在的意义。在大数据时代，可以将数据简单理解为"电子记录"，这些原始记录无法直接指导人们的生活，从这一点来看，它也是无任何意义和价值的。

信息：通过某种方式集成、处理和分析数据间的关系，数据开始转换成信息；信息可以回答一些简单的问题，是数据经过逻辑性加工后的结果。

知识：知识是一个对信息判断和确认的过程，是对信息的应用。这个过程结合了经验、上下文、诠释和反省、提炼及加工从而得到的有用资料，同时基于推理和分析，还可能产生新的知识。在大数据时代，这是挖掘数据价值的关键一步及核心目标。

智慧：是人类对事物发展的前瞻性看法。在知识的基础之上，通过经验、阅历、见识的累积，从而形成的对事物的深刻认识、远见，体现为一种卓越的判断力。智慧可以简单地理解为做出正确判断和决定的能力，是对知识的最佳运用。

如图 4.2 所示的 DIKUW 模式是 DIKW 的一种变种，其中所增加的"理解（Understanding）"环节强调"知识"的整合，有时也称为"洞见（Insight）"，表明理解和洞见的结果可以直接用于支持"智慧"决策，"以史为鉴，面向未来"。

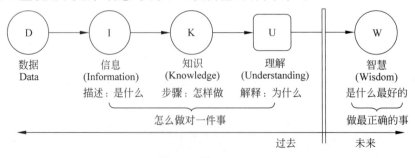

图 4.2 对数据的理解——过去与未来

思考题

1. 数据与信息的关系是什么？
2. 列出并解释从数据到信息需要做的工作包括哪些。
3. 什么是知识？知识的作用是什么？

4.2 数据价值链与 DIKW

视频讲解

4.2.1 从数据到信息

从数据到信息，数据科学要完成的主要工作是数据集成与数据加工。数据是原始记录、未加工、无意义（元数据）及客观存在，信息是已经被处理、具有逻辑关系的数据。对数据的解释只有在特定语境环境下有意义。

数据集成是把不同来源、格式、特点性质的数据在逻辑上或物理上有机地集中，从而为企业提供全面的数据共享，也就是数据思维中提到的"全样本"的具体体现。除以业务需求为导向的常规事务性数据（如 CRM、ERP 系统）外，互联网、物联网的出现致使大量有价值的数据呈爆发式增长。从以数据驱动为导向的角度出发，这些数据隐藏着巨大的数据价值。例如，语音数据、图片数据、视频数据；用户上网行为埋点数据、设备地理位置数据、业务或管理系统日志数据、可穿戴设备等日常生活数据、网站相关数据等。这些数据的有效存储、计算及查询是数据集成的首要任务。数据集成过程也可以理解为数据加工，即数据合并、清洗加工、聚合、关联等。

应用案例 4.1：国民阅读率

据统计，2018 年我国成年国民阅读率为 59%，报纸阅读率为 35%，期刊阅读率为 23.4%，数字化阅读方式（网络在线阅读、电子阅读器阅读、Pad 阅读等）的接触率为 76.2%，包括书、报刊和数字出版物在内的各种媒介的综合阅读率为 80%。历年变化如图所示。

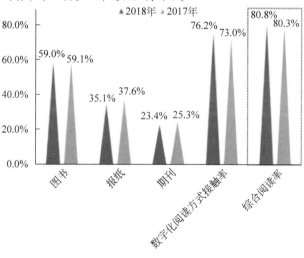

综合阅读率11年间变化

阅读率历年变化

应用 5W1H 分析法分析案例中的"数据"从哪里来？从 DIKW 模型的角度来看，这些数据提供了哪些"信息"或"知识"？

4.2.2 从信息到知识

知识是从相关信息中过滤、提炼及加工而得到的有用的信息集合。信息虽给出了数据中一些有一定意义的东西，但数据中更深层的隐藏价值只有通过人的参与对信息进行归纳、演绎、比较等手段才能挖掘并积累沉淀下来，这部分有价值的信息就转变成知识。所以说，知识来源于信息，知识是对情景的理解、意识、认知、识别及对其复杂性的把握。当然某一类知识是基于某一角度的信息整合形成的一种观点，所以说，知识是主观的。知识不是信息的简单累加，它可以解决较为复杂的问题，可以回答"如何？"的问题，能够积极地指导任务的执行和管理，进行决策和解决问题。

> **试一试 4.1：微信指数**
>
> 微信指数是微信官方提供的基于微信大数据分析的移动端指数。2017 年 3 月 23 日晚，微信官方推出了"微信指数"功能。
> (1) 打开微信，在顶部搜索框内输入"微信指数"4 个关键字。
> (2) 再点击"微信指数"进入主页面，然后点击微信指数里面的搜索框，输入自己想要的关键词得出的数据。
> (3) 微信指数只支持 7 日、30 日、90 日内三个阶段的数据。
> 或者，在微信客户端最上方的搜索窗口中搜索"××微信指数"或"微信指数××"，点击下方的"搜一搜"，也可获得某一词语的指数变化情况。
> 就你关心的热点词汇，看看它的"微信指数"是多少。
> 使用 DIKW 的分层架构，理解一下"微信指数"是怎么来的。用 STW 深度思考一下。

4.2.3 基于数据驱动的决策

智慧是对知识的最佳运用，是将过去处理的问题获得的经验或知识应用于未来。智慧是一种应用知识和信息处理问题的能力。知识是用来解决具体问题的，即用来指导行动，解决"如何做"的问题。DIKW 模型将现实世界中已经发生的和未来可能发生的事物连接起来，表明将信息的有价值部分挖掘出来并能转换为实际行动的过程，这一过程重点关注"怎样做对一件事"，而未来的智慧决策关注"做最正确的事"，即优化决策。二者之间的关联如图 4.3 所示。

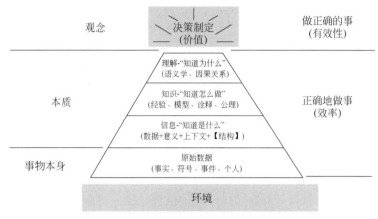

图 4.3　正确地做事与做正确的事

基于数据驱动的决策过程表明：数据本身不产生价值，如何分析和利用大数据对业务产生帮助才是关键。智慧描述为面向未来，即智慧被用来指导决策。数据的价值归根到底是能帮助人们建立对事物的洞察和形成正确的决策，具体体现在以下 4 个方面。

(1) 帮助人们获得知识和洞察。用数据可以完成对事物的精准刻画，帮助人们全面了解事物的本真面目。此时，数据发挥的价值在于，减少了信息的不对称，帮助人们获得新的知识和洞察。以前不知道的事情，现在用数据告知他们了；以前不清楚的，现在用数据能解释明白了。也就是说，在数据的支持下，人们实现了从"不知道"到"知道"，从"不清晰"到"清晰"的转变。

(2) 帮助人们形成正确的决策。数据的作用还在于能让人们发现问题，并形成正确的判断与决策，获得了应该做什么、怎么做的依据。只要人们相信数据是在说真话，数据就像一个充满睿智的顶级谋士，会告诉人们事物的来龙去脉、问题症结，然后把决策权交给人们。相信数据的力量，数据就能创造信任，让人们形成正确的决策。

(3) 帮助人们做出快速决策。在瞬息万变的市场竞争中，商机稍纵即逝，数据可以快速地判断出商机，帮助人们快速形成决策，缩短人们做决策的时间，降低决策成本，提高决策效率。特别是在信息爆炸的万物互联时代，数据能帮助人们在纷繁复杂的信息网络中，抽丝剥茧、条分缕析，帮助人们快速找到"确定性"的路径和决策，在市场竞争中赢得"时间差"优势。

(4) 帮助人们少犯错误。数据还可以通过统计与分析，预测即将发生什么、发生的概率是多大，告诉人们不能做什么。通过数据发现异常状况时，实时预警，帮助人们降低决策风险，及时止损，减少试错成本。

> **想一想 4.2：你听说过"信息茧房"吗**
>
> "信息茧房"这一概念是哈佛大学法学院教授凯斯·桑斯坦在《信息乌托邦》中提出的一个概念。其意指在信息传播中，人们会习惯性地被自己感兴趣的内容导引，并从中得到愉悦与安慰，久而久之，就将自己的思想及生活像蚕茧一般桎梏于"茧房"中的现象。有人将此现象形象地比喻为"挑食"。人类在浩如烟海的信息面前，只选择自己喜好的内容，不乐于接受其他领域的信息。倘若涉足新领域，也可能是出于"暂时有用"而已。例如，沉醉娱乐消息的人，对于历史方面的知识不感兴趣；喜欢体育新闻的人，也难以跨界诗词领域。同样，热爱国学文化的人，也没兴趣涉足动漫领域。反之亦然。
>
> 你在日常生活中感觉到"信息茧房"的存在吗？它的利弊是什么？如何利用好或突破它？

4.2.4 数据科学与 DIKW

在数据科学领域，统计、分析与数据科学是不可分割的，前者是后者获取知识的途径。首先对统计的简单定义是对数据的汇总，DIKW 金字塔显示为数据转换为统计的信息。在此基础上的分析是指对数据进行分析以识别有意义的模式。尽管分析经常与统计数据混为一谈，但它的确是一种更广泛的表达方式，不仅是指分析数据的性质，还体现在结果处理方面，DIKW 金字塔中表示为将数据转换为知识的分析方法。可见，分析应用程序使用统计数据，将原始最底层的数据转换为信息，然后将其转换为知识，在 DIKW 金字塔上又攀升了一步，如图 4.4 所示。

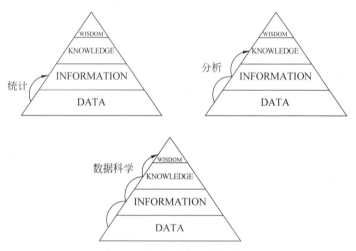

图 4.4 统计、分析与数据科学

数据科学的维恩图将数据科学定义为统计信息、计算机编程和领域专业知识相结合以产生洞察力的学科，DIKW 金字塔呈现为将数据转换为智慧的全过程。因此，数据科学应用不仅使用统计和分析将数据转换为信息及知识，还进一步将该知识转换为可操作的规范。换句话说，数据科学完成了将数据转换为智慧，到达了 DIKW 金字塔的顶端。

> **想一想 4.3：Analysis 与 Analytics 有什么区别**
>
> 在数据分析的世界里,有两个英文单词很重要:Analytics 与 Analysis。尽管两个英文单词的中文翻译都是"分析",但是这两种"分析"却有很大的差异。根据剑桥词典的解释:
> - Analysis 是指"the act of analyzing something",即分析某些事的行动。
> - Analytics 指的是"a process in which a computer examines information using mathematical methods in order to find useful patterns",即使用计算机和数学方法分析各种信息,以找到有用的结论的过程。
>
> 简单来说,Analysis 是针对过去已发生的事情进行分析,了解事情可能发生的原因以及是如何发生的,属于对"过往数据"的分析,即历史数据的描述性分析,而且分析的方法主要是通过"人脑"来进行判断,属于通常意义上的狭义数据分析的范畴。Analytics 则是针对未来进行预测,判断事情可能的发展,属于"预测未来"的分析。分析的方式强调通过"计算机"来进行模型的建立。换言之,Analytics 通常是指未来,而非去解释过去的事件。它聚焦在未来的潜在事件。Analytics 的本质是将逻辑和运算推理应用到分析中,进而得到分析结果,并协助找出一些模式来预测企业未来可以怎么做。
>
> 当我们再遇到中文的"数据分析"一词,请关注它的上下文,区别它到底指的是 Analysis 还是 Analytics,以排除理解上的障碍。

思考题

1. 什么是知识?知识从哪里来?
2. 在 DIKW 模型中,知识和智慧之间的关系是什么?
3. 为什么说信息是客观的,而知识是主观的?

4.3 从 DIKW 视角看世界

4.3.1 数据思维实现的要素

1. 要素 1——大数据

数据思维是建立在对数据学习的基础上,数据越多,机器学习的东西越多,基于数据驱动的判断决策就越准确,越具有实用性。DIKW 金字塔结构体现了底层数据"量"的重要性,所以说大数据的形成是数据思维的一个要素。大数据比传统数据厉害的地方,不只是体量大,也不只是 4V,还有两个重要特征:多维度和时效性。

多维度就是多个角度,数据的维度就是看数据的多种角度。数据可以是一维的,那么就是一个线性形式;如果是二维的,则是一个列表形式。多个样本构成一个面。"360°用户画像"寓意对用户多角度的描述,便于提供个性化精准营销与服务。

应用案例 4.2:什么是多维度?——百度"吃货"排行榜

百度曾经发布了一个统计结果,叫作《中国十大"吃货"省市排行榜》。榜单上的一些内容非常有趣,像北京网友最经常问的问题是"某某的皮能不能吃";内蒙古网友最关心"蘑菇能吃吗",宁夏网友最关心的竟然是"螃蟹能吃吗"。这个榜单的数据是怎么来的呢?百度没有做民意调查和饮食习惯的研究,而是从"百度知道"的 7700 万条和吃有关的问题里"挖掘"出来的。

为什么说这件事反映了大数据的多维度呢?因为"百度知道"的数据维度有很多,不仅涉及食物的做法、吃法、成分、价格,还能收集一些隐含信息。例如,提问者或回答者的个人信息,用的是手机还是计算机,用什么浏览器。这样,百度就可以得到不同年龄、性别和文化背景的人的饮食习惯。如果再结合每个人使用的手机或计算机的品牌和型号,分析他们的收入,百度甚至能分析出不同收入阶层的人的饮食习惯。也就是说,这些隐形维度对于饮食习惯虽然没有直接影响,但是如果把原来看上去没有关系的维度联系起来,经过挖掘、加工和整理,就能得出有意义的统计规律。

根据上述提供的资料,你能猜猜这里包含哪些维度吗?这些维度数据某些组合的价值是什么?试着用"金字塔原理"方法整理到思维导图里。

数据时效(动态数据)体现在"数据生命周期"中。数据的生命周期是指某个集合的数据从产生或获取到销毁的过程。数据全生命周期分为采集、存储、整合、呈现与使用、分析与应用、归档和销毁几个阶段。在数据的生命周期中,数据价值决定着数据全生命周期的长度,并且数据价值会随着时间的变化而递减。图 4.5 给出了数据价值随时间变化的规律,可见明细数据(原始数据)的有用性递减曲线要比汇总数据(加工后的信息)的更加陡峭,同时,随着时间推移,汇总数据有用性曲线趋于平缓,有时还会上升;而明细数据会趋向渐进地接近于 0。

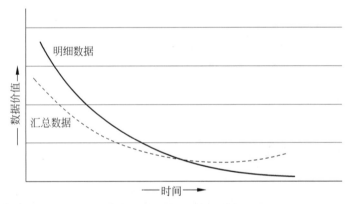

图 4.5 数据价值的时效性

2. 要素 2——算力

"算力"顾名思义,可以理解为计算能力。算力可以分为三类:第一类就是高性能计算,也就是所谓的"超算",其运用范围非常广泛,如科学计算、天文计算等;第二类是人工智能计算,主要用于处理人工智能应用问题,如智慧城市、城市网络等;第三类也就是数据中心,通过云计算的方式提供算力的公共服务。这三种模式合并到一起就能充分地反映出一个国家的数据计算能力。算力作为转换数据价值的生产因素,已成为支撑数字经济持续发展的重要动力。

从技术层面来看,算力主要表现为处理数据的综合能力,包括数据总量、数据存储能力、数据计算速度、数据计算方法、数据通信能力等,扩展为涵盖数据收集、存储、计算、分析和传输的综合能力。根据浪潮和IDC联合发布的《2020全球计算力指数评估报告》，一个国家的算力指数每提高1个百分点，数字经济和GDP将分别增长3.3‰和1.8‰。根据罗兰贝格的预测，从2018年到2030年，自动驾驶对算力的需求将增加390倍，智慧工厂需求将增长110倍，主要国家人均算力需求将从今天的不足500 GFLOPS（Giga FLoating-point Operations Per Second，每秒10亿次浮点运算数）提高20倍，变成2035年的10 000 GFLOPS。

数据思维的实现需要很强的计算能力的支撑。我们常常想到的计算机、手机等智能设备提供的算力对大数据来说是远远不够的，需要一个大规模的计算机集群，需要成百上千台计算机连接在一起，进行大规模的运算。除了计算机集群，算力还需要GPU的架构。GPU架构有别于传统CPU的架构，能够很好地支持深度学习模型的运算。

应用案例4.3：东数西算——国家大数据战略

2015年，首届中国国际大数据产业博览会（简称数博会）在贵阳举办，发布了《大数据贵阳宣言》。2022年年初，国家发展和改革委员会等部门联合印发文件，同意在京津冀、长三角、粤港澳大湾区、成渝、内蒙古、贵州、甘肃、宁夏8地启动建设国家算力枢纽节点，并规划了10个国家数据中心集群。至此，全国一体化大数据中心体系完成总体布局设计，"东数西算"工程正式全面启动。目前东西部不同城市算力供给及需求的不均衡状态有望得到解决。

想一想：

为什么"中国数谷"落地贵阳？贵阳这几年的发展现状如何？用5Why分析法试一试。

3. 要素3——模型

什么是模型？模型是指对于某个实际问题或客观事物、规律进行抽象后的一种形式化表达方式。任何模型都是由三部分组成的，即目标、变量和关系。数据科学中谈到的模型专指数学模型，即用数学（或统计学）方式描述目标与变量之间的关系。

试一试4.2：幸福与爱情

英国研究人员多年前提出"幸福"可以用一个数学模型来概括，即：

$$幸福 = P + 5 \times E + 3 \times H$$

其中，P代表个性，包括世界观、适应能力和应变能力；E代表生存，包括健康、财力和交友等；H代表更高层的需求，包括自尊心、期望、雄心和幽默感，你能接受这个幸福数学模型吗？如果P、E、H可分为10级，先给自己打个分，然后算一算你的幸福值是多少？

如果是正在恋爱的同学，还可以根据"终极恋爱模型"，推算一下自己和心仪对象是否能让爱情开花并结出幸福之果。这是由英国心理学家、数学家和人际关系专家合作得到的结果。

$$爱情 = \left(\frac{F + Ch + P}{2} + \frac{3(C + I)}{10} \right) / [2(5 - SI) + 2]$$

模型中，F代表自己对对方的好感，Ch代表对方的魅力，P代表体内分泌吸引异性的化学物质，C代表自己的信心，I代表亲密程度，SI代表自我形象。除自我形象SI评分为1～5分，其他自测指标评分为1～10分。总分越高，表明恋情继续发展的可能性越大。

> 以上模型取自网络,千万别太信以为真。但是从中你可以理解什么是模型,也可以分析一下上述两个模型本身有什么区别。应用 DIKW 模型解释这个例子你会有哪些新的感悟?大数据时代这种模型会越来越准吗?为什么这么说?

对应 DIKW 模型,数字方式描述的"知识"以不同呈现方式给出,如图 4.6 所示,包括以函数形式表示的传统数学模型、通过统计计算得到的关联矩阵及文本词云、通过机器学习算法得到决策树及推理规则等。

视频讲解

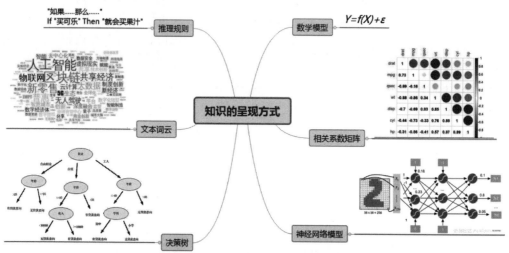

图 4.6 "知识"的呈现方式

传统的模型比较简单,而目前大火的深度学习模型则是模型不断复杂化的结果。我们的大脑由许多神经网络连接而成,每天能帮助我们做各种各样的决策。早期的人工神经网络模型本质上是对大脑也就是我们自有的神经网络的模拟。这种模型在 20 世纪 80 年代就已经被发明出来,它能够帮助我们从数据中提炼出知识。而如今我们在人工网络的基础上有了更深的研究,产生了一系列的深度学习模型,其实可以把深度学习模型理解为传统的神经网络模型的加强版。一般的模型随着数据量的增加,预测效果会提升,但很快达到瓶颈。而深度学习的预测效果随着数据量的增加,会持续提升。深度学习强大的学习能力决定了它能够更好地模拟人类大脑的运算机制,它最擅长的是理解和识别非结构化数据,如图像、视频、声音、文本等。

4. 要素 4——业务模式

数据科学的研究要能够落地,必须在某个领域、某个场景中去实践它。不仅如此,还应该激发出更多的创新业务模式。正是因为有了这些创新业务模式,数据思维及数据科学才能顺利地在各行各业落地,帮助企业产出价值。DIKW 模型中的数据价值与商业价值可对应如图 4.7 所示。

像数据科学家一样去思考,首先要解决的两个问题是:①如何定义和分解商业问题;②如何将商业问题转换为数据问题。特别需要明确的是,数据价值由数据的消费者来定义,数据价值基于场景。而随着对数据理解的不断深入,将挖掘更深层的数据价值,创造

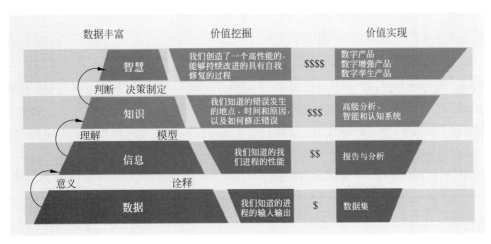

图 4.7 数据价值与商业价值

出更大的商业价值。

4.3.2 大数据原理与 DIKW 模型

数据科学蕴含大数据价值实现的有效途径,数据的价值实现有其自身规律性,大数据的价值实现服从 4 个基本的大数据原理。

1. 量变到质变原理

大数据由小数据积累形成,在积累过程前期且数据量不够大的时候,这些离散化、碎片化的数据并不能反映其背后的真实故事。但随着数据量的增加,特别是当其积累量超过某个临界值后,这些离散的"碎片"数据就整体呈现出规律性,就能在一定程度上反映数据背后的真实性。这一原理被称为大数据的量变到质变原理,它说明数据量的大是数据具有价值的前提。从量变到质变的临界值通常也是区分数据"大"与"不大"的标准。虽然大数据的"大"是相对的,是与所关注的问题相关的。

2. 关联聚合原理

数据的积累可能只是局部的、源于某个侧面的,因而单纯数据量的积累并非有助于对事物全局和整体的认识。只有将不同层面、不同局部的数据汇集并加以关联,才能产生对事物整体性和本质性的认识。数据汇集使得数据产生价值,数据关联使得数据实现价值。关联聚合原理为数据开放共享提供了直接的数据科学依据,是大数据价值链形成的关键要素之一。

3. 分析致用原理

分析是通过综合运用数学、统计学、计算机学科、人工智能等工具对数据背后的故事(即规律,或称知识)进行抽取和明细化的过程。大数据通常价值巨大但价值密度低,很难通过直接读取提炼价值,只有通过大数据分析才能完成从数据到信息,从信息到知识,从知识到决策的转换，才能解决各主体面临的不同问题。如果只存储不分析，相当于"只买米不做饭"，产生不了实际价值。

4. 效用倍增原理

由于具备易复制、成本低、叠加升值、传播升值等特点，大数据及其产品可以被广泛重复叠加使用，具有极高的边界效用和很强的正外部性。一方面，相同数据可以以低成本供给不同的主体而不产生冲突，使多个主体同时受益；另一方面，相同的数据也可以使用不同的方法进行加工处理，服务于不同的目的，使得单一数据产生多样价值。大数据可以提高各行各业应用数据克服困难和解决问题的能力，具有"一次投入、反复使用、效益倍增"的特点。

应用案例4.4：用户画像的构建——标签分级

用户画像标签系统可以分为三个层次：数据加工层、数据服务层、数据应用层。每个层面面向用户对象不一样，处理事务有所不同。层级越往下，与业务的耦合度就越小；层级越往上，业务关联性就越强。

（1）原始输入层：主要指用户的历史数据信息，如会员信息、消费信息、网络行为信息。经过数据的清洗，达到用户标签体系的事实层。

（2）事实层：事实层是用户信息的准确描述层，其最重要的特点是，可以从用户身上得到确定与肯定的验证。例如，用户的人口属性、性别、年龄、籍贯、会员信息等。

（3）模型预测层：通过利用统计建模、数据挖掘、机器学习的思想，对事实层的数据进行分析利用，从而得到描述用户更为深刻的信息。例如，通过建模分析，可以对用户的性别偏好进行预测，从而能对没有收集到性别数据的新用户进行预测。还可以通过聚类、关联等思想，发现人群的聚集特征。

（4）营销策略层：利用模型预测层结果，对不同用户群体、相同需求的客户进行更深层次的打标签，建立营销模型，从而通过用户的活跃度、忠诚度、流失度、影响力等标签描述开展精准营销。

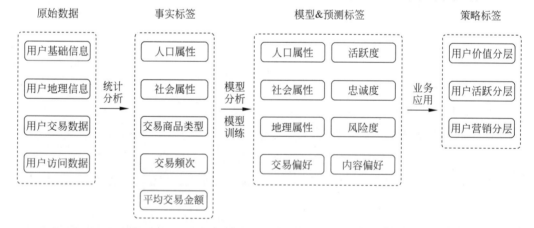

视频讲解

用户画像的标签构建是统计分析与数据挖掘算法（机器学习）应用的典型案例，也是不同"知识"（由浅至深）获取方法的具体应用。

想一想：

用户的"忠诚度""风险度"如何度量？需要哪些数据？

4.3.3 DIKW 的应用及创新

在现实世界中，DIKW 的高效使用还必须通过三个不同视角看待 DIKW，分别是"流动的视角""思考的视角"及"应用的视角"。

（1）流动意味着不要把 DIKW 隔离成一个个独立的主体，让彼此之间静止和隔离，这样会导致数据永远只是数据，不可能转换为信息、知识甚至智慧。流动的视角需要让 DIKW 流动起来，从接触数据开始，就要持续思考如何把数据流动到信息，把信息流动到知识，把知识流动到智慧。

（2）用思考的视角看 DIKW，即针对接触的每一条数据、信息和知识，都需要持续思考如何更好地使用，如何跨界使用。只有多多思考，才能让思想利剑越发犀利，认知才会越来越广泛，越来越有深度。

（3）应用的视角关注学以致用，不要仅仅是信息、仅仅是数据，而是需要思考如何应用到工作生活的方方面面，只有通过应用的视角看待 DIKW，才能更好地转换成知识和智慧。

图 4.8 表明 DIKW 的高效应用其实是一个闭环过程。"优化迭代"就是在这一个闭环当中进行的，因此可以理解基于大数据的决策将越来越"智能"。

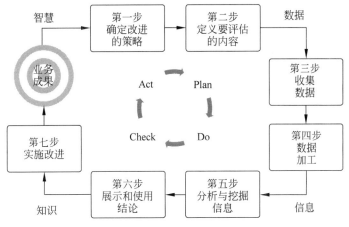

图 4.8　数据科学实施步骤

需要强调的是，大数据更大的价值在于数据创新。数据的价值不仅是特定目的的使用，更重要在于这些数据的再利用、重组、扩展创新出的新用途。那些视为无用的旧数据，换个重组方式，可能成为新构想的冲锋队。例如店里的监控器，最开始的初衷是监视扒手，但是后来可以通过跟踪客户流和他们停留的信息，设计店面的最佳布局并判断营销活动的有效性。大数据的世界危险又刺激，危险在于人们的生活越来越透明，隐私越来越少；刺激在于不断重组信息头脑风暴获得新灵感、新突破的喜悦。图 4.9 表明，无论是信息层还是知识层都是创新的沃土，但高层次的创新往往从大格局开始，创造更大的价值。

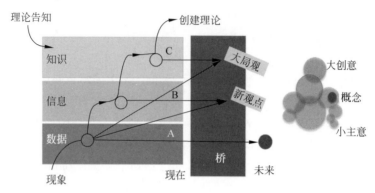

图 4.9　创新的 ABC

视频讲解

应用案例 4.5：坐姿与汽车防盗

日本先进工业技术研究所的教授越水重臣所做的研究是关于一个人的坐姿。很少有人会认为一个人的坐姿能表现什么信息，但是它真的可以。当一个人坐着的时候，他的身形、姿势和质量分布都可以量化和数据化。越水重臣和他的工程师团队通过在汽车座椅下部安装总共 360 个压力传感器以测量人对椅子施加压力的方式，把人体"屁股特征"转换成了数据，并且用 0~256 这个数值范围对其进行量化，这样就会产生独属于每个乘坐者的精确数据资料。

在这个实验中，这个系统能根据人体对座位的压力差异识别出乘坐者的身份，准确率高达 98%。因此这项技术可以作为汽车防盗系统安装在汽车上。有了这个系统之后，汽车就能识别出驾驶者是不是车主；如果不是，系统就会要求司机输入密码；如果司机无法准确输入密码，汽车就会自动熄火。

把一个人的坐姿转换成数据后，这些数据就孕育出了一些切实可行的服务和一个前景光明的产业。例如，通过汇集这些数据，可以利用事故发生之前的姿势变化情况，分析出坐姿和行驶安全之间的关系。这个系统同样可以在司机疲劳驾驶的时候发出警示或者自动制动。同时，这个系统不但可以发现车辆被盗，而且可以通过收集到的数据识别出盗贼的身份。越水重臣教授把一个从不被认为是数据甚至不被认为和数据沾边的事物转换成了可以用数值来量化指导"行动"的数字产品。

思考题

1. 数据思维的 4 个要素是什么？
2. 什么是数据的"维度"？为什么数据的多维度积累非常重要？
3. 如何理解数据的时效性？举例说明。
4. 从 DIKW 的视角，如何理解"量变到质变"这一大数据原理？你能举例说明吗？
5. 用户画像的标签是如何分层的？不同层次的关系如何？

4.4　探究与实践

1. "数据"造句。

我们每天都被各式各样的"数据"包围，带着你的好奇和思考，发散思维，用"数据"造句子,看看你能够想到多少。它可能是你印象最为深刻的,你认为最有趣的,也可能是你认同的,或者是够震撼的,或者是值得进一步思考的。并在每个造句的后面加上你认为这种说法的原因(为什么这么说),积极开动你的大脑吧!

2. 试用批判性思维八要素来思考 Netfilix 案例。

(1) Netfilix 基于用户数据分析的目的是什么?待解决的核心问题有哪些?

(2) 数据(信息)包括哪几方面?用结构化思维导图整理一下会更清晰。

(3) 案例中的根本假设是什么?

再试用批判性思维标准做进一步思考:

(1) 精确性——你能够再描述得详细一点吗?

(2) 广度——从你的日常生活中,你能举出类似的例子吗?

3. DIKW 应用——用户画像再探。

(1) 找到一个用户画像图片,将该图片插入思维导图的中心作为主题。

(2) 基于 DIKW 分析该主题中到底哪些是真正的数据(原始电子记录),哪些是知识(由某些算法得到),将数据和知识分别摆放。将数据尽可能按照来源进行分组并命名,这里需要仔细观察及大胆想象。

(3) 从知识 K 反过来分析,还需要哪些数据?请补充到数据中(可能需要另加一类数据分组)。例如,"忠诚度""购物偏好"这类"知识标签"是如何获得的?

(4) 对于已获得的对用户的了解(知识 K),未来不同行业可以采取哪些智慧的决策?注意从多角度思考。

一个简单的示例如下:

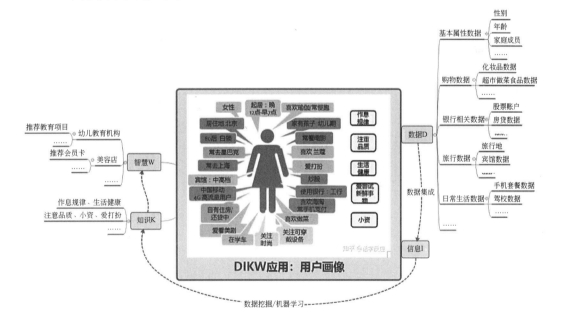

第 2 篇

数 据 价 值

第 2 篇围绕数据价值到底是什么以及如何获取展开。本篇将回答以下问题：如何将商业问题转换为数据可解决的问题？需要什么技术（算法）来挖掘数据的价值？这些技术（算法）是如何演变的？在未来会如何变化？如何保证其精确性和稳定性？

什么是科学研究的逻辑起点？可以从以下两个角度来阐述：①科学始于观察，无论是古代亚里士多德的观点，还是近代培根的古典归纳主义学派都强调科学研究应以观察和实验为基础；②科学始于问题，如现代爱因斯坦的观点是"提出一个问题往往比解决一个问题更重要"。科学研究中的基本逻辑思维方法包括比较与分类、归纳与演绎、分析与综合等，这些同样适用于数据科学的研究。

由于早期分析的数据不足，只能获得浅层的、显性的知识（数据分析图表、报告）。大数据之前的关系数据库为数据挖掘（知识发现）提供了必要且充足的结构化数据。而 AI 三要素（数据、算法、算力）为复杂数据（非结构化数据）、复杂场景下的通用算法（神经网络、深度学习）的研究提供了保障。

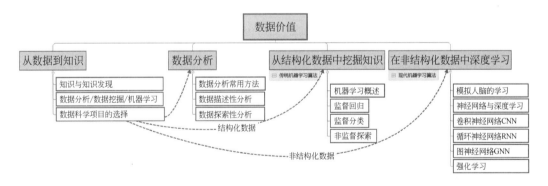

任何一种数据分析方法或机器学习算法都是为了解决不同的"从数据到知识"的任务，而商业目的不同，待解决的问题（任务）也不同。机器学习算法有 4 个关键要素：数据、模型、目标函数、优化算法。掌握这几个要素，可以更好地理解各种算法的共性所在，而不是孤立地理解各式各样的算法。本篇可以按照批判性思维工具中的 8 个要素（参见附录）为导向，关注底层逻辑，探究背后的思维路径。

"数学是上帝描写自然的语言。"

——伽利略

"大胆假设,小心求证。"

——胡适

"所有模型都是错的,但其中有些是有用的。"

——英国统计学家 George E. P. Box

第5章 从数据到知识

 **"百度指数"能告诉你什么？**

百度指数是以百度海量网民行为数据为基础的数据分享平台。在这里，可以研究关键词搜索趋势、洞察网民兴趣和需求、监测舆情动向、定位受众特征。以"数据科学与大数据技术"为关键字，从2016年1月1日到2023年8月7日的"百度指数"搜索趋势如图5.1所示。

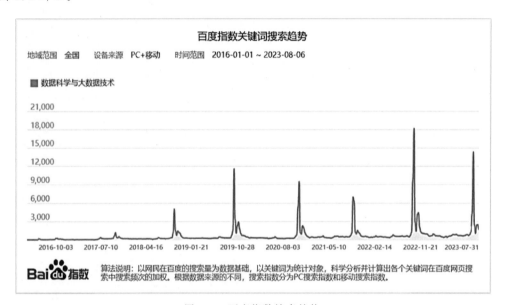

图 5.1　百度指数搜索趋势

描述性分析、探索性发现、让数据讲故事……你有什么"发现"？从DIKW视角来看，"百度指数"是如何得到的呢？有什么价值？又可以"驱动"什么商业"行动"？

学习目标

学完本章，你应该牢记以下概念。
- 知识与知识表示、知识发现。
- 数据分析、数据挖掘、机器学习、模型与算法。
- 描述性分析、探索性分析、预测分析。
- A/B测试、决策支持。

学完本章，你将具有以下能力。
- 理解从商业问题到数据科学问题的重要性。
- 从时间的维度理解数据分析、数据挖掘与机器学习的区别与联系。
- 数据科学项目开发方法选择及流程。

学完本章，你还可以探索以下问题。
- 通过案例分析，比较商业需求与不同数据分析方法的关联性。
- 借助DIKW模型，理解不同数据分析的结果呈现方式及价值。

5.1 知识与知识发现

5.1.1 什么是知识

"知识"是人们熟悉的名词。但究竟什么是知识呢？维基百科给出的定义是：知识是对某个主题"认知"与"识别"的行为藉以确信的认识，并且这些认识拥有潜在的能力为特定目的而使用。意指通过经验或联想，而能够熟悉进而了解某件事情；这种事实或状态就称为知识，其包括认识或了解某种科学、艺术或技巧。此外，也指通过研究、调查、观察或经验而获得的一整套知识或一系列资讯。简言之，知识就是人们对客观事物（包括自然的和人造的）及其规律的认识，具体来说，包括对事物的现象、本质、属性、状态、关系、联系和运动等的认识，即对客观事物原理的认识。此外，知识还应包括人们利用客观规律解决实际问题的方法和策略，既包括解决问题的步骤、操作、规则、过程、技术、技巧等具体的微观方法，也包括诸如战术、战略、计谋、策略等宏观方法。如图 5.2 所示，"知识"来源于"数据"与"信息"，"知识"指导"智慧"行动。

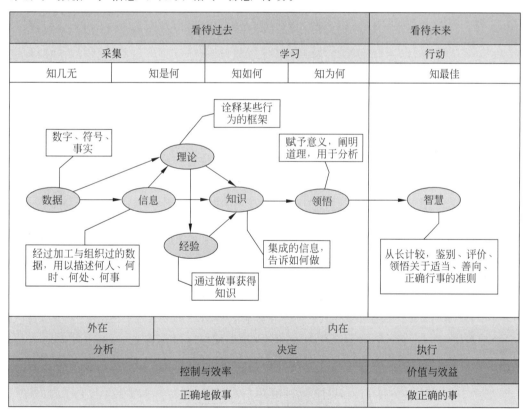

图 5.2 数据驱动的旅程

就形式而言，知识可分为显性的和隐性的。显性知识是指可用语言、文字、符号、形象、声音及他人能直接识别和处理的形式，明确地在其载体上表示出来的知识。例如，我们学习的书本知识就是显性表示的知识。隐性知识则是不能用上述形式表达的知识,即那些"只可意会,不可言传或难以言传"的知识。

就严密性和可靠性而言,知识又分为理论知识和经验知识。理论知识是严密而可靠的,经验知识一般是不严密或不可靠的。就确定性而言,知识又可以分为确定性知识和不确定性知识。就确切性而言,知识又可以分为硬的、确切描述的知识和软的、非确切描述的知识。

另外从内容而言,知识可分为(客观)原理性知识和(主观)方法性知识两大类。就性质而言,原理性知识具有抽象性、概括性,因为它是特殊事务的概括和升华;而方法性知识具有一般性、通用性,因为只有通用才有指导意义,才配称为知识。这两个条件是知识与数据、信息的分水岭,也是对数据的不断深入理解(领悟、洞见)的升华。当然,所有原理性知识都是方法性知识的基础。

培根说过:"知识就是力量,但更重要的是运用知识的技能"。很显然,后面这句话才是培根要重点强调的,这也和他的哲学思想相吻合。从这一点来看,无论是原理性知识还是方法性知识都是有价值的。

> **想一想 5.1:知识的不确定性及不确切性的表示**
>
> 尽管在人类的知识和思维行为中,精确性只是相对的,不精确性才是绝对的,但就知识的不确定性和不确切性而言,知识的表示通常用概率或程度来表示及度量。不确定性就是一个命题(亦即所表示的事件)的真实性不能完全肯定,而只能对其为真的可能性给出某种估计,它们描述的是人们的经验性知识。例如,"如果乌云密布并且电闪雷鸣,则很可能要下暴雨""如果头痛发烧,则大概是患了感冒"。不确切性就是一个命题中所出现的某些言词其含义不够确切(模糊),从概念角度讲,也就是其代表的概念的内涵没有硬性的标准或条件,其外延没有硬性的边界,即边界是软的或者说是不明确的。例如,"小王是个高个子""张三和李四是好朋友""如果向左转,则身体就向左稍倾"。
>
> 狭义上的不确定性知识和不确切性知识的表示一般采用概率或信度来刻画。例如,{这场球赛甲队取胜,0.9},这里的 0.9 就是命题"这场球赛甲队取胜"的信度。它表示"这场球赛甲队取胜"这个命题为真(即该命题所描述的事件发生)的可能性程度是 0.9,而{如果乌云密布并且电闪雷鸣,则天要下暴雨,0.95}{如果头痛发烧,则患了感冒,0.8}中的 0.95 和 0.8 就是对应规则结论的信度。它们代替了原命题中的"很可能"和"大概",可视为规则前提与结论之间的一种关系强度。信度一般是基于概率的一种度量,或者就直接以概率作为信度。概率论研究和处理的是随机现象,事件本身有明确的含义,只是由于条件不充分,使得在条件和事件之间不能出现决定性的因果关系。无论采用什么数学工具和模型,都需要对规则和证据的不确定性给出度量。
>
> "一切皆可量化"你体会到了吗?
> 你还能举出一些其他的例子吗?

5.1.2 知识发现的任务

从数据科学的角度来看,虽然历史上由于数据的匮乏及技术的局限,只能对有限的数据进行汇总统计及简单的定量及定性分析，也在一定程度上对决策起到辅助的作用。传统的知识发现任务都是围绕结构化数据展开的，具体包括以下几点。

（1）数据汇总及描述。其目的是对数据进行浓缩，给出它的紧凑描述。传统的也是最简单的数据总结方法是计算各种变量的求和值、平均值、方差值等统计值，或者用直方图、饼状图等图形方式表示。

（2）分类与聚类。分类的目的是提出一个分类函数或分类模型（也常称为分类器），该模型能把数据库中的数据项映射到给定类别中的某一类中。聚类则是根据数据的不同特征，将其聚集在一起，它的目的使得属于同一类别的个体之间的差异尽可能小，而不同类别上的个体间的差异尽可能大。分类及聚类往往通过计算机编程实现，也称为面向数据库的方法（算法）。

（3）相关性分析及偏差分析。相关性分析的目的是发现特征之间或数据之间的相互依赖关系。偏差分析的基本思想是寻找观察结果与参照量之间有意义的差别，发现异常。

（4）建模。建模就是构造出能描述一种活动、状态或现象的数学模型，常用于预测分析。

以上这些任务通常都是用存储在数据库中的数据、面向某个特定的商业需求展开的，习惯上称之为"数据挖掘"。随着信息化技术的不断推进，从数据到知识的研究方法及工具也发生了翻天覆地的变化，但其本质还是知识发现（获取），同时这类知识还应该是指面向计算机的知识描述或表达形式和方法。

知识表示与知识本身的性质、类型有关。面向人的知识表示可以是语言、文字、数字、符号、公式、图标、图形和图像等多种形式，这些表示形式是人所能接受、理解和处理的形式。但面向人的这些知识表示形式，目前还不能完全直接用于计算机，因此就需要研究适于计算机的知识表示模式。具体来讲，就是要用某种约定的（外部）形式结构来描述知识，而且这种形式结构还要能够转换为机器的内部形式，使得计算机能方便地存储、处理和应用，这类知识就是"可执行的知识"。当适用于计算机描述的知识由于具有"可执行"的特点，也就构成了实现基于数据驱动的基础。

面向非结构化数据的知识发现任务往往更强调"理解"，即像人一样"感知"周围世界并理解，如自然语言理解、图像理解等。数据科学研究的目的就是发现复杂数据的关系（知识），并以"隐性知识显性化、显性知识结构化"为目标，实现真正的数据驱动。

应用案例5.1：什么是"可执行的知识"

由于互联网的发展，产生的数据中绝大部分（超过80%）都是以文本、图像等非结构或半结构的方式存储。所以，挖掘数据价值首先就是要系统地研究如何挖掘无结构数据的价值，也就是说，要实现从"大数据"到"可执行的知识"的转变。

一个"可执行的知识"的例子如图所示，即"驾驶行为识别"的可量化结果，通常是以概率（可能性）的形式出现的，这种计算机可存储且表示的"知识"就可以方便地作为下一步决策的客观依据。

5.1.3 决策与决策支持

决策是所有组织(企业)经营活动中最重要的环节之一,决策决定着组织的成败。做出正确决策的回报可能非常高,而做出不正确决策的损失也可能非常严重。由于内部与外部的因素,做决策变得越来越困难。多年来,管理者认为做决策纯粹是一种艺术,一种需要长时间的经历(即在反复尝试中吸取经验)和依靠直觉的才能。这种自顶向下的决策过程,具体表现在:决策是在"业务驱动"情况下的行为;使用还原论把复杂问题简单化,找到关键点改善决策;数据分析目标是定性的,依据定性分析做出判断和决策。

数据时代为自底向上的决策流程提供了可能性,即业务数据化后以"数据驱动"作为判断和决策的依据。具体体现在:围绕数据以定量分析发现趋势,其核心是高深的计算机技术、模型和算法。即从系统论总体考虑问题,发现、解释、可视化和讲述数据中的模式以推动业务战略,如图 5.3 所示。

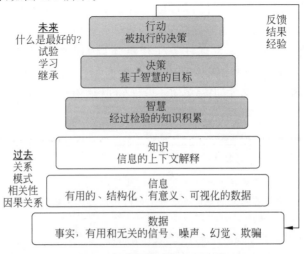

图 5.3 基于数据驱动的决策

决策支持系统(Decision Support System,DSS)是管理信息系统(Management Information System,MIS)向更高一级发展而产生的先进信息管理系统。它为决策者提供分析问题、建立模型、模拟决策过程和方案的环境,可调用各种信息资源和分析工具,帮助决策者提高决策水平和质量。从如图 5.4 所示的时间轴来看,早期的决策基于结构化的定期报告,后期发展为以管理系统为基础的不同维度、不同级别的各种报告,以便更好地理解和应对业务不断变化的需求与挑战。20 世纪 80 年代出现的 CRM 与 ERP 系统为后续出现的数据挖掘与商务智能(Business Intelligence,BI)提供了数据基础。2010 年以来,由于数据获取和使用方式又进行了一次范式转变,大数据与人工智能的出现正在改变 BI 的现状,使得机器学习在图像、视频及语音识别领域取得的成果融入决策过程中。

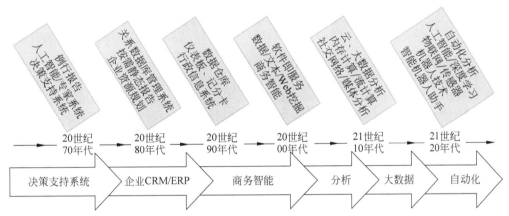

图 5.4 决策支持、数据分析、商务智能与人工智能的发展

(图片来源:《商业分析:基于数据科学及人工智能技术的决策支持系统》)

从上述描述可以看出,知识发现的进程随着数据的不断充裕、计算技术的不断强大,越来越趋于向全自动化(全智能)的方向发展,使得基于数据驱动的自动化智慧决策(DIKW)逐渐成为可能。从这一视角来看,目前较为流行的机器学习与数据挖掘、人工智能、统计这些领域是相通的,其中,机器学习是最有力的工具,应用范围也更广泛。

技术洞察 5.1:什么是 A/B 测试——奥巴马当选美国总统背后的故事

A/B 测试是一种新兴的网页优化方法,可以用于增加转化率、注册率等网页指标。具体做法是为 Web 或 App 界面或流程制作两个(A/B)或多个(A/B/n)测试版本,在同一时间维度,分别让相似的访客群组(目标人群)随机地访问这些版本,收集各群组的用户体验数据和业务数据,最后分析、评估出最好版本,正式采用。

奥巴马成功当选总统的背后也有 A/B 测试的功劳,称为政治竞选中的经典案例。时任奥巴马竞选团队开发了简单易用的 A/B 测试系统如图所示,左图是最初奥巴马的竞选网站设计,右图是测试版本。可以看到的是,左图是典型的个人英雄角色,而右图改成了更美式价值观的家庭图片。右图的"Change, We Can Believe In"更突出了奥巴马竞选中的口号。另外,左图有注册(Sign Up)栏,对访问者可能有一定的过度要求,而右图则只是"Learn more",显得更轻松友好。

经过 A/B 测试改善的版本得到了惊人的结果,如通过网站登记的访问者提升了 40.6%,新增了 280 万的联系 E-mail,增加了 28.8 万名志愿者,获得 5700 万美元的捐助等。

想一想:
你理解"基于数据驱动的决策"的实质了吗?

思考题

1. 什么是隐性知识?你能举例说明吗?
2. 为什么说"一切皆可量化"?这里的"量化"的含义是什么?举例说明。
3. 什么是"可执行的知识"?决策支持的自动化程度与该类知识的依存关系如何?
4. 为什么要用 A/B 测试?举例说明 A/B 测试的具体应用。

5.2 数据分析、数据挖掘与人工智能

5.2.1 知识发现的方法

知识发现的方法可简单归为两类:统计方法和机器学习方法。事物的规律性一般从其数量上会表现出来,而统计方法就是从事物的外在数量上的表现去推断事物可能的规律性。因此,统计方法就是知识发现的一个重要方法。常见的统计方法有回归分析、判别分析、聚类分析以及探索分析等。机器学习方法包括符号学习、连接学习以及统计学习等。可视化就是把数据、信息和知识转换为图形的表现形式的过程。可视化可使抽象的数据信息形象化。于是,人们便可以直观地对大量数据进行考察、分析,发现其中蕴藏的特征、关系、模式和趋势等。因此,信息可视化也是知识发现的一种有用的手段。

就像"一千个人眼里有一千个哈姆雷特"一样,对于什么是数据科学也有很多种不同的解读,并由此衍生出很多相关概念,如数据驱动、大数据、分布式计算等。这些概念虽然各有侧重点,但它们都毫无争议地围绕同一个主题:如何从实际的生活中提取出数据,然后利用计算机的运算能力和模型算法从这些数据中找出一些有价值的内容,而"知识

发现"为商业决策提供支持。这正是数据科学的核心内涵。

在科学的历史上,任何词汇的出现与流行都深深印刻着时代的烙印。"数据分析""数据挖掘"与"机器学习"等词汇是经常与数据科学同时出现的热门话题,但其本质都是对"从数据到知识"过程的描述,也体现了"让数据变得有用"的不同程度及发展脉络。但随着时代的变迁,从数据到知识的方法与技术发生了巨大的变化,这些词汇的本质内涵也不尽相同,但理解这些词汇的内涵是非常必要的。

> **想一想 5.2**:你能从下面对"知识"的描述中得到什么
> - 知识是我们已知的,也是我们未知的。基于已有知识,去发现未知,由此,知识得到扩充。我们获得的知识越多,未知的知识就会更多。因此,知识的扩充永无止境。
> - 在终极的分析中,一切知识都是历史;在抽象的意义下,一切科学都是数学;在理性的基础上,所有判断都是统计学。
> - 不确定性的知识加上所含不确定性度量的知识最终称为"可用的知识"。

5.2.2 数据分析与业务分析

百度百科给出的数据分析的定义是:"数据分析是一种统计学常用方法,指用适当的统计分析方法对收集来的大量数据进行分析,将它们加以汇总和理解并消化,以求最大化地开发数据的功能,发挥数据的作用。数据分析是为了提取有用信息和形成结论而对数据加以详细研究和概括总结的过程"。从这个定义可以看出,数据分析强调的是统计分析与统计推断、数据可视化、实验设计、领域知识与沟通。

企业的数据分析(业务分析)往往围绕关键绩效指标(Key Performance Indicator,KPI)展开,这些 KPI 是衡量流程绩效的一种目标式量化管理指标,是把企业的战略目标分解为可操作的工作目标的工具,是企业绩效管理的基础。商业盈利的三要素是"增加收入、减少支出、防范风险",而 KPI 是商业问题转换为数据科学问题的具体体现。数据指标必须适配业务目标,是企业走向成功的关键一环。在互联网与移动通信时代,企业盈利的关注点(KPI)也有所不同,相关部分行业的 KPI 示例如表 5.1 所示。

表 5.1 不同领域常用的 KPI 指标

业 务	价 值	典 型 指 标
网站	流量	页面流量(Page View,PV)、独立访客(Unique Visitor,UV)、平均停留时间、跳出率、退出率、人均浏览次数、新独立访客等
电商	交易	购买转化率、客单价、成交金额、成交人数、搜索点击次数、关注人数、收藏人数、活跃商品数
游戏	留存付费	注册用户数、日/月活跃用户数(Daily/Monthly Active Users,DAU)、最高同时在线玩家数(Peak Concurrent Users,PCU)、每用户平均收入(Average Revenue Per User,ARPU)、付费率、任务停滞率
社交网站	互动(内容/好友)	病毒增长率、活跃用户、发送消息数、关注人数、回复率、转发率

续表

业　务	价　值	典　型　指　标
视频	观看付费	观看次数、观看时长、评论数、付费率
移动应用	推广、交互	自然用户数、渠道用户数、渠道增长率、使用时长、使用路径、留存率、活跃用户

狭义上的数据分析中一般数据规模都不会太大,也相对简单,具体细分可以包括描述性分析、探索性分析等,当然也可能包括简单的因果分析,如回归分析等。所以在这里把"数据分析"理解为早期的研究数据的范畴,其结果往往是以数据分析报告呈现与沟通的。所以数据分析往往与业务分析有着紧密的联系,其结果为特定操作提供决策或建议。

从DIKW的视角来看,数据统计与分析的过程也是追求实现"数据—信息—知识—智慧"持续变化的过程。即从数据开始,以形成智慧为最终目的。具体过程是：借助相关操作对数据进行处理、加工,明确数据之间的关系,提取出有意义的信息,进而将信息组织成知识,在明确"如何去使用"及"应该何时使用"及"为什么要使用"时,便形成了智慧。显然,数据统计与分析中的几个关键词,即数据、统计、分析为智慧决策奠定了基础,而智慧决策又必须在前面环节的基础上展开。具体来说,数据需要为统计服务,统计是建立在数据提供的基础上；统计的结果是为了进行分析,分析必须依赖于统计结果；分析的目的是提供决策的依据。

5.2.3　数据挖掘与知识发现

数据挖掘(Data Mining,DM)可以视为信息技术自然进化的结果。自20世纪60年代以来,数据存储及管理从原始的文件处理演变成复杂的、功能强大的数据库系统,完成了对大量数据的存储、检索及事务性处理,并逐渐出现了对数据进行高级分析的需求,即在统计分析的基础上进行深层次规律、模式的探究。因此,数据挖掘一般特指从结构化数据库(如CRM或ERP)中挖掘知识。知识发现(Knowledge Discovery in Database,KDD)是与数据挖掘同时出现的概念,其目的就是从数据集中抽取和精化一般规律或模式。从其他数据挖掘的定义中也可以看出两者之间的关系,如"数据挖掘就是对数据库中蕴涵的、未知的、非平凡的、有潜在应用价值的模式(规则)的提取""数据挖掘就是从大型数据库的数据中提取人们感兴趣的知识。这些知识是隐含的、事先未知的潜在有用信息"。因此可以看出,数据挖掘的本源是大量、完整的数据；而数据挖掘的结果是知识(规则)。

5.2.4　机器学习与人工智能

如前所述,经验积累、规律发现和知识学习等能力都是智能的表现。那么,要实现人工智能就应该赋予计算机这些能力。简单来讲,就是要让计算机或者说使其具有自学习能力。试想,如果机器能自己总结经验、发现规律、获取知识,然后再运用知识解决问题,那么,其智能水平将会大幅度提升,这也是数据科学追求的终极目标。

机器学习(Machine Learning,ML)是一类从数据中(特别是非结构化数据中)自动分析获得规律,并利用规律对未知数据进行预测的算法。机器学习理论主要是设计和分析一些让计算机可以自动"学习"的算法。机器学习是人工智能(Artificial Intelligence,AI)的一个分支。人工智能的研究历史有着一条从以"推理"为重点,到以"知识"为重点,再到以"学习"为重点的自然、清晰的脉络。显然,机器学习是实现人工智能的一个途径,即以机器学习为手段解决人工智能中的问题。

从 DIKW 模型的角度来看,数据挖掘与机器学习都是完成从数据到知识的转换过程,只是数据挖掘更强调与业务领域结合,因此往往与数据库关系密切,而机器学习强调"学习",特别是从非结构化数据中"感知",所以更习惯将机器学习看成是人工智能的必要且关键环节。

 技术洞察 5.2:自动驾驶中的数据科学、机器学习与人工智能

关于数据科学及相关领域,经常会有这样的问题出现,如"数据科学和机器学习有什么区别"或者"如何体现某人正在从事人工智能研究"。这些领域确实有很多重叠之处,再加上三个领域都充斥着媒体的营销炒作,导致人们很容易对它们产生混淆。

从 DIKW 模型的角度来看,机器学习实现从"信息到知识"的过程,而人工智能则强调的是"从知识到智慧"的行动,数据科学研究则是贯穿始终的理论、方法、技术及实践。这三个领域之间的差异可以简单理解为:机器学习产生预测、人工智能产生行为、数据科学产生见解(洞见)。

以自动驾驶研究领域为例,如需要研究车可自动停靠在有停车标识位置这个特定的问题,就需要从这三个领域分别进行思考与实践。

机器学习:汽车必须使用摄像头识别停车标志。在构建了包含数百万个街景标识图像数据集的基础上,训练一个算法来预测哪里会有停车标识。

人工智能:一旦车可以识别停车标志,就需要决定何时采取制动这个行为。过早或过晚制动都是很危险的,并且应该可以处理不同的道路状况(例如,如果识别是一条光滑道路,它并不能很快减速),这是一个控制理论问题。

数据科学:在自动驾驶街道测试中,如果发现汽车的表现不足够好,停车标识出现了不少误判(如"停车"标识被识别为"禁止入内")或漏判(错过该停车标识)。这需要进一步分析这些测试数据,结果得到的结论是漏判率与时间有关:在日出之前或日落之后,更有可能错过停车标志。当发现现存的大部分训练数据仅包含白天时段,就必须构建包含夜间图像的更合适的数据集,并在此返回到机器学习步骤对识别算法及模型进行优化。

可见数据科学、机器学习与人工智能三者关注的核心问题不同,你理解了吗?为什么说发现问题比解决问题更重要?

5.2.5 从数据到知识

如前所述,数据科学及数据思维可以用 DIKW 模型来诠释,大数据的核心是挖掘(提取)数据的价值,数据科学将解决这一过程中出现的问题,也就是解决在"使数据变得有用(获取知识)"过程中出现的各类问题。数据科学的方法论概括为"建模、分析、计算和学习的杂糅"。目标决定路径,任务选择方法。从数据到知识,就是从复杂的数据中提取有用的信息,并进而转换为指导行动的知识和决策,"实现对现实世界的认识与操控"。这一过程可以简单理解为"建模",建模就是把问题形式化,特别是数学化的过程,如图5.5所示。

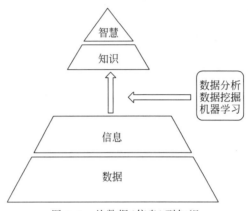

图 5.5 从数据(信息)到知识

对数据科学来说,机器学习算法是核心,而学习是数据赋能的工具。学习是数据科学处理数据的独有方法。数学与统计学解决数据科学基础建模问题;计算机解决"算得出、算得准、算得快"等问题;而人工智能将帮助数据科学解决应用问题,即完成"操控现实世界"的目标。

人工智能与大数据技术常常也难以区分,如果一定要区分,前者更强调与领域知识技术结合的"行动",如与自然语言处理、计算机视觉、机器人、自动驾驶、竞技游戏等技术结合,更聚焦数据价值链的后端(从 K 到 W)。而后者更关注如何从现实世界中获取汇聚数据,更强调数据价值链的前端(从 D 到 K)。当然,对于完成数据价值链中段的分析和处理(从 I 到 K)角度来看,无论是前者还是后者都是非常重要的,这也说明将实现三个转换(D→I→K→W)作为数据科学的学科任务是适宜的,而基于大数据的问题发现是数据科学任务的起点("数据密集型科学发现"范式)。

总体来说,采用任何方法(数据分析、数据挖掘、机器学习)都是完成从信息(即加工过的数据)到知识过程,只是所获得的知识的深浅、呈现方式、可应用程度有所不同,致使人们在决策时参与的程度不同。简单来说,数据分析强调统计描述与推断,数据挖掘强调"挖掘"业务场景及模式,而机器学习强调"学习"过程的自动化。作为导论性课程,这里不严格区分这几个词。从 DIKW 模型的角度来理解,数据分析、数据挖掘及机器学习统一理解为将"信息"转换为"知识"的过程即可。因此,将面向结构化数据的数据挖掘及面向非结构化数据的机器学习方法均称为算法,不严格区分"数据挖掘"和"机器学习"这两个词也是合理的。因为从获取知识(认知现实)的角度来看,二者所处的地位和所完成的数据科学任务都是一致的。

> **想一想 5.3：到底是"算法"还是"模型"**
>
> 从定义上说，两者是完全不同的。严格来说，"算法"是完成某项任务时需要遵循的一组规则或步骤，而"模型"是对世界一种附有假设的数学描述，模型是算法实现后的结果。这两个概念看起来虽然是不同的，它们的区别也应该是显而易见的。然而，由于不同学科发展的历史原因，要精确区分两者之间的差别实在浪费时间，也毫无必要。
>
> 从某种程度上说，这是一个历史遗留问题。统计学和计算机科学一直在并行发展，它们常常使用不同的词汇描述同样的东西。这也就导致很难确定某个概念到底是机器学习算法还是统计模型。统计模型出自统计学家之手，机器学习算法则是计算机科学家所开发的，但某些技术和方法在统计模型和机器学习算法中都会用到。所以这两个词有时可以换着使用。当人们谈起这些时，既可以说是算法，也可以说是模型，尽量不要受到这些的干扰。
>
> 以结构化数据为例，还有几个类似容易混淆的术语，如数据集由数据对象组成，一个数据对象代表一个实体，关系型数据库的行对应于数据对象，而列对应于属性。属性是一个数据字段，表示数据对象的一个特征。在文献中，属性、维、特征和变量也常常互换使用。术语"维"一般用在数据仓库中，机器学习相关文献更趋于使用"特征"，而统计学家则更愿意使用"变量"，数据挖掘和数据库的专业人士一般使用"属性"。
>
> 数据科学维恩图所描述的"交叉"你感受到了吗？

综上所述，数据科学的经典定义是统计学、计算机学科和领域专业知识结合的交叉学科（数据科学维恩图），数据科学的本质是发现数据的价值，其数据价值的呈现形式可能是多样的，如图 5.6 所示，包括发现规律、现象、模式、模型等。数据科学与机器学习和人工智能主要的区别在于，在数据科学中，人是循环中不可缺少的一部分：算法得出数据结果，人们通过数据得到见解（洞见）或从结论中受益。而机器学习与人工智能的结合强调决策行动的"全自动化"。

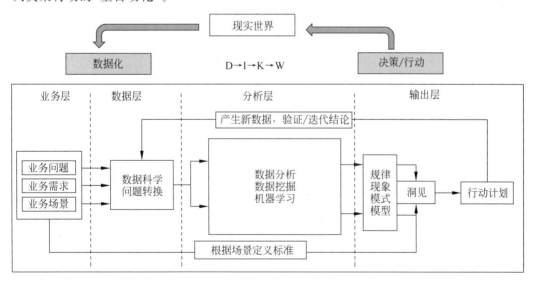

图 5.6 数据分析、数据挖掘与机器学习

思考题

1. 模型与算法的区别是什么？为什么常常不去区分它们？
2. 举例说明容易混淆的术语还有哪些。为什么会产生这些混淆？
3. 什么是 KPI？举例说明。
4. 为什么说从 DIKW 视角来看，数据分析、数据挖掘和机器学习所起的作用都是一样的？

5.3 数据科学项目的选择

5.3.1 数据科学的认知误区

数据科学并不玄虚。做数据科学，首先要梳理行业的商业逻辑，抽象定位这个业务的本质是什么；抓住本质后要用数学工具去量化它，处理庞大的数据问题。知其然，然后知其所以然。所谓数据科学的本质，只有放到环境的"上下文"中，才能发挥正确的价值。数据科学是一门综合性学科，既有科学问题也有工程问题，它是科学和艺术的结合。从图 5.7 可以看出，数据科学是由客观存在与主观意识结合的一门"艺术"。

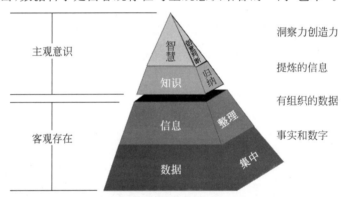

图 5.7 数据科学的艺术

数据科学的认知误区常常包括以下几点。

1. 误区一：让数据自动去寻找问题的答案

数据科学的各个处理阶段都需要数据科学家的介入。问题分解、解决方案设计、数据准备、选择最合适的机器学习算法、精准解释分析结果、根据分析结果采取必要的干预措施，这些环节都需要数据科学家的参与，特别是掌握不同技能的数据科学家团队。

2. 误区二：每个项目都需要大数据和深度学习

一般来说，拥有"更多"的数据是很有帮助的，但是拥有"正确"的数据更重要。数据科学项目经常在多个组织中进行，在数据量和计算能力方面，一般组织的资源明显少于谷歌、百度或微软等巨头。数据量根本达不到百万级，就没有必要考虑太字节（TB）级数据下的数据架构。

3. 误区三：数据科学很容易实施

目前,市场上有很多相关的软件可以使用,这就导致很多人觉得数据科学借用这些软件就很容易实现。正确地进行数据科学实践既需要适当的领域知识,也需要关于数据属性的专门知识,以及各种机器学习算法底层假设的支持。数据科学需要投资开发数据的硬件设施,还需要具有数据科学专业背景的研发人员。

4. 误区四：利用数据科学一定能成功

数据科学并不能给每个项目都带来积极的结果,有时数据中没有金矿只有砂砾。数据科学往往是一个加分项,适当的数据和专业的团队可以为组织提供成功所需的竞争优势,但无法保证一定能成功。

> **想一想 5.4：数据科学还是什么**
>
> 关于数据科学,还有很多说法,你觉得他们说得有道理吗?
> - 数据科学是一个过程,而非事件。在这个过程中使用数据来了解事物,了解世界。例如,当你有一个问题的模型或假设,你会试着通过数据来验证这个假设或模型。
> - 数据科学是一门艺术,揭开那些隐藏在数据背后的观点和趋势,将数据编译成一个故事,以说故事的方式激发新的视角,再利用这些视角、观点、想法为企业或机构做出战略选择。
> - 数据科学是一个领域,是关于从各种形式中进行数据提取的过程和系统,无论数据是非结构化的还是结构化的。
> - 数据科学是对数据的研究,正如生物科学是研究生物、物理科学是研究物理反应一样。数据是真实的,具有实际属性,是需要我们对其进行研究的。
>
>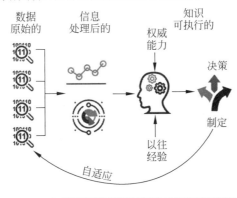

5.3.2 成功的数据科学项目

数据科学项目的成败取决于人类的参与和关注,这些应该从理解"可能的"业务操作开始,它是每个项目中最应该问的第一个问题,这是一切的起点。不能仅通过知道一个商业问题的答案(K)来赚钱,而是当你采取行动时(W)才能赚钱,而商业行动是受到现实世界中能做到的能力范围的限制。一个业务行动可能依据企业大的宏观策略,需要创建外部伙伴关系，需要让整个团队都参与决策，这才是真实世界的样子。但是可以采取的影响现实世界的好的、有效的行动的数量通常相对较小。一旦知道了可以采取的业务操作，就应该使用这些操作驱动数据分析，而不是相反。图 5.8 说明了"可能的分析"和"可能的行动"之间的关系。

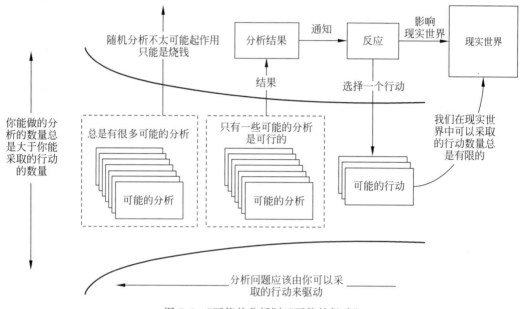

图 5.8 "可能的分析"与"可能的行动"

（图片来源：《Succeeding with AI：How to make AI work for your business》）

在每一个数据科学项目中，需要记住两点：①唯有行动使你获利，没有行动的数据分析只是成本，只有当企业执行适当的业务操作时才能赚钱，而只完成某些数据分析时则不能赚钱。分析可以成为营利的推手，但要从会计角度来看分析是一种成本。只有当它能帮助你采取良好的商业行动时，分析才不再是一种成本，而是一种投资。②要想成功要关注整个系统，而不是其中的个别部分。数据科学项目的最终结果取决于整个系统的运作情况。

一个数据科学项目要想成功，需要能够衡量科学项目数据结果对商业的影响，而且这种衡量是必须可量化的。机器学习算法不能使用直觉指标作为正在进行这个项目的反馈，所以需要有人为定义的一个量化指标。在衡量数据科学家将如何影响业务之前，必须先考虑需要衡量业务的指标，即应该考虑的是有没有办法根据一些数值指标来衡量相关业务做得有多好，这类指标与业务收益直接相关，业务度量可能是现成的，也可能是你自己开发的。

技术洞察 5.3：什么是利润曲线

利润曲线是建立在业务和技术指标之间的关系曲线，即建立以机器学习算法使用的技术指标与业务指标的阈值（业务指标项目必须达到的最小值才能可行）的对应关系。尽管在指标之间建立数学关系的一般概念大家都清楚，但构建利润曲线则更加突出其重要的相互关系。

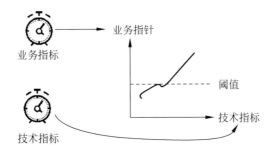

利润曲线指定了一个技术指标和一个商业指标之间的关系。它允许你理解技术结果(以技术指标的形式)对商业条款的意义。在定义利润曲线时,你会通过一种数学关系将商业和技术指标结合起来,这样可以将研究问题与你要解决的商业问题联系起来,将技术和商业结合起来。价值阈值是指你的项目必须达到的商业指标的最小值,以保证项目的可行性。

均方误差(Mean Square Error,MSE)是回归模型的误差度量方法,它就是一个技术指标。

5.3.3 数据科学项目的选择之旅

对应不同的业务场景需求,数据科学问题也有所不同。但最终目的都是在一定程度上助力企业的决策,企业在进行数据分析时常涉及描述性分析、预测性分析与规范性分析等分析类别。从基于数据的决策驱动及自动化程度来看,它们之间的区别与联系如图 5.9 所示。结合 DIKW 模型,可以更深刻理解各层次之间的关系及给企业带来的不同价值。

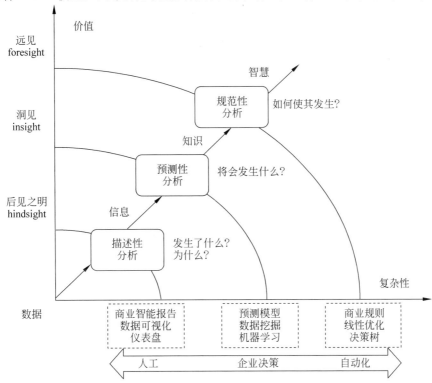

图 5.9 数据分析与企业决策管理

描述性分析获得整个企业(组织)正在发生什么的"描述",通过这些描述获得一些事件的基本趋势和原因,并以适当的分析报告的形式为决策提供有价值的建议。这些就是目前通常狭义下的"数据分析"的内容。

预测性分析旨在确定未来可能发生的事情。传统的预测分析通常都是比较宏观的或定性的分析,随着技术的不断发展,这种分析基于统计技术或属于数据挖掘范畴。数据挖掘及机器学习提供的预测分析结果,回答"将会发生什么?"等问题,包括预报、回归、分类等。

规范性分析的目的基于可能的预测做出决策的依据,以实现最佳性能。历史上,这些属于管理学科下的优化系统的性能,是指为特定操作提供决策或建议。规范性分析结果(包括优化、决策树、启发式数学编程)等,为智慧决策的实现奠定基础,从根本上解决企业决策管理高效优化的问题(如电商的推荐系统)。

从单纯的数据科学项目的范围来看,从"数据到知识"的选择之旅示意图如图 5.10 所示,这是一个科学冒险之旅,目标不同、数据积累不同,选择之旅不同,结果也不同。这里需要数据思维,思维就是我们对客观世界的一种主观抽象描述,通过思维来分析问题,从而更为准确地找到解决问题的方法。

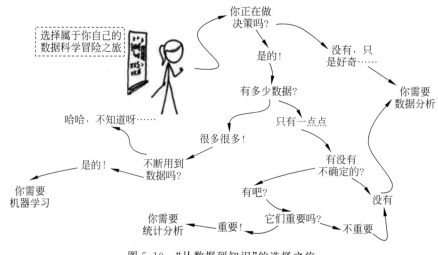

图 5.10 "从数据到知识"的选择之旅

> **想一想 5.5:数据收集要考虑什么**
>
> 数据收集有许多缺陷,必须小心翼翼,至少需要问以下一些问题。
> - 你选择的算法需要在这些数据上训练什么?它要求什么样的数据格式吗?这个算法需要多少训练数据量呢?对数据质量有什么要求?
> - 数据来自哪里?谁拥有该数据集?
> - 获取这个数据集的成本是多少?得到它需要多长时间?是否有必要通过谈判(甚至签订法律合同)来获得这些数据的访问权限?
> - 你将获得的数据集的数据格式与在生产系统中的数据的一致性如何?是否需要对训练数据进行预处理?数据是否需要标注?

- 你需要多大的数据基础设施来存储这些数据集?
- 在构造初始数据集之后,如何收集新数据?
- 是否有这种可能性,你的组织有一些数据,但你的团队没有权利访问它?你不能访问一些你的组织已经拥有的数据,这种情形会经常发生吗?由于某些原因,数据可能是机密的吗?有道德规范、规章制度或公司隐私等政策约束吗?

思考题

1. 数据科学认知误区有哪些?你能举例描述吗?
2. 什么是利润曲线?它与数据科学项目实施成功有什么关系?
3. 什么是描述性分析、预测性分析与规范性分析?这三类分析与 DIKW 的对应关系怎样?如何理解?

5.4 探究与实践

1. 体验"让数据讲故事"。

请登录"百度指数"网站(http://index.baidu.com/v2/index.html♯/),完成以下操作。

(1) 确定一个你所关注的主题(一个或多个关键词),选择合适的时间段(如近 30 天)。

(2) 浏览三个不同方面的所有相关信息(趋势研究、需求图谱、人群画像)。

(3) 从中选择一个你最感兴趣的显示结果,截图保留(尽量完整)。

(4) 分享你此刻的所思所想,你对"数据密集型科学发现范式"有何理解(可结合 DIKW 模型)?

2. 理解数据科学流程——基于数据驱动的决策。

以具体爬虫操作及结果为例,理解 DIKW,理解数据科学流程,理解数据驱动的魅力。参考步骤如下。

(1) 准备工作。

① 下载安装免费的"八爪鱼爬虫"软件(https://www.bazhuayu.com/)。

② 给出爬取网页的中文名称(如京东、豆瓣等)。

③ 给出爬虫的"配置参数"(链接网址或关键字等)。

(2) 数据采集(D)——爬虫及保存。

① 给出体现正在采集过程的截图。

② 给出爬虫结果的简单描述(总条数、采样时间等)。

(3) 数据集成(I)——数据集成及存储。

① 用 Excel 打开你的爬虫数据,并截图。

② 给出数据集的所有特征(变量)的名称及类型描述(如文字性、数值型等)。

(4) 数据分析(K)——获取数据价值。

① 选择你感兴趣的一个(或几个)变量进行分析以获取价值信息(均值、最大最小值、统计图等)。

② 需要进行哪些数据清洗工作？给出清洗过程及结果的描述。

③ 给出你获得最终的有价值结果的文字描述并至少上传一个截图。

(5) 智慧决策(W)——商业价值。

如果你是某行业的决策者,基于上面的分析结果(K),你可能采取哪些行动？给出简要的理由。

(6) 简述你的收获、体会、疑惑及畅想。

第6章 数据分析——描述与探索

 **如果你在"泰坦尼克号"上会怎样?**

"泰坦尼克号"是一艘英国皇家邮轮,在服役期间是全世界最大的海上船舶,号称"永不沉没"的"梦幻之船"。1912年4月10日,"泰坦尼克号"首航,也是唯一一次载客出航。4月14日至15日子夜前后,"泰坦尼克号"在中途碰撞冰山后沉没。2224名船上人员中有1514人罹难,成为近代史上最严重的和平时期船难。船难的解释方式和角度广泛,因此这场灾难经过许多年后仍是民众争论和着迷的主题。

幸存下来的人是出于运气还是存在一定的规律?如果你有当时乘客相关的原始数据,包括以下信息:乘客的ID、舱位等级、乘客名字、乘客性别、乘客年龄、同船兄弟姐妹的数量、同船父辈人员数量、船票票号、船票价格、乘客所在的船舱号、乘客登船的港口、是否幸存等。你会如何做分析?你最关心的是什么信息?你能够想到的描述性/探索性分析有哪些?如何得到这些有价值的信息?

学习目标

学完本章,你应该牢记以下概念。
- 连续型变量、离散型变量。
- 描述性分析(箱线图、散点图、柱状图)。
- 探索性分析(缺失值、异常值)。
- RFM模型、AARRR模型。
- 数据可视化。

学完本章,你将具有以下能力。
- 理解什么是探索性分析,以及为什么需要探索性分析。
- 理解描述性分析与探索性分析的区别。
- 理解"一图抵千字"。

学完本章,你还可以探索以下问题。
- RFM模型原理及应用场景。
- ECharts可视化工具是实现"让数据讲故事"的方法。
- 如何实现"用户画像从0到1"?用户画像准确度如何提高?

6.1 数据分析常用方法

6.1.1 因素分解法——相关思维

数据分析是遵从科学思维"问题—假设—验证—结论"展开的。对于数据分析来说,简单的问题示例如未知什么(你要求什么)?已知什么(信息足够吗)?条件是什么?是否能画一幅图来帮助理解?是否需要问个问题?

因素分解法,顾名思义,就是分解影响目标的因素,是相关思维的应用。现在的很多企业管理层,面对的问题并不是没有数据,而是数据太多,却不知道怎么用。相关思维能够帮助人们找到最重要的数据，排除掉过多杂乱数据的干扰！

因素分析从"定义目标、辨别指标"开始，然后计算能收集到的多个指标间的相互关系，挑出与其他指标相关系数都相对较高的数据指标，分析它的产生逻辑，对应的问题，并评估信度和效度，若都满足标准，这个指标就能定位为核心指标。

 技术洞察 6.1：数据分析前的准备——明确目标、定义指标

数据分析的目的是了解业务运行状况，并从中发现问题、优化问题。因此明确目标及定义衡量标准至关重要。目标是结果，而指标是对结果分析的具体要求，是对目标的客观衡量。如某网站目标是提高销售额，对应的不同类的指标如下：

结果指标	过程指标	观察指标
成交订单数	总成交金额	用户付费率
关注人数	订单平均金额	ARPU/LTV
	商品分布	成交深度
		复购率

结果指标用于衡量目标，过程指标用于体现如何完成，观察指标往往是受影响指标，如受到结果指标的影响而上升或下降。观察指标的设置主要是为了跳出框架思考，往往也是可以由数据直接得到的。

6.1.2 对比法——比较思维

对比法是一种挖掘数据规律的思维，能够和任何技巧结合，一次合格的分析一定要用到 N 次对比。对比主要分为以下几种：横向对比，即同一层级不同对象比较；纵向对比，即同一对象不同层级比较；目标对比，常见于目标管理，如完成率等；时间对比，如同比、环比、月销售情况等，很多地方都会用到时间对比。

环比与同比是两个常用的比较方法。同比是指与历史同时期进行比较得到的数值，该指标主要反映的是事物发展的相对情况；环比是指与前一个统计期进行比较得到的数值，该指标反映的是事务逐期发展的情况。当然，也可以根据业务情况确定其他比较基准。对比法可以发现数据变化的规律，并且增长率可以定量反映数据变化情况。不同时期的同比增长率可以对比，环比增长率也可以再对比。数据分析不是告诉别人差不多，而是要告诉别人差多少。

 技术洞察 6.2：同比和环比

增长速度是反映经济社会某一领域发展变化情况的重要数据，而同比和环比是反映增长速度最基础、最核心的数据指标，也是国际上通用的指标。在统计中，同比和环比通常是同比变化率和环比变化率的简称，用于表示某一事物在对比期内发展变化的方向和程度。

如图所示，2021 年第二季度（Q2）腾讯手游业务环比下降 2%，同比增长 13.3%。这一数据说明了什么？作为对照，国内手游市场大盘同比增速为 10 个百分点。

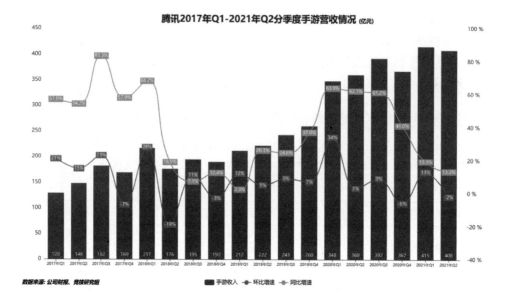

想一想：

从这个数据比较分析中得到的结论是什么？它可能影响企业的决策吗？

6.1.3 象限分析法——分类思维

分类是一种基本的数据分析方式，根据其特点，可将数据对象划分为不同的部分和类型，再进一步分析则能够挖掘事物的本质。客户分群、产品归类、市场分级、绩效评价等数据分析场景都需要有分类的思维。主管拍脑袋也可以分类，通过机器学习算法也可以分类，关键点在于，分类后的事物，需要在核心指标上能拉开距离！也就是说，分类后的结果必须是显著的。

技术洞察6.3：RFM模型——客户分类

RFM模型是衡量客户价值和客户创造利益能力的重要工具和手段。在众多的客户关系管理（CRM）的分析模式中，RFM模型是被广泛提到的。该模型通过一个客户的最近一次消费日期（Recency）、消费频率（Frequency）以及消费总体金额（Monetary）三项指标来描述该客户的价值状况。如果将 R、F、M 每个维度做一次两分（1代表高，0代表低），这样在三个维度上就得到了8组不同类型的用户。

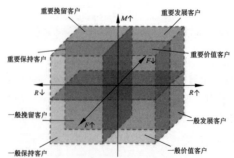

重要价值客户(111)：最近消费时间近、消费频次和消费金额都很高，必须是 VIP。应该倾斜更多资源，如 VIP 服务、个性化服务、附加销售。

重要保持客户(011)：最近消费时间较远，但消费频次和金额都很高，说明这是一位一段时间没来的忠诚客户，需要主动和他保持联系，应提供新品或直销。

重要发展客户(101)：最近消费时间较近、消费金额高，但频次不高，忠诚度不高，很有潜力的用户，必须重点发展。应推荐其他产品，提供会员计划。

重要挽留客户(001)：最近消费时间较远、消费频次不高，但消费金额高的用户，可能是将要流失或者已经要流失的用户。应当给予挽留措施，进行重点联系或拜访。

一般价值用户(110)：该类用户购买频率较高，且最近与企业有交易，只是购买量很低消费金额不高。应推荐价值更高的产品，挖掘价值。

一般保持用户(010)：该类用户最近一次交易时间较远，但购买频率高，属于活跃用户，不过累计购买金额较少，购买能力有限，属于企业一般维持用户。应使用积分制，赠送优惠券，推荐热门产品。

一般发展用户(100)：从购买频率、购买金额及近期购买情况来看，该类用户都属于低价值用户，企业应将其作为一般发展用户。应提供免费试用，社区活动。

一般挽留用户(000)：该类用户最近交易时间间隔较长，购买频率和购买金额相对水平较低，无法给企业带来利润。应唤起客户兴趣，否则可暂时放弃无价值客户。

6.1.4 漏斗分析法——漏斗思维

漏斗分析法的主要目的是查看目标事件整个过程中每一步的转化率以及整个事件最终的转化率，发现用户流失最严重的环节，以优化程序和提高整体转化率。产品使用过程中每一步的转化率，可以帮助分析产品设计环节的优劣；运营活动每一步的转化率，可以分析运营活动各个环节设计的优劣。

漏斗分析法在互联网公司的数据分析中经常被用到，并且经常通过埋点数据分析页面曝光和点击的 PV、UV。这种思维方式已经广泛应用到注册转化、购买流程、销售管道、浏览路径等场景，很多的分析场景中，都能找到这种思维的影子。

技术洞察 6.4：AARRR 漏斗模型

假设某 App 已有用户行为数据，包括时间、用户 ID、商品 ID、商品类目 ID、行为类型(点击、收藏、加购、购买)，根据 AARRR 模型，在用户生命周期各环节的电商数据指标包括：

- 用户获取(Acquisition)：渠道点击量(浏览量 PV)、渠道曝光量、渠道转化率、日应用下载、日新增用户数(Daily New User，DNU)、获客成本(Customer Acquisition Cast，CAC)。
- 用户激活(Activation)：日活跃用户数、日活跃率、周活跃率等。
- 用户留存(Retention)：次日留存率、3 日留存率、7 日留存率、30 日留存率等。
- 获得收益(Revenue)：客单价、用户购买率、复购率、回购率、平均用户收入(Average Revenue Per User，ARPU)、平均付费用户收入(Average Revenue Per Paying User，ARPPU)、生命周期价值(Life Time Value，LTV)。
- 推荐传播(Referral)：转发率、转化率、K 因子。

基于数据集的内容特征,数据分析可以从以下几个方面展开。

(1) 基于 AARRR 模型对相关指标进行统计分析,了解 App 的运营情况。
(2) 用户行为时间分布分析,找到用户的活跃时间规律,进而进行有针对性的活动营销。
(3) 用户行为路径分析,找到可以提升转化率的环节。
(4) 利用 RFM 理论,找出核心付费用户群体,并分析核心用户群体的用户行为分布(每天的行为统计分析)。
(5) 商品的购买分布分析。

思考题

1. 什么是 RFM 模型?列出并解释三个特征的商业含义。
2. 漏斗模型中的 AARRR 分别是什么含义?该指标可以用到游戏 App 中吗?
3. 相关分析与因果分析(因素分解法)有什么不同?

6.2 数据描述性分析

6.2.1 认识数据

面对大量数据,如何开展数据分析以及如何选择数据分析方法,需要把握两个关键:①抓住业务问题不放松。即你花费大力气收集数据的动机是什么?你想解决什么问题?这是核心,是方向,就是业务把握层面。②全面理解数据。涉及哪些变量?是什么类型?适合或者可以用什么统计方法?这是数据分析技术层面。因此认识数据是第一步。

以结构化数据为例,统计学上将每个被调查对象称为一个观测单位,而变量是观测单位的某种特征或属性。变量的具体取值称为"变量值"。数据变量主要用来描述事物的特征,那么按照基本特征描述的变量有以下两种划分方法。

(1) 定性变量是描述事物特征的变量,其目的是将事物区分成互不相容的不同组别,因此也称为分类变量,变量值多为文字或符号。定性变量可以再细分为:①有序分类变量,描述事物等级或顺序,变量值可以是数值型或字符型,可以进而比较优劣,如喜欢程度分为很喜欢、一般、不喜欢。这类有序分类变量给人一种"半定量"的感觉,也称为"等级变量"。②无序分类变量,取值之间没有顺序差别,仅做标称分类。又可分为二分类变量和多分类变量。二分类变量是指将全部数据分成两个类别,如男女、对错、阴阳等。二分类变量是一种特殊的分类变量,多分类变量是指两个以上类别,如血型分为 A、B、AB、O 等。

（2）定量变量是描述数字信息的变量,变量值就是数字,也称为数值变量,如重量、产量、人口、速度和温度。定量变量可以再细分为:①连续型变量,在一定区间内可以任意取值,其数值是连续不断的。相邻两个数值可以做无限分割,即可取无限个数值,如身高、房价等。②离散型变量,取值只能用自然数或整数单位计算,其数值是间断的,相邻两个数值之间不再有其他数值,这种变量的取值一般使用计数的方法取得。

 技术洞察 6.5：理解数据——变量说明表

理解数据是数据分析的第一步。在了解数据来源、理解数据中包含的变量及变量的基本情况过程中,数据变量说明表是规范的表格形式。该类表格的表头不宜过多,一般包括变量类型、变量名称、取值范围、单位、详细信息、备注等。可以灵活调整,并且无需太详尽,给出概貌即可。另外,变量的展示还可以根据内容进行归纳分组,便于一目了然。"泰坦尼克号"数据集的变量说明表如下,包括与是否幸存相关的简单主观判断。

编号	变量名	详细说明	变量类型	备注
1	Id	乘客的 ID		这是顺序编号,用来唯一标识一名乘客。这个特征和幸存与否无关
2	Survived	标签	定量	1 表示幸存,0 表示遇难
3	Pclass	舱位等级	定性	重要特征。高舱位等级的乘客能更快地到达甲板,从而更容易获救
4	Name	乘客名字	字符型	这个特征和幸存与否无关
5	Sex	乘客性别	字符型	由于救生艇数量不多,船长让妇女和儿童先上救生艇。所以这也是一个很重要的特征
6	Age	乘客年龄	定量	儿童会优先上救生艇,身强力壮者幸存概率也会高一些
7	Sibsp	同船兄弟姐妹的数量	定量	
8	Parch	同船父辈人员数量	定量	
9	Ticket	船票票号	字符型	这个特征和幸存与否无关
10	Fare	船票价格	定量	
11	Cabin	乘客所在的船舱号	字符型	乘客的船舱位置可能与被水淹没的先后次序有关
12	Embarked	乘客登船的港口	字符型	

想一想：

定性变量与定量变量,你理解了吗？你觉得哪些变量会与是否生还有关系呢？哪些会是重要特征？

6.2.2 数据统计量及分布

当面对大量信息的时候,经常会出现数据越多,事实越模糊的情况,因此需要对数据进行简化。描述统计学就是用几个关键的统计量来描述数据的整体情况。数据描述的第一个维度是数据的集中趋势描述,它们是寻找反映事物特征的数据集合的代表值或中心值,这个代表值或中心值可以很好地反映事物目前所处的位置和发展水平,通过对事物集中趋势指标的多次测量和比较,还能够说明事物的发展和变化趋势。数据描述的第二个维度是数据的离中趋势量度,表明一组数据中各数据以不同程度的距离偏离中心的趋势。表 6.1 为几个常用的统计量。

表 6.1 数据的统计量

趋 势	指标名称	含 义	备 注
集中趋势	平均数	一组数据相加后除以数据的个数得到的值	如果数据有各自的频数,就将每个数据乘以其频数,把乘积相加再除以频数和。显示数据总体水平,但容易被异常值误导
	中位数	一组数据排序后处于中间的变量值	当异常值使平均值产生误导时,可使用其他方式表示典型值,如众数
	众数	数据中出现次数最多的变量值	遇到类别数据时,或数据可以分为两个或更多组时使用
离中趋势	四分位数	一组数据排序后一分为四,处于 1/4(25%)位置的数为下四分位数,处于 3/4(75%)位置的数为上四分位数	四分位数描述数据集的分布状态。可以用来识别出可能的异常值
	标准差	变量相对于均值的扰动程度	数据相对于均值的离散程度
	方差	标准差的平方	
	标准分	标准分=距离平均值多少个标准差	距离平均值多少个标准差

想一想 6.1:中位数与众数的计算

假设 M_o、M_e、$\bar{x}$ 分别表示一组数据的众数、中位数和均值,则数据分布有可能出现以下三种情况,从左至右分别是左偏分布、对称分布和右偏分布。你能够理解这些数据集的不同吗?

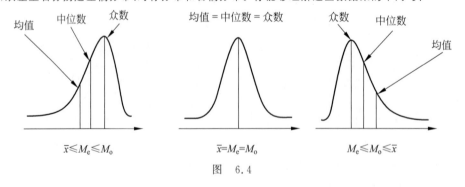

图 6.4

关于三者之间的关系可以通过下面两组数据进一步理解。示例为两个班级的数学成绩,如下表:

| 一班 | 60 | 65 | 65 | 70 | 75 | 75 | 75 | 80 | 85 | 85 | 90 | 90 | 95 | 100 |
| 二班 | 75 | 75 | 75 | 75 | 75 | 75 | 80 | 80 | 80 | 85 | 85 | 85 | 90 | 95 | 100 |

由此可得，一班的中位数为 80，而众数为 75；二班的中位数为 80，而众数为 75。两者是一样的，但是这样就能说两组的数据是一模一样的吗？显然不能。这个时候，需要引入另外一个统计量：平均值。一班的平均分数是 79.31，小于中位数，属于左偏分布；而二班的平均分数是 82.50，大于中位数，属于右偏分布，可见二班总体情况要比一班优秀。

对于正态分布（对称分布），可进一步分析相同均值、不同方差的两组数据的区别。

哪种集中趋势的度量是最好的？尽管这个问题没有明确的答案，但一般的做法是：在数据不易出现异常值并且没有明显偏斜的情况下使用平均值；当数据具有异常值和（或）是有序数据时使用中位数；当数据是标称数据时使用众数。也许最佳实践是将这三个度量结合使用，以便可以从三个角度捕获和表示数据集的集中趋势。

应用案例 6.1：哪个 NBA 球员发挥更稳定

你也许熟悉以下 NBA 球员，但你知道其中谁发挥更稳定吗？如何度量及计算呢？假设共有 7 场球赛的球员比赛得分和对应的频数，如下表所示。

		第1场	第2场	第3场	第4场	第5场	第6场	第7场
球员1：加内特	得分	7	9	10	11	13		
	频数	1	2	4	2	1		
球员2：库里	得分	3	6	7	10	11	13	30
	频数	2	1	2	3	1	1	1
球员3：詹姆斯	得分	7	8	9	10	11	12	13
	频数	1	1	2	2	2	1	1

球员加内特：方差 $= \dfrac{7^2 + 2 \times (9^2) + 4 \times (10^2) + 2 \times (11^2) + 13^2}{10} - 100 = 2.2$　标准差 $= \sqrt{2.2} = 1.48$

球员库里：方差 $= \dfrac{2 \times (3^2) + 6^2 + 2 \times (7^2) + 3 \times (10^2) + 11^2 + 13^2 + 30^2}{11} - 100 = 49.27$　标准差 $= \sqrt{49.27} = 7.02$

球员詹姆斯：方差 $= \dfrac{7^2 + 8^2 + 2 \times (9^2) + 2 \times (10^2) + 2 \times (11^2) + 12^2 + 13^2}{10} - 100 = 3$　标准差 $= \sqrt{3} = 1.73$

通过标准差可以看出球员发挥的稳定性。因为加内特的得分标准差 1.48 小于詹姆斯的 1.73，也小于库里的 7.02，所以最稳定的得分手为加内特。

波动大小：球员1 < 球员3 < 球员2
标准差　： 1.48 < 1.73 < 7.02

另一个对加内特的统计分析结果如下。

"加内特场均得分标准差仅 4.04。季后赛首轮尼克斯将对垒凯尔特人，如此一来，我们可以欣赏到最稳定的得分手和最飘忽的得分手之间的对决。加内特在本赛季所有 74 位总得分过千的球员中，每一场得分的标准差值最小为 4.04，只有 4 场比赛超过了 20 分。而如果只看场均得分达到 20+ 的球员中，当属詹姆斯最稳定，标准差为 5.8 分。遍历本赛季所有的比赛，他既没有超过 40 分的狂飙也无低于 13 分的低迷。"

统计的"魅力"你体会到了吗？

6.2.3 数据统计的可视化

视频讲解

关于数据的统计描述属于非图形方法，往往不能提供数据的全貌，因此需要借助于图形方法。统计图的使用首先要满足的是"准确"，即使用恰当的统计图去描述数据。各种常见的统计图所适用的场景如表 6.2 所示。分析单变量的统计特性是最简单的数据分析形式，被分析的数据仅包含一个变量。由于是单一变量，它不处理原因或关系。单变量分析的主要目的是描述数据并找出其中存在的模式。多变量图的数据来自多个变量，通常通过交叉制表或统计显示数据的两个或多个变量之间的关系。表 6.2 可作为基于变量类型及研究目的选择统计图的参考。

表 6.2 统计图的选择

变量数量	变量类型	图形类型	目的
单个变量	定性变量	柱状图、条形图、饼图、环形图	反映定性变量的各个水平的频数分布或占比
	定量变量	直方图、箱线图	反映数据的分布情况，包括对称性、是否有离群点等
	时间序列变量	折线图	反映时间随时间的变化趋势
两个变量	两个定性变量	堆积柱状图	反映交叉频数的分布情况
	两个定量变量	散点图	反映两个定量变量的相关系（正向相关与负向相关）
	一个定性变量和一个定量变量	分组箱线图	用于对比不同组别在某一定量变量上的平均水平与波动水平等的差异
更多变量		气泡图、雷达图、相关系数矩阵	

应用案例6.2：直方图与箱线图

直方图（Histogram）是频数直方图，是用一系列宽度相等、高度不等的长方形表示数据的统计报告图，它也是一个连续变量（定量变量）的概率分布的估计。直方图一般用横轴表示变量的不同取值，纵轴表示数据分布情况。

箱形图（也称盒图、箱线图等）因为形状像一个箱子而得名。它是用于显示一组数据分散情况的统计图，可以通过这种图直观地探索数据特征。箱形图的每一条横线都有意义，共由 5 个数值点构成，分别是最小观察值（下限）、25%分位数（下四分位数）、中位数、75%分位数（上四分位数）、最大观察值（上限）。

以"泰坦尼克号"数据为例，年龄与"是否生还"的直方图如下。从直方图很容易看出，在遇难的人群中（Survived＝0），18～30 岁的人占比最多，而在获救的人群中（Survived＝1），20～40 岁的人占比最多。

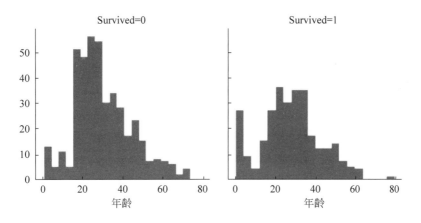

不同船舱等级下年龄的箱线图如下图所示。通过不同船舱等级下年龄的箱线图可以快速看出，头等舱（等级为 1）乘客的年龄偏大，二等舱乘客年龄中等，而三等舱乘客年龄比较小。

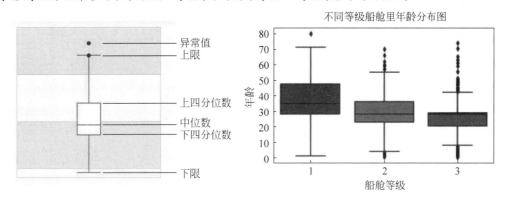

6.2.4 数据描述性分析

数据的描述分析主要通过统计图表对数据进行初步展示。虽然统计图是最能吸引人的工具，能够给人留下深刻的印象，而描述分析的重点在于对统计图表的解读。单独展示统计图表本身没有太大的意义。根据统计图表"讲故事"，从统计图表中发现问题才是描述分析的真正目的。数据分析的最终呈现结果是数据分析报告。

描述性文字的撰写可以分为两个层次：第一个层次称为客观陈述，即描述统计图所展示的现象。例如，直方图的分布形态、柱状图中各个类别的频数多少等。这个层次的描述性文字相对容易，主要是做到用词准确，尤其是与统计学相关的术语。第二个层次称为合理推断，即解读统计图背后的原因，推测数据呈现出的某些规律。这个层次的描述性文字相对较难，需要深入思考，给出合理解释。特别是需要多接触各行各业的数据及了解业务问题，才有可能更加合理地挖掘数据背后的故事。结合复杂的数据可视化技术，可以对数据进行更深层次的挖掘及描述，让数据讲故事。图 6.1 为 ECharts 提供的复杂的数据可视化示例。

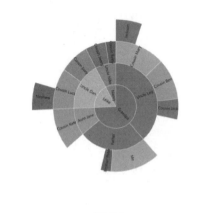
(a) 旭日图

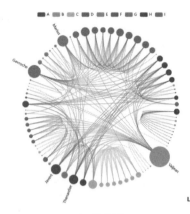
(b) 关系图

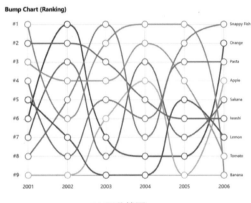
(c) 凹凸线图

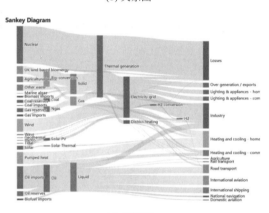
(d) 桑基图

图 6.1　为 ECharts 数据可视化示例

（图片来源：ECharts 官网）

应用案例6.3：描述性分析实例——驾驶员出险因素分析及结论

汽车驾驶员是否出险的影响因素有哪些呢？在做描述分析的时候，要先想清楚目的，即寻找出险的驾驶员的特征。关于出险因素的数据分析报告需要展示不同性别的驾驶员出险水平的差异及不同年龄段的驾驶员出险水平的差异，同时给出初步的结论供决策部门参考。驾驶员因素描述统计图及描述性分析示例如下。

驾驶员因素共包含4个变量：驾驶员年龄、驾驶员驾龄、驾驶员性别和驾驶员婚姻状况。通过分析能够得到以下结论。

(1) 驾驶员年龄：从图(a)所示的箱线图可以看出，出险和未出险驾驶员年龄的平均水平(中位数)和波动水平的差异并不明显。

(2) 驾驶员驾龄：从图(b)所示的箱线图可以看出，出险驾驶员驾龄的平均水平(中位数)要明显低于未出险驾驶员，说明新手驾驶员更有可能出险。

(3) 驾驶员性别和婚姻状况：从图(c)和图(d)所示的棘状图可以看出，女性驾驶员的出险率更高，但样本量远小于男性驾驶员；未婚驾驶员出险率略高，但样本量远小于已婚驾驶员。

初步的结论是：驾驶员的性别和婚姻状况可能对出险行为有影响，这种影响也可能是由于数据本身的样本量差异形成的。

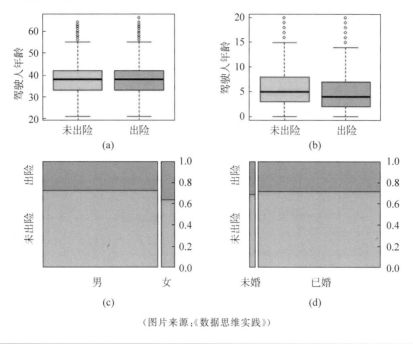

(图片来源:《数据思维实践》)

思考题

1. 集中趋势度量包括哪些统计量?
2. 举例说明以下基本概念:均值、中位数、范围、众数、方差和标准差。
3. 在数据可视化过程中,为什么选择图形类型很关键?举例说明。
4. 什么是箱线图?箱线图可以用来判别异常值吗?
5. 可以用于两个变量之间关系的图形有哪些?
6. 气泡图可以显示数据三维属性的关系吗?使用时需要考虑哪些因素?

6.3 数据探索性分析

6.3.1 什么是探索性分析

探索性数据分析(Exploratory Data Analysis,EDA)是指对已有的数据通过作图、制表、计算特征等手段探索数据的结构和规律的方法,包括对数据进行清洗,对数据进行描述(描述统计量、图表),查看数据的分布,比较数据之间的关系,培养对数据的直觉,对数据进行总结等。

EDA 的主要目的是在做出任何假设之前先查看数据,帮助识别明显的错误,更好地理解数据中的模式,检测异常值或异常事件,找到变量之间的有趣关系。EDA 是任何数据分析中重要的第一步,了解异常值出现的位置以及变量之间的关系有助于设计能够产生有意义结果的统计分析。图 6.2 表明对数据进行探索性分析是建模的基础,而包括业务问题、数据准备等环节在内的各类工作往往占据数据科学项目的 80% 的工作量。

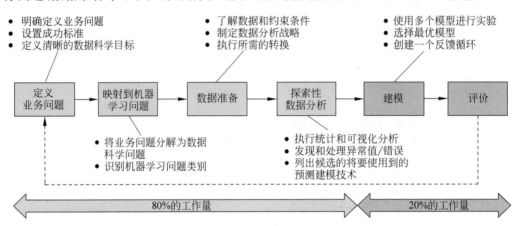

图 6.2 数据探索性分析与数据建模

数据科学家可以使用探索性分析来确保他们产生的结果是有效的,并且适用于任何期望的业务成果和目标。EDA 可以帮助回答有关标准差、分类变量和置信区间的问题。一旦 EDA 完成并得出见解,它的结果就可以用于更复杂的数据分析或建模,包括机器学习中。在 DIKW 框架中,EDA 所处的地位如图 6.3 所示。

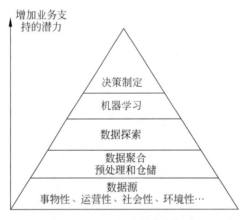

图 6.3 DIKW 中的数据探索

过去,在以抽样统计为主导的传统统计学中,探索性数据分析对验证性数据分析有着支持和辅助的作用。但由于抽样和问卷都是事先设计好的,对数据的探索性分析是有限的,往往拿到数据后可以直接进行统计描述性分析。到了大数据时代,海量数据从多种渠道源源不断地涌现,已不受分析模型和研究假设的限制,如何从中找出规律并产生分析模型和研究假设成为新挑战。这个时候,探索性数据分析在对数据进行概括性描述、发现变量之间的相关性以及引导出新的假设方面大显身手。正如美国探索性数据分析创始人约翰·怀尔德杜克所说:面对那些我们坚信存在或不存在的事物时,"探索性数据分析"代表了一种态度,一种方法手段的灵活性,更代表了人们寻求真相的强烈愿望。

探索性数据分析有别于描述性数据分析,最明显的区别在于在这个分析过程中会对不符合条件的数据进行缺值填补、数据转换、异常值舍弃等数据清洗处理以增强分析的准确性。探索性数据分析包含这类数据的预处理(数据加工),但它的出发点不仅是确定数据质量,而且更重视从数据中发现数据分布的模式和提出新的假设。所谓"探索"就是寻找线索,通过定量和可视化的方法,不仅能梳理出数据的某些趋势和模式,还能发现偏离模型、离群值和意想不到的结果。你现在发现的东西将帮助你决定提出的问题、研究方向以及下一步采取的措施。你的一切发现,无论是符合假设的还是不符合假设的,都是为了最后一步一步地走向真相。

6.3.2 探索性分析与数据清洗

探索性数据分析往往是数据分析过程的第一部分,也是非常重要的环节。在这个阶段有几件重要的事情要做,但归结起来就是:弄清楚数据是什么;建立你想问的问题以及如何表达它们;提出最好的展示和操作数据的方式,以得出重要的见解。因此数据探索的本质就是早发现数据的一些简单规律,数据清洗的目的是留下可靠数据,避免"脏数据"的干扰。这两者没有严格的先后顺序,经常在一个阶段进行。探索性分析的一般内容及处理顺序如下:①是否有缺失值?②是否有异常值?③是否有重复值?④样本是否均衡?⑤是否需要抽样?⑥变量是否需要转换?⑦是否需要增加新的特征?

对于数据清洗过程中的"缺失值"处理,可采用的处理方式为删除、插补等。插补的方式有均值插补、中位数插补、众数插补、固定值插补、最近数据插补、回归插补、拉格朗日插值、牛顿插值法、分段插值法等。数据中心异常值可通过散点图等发现,如数据偏离太大就可以预估为异常数据。遇到异常值,一般处理的方式为视为缺失值、删除、修补(平均数、中位数)等。

> **想一想 6.2:为什么数据准备那么花时间**
>
> 关于为数据科学项目获取正确的数据这件事,2016 年某机构对数据科学家的调查发现,79% 的时间花在数据准备上,其中主要任务的时间分配如下:收集数据集 19%,清理和组织数据 60%,构建训练集 3%,根据数据挖掘模式 9%,算法调优 4%,执行其他任务 5%。也就是说,大约 80% 的项目时间用于收集、清洗以及组织数据,这在多年的工业界调查中一直是一致的结论。可见无论数据挖掘技术有多么"高级",如果没有应用到正确的数据集上,它也不会挖掘出有用的模式。

6.3.3 探索性分析与可视化

使用探索性数据分析来分析和调查数据集并总结其主要特征,通常与数据可视化方法相结合。它有助于确定如何最好地操纵数据源以获得所需的答案,从而使数据科学家更容易发现模式、发现异常、检验假设或检查假设。

数据可视化被定义为使用可视化表示探索、理解和交流数据。尽管经常使用的名称是数据可视化,但是它通常代表信息可视化。因为信息是数据(原始事实)的聚合、汇总和上下文化,所以可视化中描述的是信息,而不是数据。但通常它们两个处于可以互换使用并且是同义词。数据可视化与信息图形、信息可视化、科学可视化、统计图形等领域密切相关。

 技术洞察 6.6:探索性可视化分析实例

4个数据集(安斯库姆四重奏——Anscombe's quartet)拥有同样的均值和方差,在可视化之前我们是不知道数据的分布。通过可视化图完成数据的探索性分析,很容易从图表中看到这4组数据的巨大差异。

- 数据集1:围绕一根直线离散分布的点。
- 数据集2:似乎是一根抛物线。
- 数据集3:这明显是一根直线,除了明显有一个点偏离较远。
- 数据集4:明显是 $X=8$ 的一根竖直线,除了有一个更加偏离的点以外。

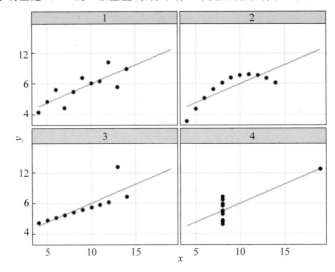

想一想:

"一图抵千字"你体会到了吗?让数据讲故事,可视化工具不可少!

数据可视化是探索性分析的一种手段,探索性分析还可以使用制表、计算特征等手段来实现。数据可视化不仅可以用于探索性分析中,还可以用于报表、商务智能、可视化工具、机器学习等众多场景当中。图6.4显示了可视化与数据科学其他任务之间的关系。

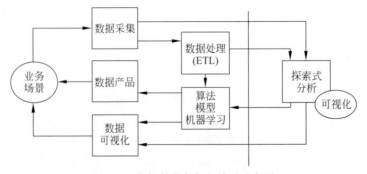

图 6.4 数据科学各任务关系示意图

所以说 EDA 实质上是一个可迭代的循环过程,具有以下作用。

(1) 对数据提出问题。

(2) 对数据进行可视化、转换和建模,进而找出问题的答案。

(3) 使用上一步的结果来精炼问题,并提出新问题。

EDA 并不是具有严格规则的正式过程,它首先是一种思维状态。在 EDA 的初始阶段,应该天马行空地发挥想象力,并思考和检验能够想到的所有方法。有些想法是行得通的,有些想法则会无疾而终。更进一步探索可以锁定容易产生成果的几个领域,将最终想法整理成文,并与他人进行沟通。

应用案例 6.4:出租车 GPS 数据的探索性分析

出租车 GPS 数据是最常见的一种个体连续追踪时空大数据,在时空大数据的各种研究中,对于出租车轨迹数据的研究是一个重要的选题方向。出租车数据蕴含着人们出行的行为记录,从中挖掘的出行热点区域和移动模式对于人们研究城市规划、交通管理等具有重要作用。

在"智慧中国杯"大赛中,将成都市 2014 年 8 月 3 日到 2014 年 8 月 30 日 1.4 万余辆出租车 14 亿多条出租车 GPS 数据作为大赛数据集,包括的字段有车辆 ID、纬度、经度、载客情况(是否空载等)、日期、时间等。

想一想:

对于这类数据集可进行哪些探索性分析?

可以分析乘客打车密集区域、乘客出行特征(日出量、时间段)、等待间隔、出租车行径跟踪吗?

可以进行打车乘客人群聚类分析、出租车空载率分析吗?

思考题

1. 什么是探索性分析?为什么要进行探索性分析?
2. 探索性分析与数据清洗有什么关系?
3. 为什么说探索性分析是一个迭代循环过程?
4. 数据可视化的应用场景有哪些?

6.4 探究与实践

1. 探索性分析实战。

通过对"泰坦尼克号"数据的探索性分析及可视化,可以得到关于生还率(生还人数)的结果,如图所示,对其结果进行分析如下。

(1) 可以看到一等舱生还率为 63%,二等舱生还率为 47%,三等舱生还率为 24%。可见客舱等级越高,生还率越高。

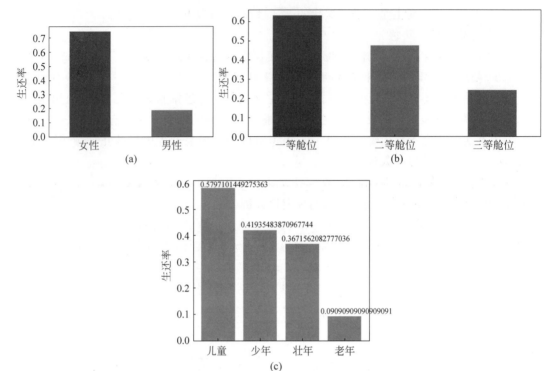

(2) 数据中生还的儿童、少年、壮年和老年人数分别为 40、21、228 和 1 人,生还率分别约为 58%,42%,37% 和 9%。

这些结果与你的想象一致吗?你能有什么发现吗?能用自己的语言进行分析描述吗?

对于"泰坦尼克号"数据,你还想探究哪些问题?试一试,让数据给你答案。你觉得乘客的生还可以预测吗?如果你在船上,生还率是多少?

2. 探秘 EChart 数据可视化图。

在 ECharts 官网实例区找到一个你感兴趣的可视化图例 https://echarts.apache.org/examples/zh/index.html,用 See-Think-Wonder(STW)思考方法完成三级思考,示例如下:

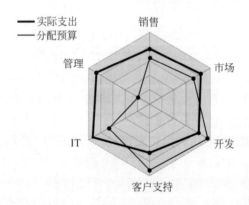

(1) I see：基础雷达图,我看到预算和实际开销不同,管理、销售的实际开销多于预算……(描述图中给你提供的细节)。

(2) I think：我想这个雷达图还可以用于显示……(你自己想想这个图的用途,尽量详细说明,如 6 个量可能分别是什么)。

(3) I wonder：提出你的三个相关问题。

3. 阿里云天池大数据竞赛——可视化大赛。

登录阿里天池大数据竞赛官网,查看可视化大赛相关内容,找一个你感兴趣的赛题开始尝试探索吧。

第 7 章 从结构化数据中挖掘价值

Target 的精准营销靠谱吗?

Target 是美国最大的连锁超市之一,该公司使用数据挖掘极其有效地提高了营销精准率,能做到在事情显现之前就预测到它的发生,旨在"提供最专业的建议"。

2021年发生的经典案例是该超市基于数据挖掘系统分析的结果。Target 给一位高中女生寄去婴儿用品优惠券,其父亲发现后投诉 Target 误导未成年人,但却在之后了解到他女儿确实已经怀孕的事实。原来 Target 构建的用户画像,在详细记录顾客的信用卡信息、网上注册信息、浏览 Target 官网每一个页面的停留时长、每次的购买行为等信息的基础上,挖掘分析这些历史信息,预测顾客将来的购物行为、需求甚至生活方式,然后通过邮件发给目标顾客相关的优惠信息。例如,如果一位女性购买了补充维生素、孕妇专用乳液、无水洗手液等典型的孕妇才会购买的一些商品,或者在孕妇、婴儿用品页面停留较长时间等,经过大数据算法即可精准预测。

由于美国人非常注重隐私,为了避免上述早于父亲发现女儿怀孕这种尴尬事件发生,Target 有针对性地改变了营销策略,把母婴系列产品的优惠券和信息混合在其他产品的信息里发给顾客,以掩人耳目,其结果是 Target 的母婴产品销量猛增。

基于用户画像的营销"精准"吗?大数据带来的利弊有哪些?被算法"决策"的人生你满意吗?

学习目标

学完本章,你应该牢记以下概念。
- 监督学习、非监督学习。
- 回归、分类、聚类、关联分析。
- 特征工程(特征处理)、训练集、测试集、目标函数。
- 过拟合、欠拟合。

学完本章,你将具有以下能力。
- 比较回归算法与分类算法的应用场景(基于批判性思维要素)。
- 理解不同算法的目标函数(模型评价标准)、模型优化的不同底层逻辑。

学完本章,你还可以探索以下问题。
- 从商业场景角度,理解模型训练与模型应用(部署)的流程。
- 探究自己生活中不同算法应用的可能性。

7.1 机器学习概述

7.1.1 什么是机器学习

从学习的角度来探究建模过程是非常有意义的。所谓"学习",就是人类通过观察、积累经验,掌握某项技能或能力。就好像我们从小学习识别字母、认识汉字,这就是学习的过程。而机器学习(Machine Learning,ML),顾名思义,就是让机器(计算机)也能像人

视频讲解

类一样,通过"观察"大量的数据和训练,发现事物规律,获得某种分析问题、解决问题的能力。可以看出,机器学习与人类思考的经验过程是类似的,不过它能考虑更多的情况,执行更加复杂的计算。事实上,机器学习的一个主要目的就是把人类思考归纳经验的过程转换为计算机通过对数据的处理计算得出模型的过程,经过计算机得出的模型能够以近似于人的方式解决很多灵活复杂的问题。机器学习的过程与人类对历史经验归纳过程的比对如图 7.1 所示。

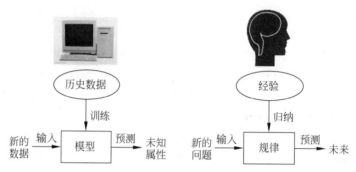

图 7.1 机器学习与人类思考的比对

机器学习中的"训练"与"预测"过程可以对应到人类的"归纳"和"推测"过程。通过这样的对应可以发现,机器学习的思想并不复杂,仅仅是对人类在生活中学习成长的一个模拟。由于机器学习不是基于推理形成的结果,因此它的处理过程不是因果的逻辑,而是通过归纳思想得出的相关性结论。

机器学习的一般过程可以概括为:计算机程序基于给定的、有限的学习数据出发,选择某个模型方法(即假设要学习的模型属于某个函数的集合,也称为假设空间),通过算法更新模型的参数值,以优化处理任务的表现,最终学习出较优的模型,并运用模型完成对数据进行分析与预测的任务。

7.1.2 机器学习算法分类

学习算法按照学习数据的不同,即训练数据的标签信息的差异,可以分为有监督机器学习、无监督机器学习和强化机器学习,如图 7.2 所示。

(1) 有监督机器学习:有监督机器学习是机器学习中应用最广泛、最成熟的,它是从有标签的数据样本 (x,y) 中,学习如何将 x 关联到正确的 y,即建立模型。这个过程就像是模型在给定题目的已知条件(特征 x)和参考答案(标签 y)的前提下学习,借助标签 y 监督纠正,模型通过算法不断调整自身参数以达到学习目标。有监督机器学习通常包括两类方法:回归预测和分类预测。

(2) 无监督机器学习:无监督机器学习也称为非监督学习,即从无标注的数据 (x) 中,学习数据的内在规律。这个过程就像模型在没有人提供参考答案 (y) 的前提下,完全通过自己琢磨题目的知识点,对知识点进行归纳、总结。按照应用场景,非监督学习可以分为聚类、特征降维和关联分析等方法。

（3）强化机器学习：这种学习不使用任何训练数据，而是从经验中学习，在不断地实验和错误中强化学习的回报。这种学习一般周期比较长，从某种程度上可以看作有延迟标签信息的监督学习，是指智能体在环境中采取一种行为，环境将其转换为一次回报和一种状态表示，随后反馈给智能体的学习过程。

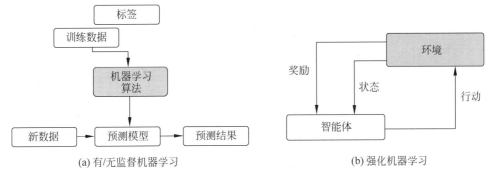

图 7.2 机器学习算法分类

可以把数据挖掘算法称为传统的机器学习算法，通常面向行业的结构化数据，如 CRM 或 ERP 数据库里面的数据，体现出算法结果与商业问题的密切相关性。也可以这样理解，这样传统的机器学习算法只有有监督学习和无监督学习两类，如表 7.1 所示。按照应用方向进一步分类，大多数数据挖掘项目可以归类到这几类任务中，这些任务与商业问题关系密切，进一步和用户画像及用户标签联系起来，更体现了数据价值转换为商业价值的重要性。

表 7.1 商业问题与数据挖掘问题

	商业问题	任务	数学抽象：给定模型，根据数据优化参数
	有监督机器学习：数据中有标签、有答案的学习问题		
1	它价值几何 明天的气温可能会是多少 今年第 4 季度的销售额会是多少 该引擎还能工作多久 这次活动中需要准备多少啤酒	回归预测	知识发现：数据趋势 给定模型：$y=ax+b$ $\qquad y=a_1x^1+a_2x^2+\cdots+a_nx^n$ 优化参数：函数参数
2	这个客户是流失还是不流失 哪些新客户最有可能购买 当前的压力度数是正常的吗 某贷款人有还款的风险吗 这本书的作者可能是谁 这封邮件是不是垃圾邮件	分类预测	知识发现：不同类别的分界线/分界面 给定模型：分界线/分界面的形式 优化参数：分界线/分界面的参数
	无监督机器学习：数据中无标签、有隐性模式的学习问题		
3	谁是我们的目标客户 哪些消费者有相似的产品偏好 哪些打印机损坏的模式相同 员工对公司的评价可以分为几类	聚类	知识发现：数据的不同簇 给定模型：可能的簇个数 优化参数：簇中心
4	你要配份炸薯条吗 猜你喜欢这个吗 消费者还可能喜欢什么产品	关联规则	知识发现：频繁共现的项集合 给定模型：过滤条件（出现的次数） 优化参数：阈值

7.1.3 机器学习的要素及流程

任何机器学习(数据挖掘)算法要素都可以表示为图 7.3。虽然不同的商业目的会有不同的任务(待解决的问题),而核心算法部分则有 4 个关键要素:数据、模型、目标函数、优化算法。掌握这几个要素,可以更好地理解各种算法的共性所在,而不是孤立地去理解各式各样的算法。

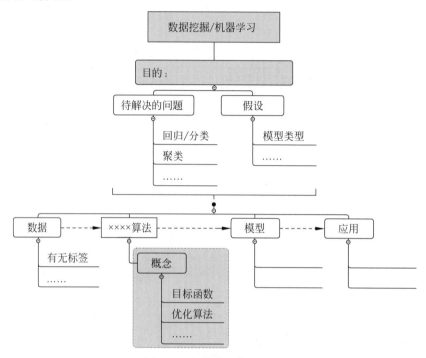

图 7.3 机器学习算法要素

(1) 数据是机器学习方法的基础原料,结构化数据由一条条数据(一行一行)样本组成,样本由描述其各个维度信息的特征 x 及目标值标签 y(或无标签)构成。

(2) 得到"好"的模型是各类算法的直接目标,即通过训练数据(从历史数据中学习)得到数据特征内部规律的一个函数。算法的具体步骤是:首先选择某个模型类别,再通过从数据样本 (x,y) 中学习,优化模型参数 w 以调整特征的有效表达,最终获得对应的模型函数 $f(x;w)$。该函数将输入变量 x 在参数 w 作用下映射到输出预测 Y,即 $Y=f(x;w)$,如图 7.4 所示。

(3) "好"是模型的学习目标。"好"对于模型也就是预测值与实际值(在监督学习中)之间的误差尽可能地低。具体衡量这种误差的函数称为目标函数(或损失函数),意在通过以极大化降低损失函数为目标去学习模型。对于不同的任务目标,往往也需要不同损失函数衡量。经典的损失函数如回归任务的均方误差及分类任务的交叉熵等。

(4) 学习"好"模型这一目标如何达到? 通常第一反应可能是直接求解损失函数的最

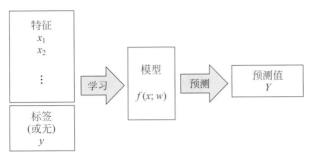

图 7.4　特征、算法、模型及应用

小值的解析解,获得最优的模型参数。这在大数据面前往往是行不通的,可以通过优化算法(如梯度下降法、牛顿法等)有限次迭代完成。

当把一个商业问题转换为数据问题后,从"数据到知识"的过程就是一个建模过程,具体步骤如表7.2所示。

表 7.2　建模流程

阶段	目的		待解决的问题(任务)
1	数据理解	将业务问题与数据联系起来。数据可能已经准备就绪,也可能需要进行收集	• 收集原始数据 • 描述数据 • 识别、探索数据
2	数据准备	从原始数据中构造最终数据集的所有处理活动,为建模阶段做准备。该阶段中的任务有可能被执行多次,没有规定的顺序	• 数据选择(对表、记录和属性) • 数据清理(提高数据质量) • 数据构造(转换) • 数据集成(合并) • 数据格式化(归一化)
3	建立模型	建立数据与数据之间的关系,各种各样的建模方法都可能会被用到	• 选择建模技术(算法) • 设计测试(训练集、测试集) • 建立模型 • 模型优化
4	模型评估	在模型正式部署应用前,对模型进行更加全面的评估,以确保模型设计结果符合商业理解目标,避免直接部署后高成本的模型修改	• 评价模型与实际目标间的差距 • 流程复审(或继续迭代) • 制订部署计划

技术洞察7.1:什么是特征工程

特征工程的目标是从实例的原始数据中提取出供模型训练的合适特征,其作用是使模型的性能得到提升,包括特征构建、特征提取、特征选择等几个环节,显然特征工程的重要性不言而喻。基于商业场景的特征定义及重构非常关键,同时也是需要投入大量人力的环节。

特征工程属于数据准备阶段的工作,但常常会贯穿建模的全流程,因为模型的评估及优化也需要对特征进行调整,所以建模是一个不断"迭代优化"的循环过程。

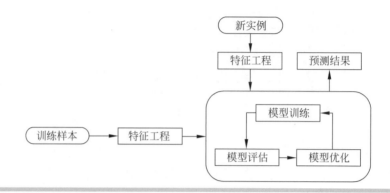

7.1.4 机器学习中的"哲学"思想

在机器学习中,有一些非常有名的理论或定理,这些理论不仅有助于人们从本质上理解机器学习特性,更好地学习相关理论,更重要的是可以有助于人们理解很多生活哲学。机器学习中的"哲学"思想大道至简,对理解机器学习的内在特性非常有帮助。

1. PAC 学习理论

概率近似正确(Probably Approximately Correct,PAC)学习理论是用来衡量一个机器学习模型能否很好地泛化到未知数据的理论。根据大数定理,当训练的数据集接近于无穷大时,泛化错误趋向于零,但从有限的数据样本学习到一个错误为零的模型是很难的。因此,需要降低对模型的期望,只要求学习到的模型能够以一定的概率"学习"到一个近似正确的假设即可,这就是 PCA 学习理论。PAC 学习理论的结论是:同等条件下,模型越复杂,泛化误差越大。同一模型在样本满足一定条件的情况下,样本数量越大,模型泛化误差越小,因此还可以说"模型越复杂越吃样本"。

2. 没有免费午餐定理

没有免费午餐(No Free Lunch,NFL)定理出自于最优化理论。没有免费午餐定理证明:对于基于迭代的最优化算法,不存在某种算法对所有问题都有效。也就是说,不能脱离具体问题来谈论算法的优劣,任何算法都有局限性,必须要"具体问题具体分析"。没有免费午餐定理对于机器学习算法也同样适用,不存在一种机器学习算法适合于任何领域或任务。在面对一个具体问题的时候,尝试使用多种算法进行对比实验是必要的。

3. 丑小鸭定理

丑小鸭定理(Ugly Duckling Theorem)指出"丑小鸭与白天鹅之间的区别和两只白天鹅之间的区别一样大"。这个定理初看好像不符合常识,但是仔细思考后是非常有道理的。因为世界上不存在相似性的客观标准,一切相似性的标准都是主观的。如果从体型大小或外貌的角度来看,丑小鸭和白天鹅的区别大于两只白天鹅的区别;但是如果从基因的角度来看,丑小鸭与其父母的差别要小于其父母和其他白天鹅之间的差别。丑小鸭定理强调：任何客观判断并不客观，全都带有主观偏见。

4. 奥卡姆剃刀定理

奥卡姆剃刀（Occam's Razor）原理是逻辑学家提出的一个解决问题的法则："如无必要，勿增实体"。奥卡姆剃刀的思想在机器学习上对应的原则是：简单的模型泛化能力更好。如果有两个性能相近的模型，应该选择更简单的模型。在机器学习的学习准则上，经常会引入参数正则化来限制模型能力，避免过拟合。

在学习"机器学习"算法时我们会慢慢发现其实算法思想的精髓是无处不在的妥协。如"统计学习"和"机器学习"之间的区别也是一种妥协：统计学习模型可解释性强，而机器学习追求有效性。无处不在的妥协体现在"可解释性"与"有效性"的妥协、"模型精度"和"模型效率"的妥协、"欠拟合"和"过拟合"的平衡等。大部分科学走到一定程度都是妥协，都有妥协带来的美感。

思考题

1. 有监督机器学习与无监督机器学习有什么区别？
2. 什么是目标函数？它的作用是什么？
3. 什么是特征工程？一般包括哪几步？

7.2 监督回归——线性与非线性

7.2.1 线性回归

视频讲解

在日常生活中，常常会碰到目标量为连续型的预测问题，例如，收入预测、销量预测和商品库存预测等。这种问题称为回归问题，它是一种典型的有监督学习方法。假设模型的输入数据为 d 维向量 x，输出 y 为连续型。回归模型等价于寻找一个函数 f，建立 x 到 y 的映射关系 $y=f(x)$。常用的回归模型有线性回归和非线性回归。线性回归是最简单实用的一类回归模型，也是其他回归模型研究的基础。

> **想一想 7.1："回归"的含义**
>
> 统计学中的"回归"一词是由统计学家高尔顿引入的。早在 19 世纪 80 年代，高尔顿就开始了亲代与子代（即父母亲与子女）之间相似特征（身高、性格等）的研究。他收集了 1078 对夫妇的身高 x 与成年儿子的身高 y 的数据组成数据对，并制作出了散点图，发现 y 与 x 的关系可以借助一次函数来近似表示为 $y=33.73+0.516x$，即总体上亲代的身高增加，子代的身高也增加。
>
> 但是，高尔顿在研究过程中发现一个有趣的现象：平均身高不同的父代，其子代的平均身高增加量并不相等，但子代的平均身高有回归于中心（即总体平均值）的趋势。正是由于这种现象的存在，高尔顿引入"回归"一词，虽然不是所有相关关系中都会发生类似的现象，但从那以后"回归"就成了相关关系讨论中一个约定俗成的词了。

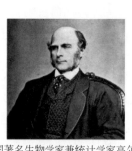
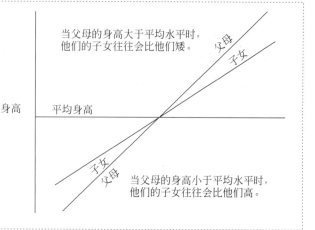

英国著名生物学家兼统计学家高尔顿
Sir Francis Galton（1822—1911）

以线性回归为例,如果输入只包含一个单独变量 x,所创建的一个线性回归模型 $y=w_0+w_1 x$,就是找到 x,y 之间关系的线性拟合直线,如图 7.5 所示。分析这个一元回归的拟合直线可以看出预测误差的存在,设 $y_{实际}$ 为实际真实值,$y_{预测}$ 为预测值,二者的差为模型的预测误差。线性回归模型参数优化目标是:找到一条直线使得 $y_{实际}$ 与 $y_{预测}$ 之间的距离整体最小(全局误差最小)。考虑到数学运算的方便性,最简单的选择是将误差平方和作为预测模型的目标函数(学习目标)。均方误差目标函数的数学表达式为

$$J(w)=\frac{1}{m}\sum_{i=1}^{m}\left[y^{(i)}-f(x^{(i)};w)\right]^2$$

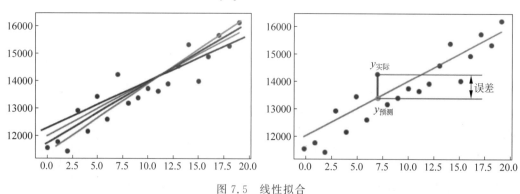

图 7.5　线性拟合

技术洞察 7.2：回归建模背后的底层逻辑

探究监督学习中回归预测模型的底层逻辑,有利于理解机器学习的本质。假设有一组 x,y 数据对如图(a)所示,回归模型的构建可以理解为:首先根据先验知识,选择模型类型为一元线性方程 $y=a_1+a_2 x$。参数的确定可以理解为在不同 a_1 与 a_2 组合下的误差计算。例如,在一定范围内(如 $a_1\{-20,-40\}$ 及 $a_2\{-5,+5\}$)生成 250 个不同组合,即可得到对应不同 (a_1,a_2) 的 250 条直线,如图(b)所示,其中,误差平方和最小的 10 组参数及对应的拟合直线如图(c)及图(d)所示,而其中最小误差的拟合是 $y=4.220\,822+2.051\,533x$,如图(e)所示。

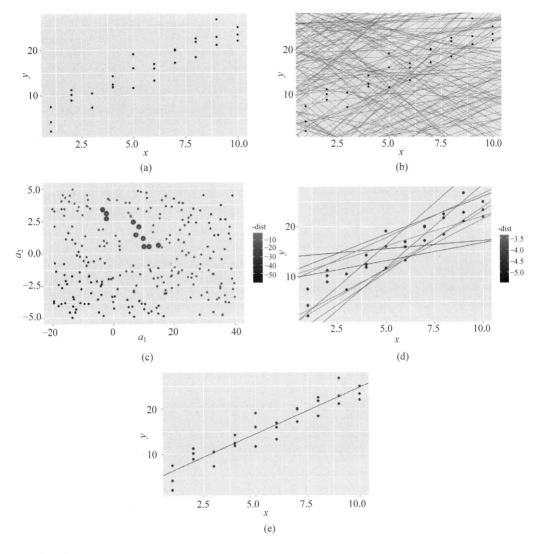

想一想：

到底什么是"算法"？什么是"模型"？

"算法"就是上述过程的计算机编程实现。"模型"就是最终的结果。$y=4.220\,822+2.051\,533x$，这是在有限数据样本数据、指定模型类型（一元一次线性模型）及目标函数（误差平方和最小）前提下的"最好"模型。

由于在回归分析（建模）中，回归函数的参数最初是未知的，估计这些参数相当于搜索数据的最佳拟合。具体估计策略是先猜测参数值，然后迭代更新参数，以减少对数据集拟合的整体误差，最终获得目标函数最小时的参数取值。在机器学习中，由于损失函数（或目标函数）较复杂，无法得到解析解，需要采用类似迭代的方法。通常采用的求解方法有梯度下降法等优化方法，通过求解损失函数最小化得到的一组参数，就是回归的最优解。

技术洞察7.3：模型参数的"迭代优化"——梯度下降法

梯度下降算法可以直接理解成一个下山过程,将损失函数 $J(w)$ 比喻成一座山,算法的目标是到达这座山的山脚(即求解最优模型参数 w,使得损失函数为最小)。算法要做的无非就是"往下坡的方向,走一步算一步",而下坡的方向也就是 $J(w)$ 负梯度的方向(切线变化率最大的方向)。在每往下走到一个位置的时候,求解当前位置的梯度,然后沿着这一步所在位置的最陡峭最易下山的位置再走一步。这样一步一步地走下去,一直走到山脚,如图所示。

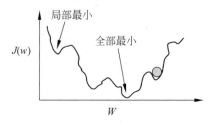

梯度下降法是一个一阶最优化算法,具体迭代步骤描述如下。

(1) 设定模型有 n 个模型参数 w,损失函数为 $J(w_1, w_2, \cdots, w_i, \cdots, w_n)$。

(2) 对于每个参数 w_i(其中,$i=1,2,\cdots,n$),对损失函数 $J(w_1, w_2, \cdots, w_i, \cdots, w_n)$ 求 w_i 的偏导,得出当前的负梯度 $-\dfrac{\partial J(w_1, w_2, \cdots, w_i, \cdots, w_n)}{\partial w_i}$,即求出 w_i 对于损失函数下坡的方向。

(3) 通过学习率 η 控制走路的步长,每次往下坡方向走的距离就是 $-\eta \dfrac{\partial J(w_1, w_2, \cdots, w_i, \cdots, w_n)}{\partial w_i}$。

(4) 对于每个模型参数 w_i,更新为 $w_{(i+1)} = w_i - \eta \dfrac{\partial J(w_1, w_2, \cdots, w_i, \cdots, w_n)}{\partial w_i}$。

(5) 重复步骤(2)~(4),沿梯度下降方向往下坡走一步算一步,直到达到设定迭代次数或者所有 w_i 的梯度下降的距离都小于设定阈值,则算法终止。最终得到较优(全局或者局部最优)的模型参数。

随着迭代次数的增加,不同的步长 η 会导致被优化函数 J 的值有不同的变化,如下图所示,所以选择适中的学习步长非常关键。

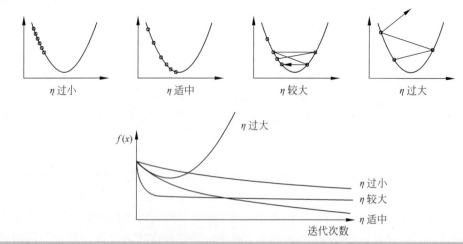

以身体质量 BMI 指数预测患糖尿病的可能性为例,根据最优解判断得到的"好"模型为
$$\text{Diabetes} = -7.384\,31 + 0.555\,93 \times \text{BMI}$$

其中，斜率参数值 $b=0.55593$ 表示对于 BMI 属性，每增加一个单位，该模型对被预测人患糖尿病可能性的估计将增加 0.5% 左右。线性回归模型有很好的可解释性，可用于驱动力分析：某个事件发生与否受多个因素影响，分析不同因素对事件发生驱动力的强弱。

线性回归模型可以扩展为采用多个输入特征。如为了将上述模型扩展为包含运动时间 Exercise 和体重 Weight 特征作为输入，此时回归函数的结构变为多元线性回归函数：

$$\text{Diabetes} = w_0 + w_1 \times \text{BMI} + w_2 \times \text{Exercise} + w_3 \times \text{Weight}$$

回归预测方法具有模型简单易于理解、使用范围广适用场景多、模型可解释性强、结果可靠性强、有很好的数学工具可以利用等特点。该方法还可用于非线性回归及时间序列回归预测等多种场景。回归分析特别适合用来研究样本变量（或因变量）与其他关联变量（自变量）之间关系的统计分析方法，通过确定一个变量与另一个变量的互动效应，也可以帮助探索与这些变量有关的潜在的预测关系。

回归分析的优点如下。

(1) 简单易用。回归分析的基本原理简单易懂，它是一种非常容易上手的分析技术。它可以帮助用户快速识别变量间关系，甚至在定性变量和定量变量的情况下都能成功应用。

(2) 适应各种数据类型。回归分析利用所有可用的数据，无论是类别型变量还是有序变量，甚至是定量变量，都可以纳入回归方程中。

(3) 准确性。回归分析很好地处理了多变量和多重关系的问题，以更准确地预测实际效果。此外，它允许用户添加和删除变量，这有助于有效地比较不同的模型。

回归分析的缺点如下。

(1) 异质性问题。回归分析容易受到数据异质性操纵，如果样本并不具有一致性，则模型估计会出现偏差。因此，异质性会影响结果，给用户带来混乱。

(2) 虚假变量。线性回归假设模型中的所有自变量是独立的，这种假设不一定总是成立，当存在潜在的虚假变量时，回归分析结果可能会受到虚假变量的影响，从而给可靠性带来负面影响。

(3) 多重共线性。多重共线性发生时，可以使得相关系数偏大，即回归结果中的平方估计值准确性可能会受多重共线性影响而变为不可靠，对最终结论也会产生影响。

(4) 模型偏差。在使用回归分析时，如果选择的变量缺少相关性，则模型会失去准确性；并且，线性回归分析还受制较多假设，只要某一假设不满足，整个模型估计的准确性也会受到影响。

总之，尽管回归分析带来许多优势，但也存在着一些不足之处。因此，在使用回归分析之前，应该认真调查数据，检查使用回归分析的数据是否真正可靠，确保模型估计的有效性。

> **应用案例 7.1：FICO 信用分（美国征信体系）是怎么来的**
>
> FICO 信用分是由美国个人消费信用评估公司开发出的一种个人信用评级法，经过 60 多年的发展，FICO 已经得到社会广泛接受。FICO 评分系统得出的信用分数范围为 300～850 分，分数越高，说明信用风险越小。FICO 计算就是基于监督学习中的回归预测模型，建模的具体实施步骤如下。
>
> 步骤 1：构建问题，选择模型
>
> 根据经验判断，与个人信用相关的 5 个重要因素包括付款记录 A、账户总金额 B、信用记录跨度 C（自开户以来的信用记录、特定类型账户开户以来的信用记录、……）、新账户 D（近期开户数目、特定类型账户的开户比例、……）、信用类别 E（各种账户的数目）。
>
> 据此构建的一个简单的模型为 $Y=f(A,B,C,D,E)$。Y 为模型的输出，即信用状态（信用分）。f 可以简单理解为一个特定的公式，这个公式可以将 5 个因素与个人信用分形成关联。建模的目标就是得到 f 这个公式的具体参数是什么，这样只要有了一个人的这 5 种特征数据，就可以得到一个人的信用分数了。
>
> 步骤 2：收集历史数据
>
> 为了找出这个公式 f，需要先收集大量的历史数据，这些数据必须包含一个人的 5 种特征数据和他/她的信用状态（状态分值标签）。把数据集分成几个部分，一部分用来训练（60%），一部分用来测试（20%）和验证（20%）。
>
> 步骤 3：训练出理想模型
>
> 通过机器学习算法，"猜测"（估计）出这 5 种数据和信用分数的关系（模型）。这个关系就是公式 f。然后再用验证数据和测试数据来验证一下这个公式是否满足精度要求。
>
> 测试验证的具体方法是：将 5 种特征数据套入公式，计算出信用分；再用计算出来的信用分与这个人实际的信用分（预先已知的）进行比较；评估公式的准确度，如果误差很大，再进行调整优化。
>
> 步骤 4：对新用户进行预测
>
> 当想知道一个新用户的信用状况时，只需要收集到他的这 5 种数据，套进公式 f 计算一遍就知道结果了！由于回归模型的可解释性较好，在金融领域回归预测方法被广泛使用。
>
> 芝麻信用分与它类似，你知道你的芝麻信用分是多少吗？

7.2.2 模型的泛化及优化

泛化是指机器学习模型在处理没有遇见过的样本时的表现。不管训练集上表现如何，只有在新的未知的样本集上有较好的表现，模型才是真的好，这就是模型的泛化能力。泛化能力差可能体现在过拟合和欠拟合两个方面。

过拟合是指一个模型在训练数据上能够获得比较好的结果，但是在测试数据集上却不能很好地拟合数据，其原因是模型过于复杂。反之，欠拟合是指模型在训练数据上不能获得更好的拟合，并且在测试数据集上也不能很好地拟合数据。图 7.6 表明不同的模型结构（模型复杂程度不同）及拟合结果之间的关系，图 7.6(a)中左图为欠拟合，图 7.6(a)中右图为过拟合。

解决模型泛化问题可以通过从源头（如特征工程）或者从评价（核函数、正则化）两方

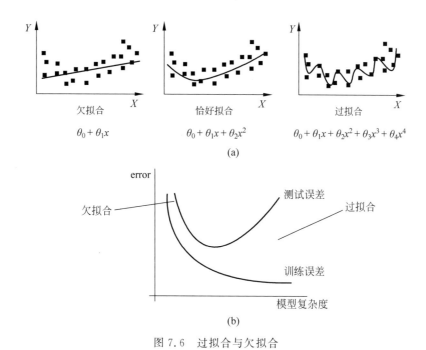

图 7.6 过拟合与欠拟合

面入手。欠拟合的原因是学习到数据的特征过少,解决办法包括添加其他特征项、添加多项式特征,即将线性模型通过添加二次项或者三次项使模型泛化能力更强。过拟合的原因往往是原始特征过多,存在一些嘈杂特征,模型过于复杂致使模型尝试去兼顾各个测试数据点,解决办法包括重新清洗数据、减少特征维度、防止维灾难、增大数据的训练量、在目标函数中加入正则化约束项等。

技术洞察 7.4:什么是"正则化"

在模型优化方面,为了提高预测的准确度,常常从已知的特征中提取更多的新特征,以此搭建复杂的模型,这样往往会引起过拟合。其原因是引入了过多的特征,即该特征的系数真实值等于 0,但估计值不等或者不接近一点。既然这是一个由数学公式引起的瑕疵,那么可以从数学上增加使那些本该等于 0 的参数估计值尽量往 0 靠的限制。为了达到这个目的,可以在原有的损失函数里加入惩罚项(或者称为正则化项),即将损失函数改成如下形式:

$$J(w) = \frac{1}{m}\sum_{i=0}^{n}\left[y^{(i)} - f(x^{(i)}; w)\right]^2 + \alpha \mid w \mid$$

上式中的第二项为惩罚项,其中,α 表示惩罚的权重,可以看到 $\alpha > 0$ 时,惩罚项会随着参数绝对值的增大而增大,模型参数绝对值越远离零,惩罚就越大。

想一想:
什么是数学家的思维方式?

当遇到一个新问题时,总是考虑通过某种数学上的变换,将未知问题转换为已知能解决的问题。另外,建模也并不是要完全模拟现实世界,而是一个不断做近似的过程。这就是为什么数据科学家常常说"所有的模型都是错的,但是其中一些是有用的"。一个

"有用"的模型能过滤掉数据中那些不重要的细枝末节,抓住其中主要的内在关系,从而帮助我们更好地理解和解释数据。

视频讲解

7.2.3 模型的评估

在算法研究中通常会遇到两类参数:参数和超参数,由于二者的作用不同,区分它们非常有必要。参数是模型中出现的待估计的参数,如前面提到的 w 等;而超参数是为了完成算法需要提前人为指定的参数,这些超参数会直接影响模型的结果,即影响 w 的结果。例如,上述的正则化权重 α 及梯度下降法中的步长 η 都是超参数。参数的估计通常是有明确的数学公式的,而超参数的估计就没有那么严谨了,主观随意性比较大。通常采用类似遍历的方法。具体来说,就是事先给定一系列可能的超参数集,然后遍历给定的超参数集合,评估对应的模型效果,并从中选择效果最好的超参数。

机器学习是一种数据驱动型的建模方法,可以根据已知数据进行模型评估并进一步优化。对于有监督机器学习,在建模过程中一般将数据集划分成训练集、测试集、验证集或者只划分成训练集和测试集。训练集是训练模型时使用的,模型训练好之后并不知道它的表现如何,这个时候就可以使用验证集来看看模型在新数据(验证集和测试集是不同的数据)上的表现如何。同时,通过调整超参数(超参数通俗地讲就是在训练前必须设定的参数),让模型处于最好的状态。对超参数调好后的模型,即通过测试集来做最终的评估。三个数据子集的关系如图 7.7 所示。

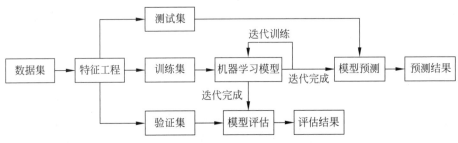

图 7.7 训练集、测试集与验证集

可以用一个不恰当的比喻来说明三种数据集之间的关系:训练集相当于上课学知识时使用的随堂练习(用于训练模型);验证集相当于课后的练习题(用于参数寻优),用来纠正和强化学到的知识;测试集相当于期末考试,用来最终评估学习效果(用于评估泛化能力)。

需要说明的是:①验证集不像训练集和测试集,它是非必需的,如果不需要调整超参数,就可以不使用验证集,直接用测试集来评估效果;②验证集评估出来的效果并非模型的最终效果,主要是用来调整超参数的,模型最终效果以测试集的评估结果为准。

视频讲解

技术洞察 7.5:Python 代码实现线性回归算法

从机器学习的整体流程来看,一旦模型结构形式被选定后,机器学习算法一般就需要进行模型参数估计和模型评估两步了。具体实施步骤为:①划分为训练集和测试集(解决过拟合问题);②利用训练集训练模型,估计模型参数;③利用测试集评价模型,计算对应的均方差和决定系数;④用图形化的方式展示模型效果。建模编程代码如下。

```
♯ 线性回归程序主模块
def linearModel(data) :                    ♯ 载入数据 data:DataFrame
    features = ["x"]                       ♯ 指定特征 x 变量
    labels = ["y"]                         ♯ 指定标签 y 变量
    trainData = data[:15]                  ♯ 划分 0~14 行数据为训练集
    testData = data[15:]                   ♯ 划分 15 行以后数据为测试集
    model = trainModel(trainData, features, labels)              ♯ 调用训练子模块
    error, score = evaluateModel(model, testData, features, labels)  ♯ 调用评价子模块
    visualizeModel(model, data, features, labels, error, score)  ♯ 图形化模型结果
♯ 训练模型子模块
def trainModel(trainData, features, labels) :
    model = linear_model.LinearRegression()              ♯ 创建一个线性回归模型
    model.fit(trainData(features), trainData(labels))    ♯ 训练模型,估计模型参数
    return model                                         ♯ 返回模型
♯ 评价模型程序模块
def evaluateModel(model, testData, features, labels):
    error = np.mean(model.predict(testData[features]) - testData[labels]) ** 2)  ♯ 计算均方误差
    score = model.score( testData[features]), testData[labels])    ♯ 计算评分
    return error, score                                            ♯ 返回评价分值
```

注:符号♯后面的为代码注释

想一想:

算法的计算机编程实现"难"吗?结合回归算法实现的底层逻辑,再体会一下。

思考题

1. 训练集、测试集的作用是什么?
2. 线性回归对特征变量有哪些约束条件?
3. 什么是过拟合、欠拟合?如何解决这些问题?

7.3 监督分类——目标明确、八仙过海

7.3.1 逻辑回归

视频讲解

在现实中,二元选择也是常态,如商家在进行客户管理时,常常需要预测哪些用户会购买某个产品,哪些用户会流失等。这类问题和上述线性回归问题有很大的不同,线性回归问题只能进行定量的预测,即对预测连续变量进行的预测,但能否在此基础上稍加改动以解决定性量(离散量)的预测,即分类问题呢?逻辑回归就是用来做分类的经典算法。

上述线性回归的最小示例形式是 $y=w_0+w_1x$,预测目标 y 是连续型的,其取值范围是 $[-\infty,+\infty]$。假设要解决二分类问题,即预测目标 y 的取值为"0"或"1",显然线性回归不能直接解决这类问题。那么怎么能够利用回归的方法进行分类呢?伟大的数

学家已经为我们找到了一个方法,也就是把 y 的结果代入一个非线性变换的 Sigmoid 函数中,即可将连续型的输出映射到[0,1],函数的定义如下。

$$\sigma(x) = \frac{1}{1+e^{-x}}$$

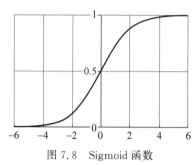

图 7.8　Sigmoid 函数

从 Sigmoid 函数对应的变换图 7.8 可以看出,当输入的 x 很大或很小时,该函数以接近 0 或 1 的值输出,且 $\sigma(0)=0.5$。这类使用函数变换后的回归方法为逻辑回归。

可以将逻辑回归中的输出看成一个概率值,进一步假设分类的阈值是 0.5,那么超过 0.5 的归为"1"分类,低于 0.5 的归为"0"分类,这里阈值是可以人为设定的。把 w_0+w_1x 代入就可以得到逻辑回归模型的概率表示形式如下式所示,表明特征 x 出现条件下预测类别 y_i 出现的概率,这样算法就解决了二分类问题。

$$p(y_i \mid x_i) = \frac{1}{1+e^{-y_i w^T x_i}}$$

> **想一想 7.2:空间变换——从非线性到线性**
>
> 从直观上来讲,二元选择问题不能用线性回归模型解决的原因是:数据并没有大致分布在一条直线周围,而是呈链条彼此分开的直线状(如图(a)中的上下黑色圆点链条),如果用一条直线去近似这些圆点效果肯定不会好。但如果形象地把原空间想象成橡皮泥,握住变换函数 Sigmoid 曲线的两头,用力将其拉成直线,就得到了新空间(图(b))。在新的空间里,代表数据的黑点就几乎在一条直线上了。换句话说,在新的线性空间中,线性回归模型就可以很好地拟合数据了。
>
>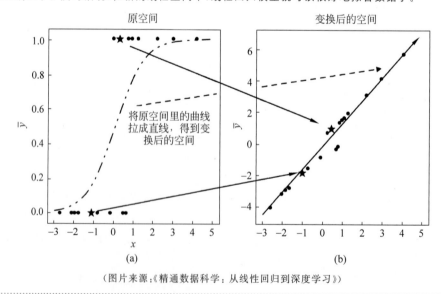
>
> (图片来源:《精通数据科学:从线性回归到深度学习》)

> 这里隐含机器学习算法中很重要的一点：通过非线性的空间变换，将非线性问题转换为线性问题，再用线性模型去解决。这也是数学家思维的具体体现：当遇到一个新问题时，总是考虑通过某种数学上的变换，将未知问题转换为已知模型能解决的问题。
> 数学家借用已知的方法解决未知问题的思维方法你体会到了吗？

可见，逻辑回归是在线性回归的基础上，利用一个非线性函数，建立了二元预测目标与原始输入之间的关系，反复进行二分类也可以实现多类别划分。逻辑回归的优点除了与线性回归同样的可解释性强、可控性高等特点外，还具有概率描述的结果，可以作为排序模型，应用于点击率 CTR 预估、推荐系统等各种分类排序的场景。

应用案例 7.2：逻辑回归预测点击率（Click-Through-Rate，CTR）

广告点击率预估问题其实是一个预测问题，线性预测可以直观地反映出各个变量在预测中的权重，有利于企业运营部门的分析与决策，大约 70% 的 CTR 模型都是采用逻辑回归模型。在实际的广告系统中，其实有非常多的因素会决定广告的点击率，这些因素在模型中即称为特征，主要分为以下三大类：

- 广告特征：如广告创意、广告的表现形式、广告主行业等。
- 用户特征：如人群属性、年龄、性别、地域、手机型号、WiFi 环境、兴趣等。
- 上下文信息：如不同的广告位、投放时间、流量分配机制、频次控制策略等。

对于复杂多样的数据特征，建模之前需要开展特征工程，一般包括特征选择、特征提取、特征构造等，这样可以保证特征更好地在算法上发挥作用。将处理过的特征代入建模代码中，再经过模型评估及优化即可得到逻辑回归模型，达到预测点击率的目的，如预测值是 0（分类为不点击），其概率是 0.9248，那么可以推出分类为 1（点击）的可能性就是 $1-0.9248=0.0752$，即点击率约为 7.52%。

想一想：

"一人千面"的广告投放的秘密你明白了吗？

从"千人一面"到"千人千面"，再到"一人千面"……这就是大数据！

7.3.2 支持向量机——学习

支持向量机（Support Vector Machine，SVM）是经典分类中最流行的方法。图 7.9 为两类样本点的示例，对其进行分类就是找到两类样本点的边界。其实完成该分类任务的决策边界（向量）有无数个，如图 7.9(a) 中的 A、B、C 三个边界分割线。而 SVM 模型要求更高一些，它不仅希望把两类样本点区分开，还希望找到稳健性最高、稳定性最好的决策边界（对应图 7.9(b) 中的中间实线）。支持向量机背后的想法很简单，即试图在数据点之间画两条线，使二者之间的间隔最大，即这个决策边界与两侧"最近"的数据点有着"最大"的距离，这意味着决策边界具有最强的容错性，不容易受到噪声数据的干扰。

上述得到的分界线的直线可表示为 $f(x)=w_1x_1+w_2x_2+b$，这里用向量 **W** 和 **X** 来表示则为 $f(x)=\boldsymbol{W} \cdot \boldsymbol{X}+b$，当向量 **X** 为二维向量时，$f(\boldsymbol{X})$ 表示二维空间中的一条直线；当向量 **X** 为三维向量时，$f(\boldsymbol{X})$ 表示三维空间中的一个平面；当向量 **X** 为 n 维向量 $(n>3)$ 时，$f(\boldsymbol{X})$ 表示 n 维空间中的 $n-1$ 维超平面。支持向量机曾经在机器学习界有着近乎"垄断"地位的模型，影响力持续了好多年。直至今日，即使深度学习神经网络的

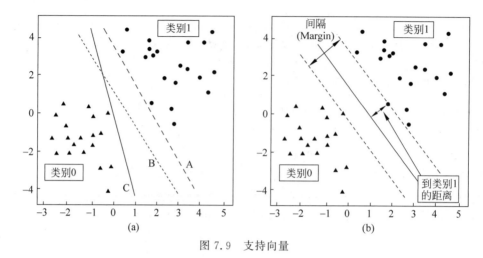

图 7.9 支持向量

影响力逐渐增强,但 SVM 在中小型数据集上依旧有着可以和神经网络抗衡的极好效果和模型稳健性。支持向量机还可以借助该技巧完成复杂场景下的非线性分类。

技术洞察 7.6:核函数高维映射

如果要处理的分类问题更加复杂,甚至不能像上面一样近似线性可分,对于这样的问题,一种解决方案是将样本通过映射函数(Φ)从原始空间映射到一个更高维的特征空间,使得样本在这个特征空间内线性可分,然后再运用 SVM 求解,最后在反映射($\Phi-1$)回到原始空间,如下图所示。

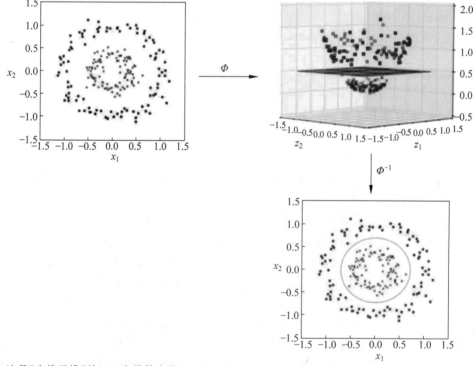

这是"变换思维"的又一个最佳实践!

SVM 在中小型数据集上有着极好的效果和模型稳健性。针对不同的情况,SVM 由简至繁的不同模型包括以下几种。

(1) 线性可分支持向量机:在训练数据线性可分的情况下,通过硬间隔最大化(不允许不同类数据跨越边界),学习一个线性的分类器,也称作硬间隔支持向量机。

(2) 线性支持向量机:在训练数据近似线性可分的情况下,通过软间隔最大化(允许不同类数据跨越边界,允许分类有误,但对这类数据加入惩罚),学习一个线性的分类器,又叫软间隔支持向量机。

(3) 非线性支持向量机:训练数据线性不可分的情况下,通过使用核技巧及软间隔最大化,学习非线性分类器,称作非线性支持向量机。

技术洞察 7.7:SVM 的隐含假设

SVM 的隐含假设是:每个数据点权重其实不一样,越靠近分离边界的数据的权重越大,而逻辑回归则没有这样的隐含假设,除非特殊处理,模型对每个数据点的权重都是一样的。支持向量算法的这个隐含假设其实有严谨的数学证明。

由于这两个模型对数据权重的隐含假设并不相同,这也给出选择模型的一个依据。如果希望模型对靠近"边缘"的数据点更加敏感,则推荐使用硬间隔支持向量。如果需要综合考虑每一个点,就需要使用逻辑回归或软间隔支持向量学习机。

对这种模型隐含假设的理解至关重要。毫不夸张地说,这是区分优秀数据科学家的标准之一。这种隐含假设与模型的其他假设不同,在搭建模型时并没有被明确提出,所以往往被忽略,但它们对模型结果的影响又是巨大的。建模时如果忽略或者没能正确地处理这种假设,会导致模型结果较差,甚至完全错误。

想一想:
批判性思维中的"假设"要素无处不在,发现"假设"如此重要!

7.3.3 决策树——基于规则

人们每天都面临各种决策,如几点起床、吃什么早餐、做什么工作、和谁沟通、喜欢谁、追求谁等。决策困扰着每个人。同理,企业也处处面临决策。举例来说,在银行贷款时,银行需要根据借款人的基本信息如收入、教育程度、婚姻状态等对是否放贷进行决策。采用决策树模型是一个较好的选择,对 10 个客户的历史数据,银行依据的规则可能如下,如图 7.10 所示。

决策树是一个十分有趣的模型,它的建立思路是计量模拟人做决策的过程。因此,决策树与其他大多数机器学习模型不同,它几乎没有任何数学抽象,完全通过生成决策规则来解决分类问题,即达到每类别的样本尽可能具有"相同"的特征。

决策树生成的核心问题就是如何选择节点(叶节点、根节点)特征和特征分裂点的判断,通常采用"不纯度"来度量落在当前节点样本的类别分布均衡程度。决策树确定分裂节点的目标是使得节点分裂前后,样本的类别分布更加均衡,也就是不纯度需要降低。衡量样本分布的均衡程度的指标有节点的 Gini 指数、信息熵、交叉熵、误分率等。

	性别	收入	教育程度	婚姻状态	是否违约
1	男	35k	研究生	未婚	未违约
2	男	7.5k	本科	已婚	违约
3	女	50k	高中及以下	未婚	未违约
4	女	20k	高中及以下	已婚	未违约
5	男	50k	本科	已婚	未违约
6	男	20k	本科	已婚	违约
7	男	15k	高中及以下	已婚	未违约
8	女	15k	研究生	未婚	未违约
9	女	20k	研究生	未婚	违约
10	男	10k	高中及以下	未婚	违约

规则1：若借贷款人收入高，则借贷款人不会违约。

规则2：若借贷款人收入中等且为本科或研究生学历，则借贷款人不会违约。

规则3：若借贷款人收入中等且为高中及以下学历，则借贷款人会违约。

规则4：若借贷款人收入低，则借贷款人会违约。

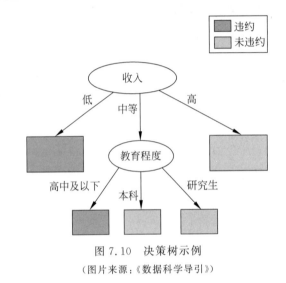

图 7.10 决策树示例

（图片来源：《数据科学导引》）

技术洞察 7.8：节点不纯度——信息熵

在信息论中，信息熵是用来描述信息不确定度的一个概念。在决策树场景下，可以用来度量一个节点样本分布的不纯度。假设数据集一共有 C 类，节点 t 中第 c 类样本的相对频率为 $p(c|t)$，则节点 t 的信息熵为

$$\text{Entropy}(t) = -\sum_{c=1}^{C} p(c|t) \log_2 p(c|t)$$

当节点中的样本均匀分布在每一个类别时，信息熵取得最大值 $\log_2 C$，说明此时节点的不纯度最大。当所有的样本属于某一个类别时，熵取得最小值 0，说明此时节点的不纯度最小。以图 7.10 的用户数据为例，如果得到的决策树结果如下，那么对应 t_1、t_2 与 t_3 三个节点的熵的（不纯度）的计算如下。

$$\text{Entropy}(t_1) = -\frac{2}{2}\log_2 \frac{2}{2} - \frac{0}{2}\log_2 \frac{0}{2} = 0$$

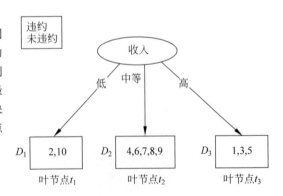

$$\text{Entropy}(t_2) = -\frac{3}{5}\log_2\frac{3}{5} - \frac{2}{5}\log_2\frac{2}{5} = 0.971$$

$$\text{Entropy}(t_3) = -\frac{0}{3}\log_2\frac{0}{3} - \frac{3}{3}\log_2\frac{3}{3} = 0$$

结果表明,t_2 节点的不纯度较高,因为这里包含两类不同类别的样本。

决策树生成后转换成 IF-THEN 规则的集合,使得决策树模型具有直观、可解释性较好等优点,特别是在商业决策时方便用于转换为可以执行的方案。决策树广泛应用于诊断、医药和金融等"高责任"领域,例如,医生给病人看病,医生会根据病人的最初检查结果,经过问询通过最重要的几个指标(分裂节点的特征)诊断病情,这在很多领域都有经典的应用。

应用案例7.3:"泰坦尼克号"上的生还预测

决策树算法可以应用到"泰坦尼克"的"生还与否"的预测吗?那么什么样的乘客是船上最有可能活下来的呢?你有没有想过,如果你在船上,你能不能活下来?

决策树应用于"泰坦尼克号"数据集后的结果示例如下。观察结果后可以发现,一位在船上亲朋好友少于4人的一等舱的女乘客,是最容易生还的。

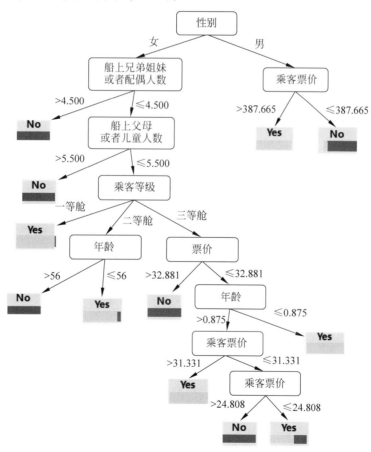

想一想：

按照这个结果，如果你在船上，你会生还吗？当然，如果建模过程中某些"均衡指标"及"终止条件"选择不同，也可能会产生不同的决策树结果。

7.3.4 朴素贝叶斯——基于概率

贝叶斯是重要并被广泛使用的一个分类算法，它的分类思想主要基于贝叶斯定理。用一句话来描述就是，如果一个事件 A 发生时，总是伴随事件 B，那么事件 B 发生时，事件 A 发生的概率也会很大。其实我们每个人的大脑每天都会执行分类操作，而且思考的过程和贝叶斯分类很像。

假设 $P(A), P(B)$ 分别是事件 A, B 发生的概率，而 $P(A|B)$ 是在事件 B 发生的前提下事件 A 发生的概率，$P(AB)$ 是事件 A 与 B 同时发生的概率，那么贝叶斯定理用公式表示为

$$P(A|B) = \frac{P(AB)}{P(B)} = \frac{P(B|A)P(A)}{P(B)}$$

其中，$P(AB) = P(A)P(B)$ 的充分必要条件是事件 A 和事件 B 相互独立。用通俗的语言讲就是，事件 A 是否发生不会影响到事件 B 发生的概率。满足这种假设的称为朴素贝叶斯分类。

 试一试 7.1：胜率几何——小明能抢到票吗

你有过网上抢票的经历吗？能够抢到票是运气问题吗？贝叶斯算法能帮忙算一下吗？

假设能否抢到票（标签量）与"计算机熟练程度""是否使用抢票软件"和"网速"三个因素（特征）有关，根据以下 6 次抢票记录，如果小明的条件是"一般熟练｜不用工具｜网速适中"，那么他能抢到票的概率是多少呢？

计算机熟练程度	是否使用抢票软件	网　　速	能够抢到票
超级熟练	不用工具	网速快	抢到
超级熟练	不用工具	网速慢	没抢到
一般熟练	用工具	网速适中	抢到
一般熟练	不用工具	网速快	抢到
生疏	不用工具	网速适中	没抢到
生疏	用工具	网速快	抢到

使用朴素贝叶斯方法的假设条件是"朴素"，即假设所有特征之间相互独立，如这里"计算机熟练程度"和"是否使用抢票软件"等无关，这在一般场景下也是合理的假设。根据贝叶斯定律，小明抢到票的概率（条件概率）为

P(抢到|一般熟练×不用工具×网速适中)

$=P$(一般熟练×不用工具×网速适中|抢到)×P(抢到)/P(一般熟练×不用工具×网速适中)

$=P$(一般熟练|抢到)×P(不用工具|抢到)×P(网速适中|抢到)×P(抢到)/P(一般熟练)/P(不用工具)/P(网速适中)

$$= (2/4 \times 2/4 \times 1/4 \times 4/6)/(1/6 \times 4/6 \times 2/6)$$
$$= (0.5 \times 0.5 \times 0.25 \times 0.6667)/(0.3333 \times 0.6667 \times 0.3333) = 0.5625$$

这样算出的小明抢到票的大概概率为56.25%。

想一想：

如果小明"使用抢票软件"，那么结果会怎样？

现实生活中的情况，通常比上面所举的例子复杂得多，如分类的结果可能不止有两个类别，分类依据的特征可能会有几十个甚至有上千个，这时的贝叶斯公式表达式为

$$P(Y=C_k \mid X=x) = \frac{P(X=x \mid Y=C_k)P(Y=C_k)}{P(X=x)}$$

其中，$P(Y=C_k)$表示Y是第k个分类的概率，$P(X=x)$表示特征为x的概率。朴素贝叶斯为了解决这个计算量庞大的问题，假设所有的特征都是相互独立的，这样大大地简化了计算的复杂程度，但同时也会降低分类的准确率。基于贝叶斯定理和特征条件独立性假设的分类方法常用于文本分类，其典型应用场景包括新闻分类、疾病分类、情感分类、垃圾邮件分类等。

应用案例7.4：垃圾邮件识别

想象一下，我们自己是如何识别垃圾邮件的？是不是基于某些判别规则，如邮件中含有某关键词，邮件描述信息太离谱了，邮件的发送人不认识，邮件中包含钓鱼网站等。这些规则都是通过以往的经验总结出来的。通过这些规则，就可以判定邮件是垃圾邮件的概率更大，还是非垃圾邮件的概率更大。假设给定一个数据集，程序通过学习发现数据中的规律，在垃圾邮件中经常出现"免费赚钱"这个词，那么在实际判断中，一旦发现邮件中出现"免费赚钱"，就可以判定该邮件是垃圾邮件。这里把Y看作邮件分类结果（0不是垃圾邮件，1是垃圾邮件），X看作邮件中的各个词语，这就是贝叶斯分类算法的典型应用场景。

7.3.5 分类模型评价及优化

如前所示，回归模型的评价通常会采用均方误差（MSE）等方法，而分类模型最基本的评价方法是混淆矩阵，对于二分类问题的混淆矩阵如表7.3所示。混淆矩阵也称为误差矩阵，以天气预报为例，混淆矩阵的4个基础项分别是：真正例（TP），预报有雨/实况有雨；真反例（TN），预报无雨/实况无雨；假正例（FP），预报有雨/实况无雨；假反例（FN），预报无雨/实况有雨。根据混淆矩阵得出的分类模型常用的二级评估指标包括准确率、精确率、灵敏度与特异度，计算方法如表7.4。

表7.3 混淆矩阵

混淆矩阵		预测值	
		Positive（真）	**Negative（假）**
真实值	Positive（真）	TP（True Positive）	FN（False Negative）
	Negative（假）	FP（False Positive）	TN（True Negative）

表 7.4 分类评估二级指标

名　　称	公　　式	意　　义
准确率	$Accuracy = \dfrac{TP+TN}{TP+TN+FP+FN}$	模型预测正确数量,占总样本量的比例
精确率(查准率)	$Precision = \dfrac{TP}{TP+FP}$	模型预测为 Positive 的样本中,模型预测正确的样本比例
灵敏度(查全率、召回率)	$Recall = \dfrac{TP}{TP+FN}$	真实值为 Positive 的样本中,模型预测正确的样本比例
特异度	$Specificity = \dfrac{TN}{TN+FP}$	真实值为 Negative 的样本中,模型预测正确的样本比例

再进一步可计算三级分类评估指标,假设精确率(查准率)为 P,灵敏度(查全率)是 R,则 F1-score 是查准率 P、查全率 R 的调和平均:

$$F1\_score = \frac{2PR}{P+R}$$

> **想一想 7.3：智慧决策到底做什么**
>
> 一般来说,精确率(又称查准率)与灵敏度(又称查全率、召回率)是一对矛盾的度量。假设预测模型的目的是预测一批 1000 名顾客是否会购买某种产品,两种分类算法得到的结果不同,用混淆矩阵表示为以下两种情况。请按照上述公式分别计算出结果精确率(查准率)和灵敏度(查全率)的结果,并根据结果判断哪个算法比较好。
>
> | 算法1 混淆矩阵 | | 预测值 | |
> |---|---|---|---|
> | | | 买产品 | 不买产品 |
> | 真实值 | 买产品 | 800 | 70 |
> | | 不买产品 | 30 | 100 |
>
> | 算法2 混淆矩阵 | | 预测值 | |
> |---|---|---|---|
> | | | 买产品 | 不买产品 |
> | 真实值 | 买产品 | 750 | 20 |
> | | 不买产品 | 80 | 150 |
>
> 如果这个算法是预测病人是否有可能得癌症(Positive 为正常人,Negative 为疑似患者),又应该如何判断算法的好坏呢?
>
> 依据不同的应用场景,正确的智慧决策至关重要。从这个案例中,你能体会到"数据科学是一门艺术"这句话的深层含义吗?

在实际机器学习应用时,尽管各种单一算法非常有效,但其背后的想法过于简单,所以往往采用集成算法。如果用一堆低效的算法,强迫它们纠正彼此的错误,那么一个系统的整体质量甚至会比最好的单个算法还要高。俗话说"三个臭皮匠,顶个诸葛亮",所有符合经典算法方法的东西要想取得更好的结果就必须将它们集成起来。以下为三种经过实战检验过的非常有效的方法,用于创建集成算法。

1. 堆叠

堆叠(stacking)将多个不同的并行模型的输出作为输入传递给最后一个模型,由最后一个模型做出最终决策。这里强调不同。在相同的数据上混合相同的算法是没有意义的,如图 7.11 所示,前期并行的算法可以包括 K 近邻(KNN)、决策树(Decision Tree)和支持向量机(SVM)。然而对于最终的决策模型,回归通常是一个很好的选择。

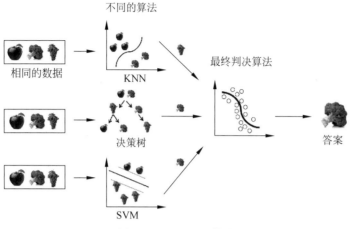

图 7.11　Stacking 策略

2. 套袋

套袋(Bagging)的核心在于自主采样(Bootstrap),其策略是使用相同的算法对原始数据的不同子集进行训练,随机子集中的数据可能会重复。使用这些新的数据集来多次训练相同的算法,然后通过简单的多数投票预测最终答案,如图 7.12 所示。套袋最著名的例子是随机森林(Random Forest)算法,它只是简单地套袋决策树。当你打开手机的拍照应用程序,看到它在人脸周围画框时,这可能是随机森林的工作结果。

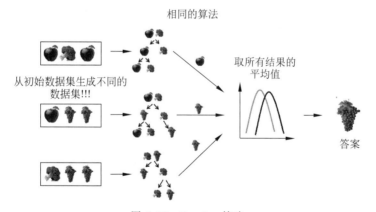

图 7.12　Bagging 策略

3. 助推

助推(Boosting)算法把大部分注意力放在被前一个错误预测的数据点上,进行重复训练,直到得到较满意的结果。和套袋(Bagging)一样,使用的是数据的子集,但不是随机生成的,而是取一部分之前算法处理失败的数据作为下一步训练的数据子集,用所获得的新算法来修正前一种算法的错误,如图 7.13 所示。

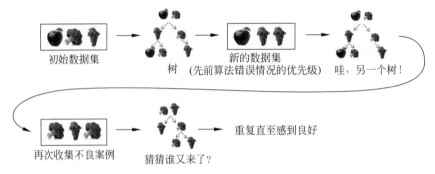

图 7.13 Boosting 策略

> **想一想7.4：建模是一个过程——大厨做菜**
>
> 数据科学项目的开发过程可以类比菜肴的制作过程,而数据科学家就是经验丰富的大厨。类似的全流程如下。
> - 在农场播种各种蔬菜的种子,这就相当于数据生成过程,如用户操作、触发传感器、前端埋点等。
> - 收获采摘成熟的原材料。就相当于数据收集。将用户的交互行为记录为实际数据。
> - 原材料被运往目的地,这就相当于数据被存储在数据库中。
> - 选择菜谱确定做菜所需要的所有步骤,这就相当于指定模型类型。模型与算法不同,所包括的预处理过程也不同。
> - 选择食材加工的厨具和设备,如要切土豆丝就用刀,要搅拌就用勺子;设备上,要加热就用烤箱,要炒菜就用灶台。"工具"就好比数据分析中的数据预处理技术,"设备"就好比线性回归、随机森林等算法。需要注意的是,并不是设备越复杂,做出的菜就越好吃。
> - 准备材料削皮与清洗,这就好比数据预处理过程。如处理缺失值、重复值;更改数据类型;进行哑变量编码;选择数据子集;确保数据合法性等。
> - 在特别的处理中,可以将胡萝卜削成玫瑰花瓣的样子,也可以将猪肉熏干获得独特的口味,这就好比特征工程。特征工程做好了,可以显著提高模型的性能。
> - 烹饪是最重要的步骤,盐放多了显得咸,火大了就糊了,这就好比模型训练的环节,将数据提供给模型,调整参数期待好的结果。
> - 品尝就好比模型评估过程。很多时候,模型并不能得出好的结果,需要换个模型继续尝试。好的结果都是靠试错试出来的(对于没有经验的新手而言尤其如此)。
> - 送餐同样重要,客户对你的第一印象来自于你的包装。对于数据分析而言,同样如此。这就意味着你要有好的可视化呈现,生动且富含数据洞察的数据结论。
>
> 再想一想:这样复杂的工程需要多少人参与?这些工作可以全自动完成吗?

思考题

1. 线性回归与逻辑回归的区别与联系是什么?
2. 什么是混淆矩阵?举例说明它的计算方法。
3. 典型的分类预测算法有哪些?

7.4 非监督探索——自学成才

7.4.1 聚类——物以类聚、人以群分

聚类（Clustering）是对数据集实现样本分组的过程，每个组称为一个"簇（Cluster）"，每一个"簇"内的样本对应一个潜在的类别。需要注意的是，虽然样本中没有标签，但数据本身也包含很多有用的信息，很值得用模型去分析和学习。因此聚类是一种典型的无监督学习任务，这种非监督学习模型能在没有"明确答案"的情况下，学习数据中的相关关系，并由此猜测"可能的答案"。

聚类模型中的"簇"应满足以下两个条件：相同簇的样本之间距离较近；不同簇的样本之间距离较远。K-means 聚类算法是一个十分简单的聚类算法，它试图找到特征相似的对象，并将它们合并到一个聚类中。数据的相似度通过距离来判断。距离越近，相似度就越高。在数学上，最直观的距离就是欧氏距离。

K-means 聚类的原理是：先初始化 k 个簇类中心，通过迭代算法更新各簇类样本，实现样本与其归属的簇类中心的距离最小的目标。聚类过程算法步骤如图 7.14 所示：①随机选择 k 个样本作为初始簇类中心（可以凭先验知识、验证法确定 k 的取值）；②针对数据集中每个样本，计算它到 k 个簇类中心的距离，并将其归属到距离最小的簇类中心所对应的类中；③针对每个簇类，重新计算它的簇类中心位置；④重复②、③两步操作，直到达到某个中止条件（如迭代次数过限、簇类中心位置不变等）。图中，"×"表示簇中心点位置，从左至右每张子图表示聚类中的一次迭代，每次迭代簇类中心都发生移动，直到满足条件为止。

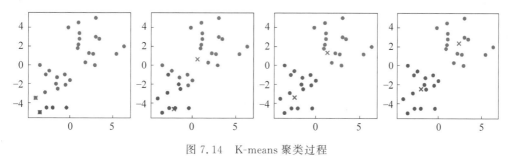

图 7.14 K-means 聚类过程

> **试一试 7.2：K-means 算法的结果是如何来的**
>
> 在视频推荐系统中，主要考虑用户的年龄、收入水平、观影频率等用户行为特征，根据用户行为进行聚类，便于对不同族群的用户推荐不同类型的视频，达到一定的精准推送的效果。假设已有 15 个用户的行为数据，K-mean 聚类算法的聚类过程如下。
>
> （1）先对原始数据（图）进行 [0,1] 规格化，采用线性函数转换法规格化后的数据见图。
>
> （2）用 K-means 算法进行聚类，设 $k=3$，即将用户画像分成三类。
>
> （3）随机抽取用户 P1、用户 P7 和用户 P10 的值作为三个簇的初始中心，即簇 A 中心为 $\{0.067, 0, 0.111\}$、簇 B 中心为 $\{0.667, 0.8, 0.777\}$、簇 C 中心为 $\{0.267, 0.7, 0.666\}$。

	年龄	收入水平/(元/月)	观影频率/(次/年)		年龄	收入水平/(元/月)	观影频率/(次/年)
P1	20	2000	2	P1	0.067	0	0.111
P2	27	8000	3	P2	0.3	0.6	0.555
P3	22	3000	3	P3	0.467	0.1	0.222
P4	47	6000	1	P4	0.4	0	
P5	33	7000	5	P5	0.5	0.5	0.444
P6	27	6000	3	P6	0.3	0.4	0.555
P7	38	10 000	8	P7	0.667	0.8	0.777
P8	41	12 000	2	P8	0.767	1	0.111
P9	18	2000	9	P9	0	0	0.555
P10	26	9000	7	P10	0.267	0.7	0.666
P11	31	7000	10	P11	0.433	0.5	1
P12	23	5000	7	P12	0.167	0.3	0.666
P13	35	9000	8	P13	0.567	0.7	0.777
P14	29	11 000	2	P14	0.367	0.9	0.111
P15	37	12 000	5	P15	0.633	1	0.444

(a)   (b)

(4) 计算所有用户分别对三个簇中心点的欧氏距离度量,作为用户相似度的度量,第一次聚类结果为

- 簇 A:{P1,P3,P9}
- 簇 B:{P7,P4,P8,P13,P15}
- 簇 C:{P10,P2,P5,P6,P11,P12,P14}

(5) 根据第一次聚类结果,调整各个簇的中心点。A 簇的新中心点计算为

{(0.067+0.467+0)/3=0.178,(0+0.1+0)/3=0.033,(0.111+0.222+0.555)/3=0.296}

用同样的方法计算得到 B 和 C 簇的新中心点,分别为{0.727,0.78,0.422}和{0.333,0.557,0.571}。用调整后的中心点再次进行聚类,以此类推,直到分类结果无变化,即簇中心位置不再移动,于是得到最终聚类结果为

- 簇 A:{P1,P9,P12}
- 簇 B:{P7,P4,P8,P13,P15}
- 簇 C:{P10,P2,P3,P5,P6,P11,P14}

由于在 K-means 算法中,聚类中心点反映了其所在聚类的总体特征,因此,最后一次迭代中聚类的中心点的坐标作为该簇的群体用户画像的描述。

试一试,你能一步一步算出最后聚类结果吗?结果可视化如下图,结合图中所示,你能分析不同簇内用户的特征特点吗?你可以利用这一结果进行视频推荐吗?

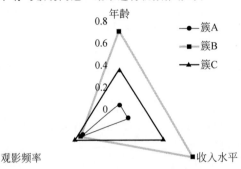

聚类是进行无标签数据探索的重要工具，可以简化数据，有助于寻找数据的内部结构。通常作为其他后续处理的先导一步。在商业应用中，聚类模型可以帮助市场分析人员从消费者数据库中区分出不同的消费群体，并从中概括出每一类消费者的消费模式等。

应用案例 7.5：航空公司 RFM 聚类

RFM 模型是比较广泛地用于用户分类的聚类场景，但从航空公司用户的数据来看，从数据中分析出有价值的信息还应该考虑更多的因素，例如，如果对于购买了长途的打折机票和一个购买了短途的高等仓位机票的用户来说，虽然他们的消费金额是一样的，但是显然购买高等舱位机票的用户更有价值。因此用 M-mileage 飞行里程和 C-coefficient 折扣系数来替换消费金额，并增加了 L-long 关系时长这样一个参数（代表加入会员的时间）是更合理的，这样 RFM 模型修改成了航空公司常用的 LRFMC 模型。

视频讲解

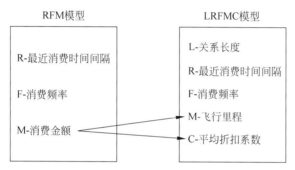

想一想，如果是某个游戏商家，会选择什么特征变量来聚类分析客户呢？

7.4.2 关联分析——猜你还喜欢

关联分析就是从一系列事务中挖掘出项目之间的关系。如在历史数据中发现市场上出现情况 A 时，情况 B 就很可能会出现的规律。形式化表达为规则：$A \rightarrow B$。进一步要想这样的规则有效，显然需要问两个问题：①情况 A 在整个市场运行中出现了多少次？②情况 A 出现若干次，随后情况 B 出现了多少次？占多大比例？在关联分析中，对①可以用支持度指标描述这样的情况是不是经常出现。对②可以用置信度指标表明 A 出现后 B 出现的可能性有多大。可以看出，关联分析基于世间万物都有一定的联系的假设，是基于概率的算法。借用关联分析方法，可以发现存在于大量数据集中的关联性或相关性，从而描述了一个事物中某些属性同时出现的规律和模式。

支持度、置信度、提升度的含义及计算公式如表 7.5 所示。关联规则算法通过扫描、计数、比较产生频繁项集，再通过连接、剪枝产生候选项集。这样反复直到满足停止条件为止。

表 7.5 关联规则算法的概念要素

支持度 support (项集出现的频繁程度)	$P(A)=\text{count}(A)/\text{count}(\text{dataset})$ 支持度大于或等于某个阈值则被称为频繁项集
置信度 confidence (关联规则可靠程度的度量)	$(A \rightarrow B) = \text{count}(AB)/\text{count}(A) = P(AB)/P(A) = P(B\|A)$ 意为在 A 发生的前提下,B 发生的概率 产品 A 与产品 B 出现的次数除以 A 出现的次数
提升度 lift(置信度相对支持度的提升)	$(A \rightarrow B) = P(B\|A)/P(B) = P(AB)/(P(A) \times P(B))$ 大于 1:产品 A 和产品 B 捆绑时 B 卖出的概率比单独卖 B 的概率大。 等于 1:捆绑卖与单独卖的效益相同,两者没关系 小于 1:捆绑卖反而没有单独卖效益高,产生了负作用

试一试 7.3:支持度、置信度、提升度怎么算

关联分析有时也被称为"购物篮分析"。以下面 10 张购物小票(Receipt)为例,每个 RID 代表一张小票,后面是小票上记录的顾客购买的商品。我们的目的是如何找出商品与商品之间最好的搭配方式能让两者销量都提高。

RID	商 品				
R1	啤酒	牛奶	鸡蛋		
R2	口香糖	牛奶	纸巾		
R3	啤酒	辣条			
R4	泡面	辣条	啤酒	口香糖	
R5	牛奶	口香糖	啤酒		
R6	水果刀	啤酒	牛奶	鸡蛋	
R7	鸡蛋	牛奶	口香糖		
R8	鸡蛋	牛奶	啤酒	纸巾	香蕉
R9	啤酒	生抽	鸡蛋		
R10	泡面	纸巾			

根据支持度的计算公式,可以一步一步计算出"候选 n 项集""频繁 n 项集"结果如下,这里假设最小支持度(阈值)为 0.3。

交易号	商品
R1	啤酒, 牛奶, 鸡蛋
R2	口香糖, 牛奶, 纸巾
R3	啤酒, 辣条
R4	泡面, 辣条, 啤酒, 口香糖
R5	牛奶, 口香糖, 啤酒
R6	水果刀, 啤酒, 牛奶, 鸡蛋
R7	鸡蛋, 牛奶, 口香糖
R8	鸡蛋, 牛奶, 啤酒, 纸巾, 香蕉
R9	啤酒, 生抽, 鸡蛋
R10	啤酒, 泡面, 纸巾

扫描并计数 →

候选1项集 C1	支持度
{啤酒}	0.8
{口香糖}	0.4
{泡面}	0.2
{牛奶}	0.6
{水果刀}	0.1
{香蕉}	0.1
{鸡蛋}	0.5
{辣条}	0.2
{生抽}	0.1
{纸巾}	0.3

比较产生
(大于最小支持度)

频繁1项集 L1	支持度
{啤酒}	0.8
{口香糖}	0.4
{牛奶}	0.6
{鸡蛋}	0.5
{纸巾}	0.3

候选2项集 C2	支持度
{啤酒, 口香糖}	0.2
{啤酒, 牛奶}	0.4
{啤酒, 鸡蛋}	0.4
{啤酒, 纸巾}	0.2
{口香糖, 牛奶}	0.3
{口香糖, 鸡蛋}	0.1
{口香糖, 纸巾}	0.1
{牛奶, 鸡蛋}	0.4
{牛奶, 纸巾}	0.2
{鸡蛋, 纸巾}	0.1

频繁2项集 L2	支持度
{啤酒, 牛奶}	0.4
{啤酒, 鸡蛋}	0.4
{口香糖, 牛奶}	0.3
{牛奶, 鸡蛋}	0.4

候选3项集 C3	支持度
{啤酒, 牛奶, 鸡蛋}	0.3
{啤酒, 口香糖, 牛奶}	0.1
{口香糖, 牛奶, 鸡蛋}	0.1

频繁3项集 L3	支持度
{啤酒, 牛奶, 鸡蛋}	0.3

得到最大频繁项集{啤酒,牛奶,鸡蛋},求出其所有真子集:{啤酒},{牛奶},{鸡蛋},{啤酒,牛奶},{啤酒,鸡蛋},{牛奶,鸡蛋}。由所有真子集排列组合得到所有可能的候选规则,并计算出其对应的置信度。假设最小置信度为0.7,求出大于最小置信度的所有候选强规则集。最后,对候选强规则集求其对应的提升度,选出提升度大于1的,即为最终可以使用的关联规则。

所有候选规则	置信度
{啤酒} -> {牛奶}	0.4/0.8=0.5
{牛奶} -> {啤酒}	0.4/0.6=0.67
{啤酒} -> {鸡蛋}	0.4/0.8=0.5
{鸡蛋} -> {啤酒}	0.4/0.5=0.8
{牛奶} -> {鸡蛋}	0.4/0.6=0.67
{鸡蛋} -> {牛奶}	0.4/0.5=0.8
{啤酒,鸡蛋} -> {牛奶}	0.3/0.4=0.75
{牛奶} -> {啤酒,鸡蛋}	0.3/0.6=0.5
{鸡蛋} -> {啤酒,牛奶}	0.3/0.5=0.60
{牛奶,鸡蛋} -> {啤酒}	0.3/0.4=0.75
{啤酒} -> {牛奶,鸡蛋}	0.3/0.8=0.375

比较产生（大于最小置信度）

候选强规则	置信度	提升度
{鸡蛋} -> {啤酒}	0.8	0.8/0.8
{鸡蛋} -> {牛奶}	0.8	0.8/0.6
{啤酒,鸡蛋} -> {牛奶}	0.75	0.75/0.6
{牛奶,鸡蛋} -> {啤酒}	0.75	0.75/0.8

比较产生（提升度大于1）

最终关联规则	提升度
{鸡蛋} -> {牛奶}	1.33
{啤酒,鸡蛋} -> {牛奶}	1.25
{啤酒,鸡蛋} -> {牛奶}	1.5

关联分析实质就是"寻找订单流中的模式（规则）",应用场景包括预测销售和折扣、相关商品货物的摆放、分析网上冲浪的模式等。在互联网里著名的成功案例是亚马逊的推荐：看过这本书的人还看过……从读书的角度来说,这往往是非常靠谱的推荐。商业销售上,如何通过交叉销售（推荐）得到更大的收入？保险方面,如何分析索赔要求发现潜在的欺诈行为？银行方面,如何分析顾客消费行业,以便有针对性地向其推荐感兴趣的服务？关联规则分析实质上就是"要相关不要因果"的数据思维的体现,这也是推荐系统的基石。

> **想一想7.5：关联规则能使东北小菜馆重获新生吗**
>
> 假如某东北小菜馆三年的销售数据有如下关联,你觉得这些数据有价值吗？
>
> | 菜品1 | 菜品2 | 支持度 | 置信度 | 提升度 |
> |---|---|---|---|---|
> | 锅包肉 | 地三鲜 | 9.2581 | 93.4853 | 10.0977 |
> | 皮冻 | 东北大拌菜 | 2.3226 | 61.0169 | 17.6778 |
> | 东北大拌菜 | 皮冻 | 2.3226 | 67.2897 | 17.6778 |
> | 鲶鱼炖茄子 | 皮冻 | 1.8710 | 81.6904 | 21.4610 |
> | 皮冻 | 鲶鱼炖茄子 | 1.8710 | 49.1525 | 21.4610 |
> | 东北大拌菜 | 地三鲜 | 1.4839 | 38.9831 | 17.2539 |
> | 地三鲜 | 东北大拌菜 | 1.4839 | 65.7143 | 17.2539 |
> | 皮冻 | 酸菜炖粉条 | 1.3548 | 35.5932 | 20.8187 |
> | 酸菜炖粉条 | 皮冻 | 1.3548 | 79.2453 | 20.8187 |
> | 鲶鱼炖茄子 | 东北大拌菜 | 1.3548 | 59.1549 | 17.1338 |
>
> 对于第一条的菜品组合分析如下。
> - 支持度：9%的客户会同时点"锅包肉"和"地三鲜"这两道菜。
> - 置信度：点了第一道菜的客户中有93%的客户会点第二道菜。
> - 提升度：总体客户中点第二道菜的概率是9%,只要点了第一道菜会将此概率提升至93%,因此提升度是10倍。

经过对数据简单的分析,可以发现点了"锅包肉"的顾客有93%的可能性再点一道"地三鲜",而同时点这两道菜的顾客比例也高达9%。因此可以得到结论:总体来说,"地三鲜"这道菜顾客点它的可能性是9%,但点了锅包肉的人却有93%的可能性点它,这是整整10倍的提升。所以要是有顾客点了锅包肉,一定让服务员立即推荐地三鲜。进一步可以设计一份套餐菜单,把锅包肉和地三鲜放在一起,就叫"老东北必点套餐"。"东北大拌菜""皮冻"和"鲶鱼炖茄子"等诸多组合也有类似彼此提升的联系。

思考题

1. 在 K-means 算法中,簇个数、簇中心初始位置选择会对什么有影响?
2. RFM 模型还可以应用到哪里? 如果有学生的网上学习行为数据,如签到次数、参与讨论次数、学习次数、测验成绩、学习时间段等数据,可以如何使用呢?
3. 关联规则算法可以用于推荐系统吗?

视频讲解

7.5 探究与实践

1. 从商业目标的角度出发,基于批判性思维要素举例说明回归、分类及聚类算法的区别及应用场景。说出你的理由。可利用以下思维导图展开。

视频讲解

2. SODA 上海开放数据创新大赛。

可以从任意一个角度(或某一个具体大赛题目)对 SODA 做一个探索及总结,并谈谈你的感想。如开放数据的来源、题目类型及结果(回归、分类、聚类、可视化)、为什么有的题目会有丰厚奖励?

http://shanghai.sodachallenges.com/

3. 揭秘电商购物网站——基于 DIKW 模型的分析。

浏览电商购物网站(如天猫、京东),对你感兴趣的某类应用 App,回答以下问题。

(1) 网页提供什么样的信息(数据)或服务? 请一一列出。

(2)进入"我的"账户,浏览所有信息(数据),分析它们的类别。解释企业将从这些数据中如何受益。

(3)面对庞大的用户群体数据,解释这些数据资源是如何帮助企业实现哪些目标(具体)?会采用哪类算法?

4. 探究"用户画像"与"用户生命周期"。

"生命存在周期"这是人们都认可的,那么在任何 App/网站/小程序等商家眼里,用户也存在生命周期,对用户画像及用户生命周期研究,是决定产品成功与否的重要因素。从下图中,在描述"用户画像"和"客户生命周期"方面你最感兴趣(或你最想探究)的全新概念(用语、词汇)是什么?试着进一步探究一下。

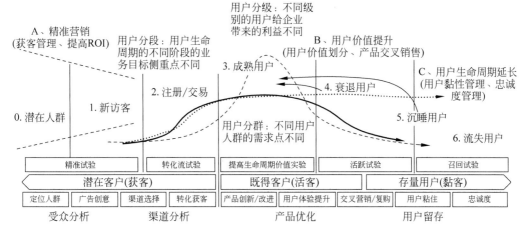

第8章 在非结构化数据中深度学习

ImageNet 数据库有什么用？

在图像识别领域,全球顶级 AI 华裔科学家李飞飞及她的团队构建的 ImageNet 图像数据库是所有视觉目标识别应用的鼻祖,该数据库可帮助 AI 算法理解图像。ImageNet 的图像库有两万种类别共计 1400 万张被标注的图像,如图 8.1 所示。ImageNet 数据集是通过 Mturk 上的众包人力标注的,因此在行业内有"有多少智能就有多少人工"的说法。

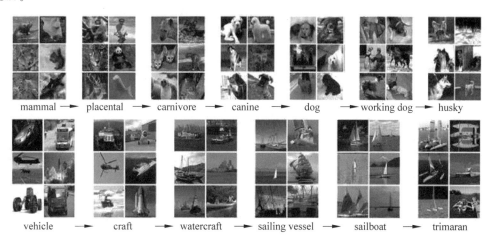

图 8.1 ImageNet 图像库

仔细观察图 8.1 中的标注并理解其含义,你觉得他们的工作及这个图像数据库有价值吗?

学习目标

学完本章,你应该牢记以下概念。

- 机器学习三要素:数据、假设空间、优化函数。
- 神经单元、神经网络、BP 学习算法。
- 卷积神经网络(CNN)、递归神经网络(RNN)。
- 深度学习、强化学习。

学完本章,你将具有以下能力。

- 理解神经网络参数的训练流程。
- 理解 CNN 及 RNN 是如何模拟人的思维的。
- 理解传统机器学习算法、神经网络、深度学习的"进化"路径。

学完本章,你还可以探索以下问题。

- 自然语言处理的基本流程,以及它与语音识别、文本处理结合的应用场景。
- 什么是图像理解,以及它的应用场景。
- 强化学习为什么强大。

8.1 模拟人脑的学习

8.1.1 机器学习的本质

关于机器学习的定义多种多样,体现了人们看问题的不同角度。机器学习大师级人物吴恩达教授指出:即使是在机器学习的专业人士中,也不存在一个被广泛认可的定义来准确定义机器学习是什么或不是什么。他在自己的教程中也给出了以下两个定义。

第一个机器学习的定义产生于1959年,是机器学习领域的先驱之一、世界上第一个棋类游戏的人工智能程序编写者 Arthur Samuel 给出的,他认为"机器学习是这样的领域,它赋予计算机学习的能力,这种学习能力不是通过显式编程获得的,而是采用让计算机自己总结规律的编程方法"。第二个机器学习的定义是1988年著名的计算机科学家、机器学习研究者,卡内基·梅隆大学的 Tom Mitshell 在他的《机器学习》(Machine Learning)一书中提出的一个比较正式的定义:"一个计算程序被称为可以学习,是指它能够针对某个任务 T(Task)和某个性能 P(Performance),从经验 E(Experience)中学习,这种学习的特点是,它在 T 上的被 P 所衡量的性能,会随着 E 的增加而提高"。Mitchell 的这个定义在机器学习领域是众所周知的,并且经受住了时间的考验。

从以上定义可以看出,机器学习的本质应该包括三点:①学习与经验有关;②学习可以改善系统性能;③学习是一个有反馈的信息处理与控制过程,如图8.2所示。

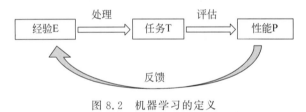

图 8.2 机器学习的定义

8.1.2 复杂数据及场景的突破

针对结构化数据建立的机器学习模型大致可以分为两类:一类是比较注重模型可解释性的传统统计模型,如线性回归和逻辑回归;另一类是侧重于从结构上"模仿"数据的模型,如贝叶斯算法等。这些模型虽然在结构和形态上千差万别,但它们有一个共同的建模理念,就是首先对数据做假设,如指定模型族(模型类型)等,然后根据这些假设进行建模,其中最核心的部分就是模型的假设,它直接决定了模型的适用范围。这里模型类型(假设空间)的确定、特征提取等都需要大量的先验知识,而这些先验知识在复杂数据场景中很难获取。图8.3表明先验知识对特征工程及模型假设方面的影响。

为了解决这些对先验知识的依赖,下列问题很自然地被提出来。

(1) 有没有一种算法不需要任何先验知识,如不需要指定模型类型?

(2) 有没有一种算法像人的大脑一样一层一层进行处理(推理)?

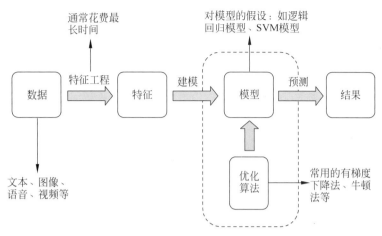

图 8.3 机器学习中的先验知识

（3）有没有一种算法具有通用性，且适应于快速计算（并行计算）？

现实世界的复杂性还体现在数据的非结构化上，基于数据驱动的科学研究往往在一开始对所研究的数据对象一无所知，期待做出合理的假设更是难上加难。面对复杂的数据及场景需要一种全新的建模理念，它应该不关心模型的假设以及严格的数学理论，也就是说，不关心模型的可解释性。这个理念是借鉴仿生学的思路，设想利用计算机和数学模型去模拟人的大脑，因为大脑是人类智能的基础，同时更强调工程实现。

有这样的全能算法吗？答案是肯定的，这就是神经网络（算法）。它可以替换以上所有算法，并已经广泛用于照片和视频上的物体识别、语音识别与合成、图像处理及风格转换、机器翻译等复杂场景。神经网络模型具有人脑一样的结构，并可以实现连接、反馈、交互等特点。机器学习对上述非结构化数据的学习（感知）则为实现"一切皆可量化"奠定了技术基础，也向达到类似人类"智慧"迈进了一大步。

8.1.3 神经网络——模拟人的大脑

智能时代什么是复杂数据和复杂场景呢？按照数据结构分类的非结构数据（文本、图像、语音、图像）与传统的数据库里存放的业务数据相比就复杂了很多，随之而来的待解决的问题也大不相同，如计算机视觉（图像分类、物体检测、图像分割、图像理解、图像生成）、自然语言处理（语义相似度计算、情感分类、翻译、写作）、语音识别、人机对话、自动驾驶、网络数据分析（推荐系统）、知识图谱等。这些都可以理解为对非结构化数据的"知识"获取，也就是设法找到所需要的映射函数，如图 8.4 所示。

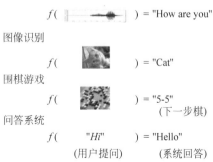

图 8.4 非结构化数据的知识获取

对于神经网络算法及派生出来的深度学习算法也可以这样理解：该类算法在理论和技术方面并没有太多的创新，只是因为现在计算能力的大幅提高，使得人们可以使用比以前更加精确的方法进行计算，从而得到更好的结果，这些是数据思维和第四范式的最佳实践。这种理念下设计出来的模型有很多炫酷的名字，如神经网络、人工智能以及深度学习等，三者之间的关系如图 8.5 所示。这类模型虽然难以理解或者更准确地说，到目前为止，人类还无法理解(算法的可解释性差)，但在某种特定应用场景里的预测效果却出奇的好，因此也常常引起争论。

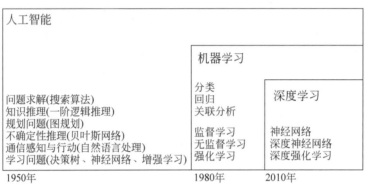

图 8.5　人工智能、机器学习与深度学习

思考题

1. 机器学习的本质包括哪三点？
2. 举例说明什么是机器学习中的"先验知识"。
3. 从广义上如何理解什么是"知识"？非结构化数据的知识发现除了分类外还包括什么？

8.2　神经网络与深度学习

8.2.1　神经元模型

视频讲解

神经元是指神经细胞，它是生物神经系统最基本的单元。神经元由细胞体、树突和轴突组成，如图 8.6(a)所示。细胞体是神经元的主体，从细胞体外延伸出许多突起，其中大部分突起呈树枝状称为树突。传出细胞体产生的输出信号为轴突，轴突末端形成许多细的分支，叫作神经末梢。每一条神经末梢可以与其他神经元形成功能性接触，该接触部位称为突触。一个神经元把来自不同树突的输入信号累加求和的过程称为整合。另外，神经元有两种状态：兴奋和抑制。一般情况下，大多数的神经元处于抑制状态，但是一旦某个神经元受到刺激，导致它的电位超过一个阈值，那么这个神经元就会被激活，处于兴奋状态。

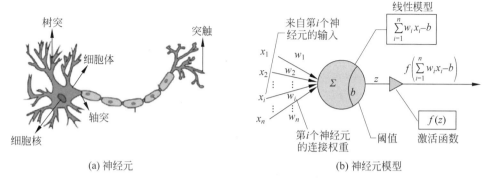

图 8.6 神经元与神经模型

人工神经元模型是对生物神经元进行适当的结构简化和功能抽象,如图 8.6(b)所示。它是一个包含输入、输出与计算功能的模型,可理解为一个多输入单输出的非线性阈值器件,其中,$x_1, x_2, \cdots, x_n$ 表示神经元的 n 个输入信号,$w_1, w_2, \cdots, w_n$ 对应各输入的权值,表示各神经信号源与该神经元的连接强度。神经元输入的求和相当于生物神经细胞的膜电位,b 表示神经元的阈值,y 为神经元的输出。因此,人工神经元的输入和输出关系可描述为

$$\begin{cases} y = f(z) \\ z = \sum_{i=1}^{n} w_i x_i - b \end{cases}$$

在人工神经元的数学模型中,$y = f(z)$ 称为神经元的激活函数。图 8.7 为常见的激活函数,如阶跃函数、Sigmoid 函数、分段线性函数、符号函数、双曲正切函数、ReLU 函数等。

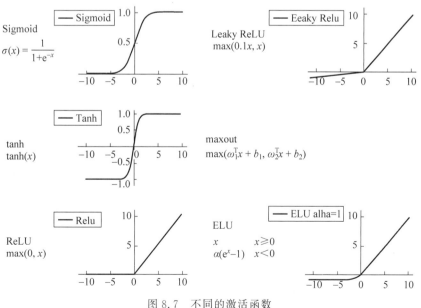

图 8.7 不同的激活函数

试一试 8.1：神经元计算

一个简单的神经元例子是对输入的所有数字求和，如果这个和大于某个阈值，则输出为 1，否则为 0。连接就像神经元之间的通道，它们把一个神经元的输出和另一个神经元的输入连接起来，每个连接只有一个参数，相当于信号的连接强度。在下图神经元计算的示例中，经训练（学习）后的三个权重分别是 0.5、1.0 和 0.1。当数字 10 通过一个权重为 0.5 的连接时，它就变成了 5，这些权重告诉神经元对一种输入做出更多的反应，而对另一种则做出更少的反应。多个输入整合后再通过阈值判断得到最后的输出结果。

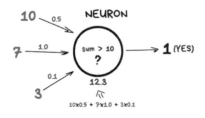

假设输入分别为{10,1,3}时，神经元的输出是多少呢？神经元模型也称为"感知机"，感知不同的输入信号，输出不同的结果。那么，它可以作为分类器吗？

8.2.2 深度神经网络模型

可以想象得到，模拟人类神经系统最简单且有效的方法就是将多个神经元首尾相连，形成一个没有环的网络。在这个网络中，一个神经元的输出是另一个神经元的输入。这种类型的神经网络在学术上称为人工神经网络（Artificial Neural Network，ANN），简称神经网络（NN）。在神经网络中，神经元是按层组织的，每一层包含若干个神经元，层内部的神经元是相互独立的，也就是说，它们之间并不相连，但相邻的两层之间是全连接的，也就是说，任意两个分别来自相邻两层的神经元都是直接相连的，通常称为全连接神经网络。神经网络中不同的层按功能分为三类，分别是输入层、隐藏层以及输出层，其功能及特点如表 8.1 所示。

表 8.1 神经网络的概念

要素		说明
概念	输入层（Inputs）	竖向堆叠起来的输入特征向量。 每个神经网络只有一个输入层。 输入层对数据不做任何处理，只负责将信息传递给后面的隐藏层
	隐藏层（Hidden Layers）	抽象的非线性的中间层。 神经网络可以有多个隐藏层。 隐藏层的作用是传输并分析数据
	输出层（Outputs）	输出预测值。 每个神经网络只有一个输出层。输出层中只包含线性模型（操作）。 输出层并不是模型的最终输出，输出层的结果经过 softmax 函数处理后，才能得到最终的模型结果，解决分类等问题

 应用案例 8.1：手写数字识别——参数知多少

神经网络用于分类的典型案例是手写数字的识别。下图给出了一个具有两层隐藏层的手写数字识别的神经网络示例。假设输入的是 28×28 像素大小的手写数字黑白图片，隐藏层由 15 个神经元组成,输出层是 10 个神经元,表示数字 0~9 的 10 个类别,那么这个神经网络一共有多少个参数呢?可以算出输入层的神经元个数是 784 个(28×28),整个网络的参数个数是 784×15×15×10=1 764 000 个。

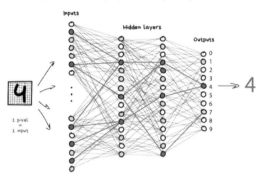

想一想:若输入的是 28×28 带有颜色的 RGB 格式的手写数字图片,输入神经元就有 28×28×3=2352 个,那么整个网络参数共有多少个呢?全连接神经网络的优点和缺点是什么?如果像人类一样有空间的联想能力(考虑相邻像素具有相关性),神经网络的参数可以减少吗?

人体中单个神经元能做的事情非常有限,但多个神经元相互交织在一起,就能形成人类强大的神经系统。神经网络的模型是基于连接主义的理念,这个理念的核心思想是通过网络的形式将简单的模型组装成一个功能强大的模型。当然并不是所有模型连接成网络模型效果都会提升。例如,将神经元模型的激活函数设定为线性函数,则不管连接的网络如何复杂,最后得到的还是一个线性模型。因为从数学上来讲,线性函数的线性组合还是线性函然。

从模型的结构上来看,神经网络可以被看成"多个线性回归模型的非线性叠加"。也可以反过来理解神经网络解决问题的思路:通过一层层的变换,将原本非线性的问题转换为近似线性的问题来解决。仔细想一想,很多模型都有类似模型结构和建模思路,也就是说,搭建模型的目的是要将非线性问题转换为线性问题。因为从某种意义上来讲,到目前为止,人类只能解决线性问题。

技术洞察 8.1:为什么需要非线性激活函数

一个简单的神经元如下图所示,该神经元可以作为线性分类器,通过一条直线将包含两类的数据样本分开,即分为正样本和负样本两个区域。线性分类器确定后(给定系数),就可以根据计算出的不同 y 值确定输入样本数据的类别(正样本或负样本)。

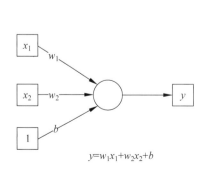

$y = w_1 x_1 + w_2 x_2 + b$

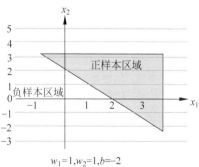

$w_1 = 1, w_2 = 1, b = -2$

当这样的线性分类器不符合要求时,很自然想到的解决方案就是多加神经元,以形成更加复杂的分类器,如下图所示。可以看出,这样一个神经元的直接线性组合,无论如何还是一个线性分类器。

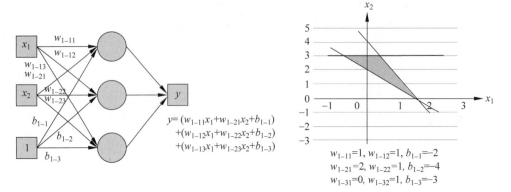

如何扩展到非线性分类器以解决复杂的分类问题呢?答案是加入非线性激活函数,下图表示加入 Sigmoid 激活函数的情况,其结果可以看成是二分类的逻辑回归。

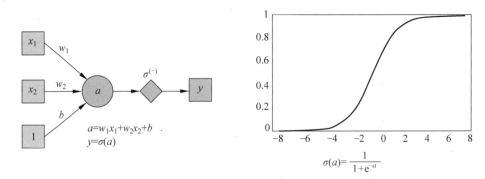

通常一层网络在很多时候是远远不够的,扩展到多层的情况如下图所示。

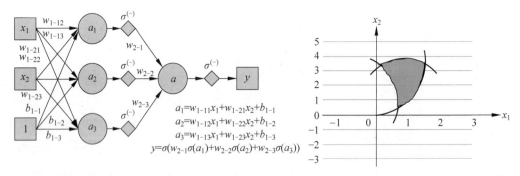

对比发现,加入非线性激活函数后可构成非线性的分类器(非线性分割曲线),当神经网络层数越多时其能力也会越来越强。非线性激活函数使得神经网络具有的拟合非线性函数的能力,即具有强大的数据"表征能力",所以有时也将神经网络的学习称之为表征学习(Representation Learning)。

在生物学上,有很多证据表明增加网络的层数能有效地提升模型的效果。因此想办法搭建层数更多、结构更为复杂的深度神经网络成为人们追求的目标,这就是所谓的深度学习。由于其结构的特点使得它能够模仿人脑表征数据的机制,在计算机视觉、语音识别与自然语言处理等领域有突出优势。深度学习与常规机器学习的主要区别如图 8.8 所示,可以通过多层神经网络的连接替代人工完成的特征提取工作,也就是说,算法减少了人工的干预,具有了更强的"智能"。

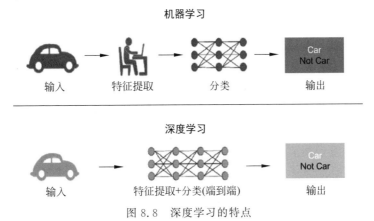

图 8.8 深度学习的特点

以往在机器学习中描述样本的特征通常由人类专家来设计,这称为"特征工程"。众所周知,特征的好坏对泛化性能有至关重要的影响。人类专家设计出"好特征"也并非易事。特征学习即通过机器学习技术自身来产生好特征,这是机器学习向"全自动数据分析"又前进了一步。

如果从另一个角度理解深度学习,可以认为深度学习从结构上看是多隐藏层的堆叠,每层对上一层的输出进行处理,对输入信号的加工是逐层进行的,通过多层处理,逐渐将初始的"低层"特征表示转换为"高层"特征表示,用"简单模型"的叠加即可完成复杂的分类等学习任务。由此可将深度学习理解为进行特征学习或表示学习。

8.2.3 深度学习的实现

学习是神经网络的重要特征之一,神经网络能够通过学习(亦称训练),改变其内部状态,使输入和输出呈现出某种规律性。神经网络学习一般是利用一组称为样本的数据,作为网络的输入(和输出),网络按照一定的训练规则(又称学习规则或学习算法)自动调解神经元之间的连接强度或拓扑结构,当网络的实际输出满足期望的要求,或者趋于稳定时,则认为学习成功。最简单的学习过程就是不断修正网络的连接权值,直到获得期望的输出。所以,学习规则就是权值参数的修正规则。

技术洞察 8.2:BP 学习算法

由于神经网络的模型结构十分复杂,导致常规的用损失函数对每个参数的偏导计算(梯度下降法)非常烦琐,需要使用特殊的反向传播算法(Back Propagation,BP)。这个方法是神经网络里最核心的技术,可以毫不夸张地说,它是整个领域的基石。

以误差修正规则为例,损失函数表示模型的预测误差,以输出层各个神经元的误差作为整个误差计算的起点,通过相关的迭代公式,把误差通过神经网络反向传播到每一个神经元。最后把神经元的误差分解到各个模型参数,而后者正是训练模型所需的梯度。

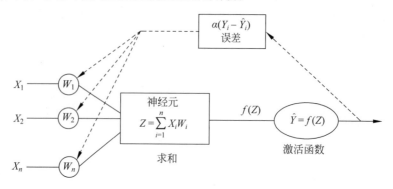

想一想:
为什么说 BP 学习算法具有简单易行、计算量小、并行性等优点?

神经网络的计算过程是:从最左侧的输入层开始,逐层往前向右直到输出层产生结果。如果结果值和目标值有差距,再从右往左逐层向后计算每个节点的误差,并且调整每个节点的所有权重,反向到达输入层后,又重新向前计算,重复迭代以上步骤,直到所有权重参数收敛到一个合理值。由于计算机程序求解方程参数和数学求法不一样,一般是先随机选取参数,然后不断调整参数减少误差直到逼近正确值,实现逐层学习更新的目的。状态更新(参数更新)与误差更新(误差反馈)的关系如图 8.9 所示。

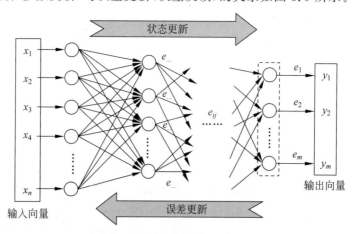

图 8.9 机器学习的"学习与更新"

基于神经网络系统的开发流程与传统的机器学习开发流程类似,在分配好训练数据和测试数据后,选择网络结构、学习规则、初始参数(随机),则开始训练,然后按照结果进一步更改网络结构、更改学习算法、更改网络参数、重置或重启训练,反复直至得到较好的结果。

技术洞察 8.3:神经网络的参数与超参数

神经网络中有两个要重点区分的概念:参数和超参数。神经网络中的参数就是人们熟悉的 w 和 b,超参数包括学习率 α、训练迭代次数 N、神经网络层数 L、各层神经元个数 n、激活函数等。之所以叫作超参数,是因为它们需要提前设定,而且它们会对参数 w 和 b 的最终训练结果有影响。

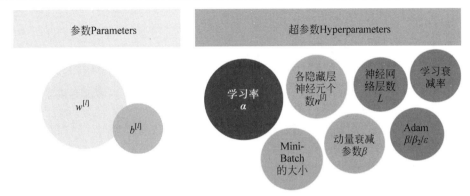

设置最优的超参数是一个比较困难的、需要经验知识的问题。通常的做法是选择超参数一定范围内的值,分别代入神经网络进行训练,测试损失函数随着迭代次数增加的变化,根据结果选择损失函数最小时对应的超参数值,这同传统的机器学习算法的过程是类似的。

还记得训练集、测试集和验证集的作用吗?

深度学习泛指大型深度神经网络,这里"深度"二字表示神经网络的层数较多。深度学习的优点主要体现在三个方面:一是其通用性,即不需要领域知识,技术门槛比较低;二是它构造了一个巨大的多层次与多维的空间,能够处理大数据;三是并行处理,易于硬件实现,提高整体算法的速度。深度学习可广泛应用于非结构化数据复杂场景的识别及处理,完成多种知识获取(量化映射)的任务。

 试一试 8.2:神经网络游乐场 PlayGround

想揭开深度学习隐藏层的神秘面纱吗?试试神经网络游乐场吧,它提供可视化模拟深度学习神经元训练过程,对于刚接触深度学习的人比较友好,可以形象化地呈现出神经网络训练过程,让人们更形象地学习深度学习网络结构,形象地了解到隐藏层层数、神经元个数、激活函数、学习率、数据处理等条件对训练结果的影响。

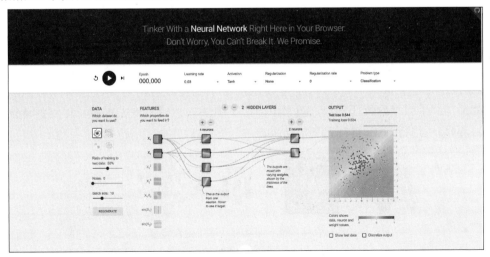

> 交互式神经网络游乐场的使用步骤如下。
> (1) 打开网址：http://playground.tensorflow.org。
> (2) 选择数据类型。
> (3) 创建训练和测试数据，可对数据增加噪点，选择训练和测试数据的比例，修改数据批次大小。
> (4) 选择训练模型的参数，包括学习率、激活函数类型、是否对数据正则化、训练模型类型等。
> (5) 确定数据输入是否做处理。
> (6) 确定模型层数以及神经元个数。
> (7) 开始训练模型，确认好参数后单击开始训练，即可模拟该模型训练该参数。
> (8) 可单击修改权重和偏置值。
>
> 仔细观察不同的设置对结果有什么影响。误差随训练次数增加是如何变化的？

思考题

1. 什么是神经元模型？神经元的数学表达式是什么？
2. 神经网络模型至少应该包括哪三层？深度神经网络中的"深度"是什么意思？
3. 举例说明激活函数的作用。
4. 举例说明神经网络的参数与超参数有哪些。

8.3 卷积神经网络

8.3.1 图像与图像卷积

在全连接神经网络中，每相邻两层之间的每个神经元之间都有边相连，当输入层的特征维度变得很高时，全连接网络需要训练的参数就会增大很多，计算速度就会变得很慢。另外，在 NN 用于图像分类时，与人相比还有明显的缺陷，人在识别图像时，不仅关注每个像素值的大小，还关心像素点之间的空间位置关系，也就是说，人往往会特别关注图像的局部信息及相邻像素点所包含的信息。因为两个像素点离得越近，它们之间的相关性也就越强，同时可以基于底层特征"组合"成高层特征，而全连接神经网络并没有强调像素点的位置关系。图 8.10 表明早期的图像识别过程通常需要经过对原始图像的"预处理"和"手工提取特征"两步(图中中间两个模块)，然后再将人工参与得到的特征送入神经网络中进行训练，得到识别的结果。

图 8.10 图像→预处理→手工提取特征

现在的问题是机器能够自己学习这些图像特征吗？答案是卷积运算（Convolutional Operation）可以做到。以识别猫、狗图片为例，当向神经网络输入大量猫的照片时，神经网络会自动"看到"最频繁变换的边缘组合，并分配更大的权重，不管它是猫背部的一条直线，还是像猫的脸这样复杂的几何物体。这样层层处理相当于放置一个简单的感知器（神经元），它会观察最活跃的区域，并提取出来。这个想法的美妙之处在于，神经网络可以自行搜索物体最显著的特征，不需要手动挑选。只要给它输入任何物体的任意数量的图像，如搜索到的数十亿张图像，神经网络就会创建特征（如边缘检测），这样自行层层学习，自动获取下一层特征，最终达到区分任何物体的结果，如图 8.11 所示。

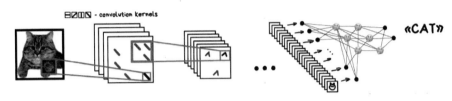

图 8.11 卷积核运算及应用

卷积运算是卷积神经网络最基本的组成部分。卷积网络的主要特征是至少有一层卷积权重函数，它是一种线性运算，基本目的是从复杂的数据模式中提取简单的模式。例如，在处理包含多个对象和颜色的图像时，卷积函数可以提取图像不同部分存在的水平或垂直的线或边这样的简单模式。

技术洞察 8.4：卷积核与卷积计算——垂直边缘检测

图片的边缘检测可以通过与相应滤波器进行卷积来实现。以垂直边缘检测为例，原始图片尺寸为 6×6，中间矩阵为 3×3 的滤波器（卷积核），卷积后得到的图片尺寸为 4×4，卷积计算其实就是矩阵的点积和，原图区域经过卷积得到的结果如下。

第一个区域与卷积核点积求和：10×1+10×0+10×(−1)+ 10×1+10×0+10×(−1)+ 10×1+10×0+10×(−1)=0

第二个区域与卷积核点积求和：10×1+10×0+0×(−1)+ 10×1+10×0+0×(−1)+ 10×1+10×0+0×(−1)=30

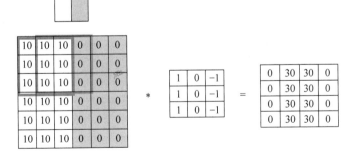

实际上，这里是一个垂直边缘的局部图，如最上方的小图例所示。想一想，水平边缘检测（提取水平边缘特征）需要怎样的卷积核？

8.3.2 卷积神经网络(CNN)

卷积神经网络(Convolutional Neural Network,CNN)是一种专门用来处理网格数据(如图像数据和序列数据)的神经网络,用于人脸识别的示例如图 8.12 所示。神经网络由浅层到深层,可以分别检测出图像的边缘特征、局部特征(眼睛、鼻子等)、整体面部轮廓等。

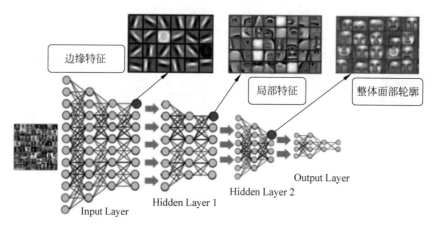

图 8.12　CNN 与图像特征提取

在卷积神经网络中,卷积层的神经元只与前一层的部分神经元节点相连,即它的神经元间的连接是非全连接的,且同一层中某些神经元之间的连接的权重 w 和偏移 b 是共享的(即相同的),这样大大地减少了需要训练参数的数量。卷积神经网络(CNN)的结构一般除了输入层、输出层外还有一些完成相应功能的功能层,几个层之间的定义及相互之间的关系如图 8.13 及表 8.2 所示。

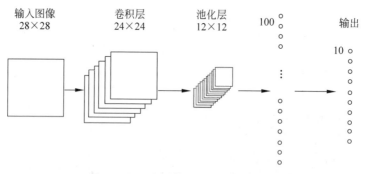

图 8.13　面向图像的 CNN 基本架构

表 8.2　CNN 概念

要素		说　　明
概念	输入层	(同表 8.1)
	卷积层	使用卷积核进行特征提取和特征映射

续表

要素		说　明
概念	池化层	缩小模型大小(下采样)，对特征图稀疏处理，减少数据运算量，同时较小噪声提高所提取特征的稳健性。卷积中的池化层通常有两种：最大池化(Max Pooling)和平均池化(Average Pooling)。将输入拆分成不同的区域，两种池化的结果分别对应区域中元素的最大值和平均值
	全连接层	通常在 CNN 的尾部进行重新拟合，减少特征信息的损失(组合特征、将二维特征图转换成一个一维向量)
	输出层	(同表 8.1)

技术洞察 8.5：激活函数 Sigmoid 与 Softmax

Softmax 函数非常重要，其输出单元适用于多分类问题，常用于分类任务的神经网络的最后一层。可以将 Softmax 视为逻辑回归算法中使用的 Sigmoid 函数的扩展，又称为归一化指数函数。从某种程度上讲，Softmax 函数与 Sigmoid 函数非常类似，它们都能将任意的实数"压缩"到(0,1)区间。

对于 Sigmoid 输出单元的输出，可以认为其值为模型预测样本为某一类的概率，而 Softmax 则需要输出多个值，输出值的个数对应分类问题的类别数，该函数将输出转换为概率(结果属于该类别的"可能性")，向量的每一维都在(0,1)区间中，表示属于所有类别的概率，而且相加的总和等于 1。Softmax 函数的计算示例如下。

$$S(l_i) = \frac{e^{l_i}}{\sum_k e^{l_k}}$$

得分(逻辑值)

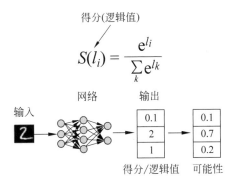

从最终输出的"可能性"来看，输入图片为手写数字 2 的可能性最大(0.7)。

想一想：

这个结果就是"可执行知识"吗？

CNN 相比于标准的全连接神经网络，能更好地适应高维度的输入，其卷积设计有效地减少了 CNN 的参数数量。其特点总结如下。

(1) 参数共享：特征检测如果适用于图片的某个区域，那么它也可能适用于图片的其他区域。即在卷积过程中，不管输入有多少，一个特征探测器(滤波器)就能对整个输入的某一特征进行探测。

(2) 稀疏连接：在每一层中，由于滤波器的尺寸限制，输入和输出之间的连接是稀疏的，每个输出值只取决于输入在局部的一小部分值。

(3) 池化的设计：在卷积之后很好地聚合了特征，通过降维来减少运算量。另外，由于 CNN 参数数量较小,所需的训练样本就可以相对较少,因此在一定程度上不容易发生过拟合现象。并且 CNN 比较擅长捕捉区域位置偏移,即进行物体检测时,不太受物体在图片中位置的影响,增加检测的准确性和系统的稳健性。

应用案例 8.2：ImageNet 大赛

为了使 ImageNet 数据库有更多人参与,李飞飞团队与合作者创办了 ImageNet 大规模视觉识别挑战赛。鼓励开发者利用 ImageNet 数据库设计优质的视觉识别算法。

2011 年,计算机识别 ImageNet 大赛的结果是误识率高达 50%,也就是说,一半认错了。可是 4 年以后,由于卷积神经网络算法的加入,大幅提高了图像识别的精度,甚至超过了人类的识别错误率。2015 年,微软用深度学习的办法来识别,误识率降到 3.57%,比人类的误识率 5.1% 还要低。从此,深度学习受到广大用户的关注。在这个用于训练"对象识别模型"的典型神经网络里,有 2400 万个节点,1 亿 4 千万个参数和 150 亿个连接。这是一个庞大的模型,借助 ImageNet 提供的巨大规模数据支持,通过大量最先进的 CPU 和 GPU 来训练这些堆积如山的模型获得了巨大成功。从此,卷积神经网络以难以想象的方式蓬勃发展起来,它成为一个成功体系,在对象识别领域产生了激动人心的新成果。

"数据、算法、算力"三者联合的威力被再一次验证了,你体会到了吗?

8.3.3 CNN 应用

图像分类识别是关于图像"感知"的最基本功能需求,如利用计算机进行动物图片的识别以区分猫狗等。这类问题可以很方便地用 CNN 算法来解决。但在一些场合如自动驾驶场景中,图像定位分类问题不仅要求识别图片中物体的种类,还要在图片中标记出它的具体位置,用边框(Bounding Box,或者称包围盒)把物体圈起来。目标检测任务和定位分类任务的差别在于:在目标检测问题中,图片可以含有多个对象,甚至单张图片中会有多个不同分类的对象。而在定位分类问题中,还需要增加对象位于图片中的位置结果。

这两类问题都可以使用卷积神经网络来完成。原始图片经过若干卷积神经网络层次后,Softmax 层输出分类向量,包括 4 个元素,分别是行人、汽车、摩托车、背景,如图 8.14(a)所示。对于目标定位问题,可以让神经网络多输出 4 个数字,标记为方框的中心点位置(b_x、b_y)和边界框的高度及宽度(b_h、b_w),如图 8.14(b)所示。其中,P_c 是一个表示目标物是否存在的 0/1 取值标签。

这里,训练集不仅包含对象分类标签,还包含表示边界框的 4 个数字。定义目标标签 Y 向量如下(转置表述):

$$Y = [P_c\ b_x\ b_y\ b_h\ b_w\ c_1\ c_2\ c_3]^T$$

其中,如果 $P_c = 1$ 表示目标存在,C_n 表示存在第 n 个种类的概率,如果 $P_c = 0$ 表示没有检测到目标,则输出标签后面的 7 个参数都是无效的,可以忽略。

神经网络可以像标识目标的中心点位置那样,通过输出图片上的特征点来实现对目标特征的识别。在标签中,这些特征点以多个二维坐标的形式表示。通过检测人脸特征点可以进行情绪分类与判断,也可以通过检测姿态特征点来进行人体姿态检测,如图 8.15 所示。

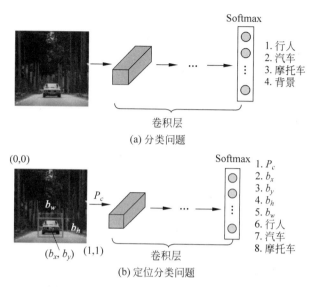

图 8.14　CNN 在图像分类及定位中的应用

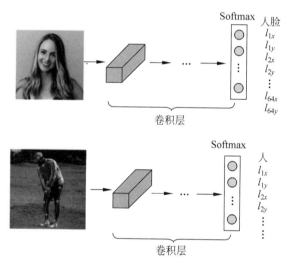

图 8.15　CNN 在人脸识别及人体姿态识别中的应用

CNN 是深度学习方法中最受欢迎的算法之一，最初专为计算机视觉应用（如图像处理、视频处理、文本识别）而设计，但也适用于非图像数据集。卷积神经网络现在非常广泛地应用于照片和视频中搜索对象、人脸识别、风格转换、生成和增强图像、创建慢动作等效果和改善图像质量。现在所有涉及图片和视频的情况一般都使用 CNN。所有这些CNN 的成功应用为图像理解奠定了基础。图像识别的更深层次是图像理解，即对图像的语义理解。它是以图像为对象、知识为核心，研究图像中有什么目标、目标之间的相互关系、图像是什么场景以及如何应用场景的一门学科。图 8.16 为图像识别与图像理解的示例图，其中，图像识别目标分类与定位（图 8.16(a)）可以看作图像理解（图像→文字）（图 8.16(b)）的基础。

(a) 图像识别示例　　　　　　　(b) 图像理解示例

图 8.16　图像识别及图像理解

思考题

1. 卷积的目的是什么？卷积是如何计算的？
2. 池化的目的是什么？通常有几类计算方法？
3. 从人类识别图像的方法（空间像素相关性）出发，你能理解为什么需要 CNN 吗？
4. 图像识别与图像理解有什么不同？应用场景各有哪些？

8.4　循环神经网络

8.4.1　为什么需要循环神经网络

人类思考和理解在很大程度上依赖"上下文"，也就是说，人类的思想是持续的，我们会使用以前在分析事件过程中获得的每一条信息，而不是每次面对类似事件或情况时扔掉过去的知识从头思考。因此，人类处理信息的方式似乎存在循环。

而常规的全连接神经网络存在如下缺点：①网络没有记忆，每次网络的输出只依赖于当前的输入，不能处理输入之间有联系的数据；②参数太多，层与层之间全连接，层内无连接；③无法处理变长的序列数据，如视频、语音、文本等，因为输入和输出的维数都是固定的，不能任意改变。其中，最主要的缺点还是第一点，即输入之间没有联系，网络没有记忆。那么如何给网络增加记忆能力？

循环神经网络（Recurrent Neural Network，RNN）是一种处理序列数据的递归神经网络。序列数据既可以是时间数据，也可以是文本数据，这类序列数据有一个共同特点就是后面的数据跟前面的数据有依赖关系，RNN 的每一个神经元接收当前信息的输入和之前产生的记忆信息，因而能够保留序列依赖关系。

> **想一想 8.1：人类是如何思考的——为什么需要 RNN**
>
> 人类在做思考的时候，并不是每次都从大脑一片空白开始的，而是会依赖于自己之前已经积累的相关知识。人类之所以能够不断进步，一个重要的原因就是我们的大脑对知识具有持久性。
>
> 然而，传统的神经网络并不能借助之前学到的信息去推断新知识。例如，要完成如下句子的填空：

> **今天天气特别好,我想去____。**
>
> 一般的 NN 结构由于只能单独地去处理一个个的输入,前一个输入和后一个输入是完全没有关系的,也就是说,当 NN 看到"特别好"这个词语时,并不会与前面的"天气"进行关联,因而也无法正确理解语义,结果针对这个句子会生成与上文无关的答案,如"书本""马路"等。
>
> 很明显,在这个句子中,前面的信息"天气""特别好"都会对后面的"我想去"有很大的影响。而 RNN 就能够很好地捕获"天气""特别好"这种关键信息,当处理到"我想去"时,会结合上文信息生成符合语境的答案,如"玩""游玩"等。RNN 的提出正是借鉴了人类大脑学习的重要环节,从而解决传统神经网络的弊端。RNN 允许神经单元包含循环,这样信息就可以在不同时刻传输,达到信息持久化的目的。

8.4.2 循环神经网络的基本结构

循环神经网络(RNN)是专门设计用于处理顺序输入数据的,RNN 是对动态系统的建模,其中,系统在每个 t 时刻的状态(即隐藏神经元的输出)既取决于这个时刻系统的输入,也取决于 $t-1$ 时刻系统的状态。换句话说,RNN 是一种具有记忆的神经网络,并根据该记忆来确定它的未来输出。RNN 与普通 NN 比较的示意图如图 8.17 所示,可以看出两者的区别有:①神经单元 A 在 RNN 是自循环的,通过这个结构可以将信息进行传递,而 NN 中没有这样的结构;②由于自循环的存在,RNN 的输入 x_t 与输出 h_t 是时刻关联的。神经元在时刻 t 的状态 h_t 取决于两个变量:前一时刻神经元的状态 h_{t-1} 和当前时刻 t 神经元的输入 x_t,这样就使得神经元具有了记忆功能。也可以理解为,当前状态会结合当前输入及从上一时刻的状态中保留并学习得到有用的信息。将 RNN 的自循环展开如图 8.17 所示,可以很清晰地看到信息是如何在隐藏层之间传递的。

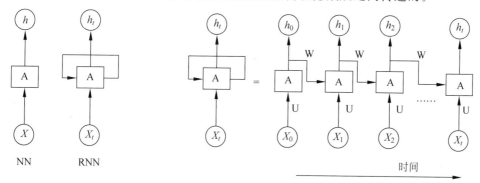

图 8.17 展开 RNN 的自循环

8.4.3 循环神经网络的长短记忆

在实际中应用较广泛的是一类特殊的 RNN 神经网络即 LSTM 网络(Long Short-Term Memory networks,长短期记忆网络),它是循环神经网络的变体。在典型的 RNN 中,当新信息随着时间的推移反馈到网络中时,短期记忆中的信息会不断被替代。但有时所需的相关信息与所需的地点离得很远(即差距很大),更有甚者有时可能需要参考前面的段落来找到预测单词真正含义的相关信息。这样等到需要它来创建适当上下文的时候,很可能已经被短期记忆中的其他信息取代了。LSTM 可以很好地克服这一缺点。顾名思义,长期记忆关注的是从开始到当前的所有信息,而短期记忆更关注当前(前一个)的信息,长短结合可在足够长的时间内基于过去发生的事情进行反馈,以便在需要时利用它完成任务,包括挑选需保留的重要信息,将不重要的信息"遗忘"等。

> **技术洞察 8.6:Seq2Seq 模型——编码/解码结构**
>
> Seq2Seq 模型(2014 年)是一种端到端的算法框架,通过"编码器-解码器"架构来实现。该模型的目标是给定一个长度为 m 的输入序列 $x=\{x_1,x_2,\cdots,x_m\}$,来生成一个长度为 n 的目标序列 $y=\{y_1,y_2,\cdots,y_n\}$。编码器 Encoder 将可变长度的输入序列编码成一个固定长度的向量 C,解码器 Decoder 将固定长度的向量解码成一个可变长度的输出序列,如图所示。
>
>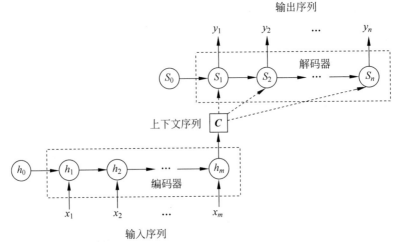
>
> 如字面意思,Seq2Seq 模型就是输入一个序列输出另一个序列。这种结构最重要的地方在于输入序列和输出序列的长度可变。
>
> **想一想:**
> - 这种从序列到序列变换(映射)的应用场景有哪些?
> - 什么是 word2vec,量化后的向量易于比较相似度吗?

8.4.4 RNN 的应用

针对不同的任务,通常需要对 RNN 结构进行少量的调整。根据输入和输出的数量,分为三种比较常见的结构:N vs N、1 vs N 及 N vs 1,如表 8.3 所示。其中,N 表示输入 x 或输出 y 的数量。从不同的应用场景可以看出,RNN 深度学习网络模型可以解决大量非结构化数据的分类及理解任务,特别是生成式架构更符合人工智能强调行动的目的,即通过生成式 AI(深度学习)算法,从数据中学习"对象"的组件,进而生成全新的、完全原创的内容,如文字、图片、视频等。

表 8.3　RNN 网络结构及应用场景

RNN 结 构		应 用 场 景
N vs N 结构（输入和输出序列的长度是相等的）	（图：展开的 RNN，输入 $x_1, x_2, x_3, \ldots, x_N$，隐藏层 $h_0, h_1, h_2, h_3, \ldots, h_N$，输出 $y_1, y_2, y_3, \ldots, y_N$）	① 词性标注。 ② 训练语言模型，使用之前的词预测下一个词等
1 vs N 结构（第一种只将输入 x 传入第一个神经元（上图），第二种是将输入 x 传入所有的神经元（下图））	（图：两种 1 vs N 结构示意）	① 图像生成文字：输入 x 就是一张图片，输出为一段图片的描述文字（CNN＋RNN）。 ② 根据音乐类别，生成对应的音乐。 ③ 根据小说类别，生成相应的小说。 ④ 机器翻译
N vs 1 结构	（图：输入 $x_1, x_2, x_3, \ldots, x_N$，输出单个 y）	① 序列分类任务，如一段语音、一段文字的类别。 ② 句子的情感分析

应用案例 8.3：语言模型的演进——从统计到神经网络

在语言模型研究中，人们不断在如何表达语言和计算便捷性之间"纠结"。以统计语言模型（N-gram 模型）为例，模型简单了（N 比较小）怕表达不了语言的复杂性，模型复杂了（N 比较大）又担心算不出来。2003 年，神经网络语言模型（Neural Network Language Model，NNLM）诞生后就占据了"江湖"的统治地位，这里的 NNLM 泛指所有以神经网络表达的语言模型，包括随后的 RNN、LSTM，甚至包括 Transformer 等。NNLM 的基本模型可以用下图简单描述。

NNLM 将统计的条件概率建模（N-gram 模型）变为具有待求参数的神经网络，其输入是一个序列中前 $i-1$ 个词

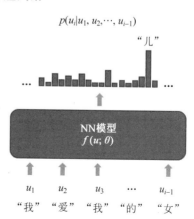

对应的特征序列,输出即为下一个词(即第 i 个词)的预测概率 $p(u_i|u_1,u_2,\cdots,u_{i-1})$。

想一想:

"生成式"语言模型你理解了吗?它是如何"自主"生成的?其中的根本假设是什么?

思考题

1. 什么是 RNN?它与 CNN 有何不同?
2. 按照你自己的理解,RNN 中的"上下文""序列"和"记忆"分别是什么意思?
3. RNN 的生成式算法有什么独特的应用场景?

8.5 图神经网络

8.5.1 图数据与图结构表征

在计算机科学中,图是由两个部件组成的一种数据结构,一个图 G 可以用它包含的顶点 V(Vertices)和边 E(Edges)的集合来描述。边可以是有向的或无向的,取决于顶点之间是否存在方向依赖关系,顶点通常也被称为节点(Nodes),如图 8.18 所示。图的表示方法(抽象)有很多,从简单的"邻接矩阵"到复杂的"嵌入向量"。先进的嵌入向量是将每个节点和边的信息由嵌入向量表示,图的全局信息也可以由一个嵌入向量表示,其中,点(节点)的属性可能包括节点 ID、相邻连接点数量等,边的属性可能包括边 ID、边权重等,图(主节点)的属性包括节点数量、最长路径等。

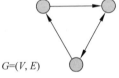

图 8.18 图结构及描述

> **技术洞察 8.7:图的表示——邻接矩阵与邻接链表**
>
> 图数据结构顶点的连接性可以用邻接矩阵来表示,通常该矩阵会是一个方阵,但这个矩阵可能会非常大而且很稀疏,在空间上效率低下,并且计算比较困难。如果既想高效地存储邻接矩阵,又想不影响神经网络的结果,可以用邻接链表的方式来表示邻接矩阵,如图所示。

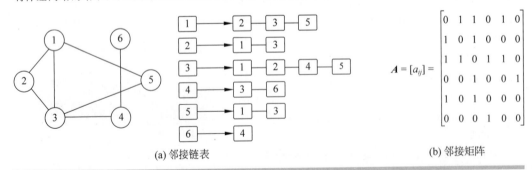

(a) 邻接链表　　　　　　　　　　　(b) 邻接矩阵

图分析任务可以大致抽象为以下 4 类：①节点分类，旨在基于其他标记的节点和网络拓扑来确定节点的标签（也称为顶点标签）；②链接预测，即预测缺失链路或未来可能出现的链路的任务；③聚类，用于发现相似节点的子集，并将它们分组在一起；④可视化，图分析的可视化有助于深入了解网络结构。

将神经网络用于图分析的核心在于怎样表示图才能和神经网络相兼容。整图嵌入的想法是将一个完整的图结构嵌入为一个向量，该向量实现了信息聚合。也就是说，嵌入向量既包含一个节点信息，也表征它周围节点的信息。图结构从邻接矩阵到嵌入向量表示，以及分析应用的示意图如图 8.19 所示。由于嵌入向量的属性维度通常远远小于原始邻接矩阵的维度，则在大数据分析过程中将具有较好的应用价值。

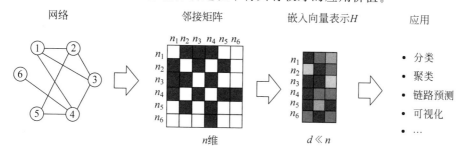

图 8.19　网络嵌入向量表示

8.5.2　图神经网络（GNN）

图神经网络（Graph Neural Network，GNN）是一类基于深度学习的处理图域信息的方法，由于其较好的性能和可解释性，最近已成为一种广泛应用的图分析方法。GNN 的第一个动机源于卷积神经网络（CNN），然而 CNN 只能在规则的数据（Euclidean 空间）上运行（如图像数据的二维网格和文本数据的一维序列），如何将 CNN 应用于图结构这一非欧几里得空间，成为 GNN 模型重点要解决的问题。GNN 采取了"graph-in, graph-out"的架构，模型输入一张图，然后通过不断对图的节点、边以及全局信息的嵌入向量进行变换，在不改变输入图的连通性的基础上，得到最终所需的结果，即利用这些向量来进行聚类、节点分类、链接预测等，如图 8.20 所示。

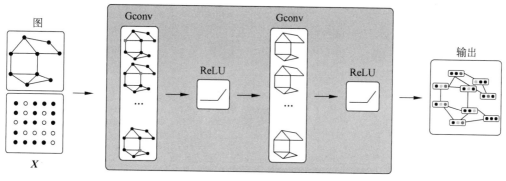

图 8.20　GNN 架构图

8.5.3 GNN 的应用

GNN 是用于图数据的深度学习架构,它将端到端学习与归纳推理相结合,业界普遍认为其有望解决深度学习无法处理的因果推理、可解释性等一系列瓶颈问题。特别是在网络分析、推荐系统、地图交通预测、蛋白质解耦分析及发现等方面有着得天独厚的优势和广泛的应用前景。

> **应用案例 8.4:GNN 应用——增强推荐系统**
>
> 阿里巴巴、亚马逊和许多其他电子商务公司均使用 GNN 来增强推荐系统,提高在线点击率(CTR)。中国零售业巨头阿里巴巴在拥有数十亿用户和产品的网络上,放置了产品图嵌入和 GNN,以强化它们的推荐系统。即使是阿里巴巴这样的大公司,构建这样庞大的图结构也可能是工程上的噩梦,但是对于最近的 Aligraph 管道而言,仅需 5min 即可构建具有 400M 节点的图。Aligraph 支持高效的分布式图形存储,优化的采样运算符以及大量的内部 GNN。目前已部署用于公司中多个产品的推荐和个性化搜索。基于 GNN 的增强推荐示例如下图所示。

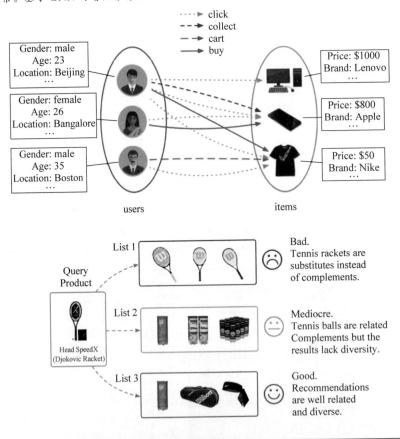

思考题

1. 图网络分析究竟在研究什么？
2. 什么是 GNN？它与 CNN 有什么区别？
3. 为什么图网络算法可以对推荐系统起到"增强"的效果？

8.6 强化学习——从监督学习到自主学习

8.6.1 什么是强化学习

强化学习（Reinfrocement Learning，RL）是在不确定环境中，通过与环境的不断交互来持续优化自身策略的算法。常规的机器学习方法通常有训练数据不可靠、训练出的模型是"训练数据强加的"、模型泛化性能差等特点。强化学习属于监督学习的扩展，具有不局限于训练数据的先天特点。强化学习相当于在"环境中学习""边干边学""把机器人扔进迷宫，让它自己找出出口"。

 想一想 8.2：知识从哪里来

知识是从学习中获得的。心理学中对学习的解释是：学习是指（人或动物）依靠经验的获得而使行为持久变化的过程。因为经验是在系统与环境的交互过程中产生的，而经验中应该包含系统输入、响应和效果等信息。因此经验的积累、性能的完善正是通过重复这一过程而实现的。

可见一个完整的学习过程应当包括三个子过程（图(a)），即经验积累过程、知识生成过程和知识运用过程。事实上，这种学习方式就是人类和动物的技能训练或者更一般的适应性训练过程，如骑车、驾驶、体操、游泳等都是以这种方式学习的。这种学习方式也适合于机器的技能训练，如机器人的驾车训练。

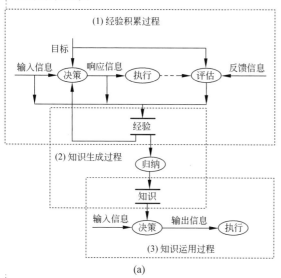

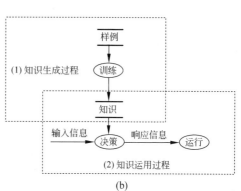

(a)　　　　　　　　　(b)

常规的机器学习研究(无论是有监督学习还是无监督学习)一般都省去了上面的经验积累过程,而是一开始就把事先组织好的经验数据(包括实验数据和统计数据)直接作为学习样例使用(图(b)),然后对其归纳(训练)推导而得出知识(模型),再用所得知识去指导行为、改善性能。在这里把组织好的经验数据称为训练样本或样例,把由样例到知识的转换过程称为学习或训练。所以,在利用计算机进行分析、处理及学习过程中,人们就进一步把该过程简化为只有知识生成一个过程,即只要从经验数据归纳推导出知识就算是完成了学习。

想一想:

机器学习算法如果将"经验积累过程"融入知识生成过程会怎样?另外,"知识运用过程"的结果可作为反馈信息以"强化"结果吗?

强化学习的思想源于行为心理学的研究。1911 年,Thorndike 提出了效用法则:在一定情境下,让动物感到愉快的行为会加强与此情景的联系,当此情景再现时,动物的这种行为也更易再现;相反,让动物感觉不愉快的行为,会减弱与此情景的联系,此情景再现时,此行为将很难再现。这样一种生物智能模式使得动物可以从不同行为尝试获得奖励或惩罚,学会在该情境下选择训练者最期望的行为。这就是强化学习的核心机制,即用试错来学会在给定的情境下选择最恰当的行为,通过试错学习如何最佳地匹配状态和动作,以期获得最大的回报。强化学习的几个概念及其说明见表 8.4。

表 8.4 强化学习的要素——概念

要素		说 明
概念	智能体(Agent)	智能体是强化学习的动作实体,智能体在当前状态 S 下根据动作选择策略执行动作 a,执行该动作后其得到环境反馈奖惩值 r 和下一状态 S',并根据反馈信息更新强化学习算法参数,此过程会反复循环下去,最终智能体学习到完成目标任务的最优策略
	环境	强化学习智能体以外的一切,主要由状态集合组成
	状态(States)	一个表示环境的数据。状态集则是环境中所有可能的状态
	动作(Actions)	智能体可以做出的动作。动作集则是智能体可以做出的所有动作
	奖励(Rewards)	智能体在执行一个动作后,获得的正/负反馈信号,奖励集则是智能体可以获得的所有反馈信息
	策略	强化学习是从环境状态到动作的映射学习,该映射关系称为策略。通俗地理解,即智能体如何选择动作的思考过程称为策略。智能体自动寻找在连续时间序列里的最优策略,而最优策略通常指最大化长期累积奖励

8.6.2 如何强化学习

从解决问题的角度来看,监督学习解决的是智能感知问题,强化学习所能解决的问题是智能决策问题,更确切地说,是序贯决策问题。就是需要连续不断地做出决策,才能实现最终目标的问题。当前采用什么动作与最终的目标有关。也就是说,当前采用什么动作,可以使得整个任务序列达到最优,这是通过智能体不断地与环境交互、不断尝试而实现的。从 DIKW 的视角来看,强化学习实现的就是 DIKW 的全过程,也是人工智能的终极目标。

强化学习解决问题的框架如图 8.21 所示。智能体依据当前环境的观测 S_t、当前的奖励 r_t，选择行动 a_t 去执行。当 a_t 发生后，环境的状态会变化，生成新的 S_{t+1} 和 r_{t+1}。智能体在与环境交互过程中不断产生新的数据流，并利用新数据流进行学习，优化自身行为。

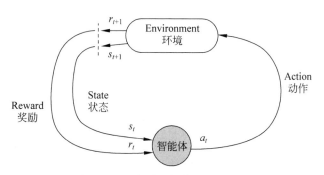

图 8.21　强化学习解决问题的框架

从图 8.21 中也可以看出强化学习和监督学习的异同点：强化学习和监督学习的共同点是两者都需要大量的数据进行训练，但是两者所需要的数据类型不同。监督学习需要的是多样化的标签数据，强化学习需要的是带有回报的交互数据。由于输入的数据类型不同，这就使得强化学习算法有它自己的获取数据、利用数据的独特方法。

深度强化学习将深度学习技术和强化学习方法结合到一起。利用深度学习感知环境特征，利用强化学习方法求取最优策略。现阶段，深度强化学习已在围棋、游戏、导航、移动控制等领域实现突破性进展。

8.6.3　从 AlphaGo 到 AlphaZero

阿尔法围棋（AlphaGo）是一款围棋人工智能程序，由谷歌旗下的 DeepMind 公司团队于 2016 年开发。这个程序利用"价值网络"去计算局面，用"策略网络"去选择下子。其实谷歌 AlphaGo 背后是一套神经网络系统，这个系统的基础为卷积神经网络，如图 8.22 所示。网络的输入是棋盘特征，也叫作盘面，其表现形式是一个 $19 \times 19 \times 48$ 二值平面，其中，19×19 是围棋的棋盘布局，48 个平面对应不同的盘面特征信息（如棋子颜色、轮次、气、打吃数目等）。输入经过 13 层深度卷积神经网络的逐层理解和分析，最终输出一个走棋策略，表示当前状态 s 下所有合法动作 a 的概率分布。AlphaGo 借鉴了蒙特卡罗树搜索算法（Monte Carlo Tree Search，MCTS），在判断当前局面的效用函数和决定下一步的策略函数上有着非常好的表现，远超过上一个能够和人类棋手旗鼓相当的围棋程序。这里效用函数相当于建立奖励，策略函数相当于行动，分别对应 AlphaGo 的两个思考维度：目前棋盘的现状和自己/对手下一步的走向。

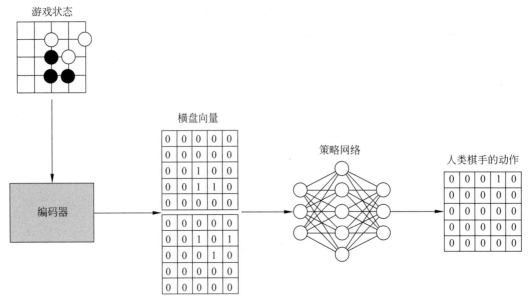

图 8.22　AlphaGo 的策略网络监督训练过程

技术洞察 8.8：蒙特卡罗树搜索

蒙特卡罗树搜索（MCTS）是蒙特卡罗模拟法（统计模拟法）的扩展，是一种经典的树搜索算法，名震一时的 AlphaGo 的技术背景就是结合蒙特卡罗树搜索和深度策略价值网络，击败了当时的围棋世界冠军。它对于求解这种大规模搜索空间的博弈问题极其有效，因为它的核心思想是把资源放在更值得搜索的分支上，将算力集中在更有价值的地方。

MCTS 的算法主要分为 4 个步骤，分别为选择、扩展、模拟、回溯，如下图所示。

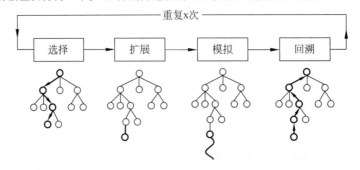

(1) 选择（Selection）：从根节点开始，递归选择最优的子节点，最终到达一个叶节点。

(2) 扩展（Expansion）：如果当前叶节点不是终止节点，那么就创建一个或者更多的子节点，选择其中一个进行扩展。

(3) 模拟（Simulation）：从扩展节点开始，运行一个模拟的输出，直到博弈游戏结束。例如，从该扩展节点出发，模拟了 10 次，最终胜利 9 次，那么该扩展节点的得分就会比较高，反之则比较低。

(4) 回溯（Backpropagation）：使用第(3)步模拟的结果，反向传播以更新当前动作序列。

想一想：

理解计算机的模拟计算范式了吗？这类算法只能用在哪类场景？为什么属于强化学习？

AlphaZero 是 AlphaGo 的进化版,它主要由三个部分组成:自我博弈、训练和评估。与 AlphaGo 比较,AlphaZero 最大的区别在于没有采用专家样本进行训练。通过自己和自己玩的方式产生出训练样本,通过产生的样本进行训练,并对更新的比赛状态进行评估。AlphaZero 版本,除了围棋规则外,没有任何背景知识,并且只使用一个神经网络。这个神经网络以 19×19 棋盘为输入,以下一步各种下法的概率以及胜率为输出,这个网络由多个卷积层以及全连接层构成。

以 AlphaZero 为标志的技术突破预示着一种具有"直觉、认知和自我进化"能力的新的人工智能时代的到来,也预示着智能化决策的到来。最令人不可思议的是,AlphaZero 似乎表达出一种天然的洞察力,是当时人类第一次瞥见的一种令人敬畏的新型智能。然而需要强调的是,这种类似"第二代人工智能"有很大的局限性,例如,不可解释性、不安全性、易受攻击、不易推广等。从这个角度分析,AlphaGo 家族只是解决了许多博弈问题的其中一种,而且是最简单的那种——完全信息零和博弈。但我们的生活是如此复杂,所以能够解决复杂问题的通用 AI 似乎还遥遥无期。

> **想一想 8.3:游戏中的 AI 三要素——数据、算法与算力**
>
> AlphaGo 在两年内实现了三级跳,从 AlphaGo 到 AlphaGo Zero,再到 AlphaZero。它的成功来自于何处?主要来自于三个方面:大数据、算法、算力。仅 AlphaGo 就一共学习了 3000 万盘已有的棋局,自己跟自己又下了 3000 万盘,共 6000 万盘棋局,这个数据量是很大的。它用的算法是蒙特卡罗树搜索、强化学习、深度学习等。同时需要有巨大的计算能力支撑,据说当年一共使用了 1202 个 CPU 和 280 个 GPU(图形图像处理器,用于大数据的高速处理)。也就是说,AlphaGo 的成功离不开这三个要素。AlphaZero 则是完全从零开始自主学习,这种 AI 程序事先并不了解任何一种棋类游戏的规则。如在学习国际象棋过程中,一开始,它只是随意下子。之后,通过和自己对弈掌握了游戏规则。9 个小时内,AlphaZero 在大量特殊谷歌硬件集群中自我对弈 4400 万局。之后两个小时,它的表现已经超过人类棋手。4 个小时之后,它就打败了全球最出色的国际象棋引擎。
>
> 你玩过"王者荣耀"吗?游戏"王者荣耀"作为一个团队作战的游戏,双方每方 5 位参与者要在英雄搭配、技能应用、路径调换及团队协作等方面面临大量、持续而且即时的选择,其操作可能性种类高达 10 的 2000 次。你知道吗?"绝悟"团队在训练过程中选择的是维度极高的深度强化学习模型。在短短半个月的训练周期内,"绝悟"每天的训练强度相当于人类训练 440 年的量。与此同时,"绝悟"在训练中用了 384 块 GPU。在这样高等级算力的支持下,"绝悟"的电子竞技能力直线上升,达到了世界级电子竞技选手的水平。

思考题

1. 什么是强化学习?强化学习为什么强大?
2. 强化学习包含哪些要素?
3. 强化学习有哪些应用场景?

8.7 探究与实践

1. 关于"神经网络游乐场 PlayGround 游玩"的总结报告。

利用神经网络游乐场 PlayGround 再来一次"研究"之旅吧,请关注如下问题。

(1) 样本数据特征分布(空间可分性)及质量(噪声大小)如何影响最终结果。

(2) 特征工程的作用(输入层是否采用更多的输入量、对原始特征是否做变换)。

(3) 训练集和测试集的作用及大小的影响。

(4) 神经网络的"深度"变化(层数及神经元个数)有什么影响?

请列表记录下不同条件下的不同结果,以便进行严谨的对比分析。仔细观察不同的设置对结果有什么影响,误差随训练次数增加是如何变化的等。

2. 关于深度学习及应用的再思考。

请重新思考以下几个问题。

(1) 为什么说 RNN 是"生成式"算法?什么是"图像理解"?

(2) 两者的结合(图像生成文字:输入 x 就是一幅图片,输出为一段图片的描述文字;CNN+RNN)会有什么应用场景?

3. 探秘大数据推荐系统。

从数据科学的角度来看,推荐系统是算法模型的集成,包括"召回"和排序,这里召回(Recall)层的意义在于缩小对商品的计算范围,将用户感兴趣的商品从百万量级的商品中进行粗选,通过简单的模型和算法将百万数量级缩小至几百甚至几十数量级。仔细想一想,其实这就是大数据漏斗思维、分类算法的具体应用。分类算法评价中的"灵敏度"(查全率、召回率)也隐含这个含义。

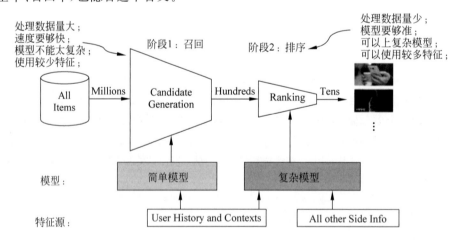

目前大部分互联网公司的搜索/推荐/广告系统的召回模块都是采用并发式多路召回,且各路召回模型之间互不影响,最后将所有的召回结果做"合并"处理,这样做的原因是每个召回算法的建模出发点都是不一样的,各种召回策略各有利弊,可以相互弥补不足,各取所长,使最终的效果更好。但实际的应用中基于什么样的模型做召回完全依赖

于实际的应用场景。

传统的召回算法是基于协同过滤（向量相似度），近几年召回算法则基于深度学习，如单嵌入向量召回（单兴趣点、长短兴趣）、多嵌入向量召回（多兴趣表达，2019年阿里巴巴）、树召回（深度模型）、深度树匹配召回（复杂模型＋全库搜索，2018年阿里巴巴）、图召回（图嵌入，2018年阿里巴巴）等。

你能猜一下这些算法与本章哪些内容有关吗？体现了机器学习算法的什么"哲学"思想？这样复杂的推荐结果你满意吗？有可能"迭代优化"吗？

请给"数据价值"这部分做一个个性化的总结吧！

第3篇

数据技术

数据技术是数据科学目标实现的基础及保障。第3篇进一步剖析数据科学实现的底层逻辑,重点应关注大数据存储、计算、管理平台技术及应用。本篇将回答以下问题:大数据存储及管理平台采用哪些技术?为什么需要这些技术?这些技术是如何演变的?创新的底层逻辑是什么?现在这些技术是如何应用的以及未来会如何变化?

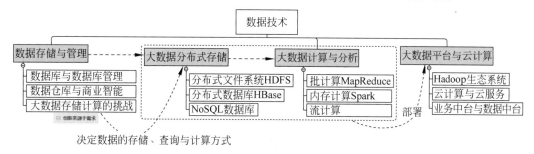

解决复杂问题需要"模块化系统思维",即需要一种特殊技巧是解构(把一个较大的系统打散成一个个模块)和重构(把这些模块重新组合起来)的功能性组合,因此"结构、约束和取舍"是工程师思维的三大法宝,以追求"可交付及可使用"为目标。结构思维就是在没有结构的情况下"预见"结构的能力。例如,达·芬奇在500年前所"预见"的直升机的结构,微博鼻祖Twitter的创始人之一 Jack Dorsey 早在2000年画出了产品原型手稿,看起来很简陋,但"约束"和"取舍"使工程思维中将梦想变为现实所必须。

本篇内容的描述大量以基于"批判性思维工具"要素表的形式出现,关注"目标""假设"及"概念",结合相关问题去"批判性"思考,则能触摸技术实现的底层逻辑,体会到"抽象及自动化"的计算思维"精妙之美"。基于DIKW模型去分析各类技术框架则更清晰、不迷茫。

"若无某种大胆放肆的猜想，一般是不可能有知识的进展的。"

——爱因斯坦

"简单性和模块化是软件工程的基石；分布式和容错性是互联网的生命。"

——互联网发明人蒂姆·伯纳斯·李

第 9 章 数据存储与管理

阿里巴巴数据仓库架构

数据的存储及管理是数据分析与计算的前提,有结构地分类、组织和存储数据是企业面临的一个挑战。面对爆炸式增长的数据,如何构建高效的数据模型和体系,避免重复建设和数据不一致性、保证数据的规范性等策略,一直是大数据系统建设不断追求的方向。阿里巴巴数据仓库的分层架构如图 9.1 所示,它是模块化系统思维的最佳实践。

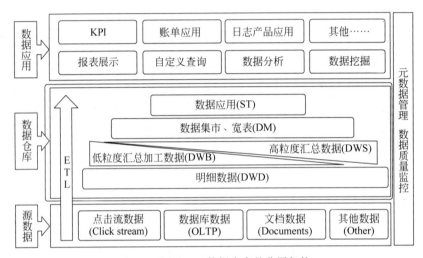

图 9.1　阿里巴巴数据仓库的分层架构

什么是数据库?什么是数据仓库?它们的区别是什么?从阿里巴巴的数据仓库架构中,你能找到它们的位置吗?你能猜到它们的作用吗?你能在阿里巴巴的数据仓库架构中看到 DIKW 模型的影子吗?

学习目标

学完本章,你应该牢记以下概念。

- 数据库、关系型数据库。
- OLTP、OLAP、ETL、数据仓库 DW、商业智能 BI。
- GFS、MapReduce、BigTable。

学完本章,你将具有以下能力。

- 理解大数据分布式平台产生的背景。
- 理解为什么 Google 的"三驾马车"如此重要。

学完本章,你还可以探索以下问题。

- 关于大数据存储的挑战是什么?背后的假设是什么?
- 采用批判性思维的不同要素理解 Google 创新性思维的脉络及方法。

9.1 数据库与数据库管理系统

9.1.1 数据存储管理的演变

随着科学技术的不断发展及信息化潮流的涌现,数据存储及管理方式也在不断演变。历史上有记载的最早的数据存储媒介应该算是打孔纸卡,随后磁带、软盘特别是硬盘机的出现可以说是在存储容量方面的一个革命性的变化,它可以存储"海量"数据"高达"4.4MB(500万个字符),并且价格越来越便宜,容量越来越大。后期光盘的出现使得这一特点越来越明显。图9.2为纸带、软盘及光盘的实物图。

图 9.2 纸带、软盘及光盘

数据管理的发展也可分为4个阶段:人工管理阶段、文件系统阶段、数据库阶段、高级数据库阶段。在20世纪50年代中期的人工管理阶段,计算机主要用于科学计算,数据几乎不保存,每个应用程序都要包括数据的存储结构、存取方法和输入方法等。数据不是独立的,不能共享,即数据是面向程序的,程序依赖于数据,如果数据的类型、格式或输入/输出方式等逻辑结构或物理结构发生变化,则必须对应用程序做出相应的修改。20世纪50年代后期到20世纪60年代中期,计算机开始不仅用于科学计算还用于管理,操作系统的文件管理功能提供了这种可能性。虽然这时数据可以长期保留在磁盘等外部存储器上,程序与数据也有了一定的独立性,可以采用顺序的批处理操作等,但数据管理仍然存在很多问题,如数据冗余大,文件之间缺乏联系,且容易造成不一致性;数据独立性差,不支持对数据文件的并发访问;安全控制功能较差。

应用案例9.1:阿波罗登月计划与数据管理

美国在20世纪60年代进行了"阿波罗登月计划"的研究,当时"阿波罗"飞船由约200万个零部件组成,分散在世界各地制造。为了掌握计划进度及协调工程进展,"阿波罗"计划的主要合约者罗克威尔(Rockwell)公司曾研制了一个计算机零部件的管理系统,系统共用了18盘磁带。虽然可以工作,但效率极低,哪怕是一个小小的修改,都会带来"牵一发动全身"的后果,维护起来相当困难。18盘磁带中60%是冗余数据,这个系统一度成为实现"阿波罗登月计划"的严重阻碍。

应用的需要推动了技术的发展。文件管理系统面对大量数据时的困境促使人们去研究新的数据管理技术,数据库就应运而生了!最早的数据库管理系统之一 IMS(Information Management System)就是罗克威尔公司在实施"阿波罗"计划中与IBM公司合作开发的,从而保证了"阿波罗"飞船在1969年顺利登月。

1964年左右,"Database"一词开始出现在数据处理相关文献中,用来描述集成不同应用程序数据的数据集,也就是数据库最早的雏形。一开始,技术人员们倾向于用"层次模型"来表达和组合数据,层次模型所描述的数据结构类似于脑图,最容易被大脑接受。很快,另一种名为"网状模型"的概念被提出。层次模型描述了树状结构(或者说脑图),而网状模型则可以描述图结构。树状结构只有层级或者说从属关系,而图结构则在层级的基础上进一步描述其他关系,如图9.3所示。

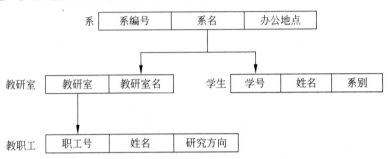

(a) "系-教研室/学生-教职工"层次数据库模型

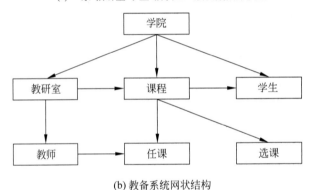

(b) 教备系统网状结构

图9.3 层次模型及网状模型

理论上来说,图结构已经足够清楚地描述数据间的任何关系了。但是"可以描述"与"轻易描述"还是有区别的,基于链接实现的模型在使用上需要用户对数据有深入的理解。为了解决数据链接的问题,表的概念被提出。在表中,每一行都是一条记录,每一列代表一项记录的属性值,行与列的交叉就是指定记录的属性。表与表的关系不再用复杂的链接实现,而是通过表结构本身与实体标识符来表达。这种结构被广泛地使用,也就是我们最常说的"关系型数据库"。关系型数据库一直被沿用至今,因为它在易用性、直观性、通用性以及效率上找到了一个最佳的平衡点。

 技术洞察9.1:从计算思维看数据模型

计算思维的最基本特征就是"抽象"。数据模型是数据特征的抽象,通俗地讲数据模型就是计算机内部对现实世界的模拟。数据模型应满足三方面要求:①能比较真实地模拟现实世界;②容易为人所理解;③便于在计算机上实现。

数据模型是数据库系统的核心和基础,使用数据模型可以集成多个表中的数据,即创建表与表之间的连接"关系"。数据模型所描述的内容有三部分,分别是数据结构、数据操作和数据约束。数据结构是数据的逻辑结构,它决定了对数据的操作方法与约束条件。

数据存储发展过程中产生过三种基本的数据模型,它们是层次模型、网状模型和关系模型。这三种模型是按其数据结构而命名的。由于数据模型是面向数据库用户的现实世界,主要用来描述世界的概念化结构,因此数据模型强调从业务、数据存取和使用角度合理存储数据。数据模型的设计就是在性能、成本、效率之间取得最佳平衡。具体体现在以下几个方面。

(1) 成本:良好的数据模型能极大地减少不必要的数据冗余,并能实现计算结果复用,极大地降低大数据系统中的存储和计算成本。

(2) 效率:良好的数据模型能极大地改善用户使用数据的体验,提高使用数据的效率。

(3) 质量:良好的数据模型能改善数据统计口径的不一致性,减少数据计算错误的可能性。

9.1.2 关系型数据库的设计

1. 数据库设计基本原则

数据库(Database,DB)是一个特定组织或企业所拥有的相互有关联关系的数据的集合,它以统一的数据结构进行组织并存放于存储介质上,它可以为该组织的各类人员通过应用程序所共享使用。数据库管理系统(Database Management System,DBMS)是对数据库进行统一管理和控制的软件。关系型数据库管理系统(Relational Database Management System,RDBMS)是将数据组织为相关的行和列的系统,是管理关系型数据库的计算机软件,它通过数据、关系和对数据的约束三方面构建的数据模型来存放和管理数据。结构化数据通常被组织成若干个表的结构,所以常见的 RDBMS 可以认为是一个内含若干个数据表的集合,而一个数据表是若干个行列数据的集合。关系型数据模型用简单的数据结构表达丰富的语义,描述出现实世界的实体以及实体间的各种关系。

 技术洞察 9.2:实体与 E-R 图

E-R(Entity-Relationship)图是在关系型数据库的设计中使用的概念模型。E-R 图又称为实体-联系图,是描述概念世界、建立概念模型的实用工具,具体来说,就是描述数据的"结构""关系"及"约束"。实体是指现实世界中客观存在的并可以相互区分的对象或事物,就数据库而言,实体往往指某类事物的集合,可以是具体的人或事物,也可以是抽象的概念及联系。

一个 ERP 系统的 E-R 图示例如下,包括"供应商""仓库""职工""项目""零件"5 个实体及它们之间的对应关系,其中,矩形框表示实体,圆边框表示每个实体对应的属性,菱形框表示实体间的联系,且存在于"一对一""一对多"和"多对多"三种关系,图中字母表示实体之间的个数对应。

数据库的设计过程是先使用 E-R 图描述组织模式,再进一步转换成任何一种数据库管理系统所支持的逻辑模型,建立数据结构、关系与约束,以保证数据库中数据的完整性、一致性和可扩展性。

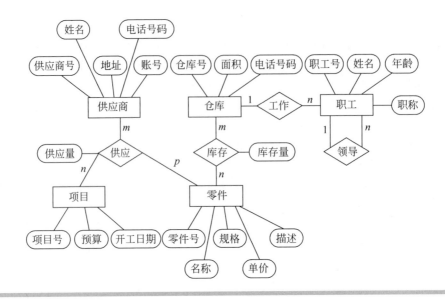

关系型数据库设计的基本原则是：①把具有同一个主题的数据存储在一个数据表中，"一表一用"并尽量消除冗余，提高访问数据库的速度；②关系型数据库中，各个数据表之间依据 E-R 关系，通过键值来连接，主键值能唯一地标识表中的每一行，它的作用是可强制实体的完整性；③数据表的设计实际上就是对字段的设计。数据库要素如表9.1所示。

表 9.1 数据库要素

要素		内 容 说 明
目的		解决数据的独立性问题，实现数据的统一管理，达到数据共享。同时为用户提供方便的用户接口，方便查询及操作(如增删改查等)
问题		逻辑结构——如何满足查询条件下的数据快速获取——查询执行及优化
		物理结构——如何构建在磁盘上永久存储、兼顾检索速度的"索引"
		并发控制——如何解决共享数据在多个应用程序同时并行操作时的控制
		完整性控制——如何保证数据的语义正确性和有效性
		安全性控制——如何防止未经授权人的入侵
		故障恢复——如何防止读写或保存过程中掉电、磁盘损坏而引起的数据的永久丢失
假设		事务都是刚性的，对一条记录的所有操作都发生在同一个时刻
		对事务操作遵循 ACID 原则，可以保证其数据的准确性和可靠性
概念	表	单一的数据结构。采用二维表格来存储数据，是一种按行与列排列的具有相关信息的逻辑组。一个数据库可以包含任意多个数据表。描述实体的为实体表，描述关系逻辑结构的为关系表
	元组/记录	表中的一行即为一个元组，或称为一条记录
	属性/字段	数据表中的每一列称为一个字段，表是由其包含的各种字段定义的，每个字段描述了它所含有的数据的意义，数据表的设计实际上就是对字段的设计，如指定字段的类型及长度等
	属性值	行和列交叉位置的某个属性的值
	主键/主码	主码(也称主键或主关键字)是表中用于唯一确定一个行(一个元组)的数据。主键用来确保表中记录的唯一性，常用作一个表的索引
	外键	用在连接的列上的一些外键，可以加快连接的速度

应用案例 9.2：学生选课管理数据库系统

一个学生选课管理数据库系统 SCT 如下图所示，其中，属性名以"#"为结尾的分别是表的关键字（键），一般表格的主键（唯一行标识）位于表格的第一列，而其他键则是外键，用于表格之间的逻辑关系的连接。该系统的基本"实体表"包括"教师表 Teacher""学生表 Student""课程表 Course"，其他为"关系表"，表之间通过键值连接。用户对数据库的操作实际上就是依据所定义的表格之间的逻辑关系（键连接）进行的，常规的操作为"增删改查"，即插入一条记录、删除一条记录、检索满足条件的记录、修改某个记录的属性值等。

Student

S#	Sname	Ssex	Sage	D#	Sclass
98030101	张三	男	20	03	980301
98030102	张四	女	20	03	980301
98030103	张五	男	19	03	980301
98040201	王三	男	20	04	980402
98040202	王四	男	21	04	980402
98040203	王五	女	19	04	980402

SC

S#	C#	Score
98030101	001	92
98030101	002	85
98030101	003	88
98040202	002	90
98040202	003	80
98040203	001	55
98040203	003	56
98030102	001	54
98030102	002	85
98030102	003	48

SCT: Student, Dept, Course, Teacher, SC

Dept

D#	Dname	Dean
01	机电	李三
02	能源	李四
03	计算机	李五
04	自动控制	李六

Teacher

T#	Tname	D#	Salary
001	赵三	01	1200.00
002	赵四	03	1400.00
003	赵五	03	1000.00
004	赵六	04	1100.00

Course

C#	Cname	Chours	Credit	T#
001	数据库	40	6	001
003	数据结构	40	6	003
004	编译原理	40	6	001
005	C语言	30	4.5	003
002	离散数据	80	12	004

数据库整体设计关注的是键值设计及表间的相互联系。在创建数据表时，为每个字段分配一个数据类型，定义它们的数据长度和其他属性。字段可以包含各种字符、数字等。表中的主键、外键实现数据完整性约束，减少数据冗余，并建立了快速索引通道。采用锁机制（排他锁、共享锁）实现数据的并发控制，而结构化查询语言（SQL）实现对数据库的创建、管理及查询等操作。

2. 数据库的设计流程

一个数据库的设计流程概括起来包括以下几个步骤。

（1）需求分析：了解用户的数据需求、处理需求、安全性及完整性要求。

（2）概念设计：通过数据抽象，设计系统概念模型，一般为 E-R 模型。

（3）逻辑结构设计：设计系统的模式（逻辑模型），对于关系型数据库主要是基本表和视图格式的设计。

（4）物理结构设计：设计数据的存储结构（物理模型）和存取方法，如定位索引的设计等。

（5）系统开发：基于设计的编程实现及调试。

(6) 系统实施：组织数据入库、编制应用程序、试运行。

(7) 运行维护：系统投入运行，长期的维护工作。

数据库的管理分为两个阶段来进行，即"先定义、后使用"。阶段 1 是用户自己定义需要管理的数据表的格式。在创建数据表时，为每个字段分配一个数据类型，定义它们的数据长度和其他属性。字段可以包含各种字符、数字甚至图形。数据库整体设计则关注的是键值设计及表间的相互联系。阶段 2 则按照已经定义的数据格式来操控表中数据的输入和输出，同时还需要对使用数据库的人员进行限制，以保证数据库安全。

技术洞察 9.3：刚性事务与 ACID 原则

在关系型数据库管理系统中，一个事务是由同一个时刻一条记录（行记录）的所有操作构成，也就是说，事务是由一系列对系统中数据进行访问或更新的操作所组成的一个程序执行逻辑单元。传统数据库具有事务特征，即指数据库在写入或更新资料的过程中，为保证事务的正确可靠所必须具备的以下 4 个特性（ACID 特性）。

(1) 原子性（Atomicity）：一个事务中的所有操作，要么全部执行，要么全部不执行。

(2) 一致性（Consistency）：事务在完成时，所有的数据都必须保持一致状态。

(3) 隔离性（Isolation）：并发事务所做的修改必须与任何其他并发事务所做的修改隔离。

(4) 持久性（Durability）：事务处理完成后，对系统的影响是永久的，该修改即便出现致命的系统故障也将保持一致。

在数据库层面，数据库通过原子性、隔离性、持久性来保证一致性。也就是说，数据库必须要实现 AID 三大特性，才有可能实现一致性。数据库在设计及运行过程中，通过以下方式来保证 ACID 原则：①力所能及的数据合法性检查，对应"一致性"；②利用回滚日志（undo log）保证原子性，即在修改数据之前，对老数据进行数据的备份；③利用 redo log 保证持久性，即在提交的时候用来记录事务修改的物理文件，包括记录这次事务提交修改的内容；④采用锁机制（排他锁、共享锁）和数据并发的修改规则保证隔离性，即多版本并发控制采用"快照"的方式，一个行记录数据有多个版本对应的快照数据，这些快照数据在 undo log 中。

想一想：

在互联网 Web 应用环境下 ACID 强调的"强一致性"会有哪些问题？

9.1.3 数据库操作与 SQL 查询

关系型数据库通常用于完成信息实时交互处理需求，如零售系统和银行系统，每次有一笔业务发生，用户通过和关系型数据库进行交互，就可以把相应记录写入磁盘，同时支持对记录进行随机读写操作。总之，这类数据库的目的是进行业务事务管理，包括客户关系管理系统 CRM、企业资源计划 ERP 等。结构化查询语言（Structured Query Language，SQL）是一种能实现数据库定义、数据库操纵、数据库查询和数据库控制等功能的一体化的数据库语言，目前已经成为关系型数据库的标准查询语言。

最典型的事务处理往往包含多个 SQL 操作语句，通过 SQL 也可以进行统计分析，常用的统计分析函数包括求和、求均值、求最大最小值等（SUM、AVG、MIN、MAX、

COUNT），即在选择满足一定查询条件后，可按照需要沿着每行或每列进行汇总。常用 SQL 语句和常用 SQL 统计函数分别如表 9.2 和表 9.3 所示。数据查询语句和统计函数的结合可以完成对数据库中数据的复杂查询及计算任务，当前 SQL 仍然是企业现阶段常用的数据分析工具。

 技术洞察 9.4：关系模型与 SQL 的诞生

埃德加·弗兰克·科德（Edgar F. Codd）在第二次世界大战时是一名空军机长，退役后进入 IBM 工作，首创关系模型理论，被誉为"关系数据库之父"。科德经过多年的潜心研究提出了一个新的解决方案，该方案最早发表在 1970 年具有创新性的技术论文《大型共享数据库的关系数据模型》及一系列报告中。正因为在数据库管理系统的理论和实践方面的杰出贡献，科德于 1981 年获图灵奖。

当时的关系数据库饱受质疑。因为当时大家都认为，程序员应该是数据结构的导航者，程序员能在网状数据库中记住每条记录和其他记录之间的关系，然后通过"指针"在各条记录之间导航访问。科德的想法完全不同，他认为程序员不应该接触底层的物理结构（数据在计算机中的存储方式），应该有个更高层的、声明式的语言来访问数据，完全和数据库的底层数据存储方式隔离。用声明式的语言来描述查询，让数据库"聪明地"把它转换成底层的物理查询。

基于关系模型，科德初期提出的查询方案有点让人生畏，关系代数和关系演算的示例分别如下。

关系代数：$\pi_{(e.name)}(\sigma_{e.salary > m.salary}(\rho_e(employee) \bowtie e.manager = m.name \; \rho_m(employee)))$

关系演算：RANGE employee e;

　　　　　RANGE employee m;

　　　　　GET w(e.name): $\exists m((e.manager = m.name) \wedge (e.salary > m.salary))$

后来加入的两个年轻的博士生决定把数学部分给隐藏起来。他们把关系称为表，然后把复杂的数学符号替换成简单的英语 SELECT、FROM、WHERE 等，这样普通人都能理解。最终，晦涩的关系代数和关系演算变成了非专业人士都能理解的查询语句。

select e.name

from employee e, employee m;

where e.manager = m.name and e.salary > m.salary

开始他们把这门语言叫作 SEQUEL（Structured English Query Language），即结构化的英语查询语言。后来，由于 SEQUEL 已经是一家英国公司的商标，两人灵机一动，改名为更简单、更容易记忆的 SQL（Structured Query Language）。

想一想：

你能猜出上述 SQL 实现的是什么操作吗？获取到的是什么数据？

表 9.2　常用 SQL 语句

模块	语句	基本功能	基本语法
数据定义	CREATE	创建数据库中的表	CREATE TABLE 表名（列名 1 数据类型 列名 2 数据类型 ……）
	DROP	删除表	DROP TABLE 表名
	ALTER	删除表中的列	ALTER COLUMN 列名

续表

模块	语句	基本功能	基本语法
数据操纵	INSERT	向数据表添加新数据行	INSERT INTO 表名 VALUES（值1,值2,……）
	DELETE	从数据表中删除数据行	DELETE FROM 表名 WHERE 列名=某值
	UPDATE	更新数据表中的数据	UPDATE 表名 SET 列名=新值 WHERE 列名=某值
数据查询	SELECT	从数据表中选择	SELETE * FROM 表名
	JOIN	连接查询	SELETE * FROM 表1 JOIN 表2 ON 列名1=列名2
	GROUP BY	分组查询聚合	
权限控制	GRANT	授予用户访问权限	
	DENY	拒绝用户访问	
	REVOKE	解除用户访问权限	
事务控制	COMMIT	结束当前事务	
	ROLLBACK	终止当前事务	

表 9.3 SQL 统计函数

适用类型	函数	基本功能	基本语法
与类型无关	COUNT()	计算表中的行数	SELETE COUNT(*) FROM 表名
数值类型	SUM()	计算表中数值列的合计	SELETE SUM(某列) FROM 表名
	AVG()	计算表中数值列的平均值	SELETE AVG(某列) FROM 表名
所有数据类型	MAX()	计算表中任意列的合计	SELETE MAX(某列) FROM 表名
	MIN()	计算表中任意列的合计	SELETE MIN(某列) FROM 表名

> **试一试 9.1：SQL 实践——查询与统计**
>
> 基于应用案例 9.2：学生选课管理数据库的 SQL 实例如下。
> - 查询年龄大于或等于 20 且小于或等于 30 的所有学生
>   SELECT * FROM student WHERE age BETWEEN 20 AND 30；
> - 查询姓马的人
>   SELECT * FROM student WHERE name LIKE '马%'；
> - 按照性别分组，分别统计男、女同学的人数。
>   SELECT COUNT(S#) FROM student GROUP BY sex；
>
> 进一步复杂的查询统计计算需要考虑多个表之间的关系，采用关系运算（JOIN 关系），这样也可以理解为完成了简单的从数据到信息的过程。

思考题

1. 从计算思维的角度来看，数据模型是对什么的"抽象"？包括哪些内容？
2. 什么是数据库？E-R 图的作用是什么？
3. 关系型数据库设计的基本原则是什么？
4. 什么是 SQL？举例说明 SQL 可以完成的操作。

9.2 数据仓库与商业智能

9.2.1 OLTP 与 OLAP

如上所述,事务是由一系列对系统中数据进行访问或更新的操作所组成的一个程序执行逻辑单元。RDBMS 通常用于企业数据的存储管理,也称为事务性数据库,在这类数据库管理系统中,事务也是数据库恢复和并发控制的基本单位。传统的关系型数据库主要应用于基本的日常事务处理,它允许大量人员实时执行大量的数据库事务工作,如记录数据的增加、删除、修改、查找等。

在互联网的环境下,数据库开始被用于许多不同类型的数据,如博客文章的评论、游戏中的动作、地址簿中的联系人等。这样的基本访问模式仍然类似于处理商业交易,如在线买一本书、预订一张机票、发送一个文本消息、电话推销员输入电话调查结果、呼叫中心员工查看和更新客户的详细信息等,这些均是事务的实例。由于这些应用程序是交互式的,所以这种访问模式也被称为在线事务处理(On-Line Transaction Processing,OLTP)。

随着企业业务的不断扩大,构建面向决策支持的系统的需求迫在眉睫,如面向"知识工人"的数据查询及报表显示。这类系统不仅需要收集存储来自多个异构的、自治的和分布的数据源的数据,如来自 CRM 及 ERP 等系统的数据,而且还应提供易于面向主题的分析,保证快速便捷地获取数据总体视图,以便企业高层依据这些信息做出准确的决策,这一需求促进了在线分析处理(On-Line Analytical Processing,OLAP)技术的发展。OLTP 和 OLAP 之间的区别并不总是清晰的,但是从"目的"和"假设"两个要素来看,一些典型的特征如表 9.4 所示。其中,"视图(View)"是指由 SQL 组成的数据查询定义。

表 9.4 在线事务处理 OLTP 与在线分析处理 OLAP

		OLTP	OLAP
	目的	面向操作人员、低层管理人员完成日常事务处理	面向决策人员、高级管理人员的数据分析
假设	DB 大小	单一来源、MB~GB	多源异构、GB~TB
	SQL 类型	简单事务、交易系统(增删改查)	复杂查询、统计及分析
	时间要求	具有实时性,响应时间以 ms 为单位	通常为批处理,每天更新一次
	数据访问	允许多用户访问相同的数据,同时采用并发控制确保数据完整性	分析中的查询大多只需读取数据,不会对历史数据轻易修改
	视图	详细、一般关系	汇总性、多维性

9.2.2 数据仓库及其分层架构

数据仓库(Data Warehouse,DW)是伴随着信息技术的发展和商业智能(Business Intelligence,BI)需求而产生的,用于基于历史的操作数据进行管理和决策。"数据仓库之父"W. H. Inmon 给出的数据仓库定义是"一个面向主题的、集成的、非易失的、随时间变化的、用来支持管理人员决策的数据集合"。OLAP和数据仓库的关系是依赖互补的，OLAP一般以数据仓库作为基础，即从数据仓库中抽取出详细数据的一个子集，并经过必要的聚集统计得到所需的分析结果。

数据仓库的出现，并不是要取代数据库。目前，大部分数据仓库还是用关系数据库管理系统来管理的。可以说，数据库、数据仓库相辅相成、各有千秋，主要区别在于：①数据库是面向事务的设计，数据仓库是面向主题设计的；②数据库一般存储在线交易数据，数据仓库存储的一般是历史数据；③数据库设计是尽量避免冗余，数据仓库在设计上有意引入冗余；④数据库是为捕获数据而设计，数据仓库是为分析数据而设计。数据仓库要素如表9.5所示。

表 9.5 数据仓库要素

要素		内 容 说 明
目的		构建一种语义上一致的数据仓库存储方式，充当决策支持数据模型的物理实现。在集成各类异构数据及历史信息、企业战略决策信息的基础上，提供便利、有效的查询及分析报表，实现商业智能
问题		数据集成——如何融合不同来源的异构数据
		数据管理——如何存储及管理集成后的数据
		数据使用——如何实现面向主题的查询、分析及呈现
假设		数据来源复杂、多源异构
		相对于事务处理，数据分析可以非实时
概念	ETL	对数据进行"抽取、转换、装载"（Extraction-Transformation-Loading），解决多源异构数据集成时产生的一系列任务，如数据清洗等
	操作数据存储ODS	ODS(Operational Data Store)是数据仓库体系结构中的一个可选部分，也被称为贴源层(存放原始数据)。它是最早的数据仓库模型，特点是不改变业务系统的数据结构但提供数据变化的历史，即通过在每张表中增加一个日期类型，表示数据的时间点，将每天数据的变化情况都存下来，这样有利于数据的分析
	数据仓库DW	DW(Data Warehouse)的目的是基于"事实"和"维"的数据库模型用于满足用户从多角度多层次进行数据查询和分析的需要。数据立方体(数据多维模型)是DW的具体实现
	数据集市DM	DM(Data Mart)是以某个业务应用为出发点而建立的局部DW，DM只关心各部门需要的数据，不会全盘考虑企业整体的数据架构和应用

数据仓库清晰的数据结构体现在分层上，即把复杂问题简单化，将一个复杂问题分解为多个步骤来完成，其目的在于：①每一个数据分层都有它的作用域，便于在使用表的时候更方便地定位和理解；②屏蔽原始数据的异常，屏蔽业务数据按业务流程不断更新的影响；③规范数据分层，构建通用的中间层数据，减少重复开发及计算。

数据仓库的分层结构如图9.4所示，来自不同系统的源数据通过ETL同步到操作性数据存储到ODS中，对ODS数据进行面向主题域的数据模型构建形成数据仓库DW，而数据集市DM是针对某一个业务领域建立模型，面向具体用户(不同的决策层)DM生成不同的报表。

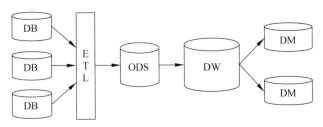

图 9.4 数据仓库的分层

ETL 的设计从三方面出发：数据的抽取"E"是从各个不同的数据源 DB 抽取到 ODS 中，在抽取的过程中需要挑选不同的抽取方法，尽可能地提高 ETL 的运行效率。ETL 中花费时间最长的是"T"（清洗、转换）的部分，一般情况下，这部分工作量占整个 ETL 的 2/3，具体内容包括对各类表格按照业务需求进行不同维度、不同颗粒度、不同业务规则下的统计计算，整个抽取过程需要兼顾数据仓库稳定性和随时间更新的需求。来自不同的数据源的数据，通过 ETL 工具加载"L"到数据仓库中，相对于面向事务处理的应用来说，数据仓库中的数据不是实时更新，但这并不是说，在从数据集成输入数据仓库开始到最后被删除的整个生存周期中，所有的数据仓库数据都是永远不变的，ETL 通常是 $T+1$（每天进行一次）操作，技术人员利用数据挖掘和 OLAP 分析工具从这些静态数据中找到对企业有价值的信息。

9.2.3 数据立方体构建及查询

数据仓库中数据的存储方式与数据仓库所要发挥的作用息息相关。数据仓库和 OLAP 基于多维数据模型，这种模型将数据看作数据立方体形式，如图 9.5 所示。基于"事实"和"维"的多维数据模型用于满足用户从多角度多层次进行数据查询和分析的需要。"事实表"记录的典型"维"包括时间、商品、顾客、供应商、仓库类型、事务类型、状态等。多维数据仓库查询可以从中心点出发按照多条射线展开，其中每一条射线代表一个维，然后按照不同的粒度（数据的细化和综合程度）进行 OLAP 操作。基于数据立方体的多维分析操作包括钻取、上卷、切片、切块及旋转等，如表 9.6 所示。

表 9.6 数据立方体（多维数据模型）要素

要素		内 容 说 明
目的		基于事实和维的数据库模型，用于满足用户从多角度多层次进行数据查询和分析的需要
问题		如何设计数据模型便于多维分析操作
		如何对不同"维度""粒度"进行操作
假设		决策人员往往关注高层次的统计数据
		允许数据有冗余
概念	事实表	记录业务事实并做相应统计的"宽表"
	维表	用来存放维的元数据（维的层次、成员、类别等描述信息）
	切片（Slice）	选择维中特定的值进行分析

续表

要素		内 容 说 明
概念	切块(Dice)	选择维中特定区间的数据或者某批特定值进行分析,切块的粒度通常会更大。而切片和切块相似,是对维度进行筛选,获取其中一部分相同的样本
	钻取(Drill-down)	更细粒度深挖,从上一个层次到下一层,即深入该层内部
	上卷(Roll-up)	与钻取往深度挖相反,即从细粒度数据向上层聚合。钻取和上卷通过摊薄和加厚来改变维度的粒度
	旋转(Pivot)	"维"的位置互换,实现根据不同目的,改变分析的角度

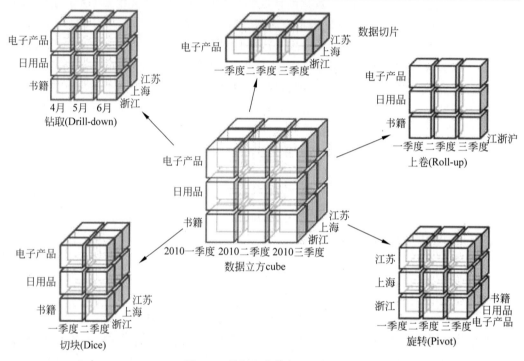

图 9.5 数据立方体(3D示例)

多维数据模型的具体实现模式有星状模式和雪花模式,如图 9.6 所示。星状模型是最常用的数据仓库设计结构,由一个事实表(用来记录业务事实并做相应指标统计的表)和一组维表(用于存放维度信息,包括维的属性和层次结构)组成,如图中的维度表 1~4,每个维表都有一个维主键。该模式核心是事实表,通过事实表将各种不同的维表连接起来,各个维表中的对象通过事实表与另一个维表中的对象相关联,这样建立各个维表对象之间的联系。雪花模型是对星状模型的扩展,每个维表都可以向外连接多个详细类别表,除了具有星状模式中维表的功能外,还连接对事实表进行详细描述的维度,可进一步细化查看数据的粒度。从图 9.6 可以看出,雪花模型是在星状模型的基础上又加入了维表 5 构成的。从另一个角度来看,数据立方体实质上就是数据的物化视图。

由于事实表中的每一行都表示一个事件,因此这些维度代表事件的发生地点、时间、方式和原因。通常情况下,事实被视为单独的事件,因为这样可以在以后分析中获得最

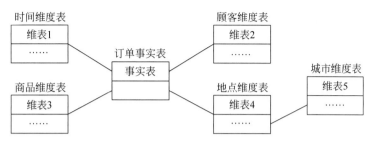

图 9.6 星状模型与雪花模型

大的灵活性。但是，这也意味着事实表可以变得非常大，常称为"宽表"。在典型的数据仓库中，事实表格通常有 100 列以上，有时甚至有数百列。维度表也可以是非常宽的，因为它们包括可能与分析相关的所有元数据。像苹果、沃尔玛或 eBay 这样的大企业在其数据仓库中可能有几十拍字节（PB）的交易历史，其中大部分保存在事实表中。

应用案例 9.3：零售企业中的事实表与星状模式

在零售商的事实表中，通常每一行代表在特定时间发生的事件，如每一行代表客户交易品种及交易额，其星状数据仓库（多维数据模型）构成的示例如下。

时间维

时间维	年	月	周	天
001	2004	1	1	1
002	2004	1	1	2
...				

地区维

地区维	地区	城市
031	华北	北京
042	华东	上海
...		

事实表

事实表，用来存储事实的度量值和各个维的码值

客户维	时间维	地区维	交易品种	交易额
110	001	042	卡消费	345
243	085	031	取款	.000
105	002	025	存款	.200
...				

客户维

维表：用来存放维的元数据（维的层次、成员、类别等描述信息）

客户键	姓名	年龄	性别	职业
105	张强	35	男	工程师
110	李立维	23	男	
243	赵辛初	41	男	
...				

想一想：

如果分析的是网站流量而不是零售量，则每行可能代表一个用户的所有行为数据吗？借此可以得到某页面浏览量或点击量 PV 吗？

9.2.4 数据挖掘与商业智能

数据挖掘(Data Mining,DM)与商业智能(Business Intelligence,BI)是与数据仓库同时出现的两个专用名词。数据仓库是为了数据挖掘做准备,数据挖掘是建立在数据仓库之上的知识发现,OLAP 的统计信息和数据挖掘得到的结果为提升企业的信息化竞争能力、实现商业智能 BI 等提供决策支持。

数据仓库的整体架构如图 9.7 所示,从 DIKW 的视角来看,数据不同层次的价值不断被挖掘出来(从左至右)。OLTP 展现业务流程是一组事务活动和任务,OLTP 数据库通常存储有关产品、订单(交易)、客户(买方)、供应商(卖方)和员工的信息。ETL 将数据从各种 RDBMS 源系统中分离出来,然后对数据进行转换(包括汇总计算等),并将处理后的数据加载到数据仓库系统中。数据仓库及数据集市是特定于数据仓库环境的结构及访问模式,OLAP 使用前期经过分析处理过的被存储的数据,其结果也可用于深层数据挖掘、分析和决策。

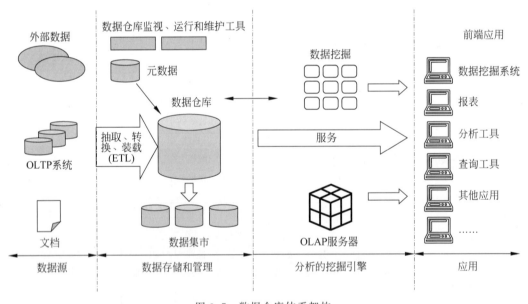

图 9.7 数据仓库体系架构

应用案例 9.4：数据仓库与用户标签

数据仓库在构建用户画像标签中的应用如图所示,图中的"宽表"相当于 DW 中的事实表,包含用户多项原始数据,在此基础上进一步构建各类标签,并再存入数据仓库中,当然底层的数据标签可以进一步送入高层次建模过程,得到高层的用户标签描述。

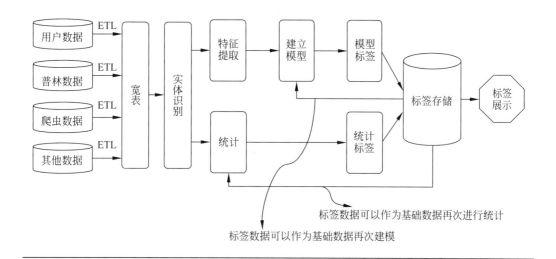

从数据查询的角度来看,数据仓库的作用可包括以下 4 类:交互式/即席查询(ad-hoc)、报表类查询(BI Reporting)、数据分析类查询(Data Analytics)及数据挖掘类查询(Data Mining)。从企业运营的角度来看,企业战略处理影响整个组织的运行,它通常由公司内部高层、董事会或高层管理人员制定。

技术洞察 9.5:数据解读的六字箴言——时间、对象、指标、对比、细分、溯源

数据仓库(数据立方体)为企业运营数据的分析提供了强大的技术保障。企业运营数据的解读方法及思路常常从 6 个维度展开。

Step1:找出需要分析数据中的所有时间、对象和指标。

(1) 时间。
- 常用的时间维度:年、季、月、周、日、时。
- 短期分析的时间维度:滚动 7 天、滚动 14 天、滚动 28 天……
- 中期分析的时间维度:滚动 30 天、滚动 60 天、滚动 90 天……
- 长期分析的时间维度:本月累计、本季累计、本年累计……

(2) 对象。
- 产品:品牌、品类、规格、包装。
- 渠道:批发、KA(大客户)、购物中心、便利店、百货……
- 价格:平均价格、价格段、价格点、价格区……
- 区域组织:全国、大区、省份、城市……

(3) 指标。
- 完成率:销售完成率、回款完成率、利润完成率……
- 效率指标:客单价、连带率……
- 增长率:同比、环比。
- 会员指标:复购率、流失会员数、新增会员数、**率……

以上这些都是常见的时间、对象、指标,在不同的行业中会有不同的定义,甚至数量更多,具体要根据行业特点去理解。需要注意,数据源中直接可以找到的时间对象指标属于显性的时间对象指标,同时还有很多隐性的时间对象指标,也需要一并找出来。如时间维度,显性的时间维度是日,不过既然有

"日",通过技术手段很方便地组合成月、季、年等维度,后者就是隐性的时间维度。这组数据中显性的指标有零售价、成交价、成交数量、成交金额。隐性指标有折扣率(成交价/零售价)、销售占比、排名等。探索性数据分析的前提就是要把数据源中的所有显性、隐性的时间、对象、指标都找出来供下一步使用。

Step2:对比、细分、溯源。

对比、细分、溯源贯穿在分析的时间、对象、指标中,寻找问题原因最核心的就是探索性数据分析。如果第一步是动脑的话,这一步就是动手了,不可以偷懒、投机取巧。

(4) 对比。

"没有对比就没有伤害",数据分析没有对比就不能发现差异。可以对比不同的时间、对象、指标,以便从中发现问题。如果对比时间,一般会把对象指标固定,即对比不同时间的相同对象、相同指标。同样地,如果要对比对象,就把时间、指标固定;如果要对比指标,就把时间、对象固定。通过这样的对比就能发现差异。

(5) 细分。

所谓细分,其实就是时间、对象、指标的细分,可以方便由大到小逐层"钻取",以便进行接下来的溯源。

(6) 溯源。

所谓溯源,是要找到源头。如果分析的粒度不够,出来的结果就不够深入,只停留在基本的层面。之前要找到所有的时间、对象、指标的过程也是为溯源准备的,通过溯源找到原因。所以如果是希望真正地找到源头,可以尽量在分析时细分到最小的单位(最小粒度)。例如,商品分析时,细分到SKU就是最小单位。

想一想:

上述方法与思路在数据立方体上是如何实现的?

总之,数据分析、挖掘与数据存储是相关联的,既可以对数据层中每个部分的数据进行数据分析,也可以将数据分析的结果在每个部分之间共享。常用的数据分析(数据挖掘)过程涉及从各种数据库中抽取数据、集成数据、清洗数据、生成所需的数据子集以及构建预测模型等。构建好的预测模型就可以应用于新数据之上,将预测模型应用于新数据中的实例可以理解为生成目标数据的属性值,被称为对数据进行评分。在对新数据进行评分后,最终结果可能会回填到数据库中,进而这些最终的新数据结果可以被某种工作流程报表仪表盘或考核评价之类的活动所用。图9.8为预测模型构建与部署加载过程的流程,建立模型通常不是数据科学项目的结束,需要以一种用户可使用的方式融入企业其他系统中,这一过程通常称为"模型部署"。

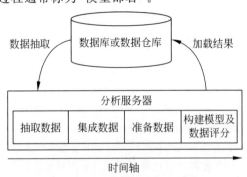

图9.8 预测模型构建与加载流程

技术洞察 9.6：模型标记语言（PMML）

预测模型标记语言（Predictive Model Markup Language，PMML）是一种基于 XML（可扩展标记语言）描述的存储机器学习模型的标准语言，用于实现模型的跨平台部署。这个标准与搭建和读取模型的具体编程语言无关，使用它可以实现模型在不同语言间的保存和读取。PMML 的核心实现是存储模型的框架、所用的变量以及模型里的参数。

以线性回归模型为例，假设模型为 $y = ax + b$，那么需要保存的信息包括模型类型为线性回归模型、模型两个变量 y 与 x、模型参数 a、b 的取值。

如果对在 Python 环境中由 sk-learn 训练得到的模型，通过 sklearn2pmml 模块可将它完整地保存为一个 PMML 格式的文件，再在其他平台（如 Java）中加载该文件进行使用。本示例的 PMML 部署文件内容如下：

```
1  <?xml version = "1.0" encoding = "UTF-8" standalone = "yes" ?>
2  < PMML xmlns = "http://www.dmg.org/PMML-4_3" version = "4.3">
3      < RegressionModel functionName = "regression">
4          < MiningSchema >
5              < MiningField name = "y" usageType = " target" />
6              < MiningField name = "x" />
7          </MiningSchema >
8          < RegressionTable intercept = "-0.9495378313625586">
9              < NumericPredictor name = "x" coefficient = "1.032966998995286" 1| />
10         </RegressionTable >
11     </RegressionModel >
12 </PMML>
```

思考题

1. 什么是 OLTP 与 OLAP？二者的主要区别是什么？
2. 数据库与数据仓库有何不同？采用数据立方体（多维数据模型）的目的是什么？
3. DW、DM 与 BI 分别表示什么？三者之间的关系是什么？
4. 什么是 ETL？为什么 ETL 非常重要？

9.3 大数据的挑战

9.3.1 大数据存储与管理

随着互联网的崛起，数据库所管理的数据发生了根本的变化，其基本标志就是从过去仅仅管理由键盘输入的数字、字符等简单数据，到今天必须管理由各种设备、装置、计算所产生的多种类型的复杂数据，包括图形、图像、视频、音频、电子图书与档案、Web 网页等。这一变化给数据存储与管理带来了很多的挑战。百度百科上给出的"大数据"定义是"无法在一定时间范围内用常规软件工具进行捕捉、管理和处理的数据集合,是需要新处理模式才能具有更强的决策力、洞察发现力和流程优化能力的海量、高增长率和多样化的信息资产"。数据复杂性及数据量的变迁如图9.9所示。可以发现,以前一台单独的普通计算机(或者服务器)处理数据的速度是以 KB/s 为单位的,但是在大数据时代,如果依然按照 KB/s 的处理能力来处理数据,那么只会使得系统陷入停滞或者瘫痪,也就是说,关系数据库已经无法胜任这种变化了的应用需求,亟需设计一种拥有强大的数据采集、存储、处理的系统。

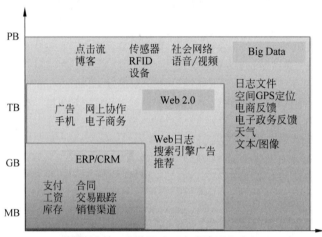

图 9.9　数据的变迁

对数据库技术即数据的存储与管理的挑战具体可以体现在以下几个方面。

(1) 数据库的一个基本问题就是要找到一个恰当的数据模型来表达它所管理的对象。关系数据库中的数据模型为关系模型,即数据被组织成关系(表),其中每个关系是元组(行)的集合,即结构化数据。关系数据库起源于商业数据处理,用于大型计算机来执行,这些用例包括典型的事务处理(将销售或银行交易、航空公司订单、库存管理信息记录在库)和批处理(客户发票、工资单、报告处理)。虽然在网上看到的大部分内容依旧是由关系数据库来提供支持,如在线发布、讨论、社交网络、电子商务、游戏、软件等,但很多非结构化数据则带来很多新的问题。例如,如果用表格存储一本书,而书里面有文字、图形、图像、数学公式,还有很多特定领域特殊的内容,还要分成章节,描述这些复杂的结构关系对关系数据库模型而言显然是一件十分困难的事情。

(2) 在存储方面,过去数据存储不太考虑 10 年、20 年这样长期的存储。一般的数据用了一两年之后,就采取备份的手段,把它倒出变成离线的数据。现在则不同,一本书、一部档案等可能 10 年、20 年以后还要用,用户只要有需要,都希望能把它在线地调出来使用。从存储容量的要求来看,现在的要求跟过去键盘输入时代的要求有天壤之别。如何在计算机里长期保存这样超大规模的数据,并且实现随时可用的在线访问,更需要一个合理的存储系统,这显然不是仅增加磁盘阵列式服务器就能解决的问题。

(3) 在数据的使用方面,对传统的关系数据库保存的数据使用也很简单,就是查一条或者一组记录,然后在终端显示出来。而今非结构化数据带来一系列问题,如当用户把一张照片调出来,需要特定的浏览器才能观看;当需要把一本书调出来,需要各种文字的索引服务。存储的对象和服务的变化反过来对数据库的支撑技术提出了很多的新要求,这与现在关系数据库所处理的常规数据索引有很大的不同。

(4) 数据模型的变化意味着对查询数据的处理也要发生变化。过去的对象很简单,都是一行一行的记录。现在一个对象除了一部电影、一幅图像、一个电视节目这些对象本身以外,还有很多关于它们的描述性的东西,即对象的元数据。这使得数据本身呈现一种多维的趋势且非结构化,数据库系统必须考虑这样的要求。

(5) 数据模型的变化意味着查询语言的变化。SQL 是一种声明式查询语言,只需指定所需的模式(如结果符合哪些条件以及如何将数据转换,如排序、分组、集合等),数据库系统的查询优化器决定使用哪些索引和哪些连接方法,以及以何种顺序执行查询的各个部分。而许多用于数据分析的编程语言是命令式的,需要满足复杂机器学习算法的编程实现。

> **想一想 9.1:什么是元数据**
>
> 元数据(Metadata)中的元(Meta)可以理解为事物或对象,数据(data)当然就是指该对象的相关具体数据。你可能接触过照片的元数据,其中包括图像尺寸、拍摄时间或者是光圈和快门信息、GPS 数据,对于视频文件也一样,如画面的尺寸、视频和音频的编码、时长等。
>
> 对于元数据,一个更简单的定义是"描述数据"的数据。

9.3.2 Google 颠覆性技术创新

自从 20 世纪 90 年代互联网风靡全球后,Google 作为互联网搜索的先行者,在数据存储及管理方面率先面临各种挑战。物联网作为世界上最庞大的数据体,Google 每天的搜索量达到了惊人的 30 亿次,平均每秒钟都有 3.4 万个问题被搜索,因此 Google 也最先遇到了需要设计一个庞大的系统来处理如此海量数据的问题。综上所述,大数据框架应该具有以下特点。

(1) 性能:整个系统要求对于数据的吞吐量必须要达到 MB/s、GB/s 甚至是 TB/s 的级别,这样才能保证在瞬间有海量数据涌来的时候,及时准确地进行处理。

(2) 可伸缩性:即适应数据持续增加及不断变化需要的能力。必须能够处理更大量的工作负载以适应增长。可伸缩性在保证随时间逐渐增加的请求外,还要求不会对可用性或性能产生负面影响。

(3) 可靠性:系统需要有很强的容错能力,如果服务器突然损坏,怎么来保证数据不丢失,更有甚者,比如发生了自然灾害,整个数据中心崩溃,怎么来恢复数据,保证系统能继续进行正常的工作。

(4) 可用性:用户如何来对数据进行访问、修改、追加、复制等操作,同时需要保证多个客户端并行(同时)的访问或者修改,怎么才能保证数据的一致性,使得数据的修改不混乱,保证下一次读取时,数据是可用的。

创新来源于需求。Google 在 2003—2006 年间发表了三篇论文,介绍了 Google 如何对大规模数据进行存储和计算,这三篇论文开启了工业界的大数据时代,被称为谷歌的"三架马车",其核心是"分布式"。

(1) GFS(The Google File System)用来解决数据存储的问题,其核心的思想是硬盘横向扩展以及数据冗余,即采用多台廉价计算机,使用冗余的方式保证容错性(即一份文件在不同的计算机之上保存多份),取得读写速度与数据安全并存的结果。因为硬盘可以横向扩展,所以理论上能存储无限数据。

(2) MapReduce 属于函数式编程,秉着"计算向数据靠拢"的原则将数据计算分为 Map 和 Reduce 两个阶段完成。Map 用来将数据分成多份分开处理,Reduce 将处理后的结果进行归并,进而解决了大规模并行运算的难题。

(3) BigTable 是在分布式系统上存储结构化数据的一个解决方案,解决了"巨大"表格的管理、负载均衡等问题。

 技术洞察 9.7:柔性事务与 BASE 原则

在大数据时代的互联网环境中,对数据的一致性的要求并不是很高,关键是强调系统的高可用性,因此为了获得系统的高可用性,可以考虑适当牺牲"一致性"。BASE 的基本思想就是在这个基础上发展起来的,它完全不同于 ACID 模型,牺牲了高一致性,从而获得可用性或可靠性。与 ACID 的刚性事务实现相比,BASE 是柔性事务处理机制,其原则如下。

- 基本可用:一个分布系统的一部分发生问题变得不可用时,其他部分仍然可以正常使用,也就是允许分区失败的情形出现。
- 软状态:状态可以有一段时间不同步,具有一定的滞后性。
- 最终一致性:在高并发数据访问操作下,并不是每时每刻都保持实时一致,但最终数据是一致的(可称为弱一致)。

ACID 和 BASE 是事务实现的两种基础理论。ACID 是刚性事务,强调的是隔离性和强制一致性,隔离性导致事务操作的资源在事务结束以前要一直被锁定占用,又因为强调强一致性,如果一个事务中包含多个子事务,就必须要求多个事务一次性完成,但是万一其中一个事务耗时很久,就会导致其他的事务一直占据着资源没法释放,从而影响整个系统的吞吐。BASE 是柔性事务,"基本可用"可以保证分布式事务参与方不一定同时在线;柔性"软状态"允许系统状态更新有一定的延时,这个延时对客户来说不一定能察觉;系统的"最终一致性"则是通过消息可达的方式来保证。

想一想:
BASE 这一原则确定依据的基本"假设"是什么?

9.3.3 数据科学生态系统

Hadoop 体系结构是基于 Google 大数据基础框架的开源实现,通过合理地使用硬件集群,充分利用多个存储和计算资源进行数据的高速运算和存储。最初的 Hadoop 生态由三个专门为处理大数据的组件构成,如图 9.10 所

图 9.10 Hadoop 核心组件

示。分布式文件存储(Hadoop Distributed File System,HDFS)实现数据的分布式存储,分布式数据计算框架 MapReduce 统一解决了数据分布式计算带来的各种问题,分布式资源协调工具 YARN 则负责计算机集群资源的管理和调度。

大数据令人兴奋的地方在于它的价值主张,关于"大"数据的核心理念是它包含(或更有可能包含)比"小"数据更多的模式和有趣的地方。因此,通过分析大型且功能丰富的数据,可以获得更大的商业价值,这是通过其他方法无法获得的。虽然用户可以使用简单的统计和机器学习方法或特殊的查询和报告工具来检测小数据集中的模式,但大数据意味着"大"分析,意味着更好的洞察力和更好的决策。

所谓"数据生态系统"是由相互交互的各种元素组成,以产生、管理、存储、组织、分析和共享数据。数据科学用到的技术栈因组织结构而异,组织结构越复杂或处理的数据量越大(尤其是两者兼顾时),支持数据科学活动的技术生态系统的复杂度就越高。在大多数情况下,该生态系统包含来自不同软件供应商的工具和组件,并会处理不同格式的数据。在构建自己的数据科学生态系统时,可以有一系列不同的选择方案。一方面,可以投资购买集成商业软件工具集;另一方面,也可以通过集成一些开源软件和编程语言来建立一个定制的生态系统。在这两个极端之间,一些软件供应商会提供包括商业产品和开源产品的混合式解决方案。尽管工具组合的选择因组织结构而异,但在大多数数据科学体系架构中组件的选择存在某些共性。图 9.11 给出了典型数据架构的示意图。这种架构适合各种规模的数据环境,图中主要由三个区域组成:数据源区域生成组织机构中的所有数据,数据存储部分完成数据的存储和处理,应用程序部分实现与数据消费者共享数据。

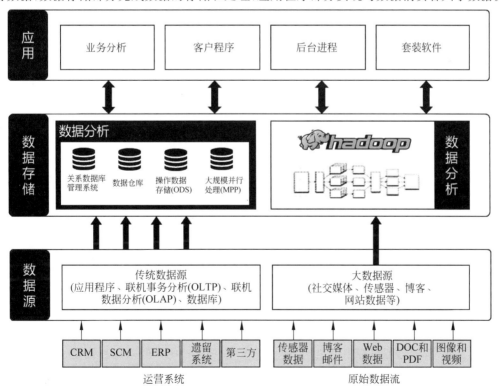

图 9.11 Hadoop 和数据仓库共存

数据科学项目(数据分析、数据挖掘、机器学习)与数据源和数据存储层的两部分相关联,可以对数据层中每个部分的数据进行数据分析、挖掘及发现,其结果可以在每个层之间共享。与从大数据源捕获的数据相比,来自传统数据源的数据通常相对干净并且信息含量高。但是,更大的数据量和更强的实时性意味着大数据能提供额外的洞察力,以弥补在数据清洗等方面的开销。传统数据库、数据仓库与 Hadoop 架构的组合使用,能够将 SQL 作为公共语言轻松处理所有的数据相关操作,如近实时访问、数据分析、执行机器学习代码以及预测分析等。数据价值金字塔如图 9.12 所示,体现出不同层次数据价值(从数据到知识)的过程及内容,所有这一切都离不开数据科学生态系统的支持。

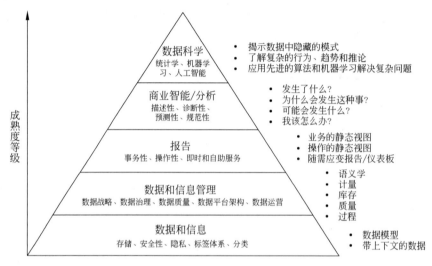

图 9.12　数据价值金字塔

思考题

1. 什么是元数据?举例说明非结构化数据的元数据是什么。
2. 什么是谷歌的"三驾马车"?它们的作用分别是什么?
3. 数据科学生态系统要解决的主要问题是什么?

9.4　探究与实践

1. "刚性事务"和"柔性事务"的区别有哪些?这里隐含的假设是什么?试用"3-2-1 关联法"展开思考。

2. Google 当年面临的挑战是什么?为什么大数据存储与管理框架特别关注可伸缩性及可靠性?用 5Why 分析法试试。

3. 关于本章学习目标中列出的"核心概念"你真的理解了吗?用自检表试一试,或者试试能否将几个概念串起来,形成一个你自己的概念图。

4. 探究 SQL 的奥秘。

SQL 的功效可能超乎你的想象,也是大公司进行数据分析相关面试的必考题。理解 SQL 的关键是查询语句的书写顺序和运行顺序不一样,只有理解了 SQL 查询语句的运行顺序才能看懂 SQL。SQL 的运行顺序是:select 在前,order by 断后,其他按照书写顺序运行。

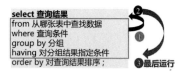

试着查找并理解以下 SQL 查询及结果,并设想可能完成的计算应用场景(可以应用案例 9.2 为例)。

- 数据查询:SELECT+FROM。
- 数据过滤:SELECT+WHERE,BETWEEN,IS NULL,LIKE。
- 数据分组:SELECT+WHERE+GROUP BY(用 HAVING 代替可以过滤分组)。
- 数据排序:SELECT+WHERE+ORDER BY。
- 数据汇总:AVG()、COUNT()、MAX()、MIN()、SUM()。

第10章 大数据分布式存储

 **春晚抢红包大战究竟"战"什么?**

2022 年除夕看春晚的一大乐趣就是全民上京东抢红包薅羊毛。这次春晚一共发出了 15 亿元红包,是历年来春晚红包的最大手笔。春晚期间,抢红包的累计互动次数达到了 691 亿次,不但带来了大量新增用户,也带动京东整个春节期间的成交额同比增长 50% 以上。不过,你知道吗?在人们冲进京东 App 忙着抢红包的时候,京东的技术团队经历了一次惊心动魄的"大考"。

往年其他大公司发红包,如腾讯、阿里巴巴,都是提前三个月开始准备这场大战,最短的百度那年也有一个多月时间,而 2022 年留给京东的时间是史上最短的,只有 27 天。如何解决春晚 4 小时中最高可达 6 亿活跃用户的"到访",大数据的"分布式"存储与计算发挥了强大的作用。最后京东的方案是"七借七还",春晚发 7 次红包,就在每次抢红包洪峰的几分钟内借"算力",然后马上还回去,下次发红包时再借。这就要求 1.5 万台服务器、共计 100 万颗 CPU 核心,在两分钟之内切换工作内容,而且每颗 CPU 核心上的计算要平稳顺滑,不能抖动,技术上非常难。京东研发的"云舰"系统在这次"大考"中交上了完美的答卷。京东用史上最"抠门"的方式完成了一次春晚发红包。而抠门的背后,是京东一直强调的"刀锋利润":以最低廉的成本,完成最极致、最稳定的服务。

学习目标

学完本章,你将可以简述并使用以下概念。
- 分布式文件系统 HDFS、名称节点、数据节点。
- 分布式数据库 HBase、列存储、时间戳。
- NoSQL 数据库。

学完本章,你将具有以下能力。
- 理解大数据分布式存储的特点(复制机制、心跳机制、负载均衡机制)。
- 了解 NoSQL 非结构化数据库的特点及应用场景。

学完本章,你还可以探索以下问题。
- "分布式"与"列存储"之间的联系是什么?
- 尝试用思维要素理解 HDFS 及 HBase "目的""假设"及输入/输出分别是什么。

10.1 分布式文件系统

10.1.1 分布式文件系统概述

视频讲解

关于"大数据",Gartner 给出的定义是:"一种规模大到在获取、存储、管理分析方面大大超出了传统数据库软件工具能力范围的数据集合"。大数据时代,数据集超过一个单独的物理计算机的存储能力是常态,这时就需要"分而治之"的理念进行存储及管理,即有必要将它分配到多个独立的计算机上。管理着跨计算机网络存储的文件系统称为分布式文件系统(Distributed File System,DFS),相对于传统的本地数据文件系统而言,分布式文件系统是一种通过网络实现文件在多台主机进行分布式存储的框架。分布式文件系统的设计一般采用"客户机/服务器"模式,用户端以特定的通信协议通过网络与服务器建立联系,提出数据文件访问请求(如读写、查询操作),用户端和服务器可以通过设置访问权来限制请求对方对底层数据存储的访问。

普通的文件系统只需要单个计算机节点就可以完成文件的存储与处理,单个计算机节点由处理器、内存、高速缓存和本地磁盘构成。分布式文件系统把文件分布存储到多个计算机节点上,成千上万的计算机节点构成计算机集群。与之前使用多个处理器和专用高级硬件的并行化处理装置不同的是,目前的分布式文件系统所采用的计算机集群都是由普通硬件构成的,这就大大降低了硬件上的开销。计算机集群的基本架构如图10.1所示。集群中的计算机节点存放在机架(Rack)上,每个机架可以存放8~64个节点,同一机架上的不同节点之间通过内部网络互连,多个不同机架之间采用另一级网络或交换机互连。

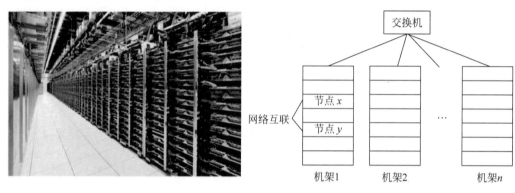

图 10.1　计算机集群、机架与节点

变革总是由像谷歌那样的大公司主导的,在当时大部分公司还在致力于提高单机性能时,谷歌已经开始设想把数据存储、计算分给大量的廉价计算机去执行,实现了"分而治之"。Hadoop 的分布式文件系统(Hadoop Distributed File System,HDFS)是谷歌 GFS 的开源实现。正是因为谷歌公布了其技术论文,更有国外类似如 Hadoop 的等开源框架的具体实现,国内的许多互联网大公司才能在此基础上设计自己的分布式文件管理系统,例如,淘宝的 TFS(Taobao File System)、百度的 BFS(Baidu File System)等。

技术洞察 10.1:Google 论文"Google File System"(2003 年)——引言(译文)

我们设计实现了 GFS 来应对来自 Google 快速增长的数据处理需求。GFS 和此前的分布式文件系统具有某些相同的目标,如性能、可扩展性、可靠性和可用性。然而 GFS 的设计被 Google 的应用负载情况及技术环境所驱动,具有和以往的分布式文件系统不同的方面。我们从设计角度重新考虑了传统的选择,针对这些不同点进行了探索。

第一,组件的失效比异常更加常见,文件系统包含成百上千的基于普通硬件的存储机器,同时被大量的客户端机器访问。组件的数量和质量决定了在某个时刻一些组件会失效,而其中的一些无法从失效状态中恢复。我们曾经遇到过引发失效的原因有:应用缺陷、操作系统缺陷、人为错误、磁盘/内存/连接器/网络/电源错误等。因此系统必须包含状态监视、错误检测、容错、自动恢复等能力。

第二，传统标准的文件量十分巨大，总量一般会达到吉字节(GB)级别。文件通常包含很多应用对象，如 Web 文档等。当我们在工作中与日益增长的包含大量对象的太字节(TB)级的数据进行交互时，管理数以亿计的千字节(KB)大小的文件是非常困难的。所以，新设计的假定和参数需要重新定义，如 I/O 操作和块大小等。

第三，多数的文件变化是因为增加新的数据，而非重写原有数据。在一个文件中的随机写操作其实并不存在，一旦完成写入操作文件就变成只读，且通常也是顺序存储。多种数据拥有这样的特征，如构造大型存储区以供数据分析程序操作、运行应用产生的连续数据流、历史归档数据及一台机器产生的会被其他机器使用的中间数据等。对于巨大文件的访问模式变成了性能优化的焦点。与此同时，在客户端进行数据缓存逐渐失去了原有的意义。

第四，统一设计应用和文件系统 API 对提升灵活性有好处。例如，我们将 GFS 的一致性模型设计得尽量轻巧，使得文件系统得到极大的简化，应用系统也不会背上沉重的包袱。我们还引入了一个原子增加操作，这样多个客户端可以同时向一个文件增加内容，而不会出现同步问题。多个 GFS 集群被部署用于不同的用途，最大的一个拥有 1000 个存储节点、300TB 的磁盘存储、被上万个用户持续地密集访问。

想一想：
你能从论文中找到 Google 对大数据存储及处理的"假设"吗？这种假设重要吗？

10.1.2 HDFS 存储原理及操作

HDFS 将数据分布在许多计算机集群中并以"块(Blocks)"的形式存储，128MB 是每个模块的默认大小。考虑到数据的安全性，HDFS 对数据进行复制并以副本的形式存储在多处，称为复制节点，这样一来，即使一个节点数据崩溃，由于 HDFS 的高容错性，数据也不会有任何损失。HDFS 的要素如表 10.1 所示。

表 10.1 HDFS 要素

要素		内 容 说 明
目的		构建运行在廉价的大型服务器集群上的、高可靠性、高效的、高可扩展性、高容错性的分布式数据处理软件框架。分布式系统由独立的服务器通过网络松散耦合组成
问题		可扩展性——如何让多台服务器协同工作，完成单台服务器无法处理的大数据量的任务 并发性——如何协调分布式多点并发操作 可移植性——如何实现跨异构硬件和软件平台的可移植性
假设		"超大文件"是指几百 TB 大小甚至 PB 级的数据 廉价存储硬件故障(出错)是常态 大部分文件的更新是通过添加新数据完成的，而不是改变已存在的数据。即"一次写入、多次读取"的模式是最高效的
概念	块(Block)	HDFS 中的文件都是被切割为块进行存储的，块是基本的读写单元。数据块被复制到多个 DataNode 中作为备份，块的大小和复制的块数量在创建文件时由用户决定，并负责切分文件、访问 HDFS、完成读写操作
	名称节点(NameNode)	主节点，可以看作分布式文件系统中的管理者，主要负责管理文件系统的命名空间、集群配置信息和存储块的复制等。NameNode 会将文件系统的元数据存储在内存中，这些信息主要包括文件信息、每一个文件对应的文件块的信息和每一个文件块在 DataNode 的信息等

续表

要素		内容说明
概念	数据节点（DataNode）	从节点，是文件存储的基本单元，它将 Block 存储在本地文件系统中，同时周期性地将所有存在的 Block 信息发送给 NameNode
	副本	数据副本指在不同节点持有同一份数据，当某一个节点上存储的数据丢失时，可以从其他节点的副本上读取该数据。副本也可以在多客户端需求时加快数据传输速度

图 10.2 为 HDFS 的架构图，可以看出数据被分块存储在不同的本地磁盘中，解决分布式存储带来的相关的三个核心机制是：复制机制、心跳机制和负载均衡机制。①复制机制即容错处理，通过保存多个副本（默认为三份副本）保证冗余存储，并提供副本丢失或停机自动恢复等容错处理；②心跳机制执行各个模块（节点/服务）每隔一段时间（如 3s）连接并传送一次当前的状态或下达一次命令，确保分布式各节点的状态交流；③负载均衡机制则保证机器与机器之间磁盘利用率平衡，需要时进行重新均衡处理（一般集群中容量最高值与最低值差值不能超过 10%）。提升分布式系统的整体性能是通过横向扩展（增加更多的服务器）来实现的，而不会纵向扩展（即提升每个节点的服务器性能）。

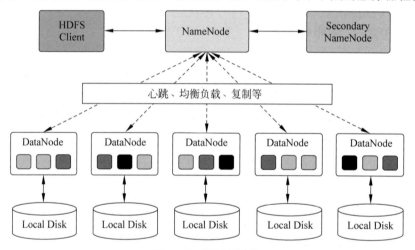

图 10.2　HDFS 架构

（图片来源：《大数据技术原理与应用：概念、存储、处理、分析与应用》）

技术洞察 10.2：写时模式与读时模式

在传统的数据库中，表的模式（Schema）是在数据加载时强制确定的，如果在加载时发现数据不符合模式，就拒绝加载数据。因为数据是在写入数据库时对照模式进行严格检查的，因此这一设计模式被称为"写时模式（Schema On Write）"，传统的关系型数据库在对数据库存储的数据类型及格式采用"先设计、后使用"的理念。

HDFS 是"读时模式（Schema On Read）"，它是面向任何数据格式的存储，只要有读取这些数据的接口程序，在用到这些数据（Read）时才会检查或变换。读时模式对数据先存储，然后在需要读取的时候再为数据设置模式，底层存储不会在数据加载时进行验证。

两种模式对比可以分别从业务角度、数据质量、效率、功能与系统等几方面进行。

(1) 业务角度分析。

对于一个成熟的业务,已有模型足够涵盖所有的数据集,变化较少,则可以使用写时模型,提前定义好所有数据模型(如数据仓库)。对于一个新的或者探索性业务,由于业务需求不定,并且变动频繁,因此数据不适合绑定到预定的结构上,则可以使用读时模式,快速迭代,尽快交付业务需求。

(2) 数据质量对比。

写时模式会对存储的数据质量进行检查或清洗(ETL),确保数据在某个业务场景下数据是精确的和可信的。读时模式则因为数据在加载进入时没有受到严格的 ETL 和数据清理过程,也没有经过任何验证,该数据可能充斥着缺失或无效的数据、重复和一大堆其他问题,可能会导致不准确或不完整的查询结果。如果在读时进行 ETL,由于同样数据不同 Schema,则会导致重复工作。

(3) 效率对比。

写时模式倾向于读效率,因为数据存储在合适的地方,并做了类型安全和清理优化工作,通常更高效。但这是经过数据载入时烦琐的预处理为代价换来的。读时模式更倾向于写效率,数据的载入不需要做其他处理,简单且快捷。但是就会导致读时解析和解释数据效率低下。

(4) 功能与系统。

写时模式更多用于对结构化数据的 OLAP 与 OLTP,对应传统的数据库系统。读时模式基于非结构化数据,需要存储更多的数据、海量的分析需求、快速的需求响应,这与大数据系统不谋而合。

总之,Schema On Read 强调灵活自由,Schema On Write 注重稳定;Schema On Read 与 Schema On Write 不是二者取一,而是相辅相成,互相协助。

上传数据到分布式文件系统的基本流程示意图如图 10.3 所示。当用户在 HDFS 中存储文件时,文件被分成 A、B 两块,这些数据块的三个副本被分别存储在 Hadoop 集群的从节点 DataNode 中。而 NameNode 在主节点服务器上运行,所有处理数据块及其相

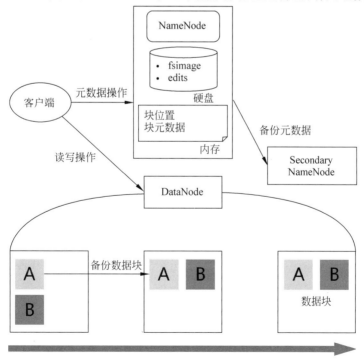

图 10.3 HDFS 基本思想

应文件的映射信息都存储在 NameNode 上的一个名为 fsimage 的文件中。另外,任何数据的更改都会被记录在 NameNode 上一个编辑日志 edits 中,该日志会跟踪自上一个检查点 checkpoint(即上一次编辑日志时刻)以来的所有操作。以可配置的时间间隔为例,DataNode 守护进程每 3 秒发送一次心跳信号,表明它们处于活动状态,DataNodes 每 6 小时会向 NameNode 发送一个块报告,列出节点上的文件块并描述了每个数据块的"健康"状况。这样 NameNode 始终拥有集群中可用资源的当前状态信息。

启动过程完成后,NameNode 就有了存储在 HDFS 中的所有数据的完整信息,可以接收来自 Hadoop 客户机的应用请求。当数据文件根据客户端请求添加和删除时,更改的数据被写入从节点的磁盘中,日志更新被写入编辑文件,更改信息被反映存储在 NameNode 内存中的块位置和元数据中。HDFS 以水平复制(如图 10.3 中的箭头所示)的方式达到数据备份冗余的要求,HDFS 通过机架感知来确定数据的分布式存放位置。

> **技术洞察 10.3:HDFS 的文件操作命令**
>
> 像在 Linux 或基于 UNIX 的操作系统上一样,可以在 HDFS 中使用 mkdir 命令。HDFS 有一个默认的工作目录/user/ $ USER,其中, $ USER 是登录用户名。部分操作命令及结果示例如下。
>
> ```
> # 在 user 目录下创建一个名为"joanna"的文件夹,运行 mkdir 命令:
>     $ hadoop hdfs dfs -mkdir /user/joanna
>
> # 使用 Hadoop 的 put 命令将文件 data.txt 从本地文件系统复制到 HDFS 的 "joanna"文件夹:
>     $ hadoop hdfs dfs -put data.txt /user/joanna
>
> # 运行 ls 命令以获取 HDFS 文件列表,并找到两个项目:
>     $ hadoop hdfs dfs -ls .
>     drwxr-xr-x   - joanna supergroup   0 2013-06-30 12:25 /user/joanna
>     -rw-r--r--   1 joanna supergroup 118 2013-06-30 12:15 /user/joanna/data.txt
> # 使用 Hadoop 的 get 命令将文件从 HDFS 复制到本地文件系统:
>     $ hadoop hdfs dfs -get file_name /user/login_user_name
> # 使用 Hadoop 的 rm 命令删除文件或空目录:
>     $ hadoop hdfs dfs -rm file_name /user/login_user_name
> ```

10.1.3 HDFS 应用场景

Hadoop 设计之初的目标就定位于高可靠性、高可拓展性、高容错性和高效性,正是这些设计上与生俱来的优点,才使得 Hadoop 一出现就受到众多大公司的青睐,同时也引起了研究界的普遍关注。到目前为止,Hadoop 技术已经得到了广泛的运用,例如,Yahoo 使用 4000 个节点的 Hadoop 集群来支持广告系统和 Web 搜寻的研究;Facebook 使用 1000 个节点的集群运行 Hadoop,存储日志数据,支持其上的数据分析和机器学习;百度用 Hadoop 处理每周 200TB 的数据,从而进行搜寻日志分析和网页数据挖掘工作等。

基于 Hadoop 的优点,Hadoop 适合应用于大数据存储和大数据分析的应用,适合于几千台到几万台集群的运行,支持拍字节(PB)级的存储容量。Hadoop 的应用非常广泛,包括搜索、日志处理、推荐系统、数据分析、视频图像分析、数据保存等,都可以使用它进行部署。目前,包括 Yahoo、IBM、Facebook、亚马逊、阿里巴巴、华为、百度、腾讯等公司,都采用 Hadoop 构建自己的大数据系统。

另外，HDFS 由于自身的弱点，也有不合适应用的领域。

（1）低延迟数据访问：需要低延迟数据访问在毫秒范围内的应用不适合 HDFS。

（2）大量的小文件：HDFS 的 NameNode 存储着文件系统的元数据，因此文件数量的限制也由 NameNode 的内存量决定。

（3）多用户写入、任意修改文件：HDFS 中的文件只有一个写入者，而且写操作总是在文件的末尾。它不支持多个写入者，或者在文件的任意位置修改。

  技术洞察 10.4：Hadoop 大事记（截至 2011 年）

- 2004 年，Doug Cutting 和 MikeCafarella 实现了 HDFS 和 MapReduce 最初的版本。
- 2005 年 12 月，Nutch 移植到新的框架，Hadoop 在 20 个节点上稳定运行。
- 2006 年 1 月，Doug Cutting 加入雅虎。
- 2006 年 2 月，Apache 正式启动 Hadoop 项目以支持 MapReduce 和 HDFS 的独立发展。
- 2006 年 2 月，雅虎的网格计算团队采用 Hadoop。
- 2006 年 4 月，在 188 个节点上（每个节点 10GB）运行排序测试集需要 47.9h。
- 2006 年 5 月，雅虎建立了一个 300 个节点的 Hadoop 研究集群。
- 2006 年 5 月，标准排序在 500 个节点上运行 42h（硬件配置比 4 月的更好）。
- 2006 年 11 月，研究集群增加到 600 个节点。
- 2006 年 12 月，标准排序测试集在 20 个节点上运行 18h，100 个节点 3.3h，500 个节点 5.2h，900 个节点 7.8h。
- 2007 年 1 月，研究集群达到 900 个节点。
- 2007 年 4 月，研究集群达到两个包含 1000 个节点的集群。
- 2008 年 4 月，在 910 个集群节点上，用时 209s（不到 3.5min）完成了对 ITB 数据的排序，打破世界记录。
- 2008 年 10 月，研究集群每天装载 10TB 的数据。
- 2009 年 3 月，17 个集群总共 24000 台机器。
- 2009 年 4 月，在每分钟排序中胜出，即 1400 个节点上，对 500GB 数据排序仅用时 59s，周期在 3400 个节点上用时 173min 完成对 100TB 数据的排序。
- 2011 年 12 月 27 日，1.0.0 版本释出。标志着 Hadoop 已经初具生产规模。

注：

Apache 基金会（The Apache Software Foundation, ASF）是一个非营利性组织，旨在支持开放源代码软件项目的发展、维护和管理。该组织的目标是提供一个稳定、可靠、安全和独立的基础设施，帮助开发人员构建和维护开源软件项目。

思考题

1. HDFS 的主要特点是什么？如何实现高效扩展？
2. DataNode 和 NameNode 分别是什么？其主要作用是什么？
3. HDFS 为什么要备份数据？为什么需要"心跳机制"？
4. HDFS 不适用的场景有哪些？为什么？

10.2 分布式数据库 HBase

10.2.1 BigTable 的创新思考

众所周知，Google 作为一个大型的网络搜索引擎，在创建初期所面临的很实际的典型应用场景及业务问题如下。

(1) 网页存储。Google 每天要抓取很多网页，这是由于每天互联网上不断有新出现的网页和旧网页内容的更新，这相当于被抓取的 URL（网页地址）集合只会无限增大，趋近无穷。这里对存储系统的需求是要存储不同 URL、不同时间（Time）的不同内容（Content），即以（URL＋Content＋Time）为组合的不同网页的实际原始内容。

(2) Google 数据分析。Google Analytics 要给各网站站长展示其网站浏览量（点击量）PV、独立用户数 UV、典型访问路径等相关分析结果，帮助站长了解站点情况，以便优化站点。这里对存储系统的需求是要存储不同 URL、不同时间（Time）的 PV 和 UV 值，即以（URL＋PV＋Time⇒＄count）（URL＋UV＋Time⇒＄count）形式保存的数据。

不管是"网页存储"还是"站点统计"存储，它们都有几个共同的特点：①数据量极大，太字节（TB）或拍字节（PB）级别；②和时间维度相关；③同一个主键，属性与值有映射，如主键是 URL，属性是 Content，值是网页内容（Binary）；主键是 URL，属性是 PV 或 UV，值是计数 count 等。

纵观上述场景，可以归纳出 Google 曾经遇到的难题体现在以下几方面：①系统需要适应不同种类的数据格式和数据源，无法预先严格定义模式，且需要处理大规模数据；②不强调数据之间的关系，所要存储的数据是半结构化或非结构化的；③数据非常稀疏；④需要很方便地进行扩展存储。

技术洞察 10.5：Google 论文"BigTable：A Distributed Storage System for Structured Data"（2006 年）——摘要（译文）

BigTable 是一个分布式的结构化数据存储体系，它被规划用来处理海量数据：通常是分布在数千台普通服务器上的 PB 级的数据。Google 的许多项目运用 BigTable 存储数据，包括 Web 索引、Google Earth、Google Finance。这些应用无论在数据量方面（从 URL 网页到卫星图画），还是在响应速度方面（从后端的批量处理到实时数据服务），都对 BigTable 提出了截然不同的需求。尽管这些 Google 应用的需求差异很大，但 BigTable 仍能成功地提供一个灵活的、高性能的解决方案。本论文描绘了 BigTable 提出的数据模型，运用这个模型，用户能够动态地操控数据的分布和格式（Schema）；同时这里还给出了 BigTable 的规划方案和结果。

（注：2006 年还是关系型数据库一统江湖的时代。）

BigTable 是一个负责管理海量结构化或者半结构化数据的分布式存储系统。在 Google 的云存储体系中处于核心地位，起到了承上启下的作用。Google 的 GFS 只是一个分布式的海量文件管理系统，对于存储的文件数据结构没有任何限定，而 BigTable 是在 GFS 基础上建立的数据的结构化解释,它给出了百万节点数据库扩展之道,"大表"的基本思想就是把所有数据存入一张表。BigTable 分布式存储系统看起来像一个数据库,采用了很多数据库的实现策略。但是 BigTable 并不支持完整的关系型数据模型,而是为客户端提供了一种新的数据模型,客户端可以动态地控制数据的布局和格式,并且利用底层 HDFS 数据存储的特性。

> **想一想 10.1:Google 工程师是如何思考的——定义清楚问题比解决问题更难**
>
> 所谓创新不是一上来就搞新方案,最先肯定是想用现有的技术来解决新问题。关于数据存储最容易想到的是主键、属性(字段)、值的存储系统,就是关系型数据库。如用于用户信息存储的通常是典型的主键、属性、值的存储模型:User(uid PK,name,gender,age,sex)表如表(a)所示。主键为不同用户的 uid,属性为列名,值是不同主键的各个列名对应的值,就像 Excel 的二维表。
>
> 用这种方式能不能解决 Google 网页存储的问题呢?如果没有时间维度(time)似乎可以,如表(b)所示。主键使用 URL,属性为 Schema 的列名,如内容 content、作者 author 等,值是不同 URL 的内容与作者等值。但是,一旦加入时间维度(time),二维表似乎就不灵了,只能记录同一个 URL 某一个 time 的内容(content),不能记录多个 time 的多个内容(content)。

(a)

key(uid)	name	gender	age	sex
1001	张三	female	18	yes
1002	李四	female	21	yes
1003	王五	male	35	no
1004	赵六	male	4	no

(b)

key(URL)	content	XXX	YYY	ZZZ
baidu.com	\<html\>	...	...	...
ali.com	\<html\>	...	...	...
tencent.com	\<html\>	...	...	...
daojia.com	\<html\>	...	...	...

> 能不能用二维表存储三维数据呢?似乎可以通过一些小技巧在 key 上做文章,用 key+time 拼接新 key 来实现,如表(a)所示,这里假设 t1,t2,…表示不同的时间。可以看出来表(c)仍然是二维表,通过 URL+time 拼装的 key 也能够实现存储同一个 URL 在不同时间的不同 content、author。但是这种方案存在的问题是:无法实现对 URL 的查询(因为 URL 不唯一)。另外,大量空洞(稀疏)的存在,浪费存储空间,因为每个时间可能只是一小部分属性(字段)有变化,与传统数据库每次新增一条完整记录不同。况且,当数量达到太字节(TB)或拍字节(PB)级别时,传统单机关系型数据库根本无法满足 Google 的业务需求。
>
> Google 对这些业务模式进行进一步分析,在二维表的基础上扩充了一个新的"三维表"BigTable,如表(d)所示。主键使用 URL;属性为列名,如 content、author 等,值是不同 URL 的内容与作者等值。这样构成的键值是三维的,分别是第一维 key、第二维属性、第三维 time,同一个 key 不同属性不同时间会存储一个不同的值。

(c)

key(URL)	content	XXX	YYY	ZZZ
baidu.com:t1	\<html\>	...	...	...
baidu.com:t2	\<html\>	...	...	...
ali.com:t1	\<html\>	...	...	...
ali.com:t2	\<html\>	...	...	...
qq.com:t1	\<html\>	...	...	...
qq.com:t2	\<html\>	...	...	...

(d)

key(URL)	content		XXX		YYY
baidu.com	t1	\<html\>	t1		t1
	t2	\<html\>	t2	x2	t2
	...		...		...
ali.com	t1		t1		t1
	t2		t2	x2	t2	y2
	...		...		...
tencent.com	t1		t1		t1
	t2	\<html\>	t2		t2	y2

> 不像以行为单位进行存储的传统关系型数据库，这个三维的大表格 BigTable 是一个稀疏列存储系统，能够压缩空间。它的数据模型的本质就是一个映射 map，键值的映射关系如下。
>
> (row:string,column:string,time:int64)->string
>
> 总之，BigTable 是一个稀疏的、分布式的、持久化的、多维度排序的、大数据量的存储系统，它能够解决符合上述映射数据模型业务的存储问题，很多业务符合这个模型的"抽象"描述。

10.2.2 HBase 数据模型

HBase 来源于 Google 的 BigTable，是一个高可靠性、高性能、面向列、可伸缩的分布式开源数据库，使用 HBase 技术可以在廉价的 PC 服务器上搭建起大规模结构化的存储集群，HBase 要素如表 10.2 所示。

表 10.2　HBase 要素

要素		内容说明
目的		处理非常庞大的表，可以通过水平扩展的方式，利用廉价计算机集群处理超过 10 亿行数据和数百万列元素组成的数据表
问题		数据模型——如何适应不同种类的数据格式和数据源，但不能预先严格定义模式
		存储模式——如何存储结构化和非结构化数据，如何用稀疏特点提高压缩比
		数据索引——面对"大表"如何生成快速、高效的索引，以保证用户体验
		数据维护——如何保存数据版本，保留历史数据便于分析
假设		存储网页索引数据，具有部分更新的特点，但须保留历史版本
		非事务机制，可引入弱一致性和最终一致性机制
概念	表	由行和列组成，列划分为若干列簇
	行键(Row Key)	用来标识表中唯一的一行数据。行键是 HBase 表中最直接、最高效的索引，表中数据按行键的字典序由小到大排序。与关系型数据库中表的主键不同的是，HBase 数据行可以有多个版本
	列簇(Column Family)	列的集合。列簇是在定义表时指定的，每个列簇的数据是单独的一个单元文件，并按列簇进行数据存储
	列(列限定符)(Column Qualifier)	列簇里的数据通过列来定位。列不用事先定义，也不需要在不同行之间保持一致，列没有数据类型，可以随意增减。HBase 中的列由列簇和列限定符组成，它们由:(冒号)字符分隔
	时间戳(Timestamp)	代表时间，使用不同的时间戳来区分不同的版本。一个单元格的不同版本的值按照时间戳降序排列在一起，在读取的时候优先取最新(版本号最大)的值
	分区(Region)	分区是计算机集群中高可用、动态扩展、负载均衡的最小单元，一个表可以分为任意个分区并且均衡分布在集群中的每台机器上，分区按行键分片
	单元格(Cell)	单元格由行键、列簇、列限定符、时间戳、类型(Put、Delete 等用来标识数据是有效还是删除状态)唯一决定，是 HBase 数据的存储单元，以字节码的形式存储

HBase 的几个概念的相互关系如图 10.4 所示。从数据存储的角度来看，可以理解

为：分区(Region)的目的是为了负载均衡,使得数据能够均衡分布在集群中。在此基础上,再按照列簇进行存储,一个列簇的数据存放在一个计算机节点上,簇内的存放也是按列进行的,每一列单独存放。数据即使索引也只访问查询所涉及的列,即满足"查询条件"的列,大量降低系统I/O成本,同时由于列的数据类型一致还可以达到高效压缩。

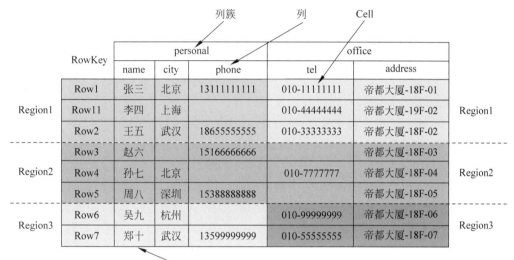

图 10.4　HBase 几个核心概念

总之,HBase 中的每一张表都是所谓的 BigTable 稀疏表;HBase 表中的不同行可以拥有不同数量的成员,即支持"动态模式"模型。和普通关系型数据按行存储的区别是:按行存储适合于一行或多行的记录查询,查询条件(Where)比较多,查询要求高的情况;按列存储要求只查询某些列的查询,适合查询条件不复杂的应用场景。

> **想一想 10.2：行存储与列存储**
>
> 传统行式数据库中的数据是按行存储的;没有索引的查询使用大量 I/O;建立索引和物化视图需要花费大量时间和资源;面对查询的需求,数据库必须被大量膨胀才能满足性能要求。
>
> 列式数据库中的数据按列存储,每一列单独存放;数据即使索引也只访问查询涉及的列,大量降低系统 I/O。每一列由一个线索来进行查询的并发处理,由于数据类型一致、数据特征相似可高效压缩。
>
>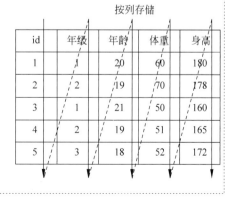

按行存储	1	1	20	60	100	2	2	19	70	178	3	1	21	50	160
按列存储	1	2	3	4	5	…	1	2	1	2	3	…	20	19	21	19	18

对照上图,想一想为什么列存储可以提高查询的效率?

要真正理解 HBase 的工作原理,需要从 KV 数据库(键值数据库)这个视角重新审视。如同 BigTable 一样,HBase 本质上是一个映射(Map)结构数据库,也是由一系列 KV 构成的。但 HBase 这个 Map 系统却并不简单,有很多限定词:稀疏的、分布式的、持久性的、多维的以及排序的,可以进一步理解如下。

(1) 多维:这个特性比较容易理解。HBase 中的 Map 与普通 Map 最大的不同在于,Key 是一个复合数据结构,由多维元素构成,包括 rowkey、column family、qualifier 以及 timestamp。

(2) 稀疏:稀疏性是 HBase 的一个突出特点。用于 Hbase 存储的数据结构中,有的一行中仅有一列(或几列)有值,其他列都为空值,如图 10.4 中 phone 列中的空值项。在传统数据库中,对于空值的处理一般都会填充 null,而对于 HBase,空值不需要任何填充。这个特性极其重要,因为 HBase 的列在理论上是允许无限扩展的,对于成百万列的表来说,通常都会存在大量的空值,如果使用填充 null 的策略,势必会造成大量空间的浪费。因此稀疏性是 HBase 的列可以无限扩展的一个重要条件。

(3) 排序:构成 HBase 的 KV 在同一个文件中都是有序的,但规则并不是仅按照行键排序,而是按照 KV 中的所有的键组合进行排序:先比较行键,行键小的排在前面;如果行键相同,再比较列,即列簇、列限定符,列小的排在前面;如果列还相同,再比较时间戳(timestamp),即版本信息,时间戳大的排在前面。这样的多维元素排序规则对于提升 HBase 的读取性能至关重要。

(4) 分布式:这一点很容易理解,构成 HBase 的所有映射并不集中在某台机器上,而是分布在整个集群中。这种分布式是按照分区(Region)切分的,以保证负载均衡。

技术洞察 10.6:HBase 的存储示例

关于网页信息存储的示例如下(数据逻辑表,而非真正的物理存储表)。该示例表包含两行数据,两个 rowkey 分别为 com.cnn.www 和 com.example.www,按照字典序从小到大排列。每行数据有三个列簇,分别为 anchor、contents 以及 people,其中,列簇 anchor 下有两列,分别为 cnnsi.com 以及 my.look.ca,其他两个列簇都仅有一列。可以看出,根据行 com.cnn.www 以及列 anchor:nnsi.com 可以定位到数据 CNN,对应的时间戳信息是 t9。而同一行的另一列 contents:html 下却有三个版本的数据,版本号分别为 t5、t6 和 t7。

HBase 是一种 KV 数据库,可理解为一种映射 Map,和普通 Map 的 KV 不同,HBase 中 Map 的 Key 是一个复合键。数据逻辑表中行"com.cnn.www"以及列"anchor:cnnsi.com"对应的数值"CNN"实际上是由 HBase 通过以下 KV 结构写入的。

rowkey	anchor		contents	people
	cnnsi.com	my.look.ca	html	author
com.cnn.www	t9:CNN	t8:CNN.COM	t7:"<html>..." t6:"<html>..." t5:"<html>..."	
com.example.www				t5:John Doe

{"com.cnn.www","anchor","my.look.ca","put","t8"} -> "CNN.COM"
{"com.cnn.www","anchor","cnnsi.com","put","t9"} -> "CNN"

同理，其他的 KV 还有：

{"com.cnn.www","contents","html","put","t7"} -> "<html>..."
{"com.cnn.www","contents","html","put","t6"} -> "<html>..."
{"com.cnn.www","contents","html","put","t5"} -> "<html>..."
{"com.example.www","people","author","put","t5"} -> "John Doe"

可见，HBase 引入了列簇的概念，列簇下的列可以动态扩展。另外，HBase 使用时间戳实现了数据的多版本支持。同时列存储的策略使列簇中的所有数据存储在一起（在同一个计算机节点中），也解决了稀疏数据的压缩存储问题。

10.2.3 HDFS 与 HBase

HBase 是搭建在 HDFS 上的，如图 10.5 所示。它通过在 HDFS 上提供随机读/写来解决 Hadoop 不能处理的问题，这样搭建的原因是 HBase 中存储的海量数据记录，通常在几百字节到几千字节（KB）级别，如果将这些数据直接存储于 HDFS 之上，会导致大量的小文件产生，为 HDFS 的元数据管理节点（NameNode）带来沉重的压力。

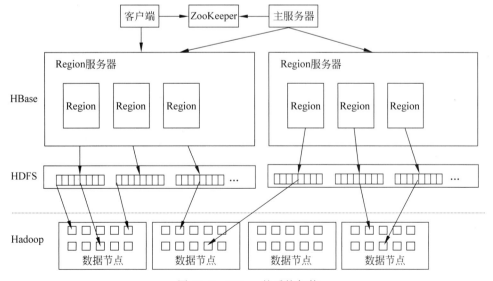

图 10.5　HBase 的系统架构

HBase 自底层设计一开始就聚焦于各种可伸缩性问题：表可以很"高"（数十亿个数据行）；表可以很"宽"（数百万个列）；水平分区并在上千个普通商用机节点上自动复制。表的模式是物理存储的直接反映，这样的处理使系统有可能提供高效的数据结构的序列化、存储和检索。HBase 的数据按照 RowKey 排序分区存放，使用 ZooKeeper（Hadoop 组件）来管理集群的主服务器（Master）和各从服务器之间的通信，监控各从服务器的状态、存储各分区的入口地址等。

> **技术洞察 10.7：HBase 常用操作**
>
> 在启动 HDFS 和 HBase 后，就可以对 HBase 进行相关操作，常用的操作如下。
> - list：列出 HBase 中所有的表信息。
> - create：创建表。
> - put：向表、行、列指定的单元格添加数据。
> - get：通过指定表名、行、列、时间戳、时间范围和版本号来获取相应单元的值。
> - scan：通过设置 startRow 和 stopRow 参数进行范围匹配，浏览表的相关信息。
> - drop：删除表。
> - delete：删除指定单元的数据。
> - enable/disable：使表有效或无效。
> - count：统计表中的行数。
>
> **想一想：**
>
> 从计算思维的视角来看，HBase 复杂的数据模型的设计（"抽象"），给数据的处理带来了便利（"自动化"），只用简单的操作即可。

10.2.4　HBase 应用场景

HBase 可以说是一个数据库，也可以说是一个存储。拥有双重属性的 HBase 天生就具有广阔的应用场景。HBase 适用场景可以归纳为以下几点：①写密集型应用，每天写入量巨大，而相对读数量较小的应用，如 IM（网络即时通信）的历史消息、游戏的日志等；②不需要复杂查询条件来查询数据的应用，对于 HBase 来说，单条记录或者小范围的查询是可以接受的，大范围的查询由于分布式的原因，可能在性能上有影响，而对于像 SQL 的 join 等查询，HBase 无法支持；③对性能和可靠性要求非常高的应用，HBase 支持在线扩展，即使在一段时间内数据量呈井喷式增长，也可以通过 HBase 横向扩展来满足功能。

具体 HBase 的应用领域如下。

（1）时空数据：主要是轨迹、气象网格之类的数据，如滴滴打车的轨迹数据主要存在 HBase 之中，另外，智慧物流与外卖递送，传感网与实时 GIS 等场景的数据也都是存入 HBase。

（2）推荐画像：用户画像具有用户数据量大、用户标签多、标签统计维度不确定等特点，是一个比较大的稀疏矩阵，适合 HBase 特性的发挥。蚂蚁风控就是构建在 HBase 上的。

（3）消息/订单：在电信、银行等领域，有不少订单查询底层的数据存储需求，因此，这些通信、消息同步的应用通常是构建在 HBase 之上。

（4）存储浏览记录：大型的视频网站、电商平台产生的用户点击行为、浏览行为等均存储在 HBase 中，为后续的智能推荐做数据支撑。

（5）对象存储：这里的对象存储实际是中等对象存储，是对 HDFS 存储文件的一个缓冲过渡。中等对象的数据量的大致范围为 100KB～10MB。

（6）时序数据：时序数据就是分布在时间上的一系列数值。HBase 之上有 OpenTSDB 模块，可以满足时序类场景的需求。

可见，上面所描述的这些数据，有的是结构化数据，有的是半结构化或非结构化数据。HBase 的"稀疏矩阵"设计，使其应在对非结构化数据存储时能够得心应手，但在实际应用场景中，结构化数据存储依然占据了比较重的比例。由于 HBase 仅提供了基于 RowKey 的单维度索引能力，在应对一些具体的场景时，依然还需要在基于 HBase 之上构建一些专业的应用工具。

应用案例 10.1：HBase 在滴滴出行中的最佳实践

滴滴在 HBase 上主要存放了以下 4 种数据类型。

- 原始事实类数据：如订单、司机乘客的 GPS 轨迹、日志等，主要用于在线和离线的数据处理。数据量大，对一致性和可用性要求高，延迟敏感，实时写入，单点或批量查询。
- 中间结果数据：指模型训练所需要的数据等。数据量大，可用性和一致性要求一般，对批量查询时的吞吐量要求高。
- 统计结果、报表类数据：主要是运营、运力情况、收入等结果，通常需要配合 Phoenix（HBase 的 SQL 中间层）进行 SQL 查询。数据量较小，对查询的灵活性要求高，延迟要求一般。
- 线上系统的备份数据：用户把原始数据存储在其他关系数据库或文件服务中，把 HBase 作为一个异地容灾的方案。

假设 order_id、passenger_id 和 driver_id 分别是订单、顾客和驾驶员的 ID（唯一身份号），TS 为时间戳（MAX_LONG-TS 为最近时间），那么几个典型场景的 HBase 应用需求及设计示例如下。

场景一：订单事件

"订单"是使用过滴滴产品的用户都接触过的，就是 App 上操作生成的历史订单。近期订单的查询会落在 Redis（远程字典服务数据库），超过一定时间范围或者当 Redis 不可用时，查询会落在 HBase 上。业务方的需求示例如下。

- 在线查询订单生命周期的各个状态，包括状态 status、时间类型 event_type、订单详情 order_detail 等信息。主要的查询来自于客服系统。
- 在线历史订单详情查询。上层会有 Redis 来存储近期的订单，当 Redis 不可用或者查询范围超出 Redis 时，查询会直接落到 HBase。
- 离线对订单的状态进行分析。
- 写入满足每秒 10KB 的事件，读取满足每秒 1KB 的事件，数据要求在 5s 内可用。

针对这类典型的扫描场景要求，对行键 Rowkey 的设计可以如下所示。

订单状态表：

Rowkey：reverse(order_id)+(MAX_LONG−TS)

Columns：该订单各种状态。

订单历史表：

Rowkey：reverse(passenger_id｜driver_id)＋(MAX_LONG－TS)

Columns：用户在时间范围内的订单及其他信息。

场景二：行车轨迹

行车轨迹是与滴滴用户关系密切的数据，线上用户、滴滴的各个业务线和分析人员也都会使用。如用户查看历史订单时，地图上显示所经过的路线；发生司乘纠纷时，客服调用订单轨迹复现场景；地图部门分析员分析道路拥堵情况。这类场景下的需求如下。

- 满足App用户或者后端分析人员的实时或准实时轨迹坐标查询。
- 满足离线大规模的轨迹分析。
- 满足给出一个指定的地理范围，取出范围内所有用户的轨迹或范围内出现过的用户。

HBase中这类查询场景的行键Rowkey可设计如下。

单个用户按订单或时间段查询：

reverse(passenger_id)＋(Integer. MAX_LONG－TS/1000)

给定范围内的轨迹查询：

reverse(geohash)＋ts/1000＋user_id

这里，reverse为倒序排列，geohash为经纬度坐标。

思考题

1. 什么是HBase时间戳？举例说明时间戳的作用。
2. 解释HBase中列与列簇的区别及关联。举例说明什么是"列存储"。为什么要采用面向列的存储？
3. 什么是"稀疏"？HBase"稀疏"设计为什么可以提高存储的"压缩比"？

10.3 NoSQL数据库

10.3.1 NoSQL数据库的兴起

Web 2.0网络时代，用户的个人信息、社交网络、地理位置、用户自己产生微信/微博数据、用户日志等数据爆发式增长，这些数据没有一个固定的格式，且需要存储空间可以横向扩展，这时候使用NoSQL非关系型数据库就可以很好地满足各种对数据的处理需求。所谓"NoSQL"是"Not Only SQL"(不仅仅是SQL)的缩写，代表的是非关系类型数据库。

SQL数据库(即传统的关系型数据库)面向结构化事务管理，适合那些需求确定和对数据完整性要求严格的场景。数据库模式固定，先定义后使用。NoSQL数据库面向Web结构化及半结构化数据管理，数据库模式定义在先、在后或无模式并存，可自由灵活定义，适用于那些对速度和可扩展性比较看重且数据的相关性不大，而不确定性大和有不断发展需求的场景，NoSQL的典型代表就是HBase。SQL数据库与NoSQL数据库比较如图 10.6 所示。

SQL	NoSQL
• 使用表存储相关的数据 • 在使用表之前需要先定义表的模式 • 鼓励使用规范化来减少数据冗余 • 支持使用 JOIN 操作，使用一条 SQL 语句从多张表中取出相关的数据 • 需要满足数据完整性约束规则 • 使用事务来保证数据的一致性 • 能够大规模地使用 • 使用强大的 SQL 进行查询操作 • 提出大量的支持，专业技能和辅助功能	• 使用类 JSON 格式的文档来存储键值对 • 存储数据不需要特定的模式 • 使用非规范化的标准存储信息，以保证一个文档中包含一个条目的所有信息 • 不需要使用 JOIN 操作 • 允许数据不通过验证就可以存储到任意的位置 • 保证更新的单个文档，而不是多个文档 • 提供卓越的性能和可扩展性 • 使用 JSON 数据对象进行查询

图 10.6　SQL 数据库与 NoSQL 数据库比较

10.3.2　NoSQL 数据库的 4 大类型

NoSQL 产品主要包括键值(Key-Value)存储数据库、列存储数据库、文档型数据库和图形(Graph)数据库 4 大类，如图 10.7 所示。HBase 是最典型的 KV 数据库，文档数据库和图像数据库在两个主要方向上区别为：①文档数据库的应用场景是，数据通常是自我包含的，而且文档之间的关系非常稀少；②图形数据库用于相反的场景，任意事物都可能与任何事物相关联，特别擅长数组图数据结构，如社交网络数据等。如今 NoSQL 不同类型的数据库被广泛使用，并且在各自的领域都发挥了很好的作用。不同类型 NoSQL 数据库特点对比如表 10.3 所示。

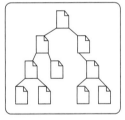 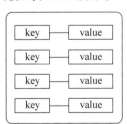 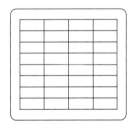 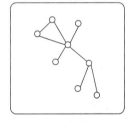

　　文档存储　　　　　　　键值存储　　　　　　　列存储　　　　　　　图存储

图 10.7　NoSQL 的 4 种类型

表 10.3　NoSQL 数据库特点对比

分　类	数据模型	典型应用场景	优　点	缺　点
键值数据库	Key 指向 Value 的键值对，存储不考虑 Value 格式	内容缓存，用于处理大量数据的高访问负载，也用于一些日志系统	查找速度快	数据无结构化，通常只被当作字符串或者二进制数据
列存储数据库	以列簇式存储，将同一列数据存在一起	分布式的文件系统	查找速度快、可扩展性强、更容易进行分布式扩展	功能相对局限

续表

分 类	数据模型	典型应用场景	优 点	缺 点
文档型数据库	在 Key-Value 对应的键值对中，Value 为结构化数据或半结构化数据，存储文档数据	Web 应用（与 Key-Value 类似，不同的是数据库能够了解 Value 的详细内容）	采用 JSON 或 XML 格式，对数据结构要求不严格，文档结构可变	查询性能不高，而且缺乏统一的查询语法
图形数据库	存储以顶点及边缘链路构成的图结构	专注于构建关系图谱，用于社交网络、推荐系统等	利用图结构相关算法，如最短路径寻址、N 度关系查找等	不易做分布式的集群方案

想一想 10.3：NoSQL 数据库的特点

与传统的关系型数据库相比，NoSQL 最大的优点如下。

- 可扩展性：可随时增加新属性列和减少属性列，而无须改变之前已经存储的数据。
- 无须事先定义模式，可直接操纵数据。
- 并行/分布处理：可适应大规模并行/分布计算。

几种数据库的简单对比示例如图所示，从分布式扩展的角度你能够理解 NoSQL 的优点吗？

关系数据库(按行存储数据，按列按类型区分)
学生

学号	姓名	年龄	家庭住址
"00001"	"张一"	18	"吉林省长春市南关区"
"00002"	"张二"	19	"黑龙江省哈尔滨市南岗区"
"00003"	"张三"	20	"辽宁省沈阳市铁西区"
"00004"	"张四"	19	"四川省成都市武侯区"
"00005"	"张五"	18	"贵州省贵阳市花溪区"

第一种NoSQL数据库(按"属性名：属性值"对存储数据，内容均为字符串数据)
学生

对象标识(自动产生)	属性名	属性值
"00000001"	"学号"	"00001"
"00000002"	"学号"	"00002"
"00000003"	"学号"	"00003"
"00000004"	"学号"	"00004"
"00000005"	"学号"	"00005"
"00000001"	"姓名"	"张一"
"00000002"	"姓名"	"张二"
"00000003"	"姓名"	"张三"
"00000005"	"姓名"	"张五"
"00000001"	"年龄"	"18"
"00000002"	"年龄"	"19"
"00000005"	"年龄"	"18"
"00000001"	"家庭住址"	"吉林省长春市南关区"
"00000004"	"家庭住址"	"四川省成都市武侯区"
"00000005"	"家庭住址"	"贵州省贵阳市花溪区"
"00000005"	"家庭住址"	"黑龙江省哈尔滨市通辽区"

第二种NoSQL数据库(按文档存储数据，一行为一个文档)
学生

对象标识(自动产生)	{"属性名":"属性值", "属性名":"属性值", …}
"00000001"	{"学号":"00001","姓名":"张一","年龄":"18","地址":"吉林省长春市南关区"}
"00000002"	{"学号":"00002","姓名":"张二","年龄":"19","地址":"黑龙江省哈尔滨市南岗区"}
"00000003"	{"学号":"00003","姓名":"张三","年龄":"20","地址":"辽宁省沈阳市铁西区"}
"00000004"	{"学号":"00004","姓名":"张四","年龄":"19","地址":"四川省成都市武侯区"}
"00000005"	{"学号":"00005","姓名":"张五","年龄":"18","地址":"贵州省贵阳市花溪区"}

第二种NoSQL数据库(按文档存储数据，一行为一个文档，文档中还可以嵌入文档)
学生

对象标识(自动产生)	{"属性名":"属性值", "属性名":"属性值", …}
"00000001"	{"学号":"00001","姓名":"张一","年龄":"18","地址":{"省":"吉林省","市":"长春市","区":"南关区"}}
"00000002"	{"学号":"00002","姓名":"张二","年龄":"19","地址":{"省":"吉林省","市":"长春市","区":"南关区"}}
"00000003"	{"学号":"00003","姓名":"张三","年龄":"20","地址":"辽宁省沈阳市铁西区"}
"00000004"	{"学号":"00004","姓名":"张四","年龄":"19","地址":"四川省成都市武侯区"}
"00000005"	{"学号":"00005","姓名":"张五","年龄":"18","地址":"贵州省贵阳市花溪区"}

10.3.3 从 NoSQL 到 NewSQL

NoSQL 数据库可以提供良好的扩展性和灵活性，很好地弥补了传统关系数据库的缺陷，较好地满足 Web 2.0 应用的需求。但是，NoSQL 数据库也存在自身的天生不足。由于采用非关系数据模型，它不具备高度结构化查询等特性，查询效率尤其是复杂查询方面不如关系型数据库，而且不支持 ACID 特性。

在这个背景下，近几年 NewSQL 数据库逐渐开始升温。NewSQL 是对各种新的可扩展、高性能数据库的简称，这类数据库不仅具有 NoSQL 对海量数据的仓储管理能力，还保持了传统数据库支持 ACID 和 SQL 等特性。不同 NewSQL 数据库的内部结构差异很大，但是它们有两个显著的共同特点：都支持关系型数据库，都使用 SQL 作为主要的接口。

综合来看，大数据时代的到来，引发了数据处理架构的变革。以前，业界和学术界追求的方向是一种架构支持多类应用，包括事务性应用（OLTP 系统）、分析性应用（OLAP、数据仓库）和互联网应用（Web 2.0）等。但是，实践证明，这种理想愿景是不可能实现的，不同应用场景的数据管理需求截然不同，一种数据库架构根本无法满足所有场景。因此，数据库架构的多元化发展非常必要，并逐步形成了传统关系型数据库（OldSQL）、NoSQL 数据库和 NewSQL 数据库三大阵营，三者各自有自己的应用场景和发展空间，如图 10.8 所示。尤其是传统关系型数据库，并没有就此被其他两者完全取代，在基本框架不变的基础上，许多关系型数据库产品开始引入内存计算和一体机技术以提升处理性能。在未来一段时间内，三个阵营共存共荣的局面还将持续，不过有一点是肯定的，那就是传统关系数据库的辉煌时期已经过去。

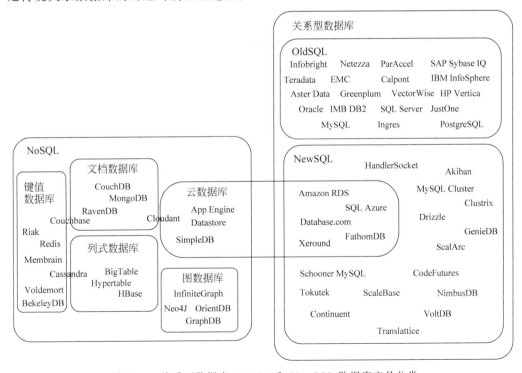

图 10.8 关系型数据库、NoSQL 和 NewSQL 数据库产品分类

回顾数据库发展的这些年,可以从数据模型的逻辑、技术架构、需求功能、部署方式、存储介质、商业模式、数据库治理模式 7 大维度对数据库发展脉络进行详细梳理,如图 10.9 所示,以便看清数据库行业演化逻辑与未来发展趋势。

	—1970s	—1970s	1980s	1990s	2000s	2010s—
互联网背景	基础技术阶段	基础协议阶段		基础应用阶段	Web 1.0	Web 2.0~3.0
数据模型	层状、网状	关系型			NoSQL	NewSQL
技术架构	单机		集中式			分布式
需求功能	联机事务处理过程OLTP			联机事务分析过程OLAP		HTAP融合
部署方式	本地部署					云部署
存储介质	磁盘数据库(数据保存在磁盘上,内存缓存磁盘内容作为临时存储)					内存数据库MMDB
商业模式	商业			开源		
治理模式	自适应			自调优		兼容

图 10.9 数据库发展历程

想一想 10.4:从 DIKW 视角看数据管理

如果从 DIKW 的视角理解并区分几类数据库的数据模型,可以看出数据的链接程度的不同。RDBMS 等数据的链接程度较弱,而 Hadoop 框架包括 MapReduce 在一定程度上实现数据的集成与统计计算,而图数据库则是面向高一层的数据管理模式,知识图谱则是图数据库的最好应用场景,NoSQL 则以面向数据集合的特色出现。

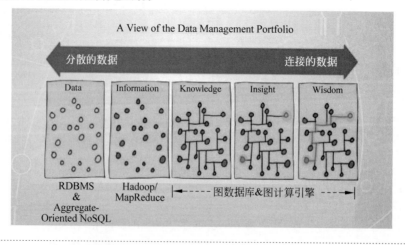

思考题

1. NoSQL 的全称是什么？有什么含义？
2. NoSQL 的 4 大类型数据库的特点及使用场合有哪些？
3. 什么是 NewSQL？为什么需要 NewSQL？

10.4　探究与实践

1. Web 2.0 应用的新需求是什么？为什么说关系数据库的一些关键特性无法满足这些需求？

2. 关于 HBase 描述的限定词"稀疏的、分布式的、持久性的、多维的以及排序的"，你理解到什么程度？用批判性思维标准中的"清晰性、精确性、准确性"等相关问题试试。

3. 为什么说 Google 的"三驾马车"是"颠覆性技术创新"？你为什么这样认为？试用 STW 方法对图 10.9 进行三层思考。

4. 同样作为大数据的存储方式，HDFS 和 HBase 的区别是什么？试着从数据模型、数据存储方式、数据访问模式（读写操作、查询方式）、数据一致性、数据处理范围及应用场景等几方面进行比较。

第11章 大数据计算与分析

 **你的用户画像是如何构建出来的？**

用户画像构建的核心工作是给用户贴"标签"。通过"标签"来对用户的多维度特征进行提炼和标识。依托海量线上用户兴趣偏好数据、线下用户基于场景的活动数据沉淀以及强大的数据分析能力和算法建模能力，勾勒立体用户画像，深入洞察用户，精准把握受众，全方位了解用户，助力市场运营推广。那么，上千多个标签的用户画像体系在技术上如何实现？幸运的是，我们在任何一个用户画像构建与管理的底层框架中都能找到 Hadoop 大家族成员的身影（如图 11.1 所示），你想知道它们各自的特点及作用是什么吗？

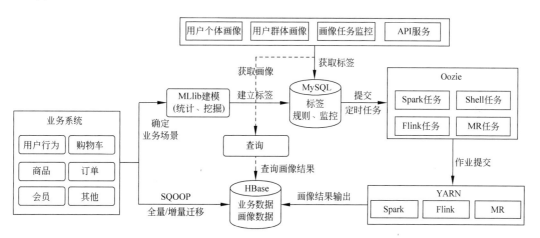

图 11.1 用户画像构建与管理的底层框架

学习目标

学完本章，你应该牢记以下概念。

- MapReduce、Map（映射）函数、Reduce（归约）函数。
- 批量计算、内存计算、Spark、RDD。
- SparkML 库、机器学习工作流。
- 流计算、Spark Streaming。

学完本章，你将具有以下能力。

- 理解内存计算的本质，理解 Spark 与 Hadoop 的主要区别。
- 机器学习流的原理及 Spark 架构的实现方法。

学完本章，你还可以探索以下问题。

- Spark 生态圈新组件的目的与企业应用需求的关联。
- 通过案例分析 HBase 与 Spark Streaming 的组合应用。

11.1 分布式计算 MapReduce

11.1.1 分布式并行计算

视频讲解

大数据时代除了需要解决大规模数据的高效存储问题，还需要解决大规模数据的高效分析计算等问题，幸运的是，大数据的分布式存储（如 HDFS 及 HBase）为大数据分布式计算提供了基础。分布式并行编程计算与传统的程序开发方式有很大的区别，传统的程序都是以单命令、单数据流的方式顺序执行，虽然这种方式比较符合人类的思维习惯，但是这种程序的性能受到单台机器性能的限制，可扩展性较差。分布式并行程序可以运行在由大量计算机构成的集群上，从而可以充分利用集群的并行处理能力，同时通过向集群中增加新的计算节点，可以很容易地实现集群计算能力的扩充。

Google 最先提出了分布式并行编程模型 MapReduce，运行在分布式文件系统 GFS 上。与 Google 的架构类似，Hadoop MapReduce 运行在分布式文件系统 HDFS 上。MapReduce 其实是一种编程模型，这个模型的核心步骤主要分为两部分：Map（映射）和 Reduce（归约）。当你向 MapReduce 框架提交一个计算作业任务时，框架会首先把计算作业拆分成若干个 Map 任务，然后分配到不同的计算机节点上去执行，每一个 Map 任务处理输入数据中的一部分，当 Map 任务完成后，会生成一些中间文件，这些中间文件会作为 Reduce 任务的输入数据，Reduce 任务的主要目标就是把前面若干个 Map 的输出汇总到一起并输出。

 技术洞察 11.1：Google 论文"MapReduce：Simplified Data Processing on Large Clusters"（2004 年）——引言（译文）

在过去 5 年中，作者和许多 Google 的其他人已经实现了成百上千个用于特殊目的的计算程序，用于处理大量的原始数据及各种各样的派生数据。许多这种计算程序在概念上都是非常直接的，然而输入的数据量往往很大，计算需要分布在成百上千台机器中且需要在一个可接受的时间内完成。除了简单的计算模型以外，还需要大量复杂的代码用来处理其他任务，例如，如何并行化计算、分发数据、处理故障等问题。为了解决这样复杂的问题，我们设计了一种新的抽象，它让我们只需要表示出我们想要执行的计算模型，而将背后复杂的并行化、容错、数据分发、负载平衡等技术的实现细节隐藏在库中。

这种新的抽象是受 Lisp 以及其他一些函数式编程语言中的"映射（Map）"和"归约（Reduce）"原型的影响。我们意识到许多的计算都需要对于输入中的每个逻辑"记录"进行 Map 操作，以计算一系列的中间键值对，然后还需要对所有共享同一个键 Key 的值 Value 进行 Reduce 操作，从而能够对派生的数据进行适当的组合。我们这种让用户自定义 Map 和 Reduce 操作的编程模型能够让我们简单地对大量数据实现并行化，并且使用"重新执行"作为主要的容错机制。我们的主要工作是提供了一个简单并且强大的接口能够让我们实现自动地并行化，并且分布处理大规模的数据计算，同时该接口的实现能在大型的商用 PC 集群上获得非常高的性能。

MapReduce 设计的理念就是"计算向数据靠拢"，而不是"数据向计算靠拢"，因为移动数据需要大量的网络传输开销，尤其在大规模数据环境下，这种开销尤为惊人，因此，移动计算要比移动数据更加经济。MapReduce 要素如表 11.1 所示。

表 11.1 MapReduce 要素

要素	内容说明	
目的	构建运行在大规模计算机集群上，可以并行执行大规模数据处理任务，从而获得海量数据"分而治之"的计算能力	
问题	如何拆分数据	
	如何保证计算（处理）的可扩展性	
	如何高效，即如何就近在 HDFS 数据所在的节点进行计算，减少节点间的数据移动开销	
假设	移动计算比移动数据更加经济	
	待处理的数据集可以分解成许多小的数据集，且每一个小数据集都可以完全并行地处理	
概念	拆分（Split）	对文件进行处理和运算的输入单位，只是逻辑切分而非物理切分
	键值对<Key,Value>	描述一个 Key 和一个 Value 一一对应的数据结构。键和值的类型可以是任意的。这里的键不具有一般的标志属性，也没有唯一性
	Map 函数	输入来自于分布性文件系统 HDFS 的文件块，文件块是一系列元素的集合。函数将输入的元素转换成<Key,Value>形式的键值对，通过一个 Map 任务生成具有相同键的多个<Key,Value>
	Reduce 函数	将输入的一系列具有相同键的键值对以某种方式组合起来，并输出处理后的键值对，输出结果会合并成一个文件
	洗牌（Shuffle）	对 Map 的输出进行一定的分区（Portition）、排序（Sort）、合并（Combine）、归并（Merge）等操作，得到<Key,Value-list>形式的中间结果，再交给对应的 Reduce 进行处理，即完成从无序的<Key,Value>到有序的<Key,Value-list>的洗牌过程

11.1.2 MapReduce 流程

MapReduce 的核心思想可以用"分而治之"来描述，也就是把一个大的数据集拆分成许多个小数据块在多台机器上并行处理，这种被高度抽象的两个函数，一个是 Map，另一个是 Reduce。Map 函数就是分而治之中的"分"，Reduce 函数就是分而治之中的"治"。MapReduce 的数据处理流如图 11.2 所示，可以看出，MapReduce 的工作过程分为 Input、Split、Map、Shuffle、Reduce、Output 6 个阶段。

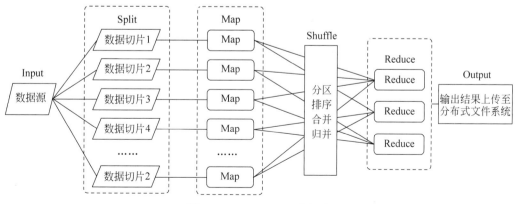

图 11.2 MapReduce 数据流

关于 MapReduce 有几点需要注意：Map 阶段的输出是 Reduce 阶段的输入，每个 Map 输出的是一个值；Reduce 阶段的输入是一个集合，集合中的每个元素就是 Map 的每个输出值；Map 的输入来自 HDFS，Reduce 也输出到 HDFS。MapReduce 这个框架模型极大地方便了编程人员在不太关注分布式并行编程的情况下，将自己的程序运行在分布式系统上。

应用案例 11.1：词频统计 WordCount 的 MapReduce 实现

词频统计是用来统计一篇文章或某一个字段词汇出现的次数，其结果可用于文本分析。用 MapReduce 实现词频统计可分为 Map 和 Reduce 两步，简单示例如下。这里假设 Map 的输入 Input 为三行文字，经过并行计算，Reduce 的输出 Output 为词频统计的结果。

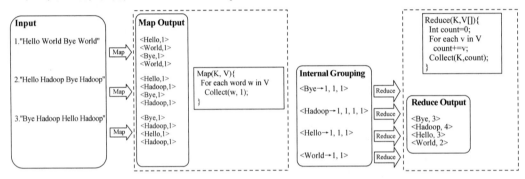

编程实现的 Map() 和 Reduce() 两个函数实现分布式计算，函数的伪代码如图中所示，其中这两个函数的形参是键值 <Key, Value> 对，表示函数的输入信息。编码实现包括以下几步。

(1) 主函数：Public static void main(…)。

(2) 继承类 Mapper 实现 Map 处理逻辑。

(3) 继承类 Reducer 实现 Reduce 处理逻辑（遍历、累加）。

(4) 编译打包代码并运行。

想一想：

- 对于 WordCount 的结果，和你设想的 Map 和 Reduce 的输出结果（虚线框内）一样吗？
- 词频统计的结果可以应用于哪些场景呢？
- 对非专业编程人员，自编两个函数的难度大吗？

11.1.3 MapReduce 的特点及应用

MapReduce 是架构在 HDFS 上的，它既不是一个声明式的查询语言，也不是一个完全命令式的查询 API，而是处于两者之间：查询计算的逻辑用代码片段来表示，这些代码片段会被处理框架重复性调用。Map() 和 Reduce() 函数的强大之处还在于它们可以解析字符串、调用库函数、执行多种计算等。MapReduce 是一个相当底层的编程模型，用于计算机集群上的分布式执行，像 SQL 这样的更高级的查询语言也可以用一系列的 MapReduce 操作来实现。需要注意的是，MapReduce 的一个可用性问题，即必须编写两个密切合作的代码函数,这通常比编写单个查询更困难。

　　MapReduce 可以很好地应用于各种计算问题,包括关系代数运算(关系选择、关系投影、关系的并交差运算、关系的自然连接)、分组与聚合运算(求和 sum、计数 count、求平均值 avg、求最大/最小值 max/min)及矩阵向量乘法、矩阵乘法等。

应用案例 11.2：用户行为(clickstream 日志)数据分析

　　用户在网上的行为通常以 Web 日志的形式保存,如用户 Web 浏览的 IP 地址、访问轨迹、购物车状态、交易记录等。采用 MapReduce 进行用户行为分析的简单示例如下。与 WordCount 处理的底层逻辑相类似,整个过程始终使用键值对,即每个阶段的输入和输出都是以键和值为单位,这里的键值是 IP 地址,并且该值由时间戳和 URL 组成。在 Map 阶段,用户行为的 clickstream 数据构成的所有文件块并行加载并存储在 Hadoop 集群中的集合中。Map 阶段返回以下几项：用户访问的最后一个网页地址,购物车中的物品列表,每个用户的交易状态(由 IP 地址为索引键)。Reducer 会继续对这些项目执行聚合操作,如每月丢弃在购物车数量和价值的合计、用户在结束购物最终页面的合计等。

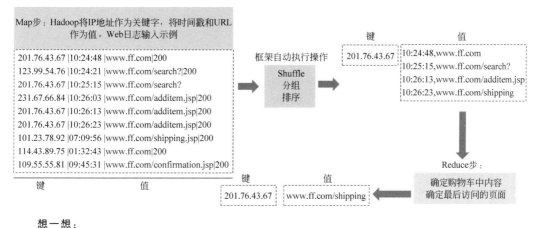

想一想：
Reduce 最后的统计结果有什么价值?

　　MapReduce 计算框架也可以完成对非结构化数据的分析计算。如图像分类是 Hadoop 中的一个热门研究课题,因为在 Hadoop 出现之前,没有主流技术能够为这种昂贵的图像视频数据的加工打开大门,因为这些分类器跨越大量的非结构化数据集。Hadoop 框架非常适合图像分类,因为它提供了一个大规模的并行处理环境,不仅创建分类器模型(迭代训练集),还为处理和运行提供了几乎无限的可扩展性,因此在 YouTube、Facebook、Instagram 和 Flickr 等多媒体来源是非结构化数据的场景中广泛应用。

应用案例 11.3：基于 MapReduce 的视频语义分类

　　视频语义分类的应用如图所示,在图中图像首先被加载到 HDFS 中,事先构建好的分类器模型(可理解为机器学习算法训练好的且被部署的模型)应用于 Map 阶段提取图像特征及进行图像分类,同样的应用场景包括动画分类、语音分类等。

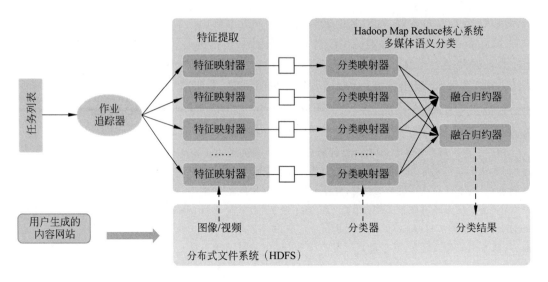

想一想：

图像分类是获得对图像的"认知"，后续应用场景（W）是什么？

思考题

1. MapReduce 计算模型的核心是 Map 函数和 Reduce 函数，举例说明这两个函数各自的作用及实现的功能。

2. 什么是"分而治之"？大数据计算为什么要"分而治之"？

3. "计算向数据靠拢"的优势是什么？你是如何理解的？这里隐含的假设是什么？

11.2 内存计算与 Spark

11.2.1 什么是内存计算

内存（Memory）是计算机的重要部件，也称为内存储器和主存储器，用于暂时存放 CPU 中的运算数据，以及与硬盘等外部存储器交换的数据。它是外存与 CPU 进行沟通的桥梁，计算机中所有程序的运行都在内存中进行，内存性能的强弱影响计算机整体发挥的水平。只要计算机开始运行，操作系统就会把需要运算的数据从内存调到 CPU 中进行运算，当运算完成，CPU 将结果传送出来。内存的运行决定计算机整体运行快慢。

MapReduce 是业内流行的大数据分析工具，但不同计算过程之间只能够通过外存来耦合，即前驱任务将计算结果写到外存上去（通常是 HDFS 上），后续任务再将其作为输入加载到内存，然后才能接着执行后继计算任务。这样的设计有两个很大的劣势：①复用性差、延迟较高，这对于像 PageRank、K-means 聚类、线性回归等要求迭代式计算的机器学习算法(即需要数据复用)极其不友好；②对于一些随机的交互式查询(要求延迟低)也是个灾难。因为计算中会将大部分的时间耗费在数据备份、与硬盘进行输入/输出(I/O)处理上。MapReduce 面向磁盘的特点使得它受限于磁盘读写性能的约束，在处理迭代计算、实时计算、交互式数据查询等方面并不高效。然而这些计算却在数据挖掘和机器学习等相关应用领域中非常常见。

> **想一想 11.1：分布式机器学习的原理**
>
> 对于绝大部分的机器学习模型，它的损失函数都能写成求和的形式，表示模型的整体损失等于每点损失之和。假设相应的损失函数为 $J = \sum_i l(w, X_i, y_i)$，$w$ 为模型参数，X_i 为自变量(特征量)，y_i 为被预测变量。根据梯度下降法，模型参数 w 的迭代公式为
>
> $$w_{(k+1)} = w_k - \eta \sum_i \frac{\partial J}{\partial w}(w_k, X_i, y_i)$$
>
> 其中，η 为学习速率，表示每次更新参数的步长。数学上可以证明，根据上面的公式的不断迭代，则 $\{w_k\}$ 会收敛于损失函数的某个极小值点。
>
> 分析这个算法会发现，算法本身并没有要求数据必须存放在一台机器上，也没有要求相关的计算必须在一台机器上完成，因此这个算法完全可以应用于分布式的环境，如求导部分由 Map() 实现，求和部分由 Reduce() 实现。
>
> **想一想：**
> 反复迭代的中间结果如何存储？内存计算是否更有效？

Spark 采用的是内存计算机制，它不仅是指数据可以缓存在内存中，更重要的是通过计算的融合来大幅提升数据在内存中的转换效率，进而从整体上提升性能。在相同的实验环境下处理相同的数据，Spark 要比 MapReduce 快 100 倍。在处理迭代运算、计算数据分析类报表、排序等方面，Spark 更有优势。Spark 面向内存的特点使得 Spark 能够为多个不同数据源的数据提供近乎实时的处理性能，适用于需要多次操作特定数据集的应用场景。从图 11.3 的 MapReduce 与 Spark 数据流比较中可以看出，MapReduce 会反复与 HDFS 进行数据交流，必然影响计算的效率。Spark 要素见表 11.2。

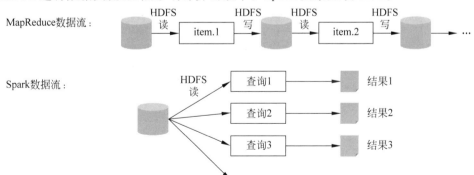

图 11.3　MapReduce 的迭代计算与 Spark 的内存计算

表 11.2　Spark 要素

要素	内容说明
目的	面向计算分析性任务(非简单统计 count)，在"一个软件栈满足不同应用场景"的前提下，满足运行速度快、易用性强、通用性强、运行模式多样化等需求
问题	如何增加计算的表达能力，方便完成复杂的计算 如何提高计算速度 如何在一个软件栈满足不同应用场景
假设	数据不同计算阶段之间会反复使用计算的中间结果 不同阶段的计算任务有前后依赖关系
概念	**弹性分布式数据集 RDD**：RDD(Resilient Distrubuted Dataset)是数据模型的抽象，它可以跨进度、跨计算节点，RDD 数据模型的构成和定位都是通过数据分片(Partitions)来实现的 **有向无环图 DAG**：DAG(Directed Acyclic Graph)反映 RDD 之间的隶属关系，便于任务分解 **执行器 Executor**：工作节点上负责运行任务、存储数据等，采用多线程任务运行方式，减少多进程任务频繁的启动开销 **任务 Task**：运行在 Executor 上的工作单元 **作业 Job**：一个作业包含多个 RDD，即作用于相应 RDD 上的各种操作 **阶段 Stage**：作业的基本调度单位，一个作业会分为多组任务，每组任务被称为一个 Stage，或者"任务级"

技术洞察 11.2：Spark 诞生记

2009 年，Spark 诞生于伯克利大学 AMPLab 实验室，最初属于伯克利大学的研究性项目，于 2010 年正式开源，并于 2013 年成为 Aparch 基金项目，2014 年成为 Aparch 基金的顶级项目，整个过程不到 5 年时间。由于 Spark 出自伯克利大学，使其在整个发展过程中都烙上了学术研究的标记，对于一个在数据科学领域的平台而言，它甚至决定了 Spark 的发展动力。Spark 的核心 RDD 及流处理、SQL 智能分析、机器学习等功能都脱胎于学术研究论文。Spark 也可以理解为在 Hadoop 基础上的一种改进。

Spark 的设计遵循"一个软件栈满足不同的应用场景"的理念，逐渐形成了一套完整的生态系统，既能够提供内存计算框架，也可以支持 SQL 的即席查询(SparkSQL)、流计算(Spark Streaming)、机器学习(Mllib)和图计算(GraphX)，还提供了对 Scala、Python、Java 和 R 编程语言的支持。

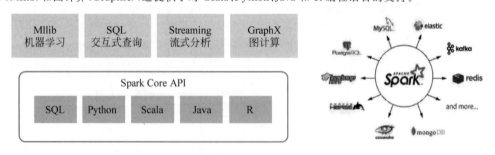

想一想：

"一个软件栈满足不同的应用场景"有什么好处？

11.2.2 RDD 原理及操作

Spark 核心(Spark Core)的主要操作对象是弹性分布式数据集 RDD,它是一种分布式数据集的抽象,用于囊括所有内存中和磁盘中的分布式数据实体。在 Spark 中引入 RDD 概念的目的是实现并行操作和灵活的容错能力,其目标在于数据的分析型应用。

RDD 是 Spark 中最基本的抽象概念之一,其特点在于:首先 RDD 是一个数据的集合,包含要被计算的数据。其次它是分布式的,按照某种规则切割成多份数据分片,这些数据分片被均匀地发给集群中不同的计算节点和执行进程,从而实现分布式计算。从系统构成上看,Spark 是一个一主多从的分布式系统,由一个驱动器节点(Driver Node)和多个工作节点(Worker Node)组成,如图 11.4 所示。其中对于每一个 RDD,其数据是会根据一定的方式划分为一个个分区(Partition),每个分区会被分配到不同的工作节点(Worker Node)上进行计算,以起到多节点并行计算的效果。Resilient 是弹性、容错、可恢复的意思,体现的是这个数据结构的容错性,即数据集操作意外丢失后还能通过一定的计算复原回来,其原理是根据"血缘关系"进行恢复,这些关系被记载在 DAG 中。

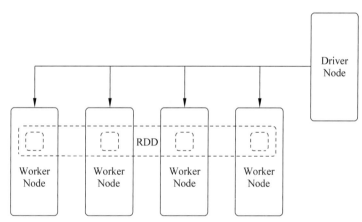

图 11.4 RDD 的分布式特性示意图

 技术洞察 11.3:从 RDD 再看计算思维的实践——抽象、自动化

RDD 简单来说就是一个分布式的数据集合,可以在集群中进行高效的并行计算。RDD 的设计是计算思维中追求"抽象"和"自动化"的最佳实践,即从数据分析目标出发设计被抽象的数据结构,并兼顾进行一些类自动化操作任务的可能性。RDD 设计原则包括以下几点:

- RDD 是不可变的数据集。RDD 一旦创建就不可再修改,只能通过转换操作生成新的 RDD。
- RDD 是弹性的。RDD 可以根据需要重新计算,即可以根据需要从原始数据源中重新计算出来。
- RDD 是分区的。RDD 可以被分成多个分区,每个分区可以在不同的节点上进行计算,从而实现分布式计算。
- RDD 是面向操作的。RDD 提供了一组丰富的操作,包括转换、行动和持久化等,可以实现各种复杂的计算。

- RDD 是惰性的。RDD 只有在需要计算结果的时候才会执行计算,这种惰性计算可以优化计算性能。
- RDD 是可缓存的。RDD 可以将计算结果缓存到内存中,以便在下一次使用时快速获取结果,从而提高计算性能。
- RDD 不需要被物化。它通过血缘关系(Lineage)及 DAG 拓扑排序来确定相关之间的关系。

通过了解 RDD 的设计原则,可以更好地理解 Spark 的工作原理,从而更好地编写高效的 Spark 程序。

RDD 既然是一种抽象的数据结构,在数据结构之上可以定义很多对该数据结构的操作,具体包括两种类型的操作:转换(Transformation)操作和行动(Action)操作,如图 11.5 所示。其中,转换操作是基于现有的数据集创建一个新的数据集,即将 RDD 变换到另一种 RDD,即 RDD→RDD;行动操作是在数据集上进行运算,返回计算值,即从 RDD 上得到计算结果,即 RDD→其他数据类型。

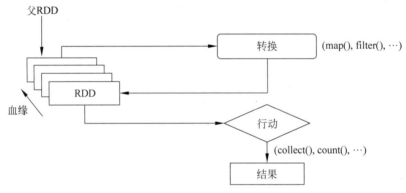

图 11.5　Spark 的转换与行动操作

Spark RDD 拥有的操作比 MapReduce 丰富得多,不仅包括 map 和 reduce 操作,还包括 filter、sort、join、save、count 等操作,所以比 MapReduce 更容易完成复杂的任务。Spark 提供了非常丰富的 API,表 11.3 列出了几个常用的行动 API 及转换 API(Application Programming Interface,应用程序接口,即为一些预先定义的接口函数),便于各类组件、各种编程语言调用。

表 11.3　RDD 常用操作

API	操作名称	功　　能
转换 API	filter	筛选出满足一定条件的元素,并返回一个新的数据集
	map	将每个元素传递到函数中,并将结果返回为一个新的数据集
	flatMap	与 map()相似,且每个输入元素都可以映射到 0 个或多个输出结果
	groupByKey	应用于(K,V)键值对的数据集时,返回一个新的(K,iterable< V >)形式的数据集
	reduceByKey	应用(K,V)键值对的数据集时,返回一个新的(K,V)形式的数据集,其中的每个值是将每个 Key 传递到某函数中进行聚合的结果
行动 API	count	返回数据集中的元素个数
	collect	以数组的形式返回数据集中的所有元素

续表

API	操作名称	功　　能
行动 API	first	返回数据集中的第一个元素
	take	以数组的形式返回数据集中的前 n 个元素
	refuce	通过函数聚合数据集中的元素
	foreach	将数据集中的每一个元素传递到函数中运行

应用案例 11.4：一个基于 Spark 的 WordCount

Spark 是一种基于 RDD 的弹性分布式数据集的计算框架，DAG 可以理解成数据模板，每个数据片段依次按照该模板进行处理。一个 WordCount 的 Python 代码如下，只使用三条语句即可完成。如图所示，对 RDD 的三步操作 flatMap、map、reduceByKey 用一条语句即可实现。

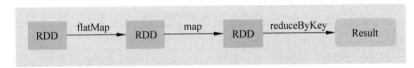

```
#创建 SparkCore 的程序入口
sc = new SparkContext()
#读取文件,生成 RDD
    Data = sc.textFile("HDFS://localhost:9000/user/dataset/word.txt")
#把每一行数据按照空格分隔符("")分隔,同时多行文本的多个单词集合进行"拍扁(flatMap)"得
#到一个大单词集合。
#让每一个单词都出现一次,形成键值对<word,1>,表示该单词出现 1 次
#把所有 RDD 元素按照 key(word)进行分组,然后对具有相同的 key 的多个 value 进行 Reduce 操作
    dataRDD = data.flatMap(lambda line : line.split(""))
             .map(lamda word : (word,1))
             .reduceByKey(lamaba x,y : x + y)
```

想一想：

与"应用案例 11.1"相比，你有什么发现？

11.2.3　Spark 机器学习库及工作流

在大数据上展开的机器学习算法需要处理全量数据并进行大量的迭代计算，这就要求机器学习平台具备强大的处理能力和分布式计算能力。然而对于普通开发者来说，实现一个分布式机器学习算法，仍然是一件极具挑战的事情。为此，Spark 提供了一个基于海量数据的机器学习库 Mllib，它提供了常用机器学习算法的分布式实现。对于开发者而言，只需要有 Spark 编程基础，在了解机器学习算法的基本原理和方法中的相关参数含义的基础上，就可以轻松地通过调用相应的 API 来实现基于海量数据的机器学习过程。

Mllib 中通用的学习算法和工具涉及数据科学流程中的各个环节，具体包括以下几方面内容。

- 特征化工具:特征的提取、转换、降维和选择。
- 算法工具:常用的学习算法,如分类、回归、聚类和协同过滤等。
- 流水线(管道 Pipeline):用于构建、评估和调整机器学习的工作流。
- 持久性:保存和加载算法、模型和管道。
- 实用工具:线性代数、统计、数据处理等工具。

Spark 在机器学习方面的发展非常快,已经支持了主流的统计和机器学习算法。Spark 机器学习库从 1.2 版本以后被分为两个包:一个是 spark.mllib 包含基于原始 RDD 的基本算法 API,另一个是 spark.ml 提供了基于 DataFrames 高层次的 API,可以用来构建机器学习工作流(ML Pipeline)。ML Pipeline 弥补了原始 Mllib 库的不足,底层计算经过优化,比常规编码效率高,实现了多种机器学习算法,可以进行模型训练及预测。Spark 机器学习工作流的要素表如表 11.4 所示。

表 11.4 ML Pipleline 要素

要素		内 容 说 明
目的		构建一个典型机器学习过程的流水式工作流程的抽象,包括数据源 ETL、数据预处理、特征提取、模型训练与交叉检验、新数据预测等步骤
问题		如何抽象:面向机器学习算法
		如何自动化:适应机器学习工作流程
假设		数据科学项目开发是按照流程进行的
概念	数据集 DataFrame	可以容纳各种数据类型的数据集。较之 RDD,DataFrame 包含数据模式(Schema)的信息,更类似传统数据库中的二维表格。例如,DataFrame 中的列可以是存储的文本、特征向量、真实标签和预测的标签等。它被 ML Pipeline 用来存储源数据
	转换器 Transformer	将一个 DataFrame 转换为另一个 DataFrame 的算法,通过添加一个或多个列实现
	估计器/评估器 Estimator	学习算法或在训练数据上的训练方法的概念抽象。一个学习算法是一个 Estimator,通过 fit()方法(函数)得到训练后的模型
	参数 Parameter	用来设置 Transformer 或者 Estimator 的参数
	工作流/管道 Pipeline	工作流将多个工作阶段 Stage(如转换器和估计器)连接在一起,形成机器学习的工作流,并获得结果输出

使用 ML Pipeline API 可以很方便地构建一个完整的机器学习流水线。ML Pipeline 将复杂机器学习工作流设计为一系列的阶段,每一个阶段都由 PipelineStage 来表示。这种方式提供了更灵活的方法,更符合机器学习过程的特点,也更容易从其他语言迁移。

要构建一个工作流,首先需要定义工作流中的各个工作流阶段 PipelineStage,一个工作流在结构上会包含一个或多个阶段(Stage),每一个 Stage 都会完成一个任务,如数据集处理转换、模型训练、参数设置或数据预测等,这样的 Stage 在 ML 里按照处理问题类型的不同都有相应的定义和实现。两个主要的 Stage 为 Transformer(转换器)和 Estimator(评估器),有了这些处理特定问题的转换器和评估器,就可以按照具体的处理逻辑创建工作流并有序地组织 PipelineStages。

📖 应用案例 11.5：用于文本分析的机器学习工作流

文本分析通常按照"分词→构建 TF-IDF→模型训练"这一流程展开。基于 ML 工作流的简单文本分析流程如图所示，可以看出，该流程是一个具有三个阶段的流水线构成，前两个（Tokenizer 和 HashingTF）是转换器，第三个逻辑回归（Logistic Regression）是评估器。经过"管道"后的数据从原始的文本数据变成了"词"及"TF－IDF 特征向量"，其中，圆柱代表 Spark 特有的数据集 DataFrames。Tokenizer.transform()方法将原始文本文档拆分为单词，向 DataFrame 添加一个带有单词的新列，而 HashingTF.transform()方法将字列转换为特征向量，并将这些向量添加到 DataFrame 的一个新列中。由于 LogisticRegression(lr)是一个 Estimator，工作流首先调用 LogisticRegression.fit()产生一个回归模型，然后该模型就可以在新数据 DataFrame 中作为 transform()方法在预测时使用。

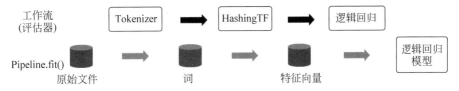

在 Spark 机器学习工作流的配置环境下，只要事先将数据的训练集和测试集分别放入 training 和 test 中，只需三行代码，即可实现以上功能。

```
pipeline = pipeline(stages=[tokenizer, hashingTF, lr])
 model = pipeline.fit(training)
 prediction = model.transform(test)
```

想一想：
如果给你提供 Spark 环境，是不是你也会用呢？当然前提是你理解了机器学习的基本原理。

思考题

1. 什么是内存计算？为什么要用内存计算？
2. 什么是 RDD？举例说明 RDD 转换操作的作用。
3. 什么是机器学习工作流（ML Pipeline）？Spark 为什么要提供这个工具库？

11.3 流计算

11.3.1 大数据与流分析

近年来，在 Web 应用、网络监控、传感监测、电信金融、生产制造等领域，兴起了一种新的数据密集型应用：流数据分析及应用，其特点是面向数据以大量、快速、时变的流形式持续到达的场景。大数据 4V 在"速度"维度的增长及变化如图 11.6 所示。

流数据的主要代表是传感器数据，如监测大气中的 PM2.5 浓度，监测数据会源源不断地实时传输回数据中心，检测系统对回传数据进行实时分析，判断空气质量变化趋势，

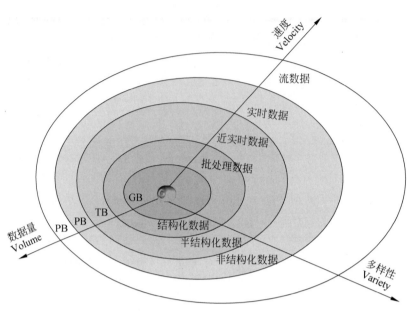

图 11.6　不同维度数据的增长

如果空气质量在未来一段时间内会达到影响人体健康的程度,就启动应急响应机制。在电子商务中,淘宝等网站可以从用户单击流、浏览历史和行为(如放入购物车)中实时发现用户的即时购买意图和兴趣,为之实时推荐相关商品,从而有效提高商品销量,同时也增加了用户的购物满意度,可谓"一举两得"。大数据时代,"存储一切"的方法就会变得越来越困难,寻找处理流数据的新方法势在必行。

> **想一想 11.2:静态数据与流数据、批处理与实时处理**
>
> 数据总体上可以分为静态数据和流数据。静态数据就是像水库中的水一样,是静止不动的数据。很多企业为了支持数据分析而构建的数据仓库系统存放着大量历史数据,属于静态数据。这些数据来自不同数据源,利用 ETL 工具加载到数据仓库中,并且在短时间内不会发生更新,技术人员可以利用数据挖掘和 OLAP 分析工具,从这些静态数据中找到对企业有价值的信息。
>
> 流数据是指在时间分布和数量上无限的一系列动态数据的集合体,该集合体的数据记录是流数据的最小单元,组成该单元的流数据具有以下特征。
>
> - 数据快速持续到达,其潜在大小也许是无穷无尽的。
> - 数据来源众多,格式复杂。
> - 数据量大,但一旦流数据中的某个元素经过处理,要么被丢弃,要么被归档存储。
> - 流数据处理注重数据的整体价值,不过分关注个别数据。
> - 数据到达的顺序无法控制。
>
> 对应静态数据和流数据的处理有着两种截然不同的计算模式:批量计算和实时计算。批量计算以静态数据为对象,可以在很充裕的时间内对海量数据进行批量处理,计算得到有价值的信息,Hadoop 就是典型的批处理模式,由 HDFS 和 HBase 存放大量的静态数据,由 MapReduce 负责对海量数据执行批量计算。流数据必须采用实时计算,即实时得到相应的计算结果,一般要求响应时间为秒级。

流计算的处理流程一般包含三个阶段：数据实时采集、数据实时计算、实时查询服务。数据实时采集阶段通常采集多个数据源的海量数据，需要保证实时性、低延迟和稳定可靠。在数据实时计算阶段，流处理系统接收数据采集系统不断发来的实时数据，实时地进行分析计算，并反馈实时结果。经流处理系统处理后的数据，可视情况进行存储，以便后期进行分析计算。在时效性要求较高的场景，处理后无用的数据也可以直接丢弃。实时查询服务是指经由流计算框架得出的结果可供用户进行实时查询、展示和存储。传统的数据处理流程，用户需要主动发出查询才能获得想要的结果，而在流处理流程中，实时查询服务可以不断自动更新结果，并将用户所需的结果实时推送给用户。

11.3.2 Spark Streaming 流计算

Spark Streaming 是构建在 Spark 上的实时计算框架，可结合批处理和交互查询，对历史数据和实时数据进行综合分析。Spark Streaming 可以整合多种输入数据源，如 Kafka（高吞吐量的分布式发布订阅消息系统）、Flume（日志收集系统）、HDFS 及普通的 TCP 套接字。经处理后的数据可存储在 HDFS、HBase 等数据库上进行实时汇总或直接显示在仪表盘内。Spark Streaming 实际实现的是秒级的流计算，如需要毫秒级的流计算，需采用 Hadoop 框架下的 Strom 来实现。

Spark Streaming 最主要的抽象是离散化数据流 DStream（Discretized Stream）。在内部实现上，Spark Streaming 将输入的数据按时间片（如 0.5~2s）为单位分段，每一段数据转换为 Spark 中的 RDD，并将对 DStream 的操作转换为对相应的 RDD 的操作，即以类似批处理的方式处理每一个时间片的数据。流计算要素如表 11.5 所示。

表 11.5 流计算要素

要素	内 容 说 明	
目的	从连续流动的(流式)数据中提取有价值、可操作的信息(流分析也称为动态数据分析和实时数据分析)。目标是在秒级或毫秒级的时间内完成相关任务	
问题	如何实现数据的实时采集——LinkedIn 的 Kafka、淘宝的 TimeTunnel、基于 Hadoop 的 Flume	
	如何实现流数据的实时计算(包括实现高阶函数 map、reduce、join、window 等)	
	如何实现实时查询服务、不断更新结果	
假设	数据流为时间分布和数量上无限的一系列动态数据几何体，潜在大小也许是无穷无尽	
	数据的价值随着时间的流逝而降低	
	数据的整体价值高于个别数据	
概念	离散流 DStream	高级抽象的离散流(Discretized Stream)代表了一个持续不断的数据流，是一系列持续不断产生的 RDD 的组合。DStream 中的每个 RDD 都包含一个时间段内的数据
	Batches	实时输入数据 DStream 被切分成一个一个 Batches（一次性处理的单元），后转换成一个一个 RDD，然后由 Spark 引擎进行计算并将结果输出到外部存储
	滑动窗口 Window	一个数据窗口是一个有限数量(序列)的元组，当新数据可用时，窗口将不断更新。窗口的大小是根据分析的系统来确定的

在 DStream 中，流被定义为连续的数据元素序列，流中的数据元素通常称为元组。在关系型数据库的意义上，元组类似于一行数据，如一条记录、一个对象或一个实例。然而，在结构化和非结构化数据的上下文中，元组是表示数据包的抽象，可以将数据包描述为给定对象的一组属性，如果一个元组本身不能提供足够的信息用于分析或相关关系（或者需要描述元组之间的汇总信息），那么将使用一个包含一组元组的数据窗口。图 11.7 是离散化流的示意图，图中 RDD@time 表示该数据为包含时间信息的 RDD，第一行为原始流数据，经过操作后（类似于表 11.3 中的操作）转换为第二行流数据，再通过基于窗口的操作，成为基于窗口的流数据，即图中的第三行。

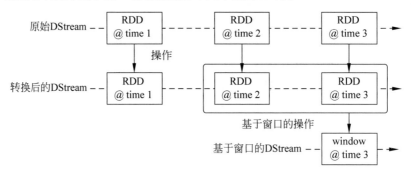

图 11.7　离散化流 DStream

> **想一想 11.3：Spark 中数据抽象的演变——RDD、DataFrame 及 DStream**
>
> 计算思维的本质是"抽象"及"自动化"。在 Spark 中，数据结构（数据抽象）的形式不断演变也是计算思维的最佳实践，其目标都是为了更好地"抽象（描述）"不同数据，便于实现不同数据的分析计算"自动化"。
>
> RDD 是分布式数据对象的集合，但"抽象"的结果是对数据对象的内部结构不可知的。DataFrame 是一种以 RDD 为基础的分布式数据集，提供了对象详细的内部结构信息，DataFrame 可以看成是带了数据模式（Schema）的 RDD。Spark SQL 提供的 DataFrame API 可以对内部和外部各种数据源执行各种关系操作，也可以支持大量的数据源和数据分析算法。DStream 是一段时间内的数据流，同理可以将 DStream 看成是带了时间信息的 RDD，DStream 提供了许多与 RDD 所支持的操作相类似的操作，还增加了与时间相关的新操作，如滑动窗口等，如下图所示。
>
> 另外 DataFrame 是 Spark1.3 之后引入的分布式集合，DataSet 是 Spark1.6 之后引入的分布式集合。Spark2.0 统一了 DataFrame 和 DataSet 的 API，这样 DataFrame 变成 DataSet 的子集，DataSet 是 DataFrame 的扩展。
>
>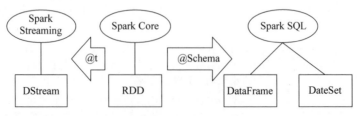

11.3.3 流计算的应用

当拥有了 HBase 和 Spark 这样两个大数据利器之后,就可以去构建企业的一站式数据处理平台,这里的 HBase 不再仅对外提供在线查询,还可以通过 Spark Streaming 来对接 Kafka 等消息中间件,进而可以实现流式消息入库。同时,Spark 也是联邦查询引擎,利用一套 API,可以对接 MySQL、MongoDB 等各种外部数据源,也可以通过 Spark 的作业任务将外部的数据批量地导入 HBase 中。当数据沉淀在 HBase 之后,业务上肯定不会仅对这些数据进行简单的在线查询,可能还需要完成一定的分析和机器学习任务,而 Spark 支持 SQL 以及 Mllib,可以对于数据进行相关的分析,实现业务处理以及数据挖掘,并将处理之后数据回流到 HBase 里面,对外提供在线查询服务。

据统计,HBase+Spark 架构可以解决大数据 90% 的业务场景需求。具体应用领域包括精准广告推荐系统、大数据风控系统、物联网实时处理及计算、海量数据精细化运营、日志大数据分析、用户行为实时分析(PV、UV、点击流信息、导航数据采集)等。一站式数据处理平台架构如图 11.8 所示。

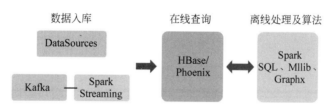

图 11.8 一站式数据处理平台架构

基于阿里云构建的典型"爬虫+搜索引擎"系统如图 11.9 所示,通过一个爬虫集群不断地从抖音、微博等平台爬取一些帖子和评论等内容,并将其存储在 Kafka 中,由于这些消息是非结构化的,同时还需要实时地对外提供服务,就需要接入一个 Spark Streaming 来实时处理这些 Kafka 的日志。这里 Spark Streaming 主要做两件事情,一件是将非结构化数据转成系统希望得到的结构,第二件事情就是在 Streaming 的过程中去反查 HBase 的维表,进行关联和去重,之后将一条完整的数据流存入到 HBase 中。目前 HBase 较为适合点查询,数据同步的 Solr 对外提供全文检索以及复杂查询。与此同时,系统每天每月将 HBase 数据同步到 Spark 里面并归档到数据仓库中,以便在数据仓库中进行复杂的数据分析。该类场景的业务价值在于:基于 Spark Streaming 流,系统在性能方面较优,峰值能够达到每秒 20 万条的吞吐;在查询能力方面,HBase 能够自动地同步到 Solr(独立的企业级搜索应用服务器),对外提供全文检索的查询能力。

与上述框架类似的"大数据风控系统"的典型业务场景的架构图如图 11.10 所示。该框架的特点是:Spark 同时支持基于在线规则分析的"事中"风险控制和基于离线批量规则分析的"事后"风险控制,并可以友好地对接 HBase、MySQL、MongoDB 等多种在线数据库。

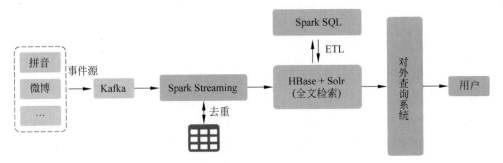

图 11.9 "爬虫+搜索引擎"业务场景构架图

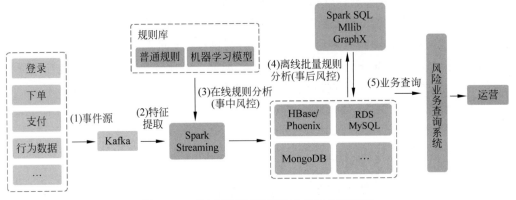

图 11.10 "大数据风控系统"业务场景构架图

应用案例 11.6：滴滴出行的 ETA 预测

在智能交通领域，ETA(Estimated Time of Arrival)是指每次选好起始和目的地后，提示出预估的时间和价格的功能。滴滴实现 ETA 的最初版本是离线方式运行，后来改版通过 HBase 实现实时效果，把 HBase 当成一个 Key－Value 缓存，带来了诸如减少训练时间、可多城市并行、减少人工干预的好处。

整个 ETA 的数据流如图所示，算法实施过程是：模型训练是通过 Spark 作业每 30min 对各个城市对应的模型训练一次，在模型训练第一阶段（前 5min 内），按照设定条件从 HBase 读取所有城市数据；在模型训练第二阶段，利用约 25min 完成 ETA 的计算；另外，HBase 中的数据每隔一段时间会持久化至 HDFS 中，供新模型测试和新的特征提取时使用。

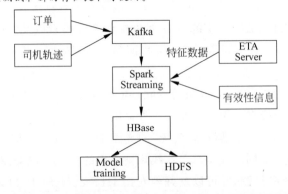

思考题

1. 静态数据与流数据的区别是什么？流数据的价值与时间具有怎样的关系？
2. 流数据计算的处理一般包括哪三个阶段？
3. 什么是批处理？什么是实时处理？什么时候需要实时处理（实时计算）？

11.4 探索与实践

1. MapReduce 的最大创新点是什么？它的局限性又是什么？
2. Spark RDD 的设计是如何体现计算思维中的"抽象"和"自动化"理念的？
3. 想一想 Spark SQL 的作用是什么？
4. Spark 机器学习库是如何实现机器学习工作流的？其中的基本假设是什么？
5. 基于 DIKW 的企业大数据平台探秘。

百度找到一个企业的大数据平台图片（如下图所示，尽可能是国内外大公司），按照 DIKW 模型的层次进行分析与剖析，并尽量用到之前学到的知识点，如数据库、CRM、CRP、数据仓库、Hadoop 组件等。注意重点平台中各部分的主要功能及作用（如目的、输入、输出等）。

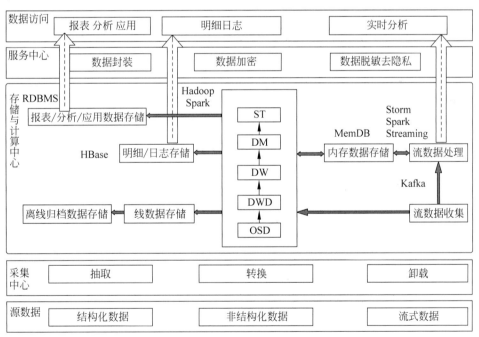

第12章 大数据平台与云计算

 **淘系的"生意参谋"**

"生意参谋"诞生于2011年,最早是应用在阿里巴巴B2B市场的数据工具。2013年10月,生意参谋正式走进淘系。2014—2015年,在原有规划基础上,生意参谋分别整合"量子恒道""数据魔方"等产品,最终升级成为阿里巴巴商家端统一数据平台。生意参谋集数据作战室、市场行情、装修分析、来源分析、竞争情报等数据产品于一体,是大数据时代下赋能商家的重要平台。2016年,生意参谋累计服务商家超2000万,月服务商家超500万;月成交额30万元以上的商家中,逾90%在使用生意参谋;月成交金额100万元以上的商家中,逾90%每月登录生意参谋天次达20次以上。

生意参谋主要功能模块如下。
- 实时直播:以店铺实时动态数据为切入点,提供实时数据的查询与分析。
- 经营分析:以商家电商经营全局链路为主思路,结合大环境,对经营中各个环节进行分析、诊断、建议、优化、预测。
- 市场行情:以行业分析、竞争情况为切入点,对市场行情进行分析。
- 自助取数:提供数据定制、查询、导出等高端数据服务,灵活可配置,周期可定制。

这就是"数据产品",从DIKW视角来看,它提供了多个层次的数据的"增值"服务。

学习目标

学完本章,你应该牢记以下概念。
- Hadoop 生态系统及组件、实时数据仓库。
- 云计算、IaaS、PaaS、SaaS、AaaS。
- 中台、数据中台、AI中台。

学完本章,你将具有以下能力。
- 理解云计算三层服务的区别。
- 理解实时数据仓库的作用。

学完本章,你还可以探索以下问题。
- 探究数据中台及AI中台存在的意义。
- 基于DIKW模型,分析大公司大数据云平台的功能。

12.1 大数据平台

12.1.1 Hadoop 的原则

对Hadoop的理解可以是一种哲学、一场运动,是管理和分析数据的现代化体系结构的发展。"Hadoop哲学"始终遵循以下原则。

(1) 转向分解软件堆栈,将每一层(存储、计算平台、批处理/实时/SQL计算框架等)构建为可组合的"乐高积木",而不是单一且不灵活的软件栈,这从本质上不同于以垂直方式整合、具有定制存储格式、解析器、执行引擎等传统数据库。尤其是通过建立开放的元数据、安全和管理平台来协调分解的堆栈,有助于这一理念的实现。

(2)转向用于大型分布式系统的商品硬件,而不再是专有/单片硬件＋软件堆栈的架构,具有充分的可替代性和广泛的可获得性,成为"分而治之"得以实现的基础。

(3)转向利用开放数据标准和开源技术,而不是专有的、供应商控制的技术。开放标准意味着实现,而不仅仅是"规范"。

(4)转向灵活多变的技术生态系统,而不是对所有的整体堆栈一刀切,从而便于在每一层都能实现创新。

技术洞察 12.1：从 Hadoop 1.0 到 Hadoop 2.0

2011 年 11 月,Hadoop 1.0.0 版本正式发布,意味着可以用于商业化。但是 1.0 版本中存在某些问题：①扩展性差,各种"任务跟踪"负载较重,成为性能瓶颈;②可靠性差,NameNode 只有一个,万一失效整个系统就会崩溃;③仅适用 MapReduce 一种计算方式;④资源管理的效率比较低。

2012 年 5 月,Hadoop 推出了 2.0 版本。2.0 版本在 HDFS 之上,增加了资源管理框架层 YARN (Yet Another Resource Negotiator),为各类应用程序提供资源管理和调度,可在其之上运行各种应用程序和框架,如 MapReduce、Tez、Storm 等,它的引入使得各种应用运行在一个集群中成为可能。YARN 的出现使得 Hadoop 计算类应用进入平台化时代,此外,2.0 版本还提升了系统的安全稳定性。

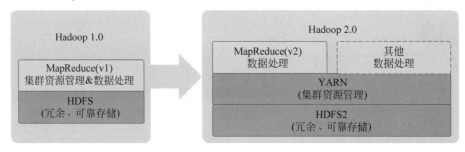

12.1.2 Hadoop 生态系统

经过时间的累积,Hadoop 已经从最开始的两三个组件发展成一个拥有 20 多个部件的生态系统。俗话说"需求是发明之母",Hadoop 生态系统大家族的各个组件分别都是根据需求逐步加入的,这些得益于 Hadoop 的开源理念及许多大公司的贡献。Hadoop 生态系统如图 12.1 所示。

整个 Hadoop 架构中除 HDFS、MapReduce、HBase 外,其他主要组件作用及操作可以简单总结如下。

- Hive：由 Facebook 开源的数据仓库工具,可以将结构化的数据文件映射为一张数据库表,并提供 SQL 查询功能,能将 SQL 语句转变成 MapReduce 任务来执行。通过类 SQL 语句快速实现简单的 MapReduce 统计,不必开发专门的 MapReduce 应用,十分适合数据仓库的统计分析。
- Pig：由 Yahoo 开源的大规模数据分析工具,它提供的类似 SQL 的脚本语言 Pig

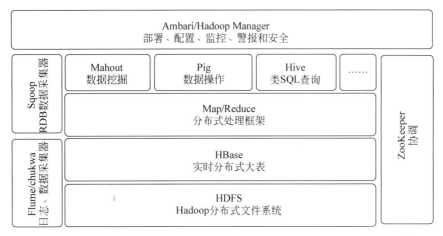

图 12.1 Hadoop 生态系统

Latin，该语言的编译器会把类 SQL 的数据分析请求转换为一系列经过优化处理的 MapReduce 运算。

- Sqoop：数据 ETL 传递工具，是 SQL-to-Hadoop 的缩写。主要用于在 Hadoop、Hive 与传统的数据库（MySQL）间进行数据的传递，可以将一个关系型数据库中的数据导进 Hadoop 的 HDFS 中，也可以将 HDFS 的数据导进关系型数据库中。
- Mahout：一个可扩展的机器学习和数据挖掘库。Mahout 提供一些可扩展的机器学习领域经典算法的实现，旨在帮助开发人员更加方便快捷地创建智能应用程序。Mahout 包含许多实现，如聚类、分类、推荐过滤、关联规则挖掘等。
- Flume：由 Cloudera 开源的分布式海量日志采集、聚合和传输的系统，Flume 支持在日志系统中定制，用于收集发送方的各类数据。同时，Flume 提供对数据进行简单处理，并写到各类数据接收方，具有可定制的能力。
- Kafka：由 LinkedIn 开源的分布式发布订阅消息系统，主要用于处理活跃的流式数据，通过磁盘数据结构提供消息的持久化，这种结构对于即使数据以太字节（TB）级的消息存储也能够保持长时间的稳定性能，用非常普通的硬件支持每秒数百万消息的高吞吐量，支持通过 Kafka 服务器和消费机集群来分区消息，支持 Hadoop 并行数据加载。
- Flink：大数据内存计算框架，用于实时计算的场景。
- Storm：用于实时计算，对数据流做连续查询，在计算时就将结果以流的形式输出。
- Oozie：管理 Hadoop 作业任务的工作流程调度管理系统。
- ZooKeeper：高效的可扩展的资源协调系统，存储和协调关键共享状态，监控和协调 Hadoop 分布式运作的集中式服务，可提供各个服务器的配置和运作状态资讯，用于提供不同 Hadoop 系统角色之间的工作协调。
- Ambari：Hadoop 管理工具，可以快捷地监控、部署、管理集群。

Spark 内存计算框架的引入使得大数据生态圈更加完善，如图 12.2 所示。从数据处理层面看，大数据计算可以分为批处理、交互式、流处理等多种方式，而从大数据平台而言，已有成熟的 Hadoop 等其他云的供应商。Spark 的特色在于它首先为大数据应用提供了一个统一的平台，整合了主要的数据处理模式，并能够很好地与现在主流的大数据平台 Hadoop 集成，这样的一种统一平台带来的优势非常明显。

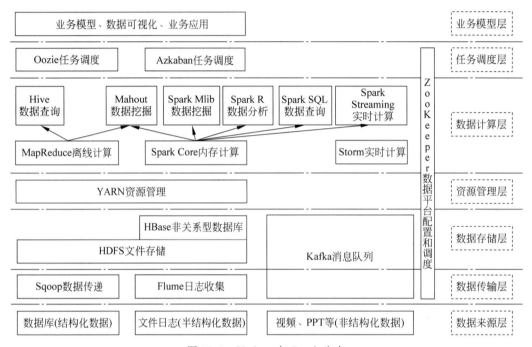

图 12.2 Hadoop 与 Spark 生态

可以将大数据生态圈看成一个"厨房工具生态圈"，为了做不同的菜，需要各种不同的工具。同时客人的需求也在复杂化，需要不断发明不同的工具。当然也没有一个万用的厨具可以处理所有情况，因此它会变得越来越复杂。但整体仍然可以基于 DIKW 的层次关系来理解各部分功能及相互之间的关系，从数据传输/存储层到数据计算/应用层。

技术洞察 12.2：推荐系统的 Hadoop 实现

推荐策略中的两个关键问题分别是"召回"和"排序"。"召回"是指从全量信息中触发尽可能多的正确结果，并将正确结果返回给"排序"。召回是推荐系统的第一阶段，主要根据用户和商品部分特征，从海量的物品库里快速找回一小部分用户潜在的感兴趣的物品，然后交给排序环节。这部分需要处理的数据量非常大，速度要求快，所有使用的策略、模型和特征都不能太复杂。主要的 3 种召回方法包括基于内容的召回、协同过滤、基于深度神经网络的方法等。这些算法及策略的实施都是通过底层的 Hadoop 框架来实现的，如下图所示。

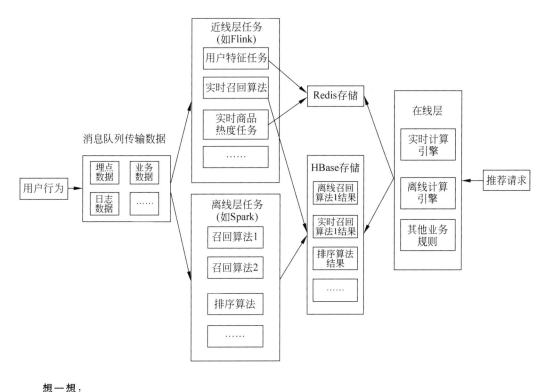

想一想:
经过这样复杂的大数据底层框架,推荐给你的信息你满意吗?

12.1.3 Hadoop 与实时数据仓库

需要强调的是,信息技术常常是演进的而非革命,大数据分析不会取代传统的结构化数据分析,恰恰相反,"当你将大数据与传统信息源相结合以提出可产生巨大业务价值的创新解决方案时,一切都会令人着迷"。因此,基于 Hadoop 的大数据分析与 RDBMS 共存的方案得到业界的共识,数据仓库和 Hadoop 平台互为补充,立足于满足客户在不同使用场景下的业务需求。

实时数据仓库(Real-time Data Warehouse)是指能够实时地处理和分析数据的数据仓库,其特点是在保证数据仓库中的数据是最新的、最准确的同时,也可以实时响应用户的查询和分析。与传统的数据仓库相比,实时数据仓库更加注重数据的实时性和对业务的实时响应能力。传统数据仓库通常是每日、每周或每月定期进行数据的抽取、转换和加载(ETL),更新的速度较慢,一般不支持实时查询和分析。而实时数据仓库则更加注重数据的实时性和对业务的实时响应能力,能够在数据发生变化时及时响应用户的查询和分析需求。

图 12.3 及图 12.4 分别是百度流批一体(实时流处理与批量离线处理)整体方案及美团外卖实时数据仓库大数据架构图。可以看出,实时数据仓库也引入了类似于离线数据仓库的分层理念,主要是为了提高模型的复用率,同时兼顾易用性、一致性以及计算成

本。通常离线数据仓库采用空间换取时间的方式,所以层级划分比较多,从而提高数据计算效率。实时数据仓库的分层架构在设计上重点考虑到时效性问题,分层设计尽量精简,避免数据在流转过程中造成不必要的延迟响应,并降低中间流程出错的可能性。

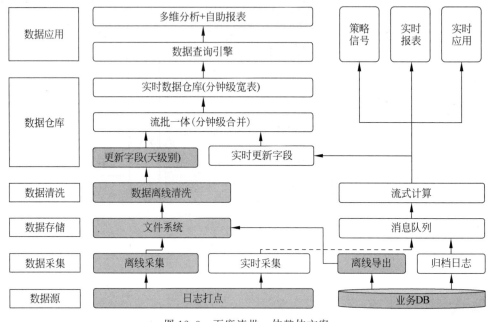

图 12.3　百度流批一体整体方案

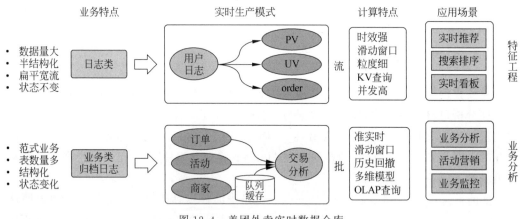

图 12.4　美团外卖实时数据仓库

应用案例 12.1：基于阿里云的实时数据仓库

基于阿里云的典型的数据仓库总体架构如下图所示,主要分为 4 层:最底层是"操作数据层",这里存储的是原始的数据,如服务器日志、用户中心数据、广告监测等。原始的数据进入数据仓库之后,由于数据往往不够规整,因此需要进行一些 ETL 操作。在该方案中通过 Spark Streaming 获取 Kafka 的数据再写入到 Phoenix(构建在 HBase 上的一个 SQL 层)里,然后进入数据仓库的第二层"数据明细层"。所谓数据明细层就是说这些数据还是比较原始的,但是数据格式比较规范,已经具有可以对外提供查询的能力。在数据明细层可以通过 HBase 直接对外提供业务查询能力，或者实现了更为复杂的 SQL 操作(如 Join、Group By 等)后再进入"数据汇总层"，这时候可能需要配合 SparkSQL 来聚合数据进而转换到 Spark 列存储到 HBase 上。数据汇总层其实就可以视为一个离线数据仓库，如果想要制作报表就可以通过这一层的 Spark SQL 离线数据实现分析，并且可以将数据回流到 Phoenix 为运营部门提供查询能力，即到达"应用数据层"。实时数据仓库通过以上 4 层的结构最终为业务应用提供强大的数据能力。

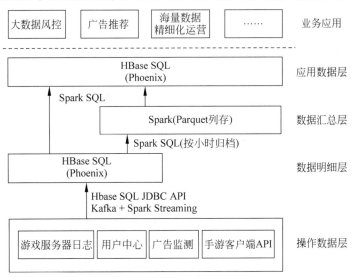

在这里，你明白 DIKW 模型了吗？

思考题

1. Hadoop 1.0 与 Hadoop 2.0 的主要区别是什么？
2. Hadoop 生态(软件堆栈)的结构特点是什么？有什么优势？
3. Hive 组件的作用是什么？
4. 什么是批流一体架构？在实时数据仓库中，流计算及批计算的特点分别是什么？

12.2 云计算与云服务

12.2.1 什么是云计算

云计算(Cloud Computing)是一种新兴的技术，维基百科将云计算定义为"一种计算风格，在这种风格中，通过互联网提供动态伸缩的、通常是虚拟的资源。用户不需要了解、体验或控制云中的技术基础设施"。显然云计算是分布式计算的一种，通过网络"云"将巨大的数据计算处理程序分解成无数个小程序，然后，通过多部服务器组成的系统进行处理和分析，再将得到的结果返回给用户。通过这项技术，可以在很短的时间内(几秒钟)完成对数以万计的数据的处理，从而达到强大的网络服务。

现阶段所说的云服务已经不单单是一种分布式计算,而是分布式计算、效用计算、负载均衡、并行计算、网络存储、热备份冗杂和虚拟化等计算机技术混合演进并跃升的结果。即通过计算机网络(多指 Internet)形成的极强的综合能力,存储、集合相关资源并可按需配置,向用户提供个性化服务。云计算的关键技术包括分布式并行计算、分布式存储以及分布式数据管理技术,而 Hadoop 就是一个实现了云计算系统的开源平台,云计算也可以看成是一种抽象的计算模式,而 MapReduce、GFS、BigTable、Hadoop、Spark 等为实现这种模式的具体技术。云计算提供三类分层服务,如图 12.5 所示。

(1) 基础设施即服务(Infrastructure as a Service,IaaS):把计算基础(服务器、网络技术、存储和数据中心空间)作为一项服务提供给客户,这里也包括提供操作系统和虚拟化技术及管理资源。消费者通过 Internet 可以从完善的计算机基础设施获得服务。这是一种最下端的服务。

(2) 平台即服务(Platform as a Service,PaaS):将软件研发的平台作为一种服务,供应商提供超过基础设施的服务,将软件开发和运行环境的整套解决方案提交给用户。

(3) 软件即服务(Software as a Service,SaaS):是一种交付模式,其中应用作为一项服务托管,通过 Internet 提供给用户,帮助他们更好地管理各自的 IT 项目和服务,确保它们 IT 应用的质量和性能。这是处于最顶端的服务。

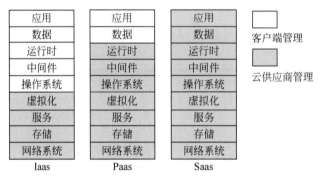

图 12.5　不同层次的云服务及技术堆栈

被普遍接受的"云"计算特点如下。

(1) 超大规模。云具有相当的规模,企业私有云一般拥有数百上千台服务器。云能赋予用户前所未有的计算能力。

(2) 虚拟化。云计算支持用户在任意位置、使用各种终端获取应用服务。所请求的资源来自云,而不是固定的有形的实体。应用在云中某处运行,但实际上用户无须了解也不用担心应用运行的具体位置。只需要一台笔记本或者一个手机,就可以通过网络服务来实现所需要的一切,甚至包括超级计算这样的任务。

(3) 高可靠性。云使用了数据多副本容错、计算节点同构可互换等措施来保障服务的高可靠性,使用云计算比使用本地计算机可靠。

(4) 通用性。云计算不针对特定的应用,在云的支撑下可以构造出千变万化的应用,同一个云可以同时支撑不同的应用运行。

(5) 高可扩展性。云的规模可以动态伸缩,满足应用和用户规模增长的需要。

（6）按需服务。云是一个庞大的资源池,可按需购买;云可以像自来水、电、煤气那样计费。

（7）极其廉价。由于云的特殊容错措施可以采用极其廉价的节点来构成,云的自动化集中式管理使大量企业无须负担日益高昂的数据中心管理成本,云的通用性使资源的利用率较之传统系统大幅提升,因此用户可以充分享受云的低成本优势,经常只要花费几百美元、几天时间就能完成以前需要数万美元、数月时间才能完成的任务。

（8）潜在的危险性。云计算服务除了提供计算服务外,还必然提供了存储服务,并且云计算服务当前垄断在私人机构（企业）手中,他们仅能提供商业信用。对于政府、银行这样持有敏感数据的机构,如果使用云服务,必然存在潜在的危险。

> **想一想 12.1：网络时代,我们可以享受哪些云服务**
>
> 随着云计算技术的发展,越来越多的云服务出现在人们的生活中。一些常见的云服务已经让人们可以享受到网络时代的便利。
> - 云存储服务可以让我们将文件、照片、视频等存储到云端,随时随地进行访问和分享。
> - 云备份服务可以让我们将计算机、手机等设备中的数据备份到云端,以防止数据丢失。
> - 云音乐服务可以让我们在云端存储和播放音乐,无须下载到本地设备。
> - 云视频服务可以让我们在线观看电影、电视剧、综艺节目等视频内容。
> - 云游戏服务可以让我们通过云端服务器进行游戏,无须本地设备的强大性能支持。
> - 云办公服务可以让我们通过云端进行协同办公,在线编辑文档、表格等,方便团队协作。
> - 云数据库服务可以让我们在云端存储和管理数据,提供高可靠性和高可扩展性的数据存储解决方案。
>
> 想一想,你享受到的"云服务"是免费的吗？你满意吗？

12.2.2 面向分析的云服务

当前,企业正被大量的数据淹没,从这些数据中获取有价值的信息对他们来说是一个巨大的挑战。分析即服务（Analytics as a Service,AaaS）是一个可扩展的分析平台,使用基于交付模式,平台覆盖了从物理设备收集数据到数据可视化的所有功能。AaaS 为企业提供了一个报告和分析的敏捷模型,使其可以专注于自己最擅长的事情,如各种 BI 和数据分析工具。AaaS 可以帮助公司更好地决策,客户既可以在云中运行自己的分析应用程序,也可以将数据放到云中并获得有用的见解。云中的 AaaS 通过提供许多具有更好的可伸缩性和低成本且更高效的虚拟分析应用程序,具有规模经济的效益。面向分析服务的企业业务分析及决策支持框架如图 12.6 所示,它可以理解为是叠加在通用分析架构之上的。

2018 年,IBM 宣布推出面向 AI 开发人员的新型深度学习即服务（Deep Learning as a Service,DLaaS）计划。借助 DLaaS,用户可以使用流行的框架（如 TensorFlow、PyTorch 和 Caffe）来训练神经网络,而无须购买和维护昂贵的硬件。该服务让数据科学家仅使用他们需要的资源来训练模型,仅支付 GPU 时间。每个云处理单元都设置为易于使用,并配置了用于编程深度学习的网络框架,而无须用户进行基础架构管理。用户

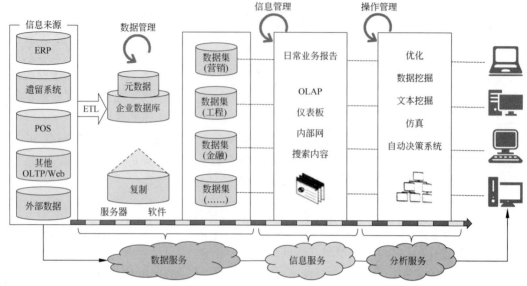

图 12.6　面向云的支持系统的概念框架 DIKW

可以基于所提供的深度学习框架,在神经网络模型、训练数据和成本约束中进行选择,其余部分由云服务提供,实现交互式的迭代训练体验。为了使用这类服务,用户只需准备他们的数据,然后上传并开始训练,最后下载训练结果。这看起来相当简单,可能会大大缩短训练时间。例如,单个 GPU 的设置在几百万张图片上训练视觉图像处理神经网络可能需要花费近一周的时间,而在 IBM 的云解决方案中实施可能会缩减到几个小时。

技术洞察 12.3：基于云的深度学习框架

数据科学、机器学习与数据工程在一个产品系统研发过程中的关系如下图所示,这不仅是包括模型训练,还包括模型部署与迭代优化,并将其集成到其他业务流程中。这些工作都只有在云平台上才能完成。

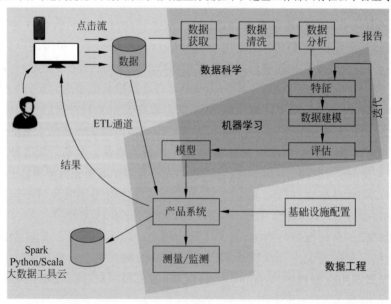

在深度学习研究的初始阶段,每个深度学习研究者都需要写大量的重复代码。为了提高工作效率,这些研究者也会将这些代码写成一个框架放到网上的云平台,让所有研究者一起使用。随着时间的推移,最为好用的几个框架会被大量的人使用。目前最为流行的深度学习框架有 TensorFlow、PyTorch 和 Caffe。

12.2.3 百度深度学习开源云平台

百度研发的面向企业级深度学习开源开放云平台"飞桨(PaddlePaddle)"是以百度多年的深度学习技术研究和业务应用为基础,集深度学习核心训练和推理框架、基础模型库、端到端开发套件、丰富工具组件于一体,是中国首个自主研发、功能丰富、开源开放的产业级深度学习平台,如图 12.7 所示。截至 2022 年 12 月最新报告显示,飞桨已经成为中国深度学习市场应用规模第一的深度学习框架和赋能平台,已汇聚 535 万开发者,服务 20 万家企事业单位。飞桨助力开发者快速实现 AI 想法及创新 AI 应用,作为基础平台支撑越来越多的行业实现产业智能化升级,基于飞桨构建的算法模型已经达到 67 万个。

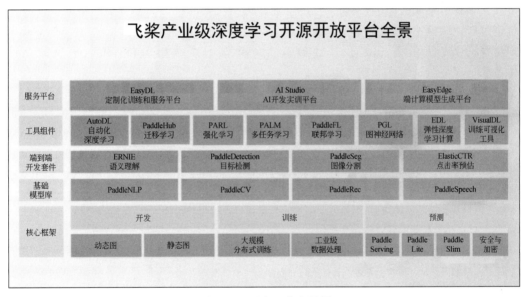

图 12.7 百度飞桨全景图

百度飞桨(PaddlePaddle)的领先技术体现在以下几个方面。

1. 开发便捷的深度学习框架

飞桨深度学习框架基于编程一致的深度学习计算抽象以及对应的前后端设计,拥有易学易用的前端编程界面和统一高效的内部核心架构,对普通开发者而言更容易上手并具备领先的训练性能。飞桨框架还提供了低代码开发的高层 API,并且高层 API 和基础 API 采用了一体化设计,两者可以互相配合使用,做到高低融合,兼顾开发的便捷性和灵活性。

2. 超大规模深度学习模型训练技术

飞桨突破了超大规模深度学习模型训练技术,率先实现了千亿稀疏特征、万亿参数、数百节点并行训练的能力,解决了超大规模深度学习模型的在线学习和部署难题。此外,飞桨还覆盖支持包括模型并行、流水线(Pipleline)并行在内的广泛并行模式和加速策略,引领大规模分布式训练技术的发展趋势。

3. 多端多平台部署的高性能推理引擎

飞桨对推理部署提供全方位支持,可以将模型便捷地部署到云端、边缘端和设备端等不同平台上,结合训推一体的优势,让开发者拥有一次训练、随处部署的体验;飞桨从硬件接入、调度执行、高性能计算和模型压缩 4 个维度持续对推理功能深度优化,整体性能领先。

4. 产业级开源模型库

飞桨建设了大规模的官方模型库,算法总数达到 500 多个,包含经过产业实践长期打磨的主流模型以及在国际竞赛中的夺冠模型;提供面向语义理解、图像分类、目标检测、图像分割、文字识别(OCR)、语音合成等场景的多个端到端开发套件,满足企业低成本开发和快速集成的需求,助力快速的产业应用。飞桨的模型库是基于丰富的产业实践打造的产业级模型库,服务企业遍布能源、金融、工业、农业等多个行业。其中,产业级知识增强的文心大模型,已经形成涵盖基础大模型、任务大模型和行业大模型的三级体系。

技术洞察 12.4:算力——CPU、GPU、TPU 及 NPU

算力是指计算机执行某些操作的能力,通常用浮点运算的速度(通常以每秒浮点运算次数 FLOPS 为单位)来衡量。算力越高,计算机可以处理的数据越多、处理速度越快,同时也意味着计算机完成复杂计算任务的能力更强。在人工智能和深度学习领域,算力是一个非常重要的概念。因为这些应用通常需要非常大的计算资源才能训练更复杂的模型和处理更大的数据集。对于许多深度学习任务来说,计算能力已经成为决定性的因素,因此越来越多的公司和研究机构开始投入巨资打造超级计算机和云计算平台,以提供更高效的算力和计算服务。

在讨论计算机的算力差异方面,常常会提到 CPU、GPU 和 TPU 等缩写,它们的区别如下。

CPU(Central Processing Unit,中央处理器):CPU 是计算机的大脑,它负责执行计算机的基本指令和任务。它可以处理各种不同类型的任务,如浏览网页、运行办公软件和管理操作系统。CPU 拥有多个核心,每个核心可以处理一个任务,但在处理复杂任务时速度相对较慢。

GPU(Graphics Processing Unit,图形处理器):GPU 最初设计用于处理图形和图像相关的任务,如显示视频游戏和渲染 3D 场景。与 CPU 相比,GPU 拥有更多的小处理核心,这使得它在并行处理大规模数据时表现出色。因此,GPU 适用于许多并行计算任务,如深度学习、密码学和科学模拟。GPU 就像一支由许多小兵组成的团队,擅长同时处理多个相似的任务。

TPU(Tensor Processing Unit,向量处理器):TPU 是谷歌专门为深度学习框架 TensorFlow 设计的加速处理器,它专门优化了向量(Tensor)运算,这是深度学习中常见的矩阵运算。TPU 在执行这些特定任务时非常高效,速度比 CPU 和 GPU 都快。然而,TPU 在其他通用计算任务上的表现可能不如 CPU 或 GPU。

NPU(Neural network Processing Unit，神经网络处理器)：用来模拟人类的神经元的处理器，通过存储和计算的一体化实现，一条指令完成一组神经元的处理，提高运行效率。NPU 处理器专门为物联网、人工智能而设计，用于加速神经网络的运算，解决传统芯片在神经网络运算时效率低下的问题。

目前，许多厂商都推出了自己的 NPU 产品，其中包括华为的昇腾 NPU、三星的 Neural Processing Unit、苹果的 A 系列芯片、谷歌的 TPU 等。这些 NPU 的性能各不相同，但它们都可以提供出色的性能和能效比，为深度学习和人工智能应用带来了重要的发展机遇。

思考题

1. 什么是云计算？云计算的三类分层服务分别是什么？
2. 面向分析的云服务有什么特点？
3. 深度学习框架为什么要基于云？

12.3 业务中台与数据中台

12.3.1 什么是中台

无论是专家还是普通人，对于前台和后台都有一个比较明确的概念。对于普通人而言，前台就是演戏时那个观众能看见的舞台，后台就是观众想看又进不去的那个地方。在传统 IT 企业没有"中台"的概念，无论项目内部如何复杂，都可分为"前台"和"后台"这两部分。前台就是跟用户打交道的应用和服务，如 Web 页面和手机 App，也包括服务端各种实时响应用户请求的业务逻辑，如商品查询、订单系统等。后台就是支持这些应用服务的技术、算法、数据、流程和基础设施，是面向运营人员的配置管理系统，如商品管理、物流管理、结算管理。后台为前台提供了一些简单的配置。早期阿里巴巴项目的发展相对稳定，并不需要那么快速迭代和试错，前台、后台、用户之间的关系如图 12.8(a)所示，所以这种结构并没有什么问题。

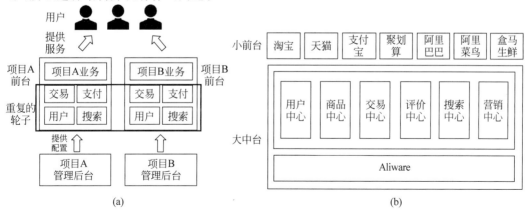

图 12.8 前台、后台与中台

在互联网快速发展的今天,企业之间的竞争越来越激烈。只有以用户为中心,快速响应用户的需求,不断迭代和试错,才能让企业在竞争当中立于不败。"中台"是由阿里巴巴在2015年提出的"大前台、小中台"战略中延伸出来的概念,如图12.8(b)所示,业务中台的设置可以将各业务部门重复建设的资源共享,相同业务的资源复用。阿里巴巴许多产品线的共通业务经过下沉,形成了中台的各种业务中心,而Aliware则是阿里巴巴的技术中间件平台,为各大业务线提供技术支持。

中台的一些基本属性包括:首先,它是一个企业内部可以复用的技术平台和共用的组织平台;其次,它输出的产品一定是"标准化"及"可复用的";第三,建立中台的目的是能够解决企业组织臃肿问题,提升组织运行效率,最终实现降本增效的目标。

中台架构逐步从1.0发展到2.0,具体可划分为以下4个类别。

(1) 业务中台:将各个项目的共通业务下沉,整合成通用的服务平台,如商品中心、营销中心、支付中心、搜索中心、用户中心、交易中心等。

(2) 技术中台:为了避免研发人员重复"造轮子",向各个项目提供通用的底层框架、引擎、中间件,如分布式事务、分布式缓存、容器、分库分表等。

(3) 数据中台:为各个项目进行各种数据采集和分析,如数据建模、日志分析及用户画像等。

(4) 算法中台(AI中台):为各个项目提供算法能力,如推荐算法、搜索算法、图像识别、语音识别、人机对话、垃圾过滤等。

12.3.2 数据中台与AI中台

"数据中台"是当前互联网企业亦或是传统企业最重要也是最容易实现标准化建设的一个中台架构。所谓数据中台,就是通过数据技术对海量数据进行采集、计算及存储,同时进行统一标准和口径的处理。数据中台可以把数据统一之后形成标准的大数据资产,进而为企业所有业务线客户提供高效、一致的服务。这些服务由于来自于企业多头业务数据的沉淀,可以不断重复壮大,能够有效减少重复建设、减少烟囱式协作的成本,形成企业的差异化竞争优势。

阿里巴巴的OneData体系建立的集团数据公共层是阿里巴巴数据中台的核心,如图12.9所示。从设计、开发、部署和使用上保障了数据口径的规范和统一,实现数据资产全链路管理,提供标准数据输出。统一数据标准是一项非常复杂的工作,例如,针对UV(Unique Visitor,独立IP访客)这一相同的指标,在统一之前阿里巴巴内部竟然有10多种数据定义。目前,OneData数据公共层总共对30 000多个数据指标进行了口径的规范和统一,梳理后缩减为3000余个。

图 12.9　阿里巴巴业务中台与数据中台

技术洞察 12.5：阿里巴巴数据中台的演进之路

阿里巴巴数据中台 OneData 也并非是"一次成型"的，作为"中台"概念的提出者和先行者，阿里巴巴用 12 年的实践探索了中台能力建设和数据应用。在不断升级和重构的过程中，阿里巴巴的中台建设经历了从分散的数据分析到数据中台化能力整合，再到全局数据智能化的时代。

它经历了以下三个阶段的能力演进。

- 第一阶段：完全应用驱动的时代。这个时期主要将数据以与源结构相同的方式同步到数据库中，那时候的数据架构严格说来基本只有一个 ODS 层（操作数据层），也基本没有模型方法体系。
- 第二阶段：随着阿里巴巴业务的快速发展，数据量也在飞速增长，性能已经是一个较大问题，希望通过一些模型技术改变烟囱式的开发模型，消除冗余，提升数据的一致性，所以阿里巴巴引入了 Greenplum，主要关注数据仓库与商业智能。
- 第三阶段：引入以 Hadoop 为代表的分布式存储计算平台，确立第三代模型架构 OneData，核心层都采用多维模型。选择了以 Kimball 维度建模为核心理念的模型方法论，同时对其进行了一定的升级和扩展，构建了阿里巴巴集团的数据架构体系。

"AI 中台"其实是数据中台的一种全新的架构升级。首先，AI 中台是数据中台智能化的一种衍生，可以构建企业的大规模智能服务的基础设施，为企业需要的算法模型提供了分步构建和全生命周期管理的服务，让企业可以将自己的业务不断沉淀为一个个算法模型，以达到复用、组合创新、规模化构建智能服务的目的。其次，对于少数拥有 AI 技术平台的科技公司，AI 中台所要实现的就是将包含算法模型、数据分析、数据处理等常用模块打包推出，进行快速复用，提升 AI 能力的部署效率。AI 中台的核心其实就是机器学习算法平台。

技术洞察 12.6：模型迭代（Refit）与模型重构（Rebuild）

机器学习的模型建好后，通常会关注建模时的准确率、查全率等指标，但常常会忽略模型另一个重要指标：模型的衰减程度，也就是模型在实际应用中预测能力的变化（一般都会越用越差）。为什么会发生模型衰减呢？这是因为数据挖掘的本质是发现过去事物发生的历史规律然后对未来进行预测，因此模型能够准确预测的前提就是，要预测的未来必须是历史规律的延续。但是在几乎所有的商业场景中，市场是在不断变化的，数据也在不断变化，也就是说，历史规律也是在不断变化。而用来训练模型的数据集通常是一个静态数据集，只能描述某一段历史时期的规律模式，随着市场的变化，训练数据中的规律模式会逐渐不再准确，这必然导致模型在使用一段时间后会出现预测能力下降，模型结果不可靠。

既然模型是有生命周期的，那么想一劳永逸地用一个模型打遍市场就是不可能的。预测模型在生产环境中部署一段时间后，预测准确度会随着时间而下降。当性能下降到某一阈值时，就应该淘汰旧模型，重新建立新的模型，如下图所示。这里要注意的是，"模型迭代"和"模型重构"是两个不同的概念，"模型迭代"往往不改变模型结构，只通过更新训练数据获得更新模型中的参数值。当环境数据发生大的变化时，需要重新定义问题，并从头开始建立全新的模型，即"模型重构"。在整个模型的"生命周期"中，"模型监控"至关重要，这些工作都应该在 AI 中台中集中完成及部署。

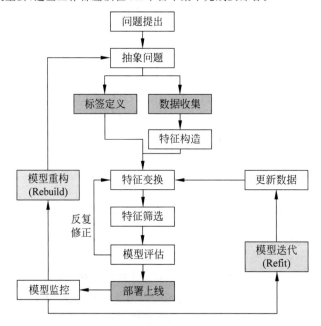

想一想：
模型监控具体会"监控"什么？模型构建时的假设条件需要监控吗？

从 DIKW 的视角来看，从数据到价值是数据思维的具体表现形式，AI 中台则是数据思维的实现载体。在计算机服务端，既需要数据又需要算法，也需要数据中台和 AI 中台（算法中台）的连通。只有数据中台和 AI 中台融为一体，人工智能才能知道信息万变的市场变化及用户需求，才能给用户提供优质的服务。另外，数据中台和 AI 中台打通了，就会有源源不断的数据输入 AI 中台，算法训练的数据越多，训练次数越多，它的智能程度就会越高，做出来的决策就会越准确，其所创造出来的价值就越高。

从数据中台到 AI 中台,正是体现了企业在推动业务数据化、流程自动化以及智能化的发展方向,与"中台"本身所暗含的"标准化、可复用"的理念是一脉相承的,但对于企业而言,如何选择合适自己的"中台"架构和战略呢?中台并没有一个固定的模式,也没有一个可以照搬的成功样本。每一个企业的中台建设,都要根据企业自身的业务特点和组织架构的形态来进行顶层设计。

12.3.3 阿里巴巴数加大数据平台

随着大数据的蓬勃发展及数据计算性能的提升,使得数据从"成本为中心"走向"价值为中心",阿里巴巴"数加大数据平台"通过阿里云向外界开放,提供普惠的大数据服务,其架构如图 12.10 所示。数加平台的产品覆盖数据采集、计算引擎、数据加工、数据分析、机器学习、数据应用等数据生产全链条。大数据计算服务(MaxCompute)、分析型数据库(Analytic DB)、流计算(StreamCompute)等共同组成了底层强大的计算引擎,速度更快,成本更低。

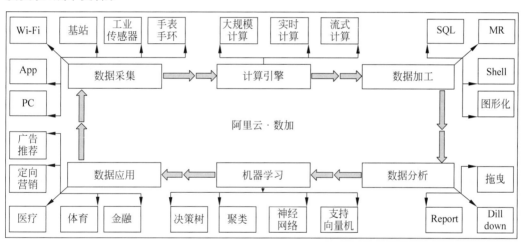

图 12.10 阿里巴巴"数加大数据平台"

阿里巴巴数加平台具体包括以下性能。

(1) 大数据计算服务可 6h 处理 100PB 数据,相当于 1 亿部高清电影。单集群规模过万台,并支持多集群联合计算,做到了速度更快、成本更低。经测算,自建 Hadoop 集群的成本是数加的 1.5 倍,国外计算厂商 AWS 的 EMR 成本更是数加的 5 倍。

(2) 分析型数据库可实现对数据的实时多维分析,百亿量级多维查询只需 100ms。

(3) 流计算擅长对实时流式数据进行分析,具有低延时、高性能的特点。每秒查询率可以达到千万级,日均处理万亿条消息、PB 量级的数据。

在计算引擎之上,"数加"还提供了最丰富的云端数据开发套件,开发者可一站式完成数据加工。这些产品包含数据集成、数据开发、调度系统、数据管理、运维视频、数据质量、任务监控。在数据分析方面,通过移动数据分析产品,开发者可快速搭建日志采集、分析系统;通过数加 BI 报表产品,3min 即可完成海量数据的分析报告;通过数据可视化产品 DataV，一星期就能做出双 11 同款大屏。全民大数据时代已来临。阿里数加平台通过阿里云开放出来，让"普惠大数据"成为可能。

思考题

1. 什么是中台？为什么需要中台？
2. 数据中台与 AI 中台有什么不同？
3. 什么是"模型迭代"与"模型重构"？它们有什么不同？

12.4 探索与实践

1. 理解 Hadoop 生态系统。

有人把 Hadoop 生态圈的各种组件视为厨房里面的工具，请在 Hadoop 生态系统（如图 12.1 或图 12.2）中找到任何一个组件，对其进行多角度的探究。可以借助以下几种思维方式展开。

- 批判性思维要素分析法：分析的要素包括背景、目的、要解决的主要问题、核心概念、输入/输出（组件链接的两端内容）等。
- 5W1H 分析法：关于该组件的 6 个方面的描述。
- 鱼骨图分析：组件产生的因果分析。

2. 通过探究阿里巴巴业务中台与数据中台（图 12.9）中的各个环节的含义及作用，理解数据中台与业务中台的关系。

3. 关于百度的 EasyDL 你能了解哪些信息？用你之前学过的知识，你能够解释得详细一点吗？

第4篇

数据未来

时代颠覆者ChatGPT的出现使得"未来已来"的说法大行其道。今天很多人相信能够通过好的技术预测未来,也有人认为我们不能预测未来。有一种说法认为,能不能预测未来,取决于能否推翻下面这个三段论。如果无法推翻,那未来就是不可以被预测的。

(1) 人们拥有知识,而知识会影响人们的行动,从而影响未来。
(2) 知识本身是在不断变化、增长的。
(3) 所以未来是不可能被预测的。

你同意这种说法吗?

现实中从技术到商业的转化需要时间和耐心,更要有全面的富有创造性的观点。面向未来,不只是看技术,还要看人性、政策、道德伦理的约束,技术到商业的变化、转化也许会超出我们的认知和想象,让我们觉得面目全非、翻天覆地。

锻炼你的数据思维、培养你的批判性思考的习惯,也许这就是你面向未来勇气的来源!第4篇将从DIKW的视角看未来,包括数据技术的未来、数据产业的未来及数据科学的未来。

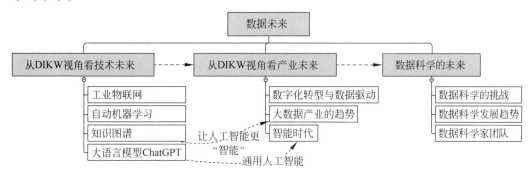

什么是数据科学家?数据科学的相关职位及工作任务有哪些?需要什么技能?入门的门槛是什么?ChatGPT带来的最大挑战及机遇是什么?有什么新的岗位涌现?我会下岗吗?用数据思维去想一想,答案不辩自明。

"人们总是在短期高估一两年时间取得的成绩，而低估了五到十年能够取得的进展。"

——比尔·盖茨

"数据科学家是程序员中最擅长统计学、统计学家中最擅长编程的人。"

——乔什·威尔斯（Josh Wills）

"知识就是力量，但更重要的是运用知识的技能。"

——培根

第13章 从DIKW视角看技术未来

 **通用人工智能是 AI 的终点吗?**

通用人工智能(Artificial General Intelligence,AGI)指的是一种人工智能系统具有和人类同样的智能类型和能力。这种智能系统能够适应各种不同的任务和情境,而不仅仅是专门解决特定的问题。AGI 的研究目标是建立一种通用的智能系统,它能够解决各种不同类型的问题,和人类一样适应各种不同的环境。目前,AGI 技术尚未完全实现,并且正在研究和开发中。但是已经有一些应用程序使用了部分 AGI 技术,这些技术称为特定人工智能,这些技术目前主要应用在自然语言处理(NLP)、计算机视觉(CV)、自动驾驶汽车、医疗诊断和治疗等领域。

AGI 系统具有和人类同样的智能类型和能力,但它们还没有完全达到人类水平。虽然 AGI 系统可以适应各种不同的任务和情境,但它们还没有实现真正的智能。在 AGI 之后的研究目标是建立一种叫作超级人工智能(SuperAI)的系统,这种系统超过人类的智能水平,能够在各种不同的领域取得更高的效率和成绩。

ChatGPT 是 SuperAI 吗? 你期待这样的"超人"吗?

学习目标

学完本章,你应该牢记以下概念。
- 传感器、物联网、工业物联网。
- 自动机器学习 AutoML。
- 知识图谱。
- ChatGPT、预训练模型、人类反馈。

学完本章,你将应该具有以下能力。
- 理解工业物联网的未来及挑战。
- 从 DIKW 的视角理解为什么需要边缘计算。
- 理解 ChatGPT 如此强大的底层技术逻辑是什么。

学完本章,你还可以探索以下问题。
- 为什么 ChatGPT 的横空出世引发轰动? 为什么它会影响未来各行业及岗位的变革?
- 如何理解"人机融合"? 你现在的任何决策是"人机融合"的结果吗? 利弊如何?

13.1 工业物联网

13.1.1 物联网要素

视频讲解

物联网(Internet of Things,IoT)是指通过信息传感设备,按约定的协议将任何物体与网络相连接,并通过信息传播媒介进行信息交换和通信,以实现智能化识别、定位、跟踪、监管等功能,实现对"万物"的"高效、节能、安全、环保"的"管、控、营"一体化。对于物联网的广义理解是"泛在聚合",即在互联网所造就的无所不在的浩瀚数据海洋中实现彼此相识意义上的聚合。这些数据既代表物,也代表物的状态,甚至代表人工定义的各类概念。数据的"泛在聚合"将能使人们极为方便地任意检索所需的各类数据,在各种数据分析模型的帮助下,不断挖掘这些数据所代表的事务之间普遍存在的复杂联系,从而实现人类对周边世界认知能力的革命性飞跃。

物联网三大要素包括终端感知、网络连接、后台运算。感知层、网络传输层和应用层的合理构建,保证了整个系统的分层管理与运行,如图 13.1 所示。其中,感知层主要用于对物理世界中的各种物理量、标识、音频、视频等数据的采集与感知。数据采集主要涉及传感器、RFID、二维码等技术。网络层主要用于实现更广泛、更快捷的网络互联,从而把感知到的数据信息可靠地、安全地进行传送。应用层主要支撑跨行业、跨应用、跨系统之间的信息协同、共享和互通,应用服务子层包括智能交通、智能家居、智能物流、智能医疗、智能电力、数字环保、数字农业等行业应用。

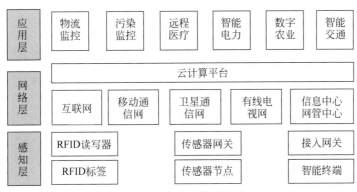

图 13.1 物联网体系结构

技术洞察 13.1:传感器

传感器是能感受到被测量的信息,并能将感受到的信息按一定规律变换成为电信号或其他所需形式的信息的输出,以满足信息的传输、处理、存储、显示、记录和控制等要求的检测装置。

传感器的存在和发展,让物体有了触觉、味觉和嗅觉等感官,让物体变得活了起来,传感器是人类五官的延长。传感器具有微型化、数字化、智能化、多功能化、系统化、网络化等特点,它是实现自动检测和自动控制的首要环节。

你能百度找到传感器的例子吗?从 DIKW 的角度理解它。

关于新型传感器你知道多少?马斯克的脑机接口是传感器吗?

13.1.2 传统物联网与工业物联网

传统物联网主要针对消费者以及智慧城市等,通过增加众多分散广泛的传感器,采集和传输实时数据,构建实时监控、展示、预警和历史数据查询的能力。工业物联网(Industrial Internet)则主要指的是通过采集现有工业设备的控制系统数据,在监控预警的基础上,通过深入地分析数据,找到提高设备可靠性、降低异常风险、提高生产和运营效率的途径。

传统物联网的数据分析与互联网上的流式数据分析区别不大,通过单一指标的处理,产生相应的时间窗口内的平均、极值等计算量,并进行批量计算和展示。从数据的属性来看,工业物联网的数据(工业物联网+工业大数据)与传统的互联网大数据的巨大差异体现在以下几点。

1. 数据量巨大

工业数据的"量"需要从数据维度、采样频率、时间跨度等方面来考虑。传统的物联网,由于大多是相对独立的传感器,而每个传感器上数据点的数量往往都是个位数,因此数据维度很少。而对工业物联网来说,复杂的生产都是多个过程相互关联的,每个过程又是多维度数据集成的过程。这里所说的数据维度囊括生产过程中各种设备特征、外部工况、参数、材料和工艺配方等相关因素。这种维度的数量级往往很大,在很多高端自动化生产的过程中,数据维度都达到了千万级别,而其中任何一个过程的任何一个变量的变化,都有可能对最终生产的结果产生蝴蝶效应。

长期数据的保存对于积累在不同状态下的特征判决非常有帮助。但是,传统的物联网对长期数据的保存需求不是很明显,没有太多"状态性"的需求。而工业物联网对基于状态的数据分析需求非常强烈。而这些状态特征如果能够被保存下来,通过机器学习来训练特征识别模型,将有助于实现精准的状态判决、异常检测和故障诊断。此外,通过不断累积类似相同标签的数据样本,将有助于增强识别的准确性。

技术洞察 13.2:采样与采样频率

采样(Sampling)也称取样,指把时间域或空间域的连续量转换成离散量的过程。在采样脉冲的作用下,连续的模拟信号 $e(t)$ 被转换成离散的信号 $e^*(t)$,但这个时间上有固定间隔(采样时间 T)的离散信号的幅值仍与连续模拟信号相同。

采样频率也称采样速度或采样率,是采样时间 T 的倒数。采样定理表明:只要采样频率大于或等于有效信号最高频率的两倍,采样后的结果(采样值)就可以包含原始信号的所有信息,被采样的信号就可以不失真地还原成原始信号。

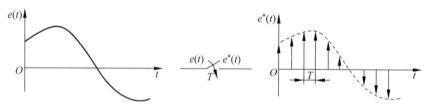

2. 实时性强

传统的工业数据分析,往往是通过在控制系统或者软件系统中截取一段数据,保存成文件,通过分析人员编写一段代码和模型,在实验环境中进行测试和验证,再开发相应的控制逻辑或者应用程序,通过实时接收来评估开发的模型,在运行的过程中不断调整模型的参数。这个过程的弊病不仅在于数据的来源和分析是脱节的,更体现在模型开发的过程中需要的实时数据的验证是没有办法在现有环境中实现的。

理想的工业数据分析,应该是一个高效实时的过程。它可以从实时的工业数据中截取有效的数据样本,基于不同的开发语言和模型框架,开发特定的算法和模型,并基于实时采集的数据进行验证,然后将验证的结果同真实的实时数据流结合起来,实现实时的判决。只有这样,才能形成针对具体场景的智能分析和控制。

技术洞察 13.3:"5G+工业互联网"成为数字经济"新名片"

5G 是什么?第 5 代移动通信技术(5th Generation Mobile Communication Technology,5G)是具有高速率、低时延和大连接特点的新一代宽带移动通信技术,5G 通信设施是实现人机物互联的网络基础设施。1G 时代是刚刚拥有通话时代,我们进入话音时代;2G 时代在打电话基础上我们还可以玩 QQ、发短信;3G 时代又升级了,我们在发短信时也能发彩信了,还可以打开一个互联网页面;4G 时代我们的网更快了;而 5G 时代是 4G 时代下一个升级最关键的节点。

"5G+工业互联网"是指利用以 5G 为代表的新一代信息通信技术,构建与工业经济深度融合的新型基础设施、应用模式和工业生态。通过 5G 技术对人、机、物、系统等的全面连接,构建起覆盖全产业链、全价值链的全新制造和服务体系,为工业乃至产业数字化、网络化、智能化发展提供了新的实现途径,助力企业实现降本、提质、增效、绿色、安全发展。

想一想:华为 5G 的全球领先技术意味着什么?

3. 数据质量差

工业数据质量差是工业数据的典型特点。工业的专业性特点导致大型设备往往是来自多个不同厂家的子系统的集成。由于每个子系统的工作原理不同,往往无法形成一套完整的、跨子系统的控制逻辑和数据整合机制,因此只能从其中挑选一些关键的控制信号,实现既定的控制逻辑,而不会去关心每一个子系统的工作原理,包括各种有助于实现可靠性、效率乃至质量分析的非控制用指标。

13.1.3 面向物联网的数据分析

一提到大数据分析,很多人会想到通过海量数据的聚类、分类、挖掘,实现精准营销、用户画像等。但是,这些互联网或业务系统的数据都有一些显著的假设条件,即数据量大、数据可以清晰地标签化、标准化场景多、分析的准确性要求不高。通过一系列的分类、挖掘可以找到不同样本之间的共同特征,针对有相似属性的不同个体的训练结果,来推测具备相同或者相近属性的个体的特征。对于工业数据分析,这些假设条件基本都不存在,数据分析面临更多挑战,如小样本、过拟合、难以准确清晰地标注、场景碎片化等。

这些挑战,都会造成工业大数据分析不可能完全采用互联网大数据的分析方法,而是需要充分结合工作机理,实现复合型的建模和判决。总之,对物联网而言,无论是通用的物联网还是工业物联网,如果没有结合专业的精细化的数据分析,是支撑不了企业未来的发展战略的。选择合适的工业物联网平台,将极大地加快企业的数字化进程,朝着智能化的道路快速推进。

物联网的数据科学与传统数据科学有相似之处，但也有一些显著的差异。除涉及硬件和无线电领域知识外，还包括以下几点。

1. 边缘计算

边缘计算是一种分布式计算，是指将计算任务下放至接近数据源的设备。边缘计算主要与"云、边、端"三个部分相关。云是传统云计算的中心节点，是边缘计算的管控端；边是云计算的边缘侧，分为基础设施边缘和设备边缘，边涉及的概念是云的子集；端是终端设备，如手机、室内高精度（基于位置定位）定位器、各类传感器、摄像头等。"端-边-云"三位一体的关系如图13.2所示。

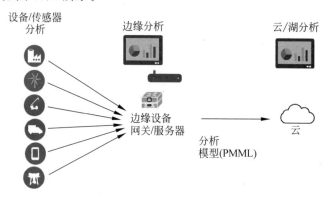

图 13.2 边缘计算

现实中的设备会产生大量数据，全部上传至云平台会对云造成巨大压力，为了分担中心云的压力，在各个靠近设备的节点应用边缘计算，各节点需要负责自己范围内的数据计算和存储工作，之后数据再上传汇聚到中心云，用来做大数据分析挖掘、数据共享等，同时完成算法模型的训练和升级。升级之后的算法会推送到前端更新设备，完成自主学习的闭环。同时，如果边缘节点出现故障，中心云处理的数据也不会丢失。

> **想一想 13.1：边缘计算的未来**
>
> 据 Gartner 统计，在过去的 20 年中已经有超过 60 亿台的设备联网。所有连接的"事物"（统称为"物联网"）每天产生超过 2.5 个 5 万亿字节的数据，这每天足以填满 575 亿个 32GB 的 iPad。
>
> Gartner 指出，到 2025 年预计有 30%的工控系统具备分析和 AI 边缘推理能力，而在 2021 年，这一比例只有不到 5%，工业物联网场景下边缘计算将迎来快速发展，并反哺云计算市场。
>
> 到 2028 年，Gartner 预计在边缘设备中嵌入传感器，存储、计算和高级 AI 功能将不断增加。一般而言，智能将走向各种终端设备的边缘，从工业设备到屏幕，再从智能手机到汽车发电机。
>
> 据预测，未来有 20%智算力在云端处理，60%在边缘处理，还有 20%在端侧处理，边缘计算作为连接云与端的桥梁，具有重要意义。

2. 物联网垂直领域中的具体分析模型

物联网根据不同的垂直领域需要不同的模型。对于物联网经常会使用时间序列模型，并且会涉及更大的数据量和更复杂的实时部署问题。模型的使用在 IoT 垂直领域上会有所不同，例如，在制造业中，预测性维护、异常检测、预测和缺失事件填补也很常见；

在电信领域,传统模型如流失模型、交叉销售、促销模型、客户终身价值模型也可以把物联网作为输入。

应用案例13.1：阿里巴巴的"犀牛工厂"

2017年,阿里巴巴成立犀牛智造,经过多年低调潜行,2020年9月正式对外亮相。犀牛智造从实验室走向了生产线,与纺织服装产业链上的中小工厂形成密切协同,依托淘宝天猫平台连接品牌商家与市场,新的智能制造产业形态正在朝向生态化方向发展。犀牛智造的整体思路是,通过构建端到端全链路体系化的数字化解决方案,实现供需的精准匹配和动态平衡。目前,犀牛智造已经可以为包括超过70%的服装类目提供一站式柔性快反供给能力,实现批量"小"、交付"快"、质量"稳"、库存"零"。每块面料都有自己的"身份ID",进厂、裁剪、缝制、出厂可全链路跟踪;产前排位、生产排期、吊挂路线等都由AI机器来做决策。犀牛智造的产业全链路数字化模式,让品牌更适应快速变化的市场需求,为制造工厂提效降本,同时推动企业的数字化改造。

新技术为产业升级提供了有力支撑。犀牛工厂是一座用云端大脑运营,信息技术IT、运营技术OT、自动化测试AT融合,全面运行在数字基础设施上的"云端工厂"。基于云边端架构和云原生技术,犀牛智造重新开发了一套服装行业的工业软件体系,从采购、制造到营销、零售的各个环节,都由基于人工经验的决策升级到"基于数据+算法"的决策,优化了资源配置效率。

3. 面向物联网的数据预处理及深度学习算法落地

深度学习算法在物联网分析中起着重要的作用,来自设备的数据是稀疏的和有时间属性的。即使来自特定设备的数据可信度很高,设备在不同的条件下也可能表现不同,因此数据预处理或算法训练阶段抓住所有可能场景是有困难的,连续监测传感器数据也是烦琐和昂贵的。深度学习算法有助于减轻这些风险,深度学习算法通过自己学习,有益于在这种应用场景中发挥作用。

4. 传感器融合在物联网中的作用

传感器融合是将传感器数据或从不同来源产生的数据结合在一起,从而使结果信息跟各自独立使用时会少一些不确定性。例如,自动驾驶汽车和无人机的传感器融合应用,将多个传感器的输入结合起来以推断出事件的更多信息。

应用案例13.2：无人驾驶汽车传感器知多少

在无人驾驶中,传感器负责感知车辆行驶过程中周围的环境信息,包括周围的车辆、行人、交通信号灯、交通标志物、所处的场景等,为无人驾驶汽车的安全行驶提供及时、可靠的决策依据。如下图所示,目前常用的感知传感器包括:摄像头(Camera)、激光雷达(LiDAR)、超声波雷达(Ultrasound)等,这些传感器为先进的算法提供多维度、多视角的数据,以实现智能无人驾驶所需的各种操作功能,如停车辅助(Park Assistance)、后方碰撞预警(Rear Collision Warning)、前方高分辨率目标检测(High-Resolution Object Detection)、侧方盲点检测(Blind Spot Detection)、目标识别(Object Identification)、交通路口报警(Cross Traffic Alert)以及中远距离的交通信号识别(Traffic Sign Recognition)和道路偏离预警(Lane Departure Warning)。

当前最先进的智能汽车,仅用于自动驾驶功能的就采用了17个传感器,预计2030年将达到29个传感器。为了保证安全性,每块区域需要两个或两个以上的传感器覆盖,以便相互校验。

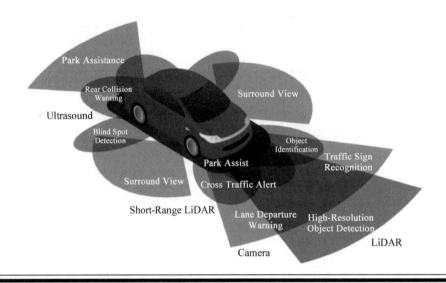

5. 实时处理与物联网

物联网既涉及实时性又涉及大数据问题,因此实时应用提供了与物联网的自然协同作用。许多 IoT 应用(如车队管理、智能电网、Twitter 流处理等)具有独特的基于快速和大型数据流分析的特性。这些包括实时标记、实时聚合、实时时间相关性(位置与时间相关性)等。

可见,物联网的数据科学与传统数据科学既有许多相似之处,也有重大差异(例如在硬件和无线电网络中的使用)。但最令人兴奋的是物联网的发展激发了新的绿色领域发展,如无人机、自动驾驶汽车、企业 AI、云机器人等。物联网已经开始改变人们的生活,用行业专家的话来说,物联网只是机器主宰世界的开始,如图 13.3 所示。

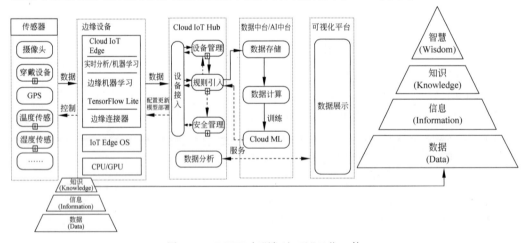

图 13.3 DIKW 与"端-边-云"三位一体

思考题

1. 传感器的作用是什么?关于替代人类感官的新型传感器有哪些?举例说明。
2. 面向物联网的数据分析有什么特点?

3. 为什么要进行边缘计算？

4. "如果你认为互联网已经深深地改变你的生活，那么物联网即将对你的生活进行颠覆性的改变！"想一想，为什么这么说？

13.2 AutoML——自动机器学习

13.2.1 AutoML的目标

随着众多企业在大量场景中开始采用机器学习，前后期处理和优化的数据量及规模呈指数级增长。企业很难雇用充足的人手来完成与高级机器学习模型相关的所有工作，因此机器学习自动化工具是未来人工智能（AI）的关键组成部分，自动机器学习（Automatic Machine Learning，AutoML）应运而生，它是一种将人工智能应用于问题的端到端周期自动化的方法。一般情况下，需要数据科学家负责构建机器学习模型全过程，即数据预处理、特征工程、模型选择、超参数优化和模型后处理等复杂任务，而AutoML的目的是自动完成这些任务，让不具备数据科学专业知识的人也可以成功构建ML模型。对那些因资源有限而无法全面投入使用AI的公司来说，有望在自动化ML流程中获益，有针对性的AutoML希望能够全方位达到"自"的目标，解决一般非机器学习专家无法处理的非常复杂问题，从DIKW层面来理解，AutoML的分层目如表13.1所示。可见借助自动化机器学习，人们可以不需要非常专业的技术背景，利用最好的数据科学实践，灵活解决问题，节省时间和资源。

表 13.1 AutoML的分层目的

DIKW层面	待解决问题	目　　的
数据/样本层面	依赖大量、高质量标注的样本，而实际应用时只有少量（小数据）或标注不全、不准的大样本（乱数据）	数据自生成、数据自选择
模型/算法层面	需要先验知识，事先选定模型且指定学习算法	模型自构建、算法自设计
任务/环境层面	任务必须确定，一个任务一个模型（一个算法），不能自适应开放环境下的动态任务	任务自切换、环境自适应

13.2.2 AutoML的流程

尽管实现机器学习流程全自动化依然任重而道远，但很多企业都开始在构建着眼于未来的工具，以进一步推动自动机器学习的发展。AutoML流程如图13.4所示，包括数据准备、特征工程、模型生成和模型评估四大方面。

Python的Auto-Sklearn库之类的AutoML系统利用数学和计算机科学的进步，自动选择算法并微调参数。研究和实验表明，AutoML系统常常能够以惊人的速度优化，并得到准确结果。虽然AutoML目前和未来都不会完全自动化数据科学，但它有潜力接管很大一部分人工任务，释放更多人力资源，使机器学习变得更轻松。

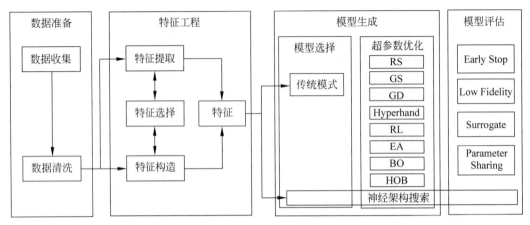

图 13.4　AutoML 流程

 技术洞察 13.4：Auto-Sklearn——基于 Python 的开源工具包

Auto-Sklearn 是一个基于 Python 的开源工具包,可用于执行 AutoML,它采用著名的 Scikit-Learn 机器学习包进行数据处理和机器学习算法。由 Auto-Sklearn 创建并使用贝叶斯搜索来优化管道的流程如下图所示。在 AutoML 框架中,通过贝叶斯推理为超参数调整添加了两个组件:一个用于初始化贝叶斯优化器的元学习(Meta-Learning)方法,另一个用于优化过程中的自动集成(Build Ensemble),其内部的 ML 框架则自动完成数据预处理、特征预处理、贝叶斯分类优化等全流程。Auto-Sklearn 在中小型数据集上表现良好,但无法生成面向大型数据集且具有最先进性能的现代深度学习系统。

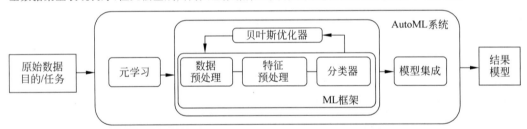

亚马逊 AWS 云平台在 2021 年推出的 Amazon SageMaker Canvas 是一种无代码机器学习解决方案,提供了功能强大的 AutoML 技术,该技术可以根据所提供的数据集自动训练与构建模型,可以帮助企业将机器学习解决方案的交付时间缩短到数小时或数天。借助 SageMaker Canvas,分析师可以轻松使用数据湖、数据仓库和运营数据存储中的可用数据,构建机器学习模型,使用它们进行交互式预测和批量数据集评分,所有这些都无须编写任何代码,业务分析师只需使用可视化点击式界面即可完成。SageMaker Canvas 与 SageMaker Studio 集成,还可以让业务分析师轻松地与数据科学家分享模型,实现更高效的合作。

思考题

1. 什么是 AutoML?为什么需要 AutoML?
2. 利用 DIKW 模型解释不同层面的 AutoML 的目标。

3. 神经网络算法在自动机器学习目标下的优势是什么？

13.3 知识图谱

13.3.1 什么是知识图谱

知识图谱(Knowledge Graph)以结构化的形式描述客观世界中的概念、实体及其关系。知识图谱的概念始于 2012 年，当时主要被用来提高其搜索引擎质量，改善用户搜索体验。随着大数据时代的到来和人工智能技术的进步，知识图谱的应用边界被逐渐拓宽，越来越多的企业开始将知识图谱技术融入已经成型的数据分析业务中，有的甚至使用知识图谱作为其数据的基础组织与存储形式，成为其数据中台的核心基建。

知识图谱的思想本质上是语义网络的知识表达形式，即一个由节点(Point)和边(Edge)组成的有向图结构知识库。其中，图的节点代表现实世界中存在的"实体"，图的边则代表实体之间的"关系"。一个简单的描述关系的图谱如图 13.5 所示。可见知识图谱就是一组节点和边构成的三元组，连接的两个节点属于不同的实体，加上两个节点的连接边就构成了最基本的三元组。

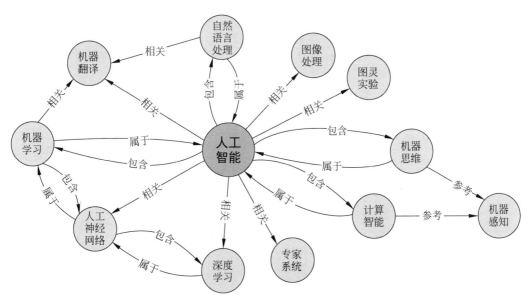

图 13.5 知识图谱示例

与传统的数据存储和计算方式相比，知识图谱技术更加侧重于对非结构化异构数据的收集和处理，更擅长对关系的表达和计算，可以处理复杂多样的关联分析，挖掘到更多隐藏知识。与此同时，知识图谱的数据结构与人工智能领域许多技术任务所基于的数据一脉相承(异质结构、多关联的大数据等)，可以为后续的机器学习和推理任务提供强有力的支持，帮助企业在智能搜索、智能问答、智能推荐以及大数据分析等方面提升性能。

近年来,知识图谱的诸多优势和应用前景使得面向特定领域的知识图谱构建在行业应用中得到推广,产生了如医疗知识图谱、金融知识图谱、电商图谱等不同的垂直行业的知识图谱形态。

13.3.2 如何构建知识图谱

一般来说,构建一个知识图谱通常会经历知识获取、知识表示与建模、知识融合、知识存储以及构建完成后的知识查询和推理几大步骤,如图 13.6 所示。

(1) 知识获取:从不同来源、不同结构的数据中抽取知识(即实体、关系以及属性等信息),这是知识图谱构建的核心与前提条件。

(2) 知识表示与建模:为知识制定统一的数据架构,将获取到的知识依照统一的数据结构存储并形成知识库,这一步非常关键,影响着后续的知识融合、存储以及查询推理可以使用的方法及效果。

(3) 知识融合:将不同源的知识以统一的框架规范进行验证、消歧和加工,这是知识图谱更新与整合的必经之路,为不同知识图谱间的交互融合提供可能性。

(4) 知识存储:依据数据量的大小、数据特征以及应用需求的不同,选取合适的存储模式,将获取到的数据存储起来,形成知识图谱。

(5) 知识查询与推理:基于构建完成的知识图谱进行查询,或者进一步推理挖掘出隐藏知识来丰富、扩展知识图谱,这是知识图谱构建的最终目的,与知识获取共同影响着知识图谱的应用场景和范围。

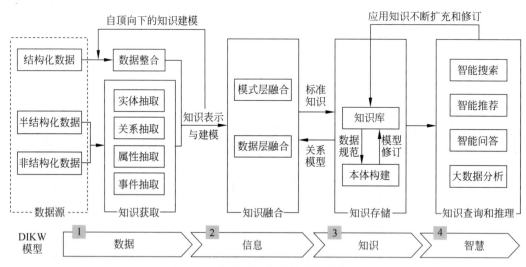

图 13.6 知识图谱构建的要素及流程

知识获取是构建知识图谱的核心与前提条件,也是自动构建知识图谱最关键的影响要素和重点研究领域。除了纯人工的知识输入之外,目前的知识获取主要是指针对结构化数据(如关系型数据库)、半结构化数据(如词典、百科类标记清晰的网页数据)或者非结构化数据(如声音、图像和文字语料数据)这三类不同结构的知识进行的自动或半自动抽取。

对于结构化和半结构化的数据,通常只需要简单的预处理和映射即可以作为后续数据分析系统的输入,相关技术已经比较成熟。而非结构化数据通常需要借助自然语言处理、信息抽取乃至深度学习的技术来帮助提取有效信息,这也是目前知识抽取技术的主要难点和研究方向,包含实体抽取、关系抽取和事件抽取三个重要的子技术任务。

13.3.3 知识图谱的自动构建

当前,如何应用自动化知识抽取技术,如在自由文本信息中自动且准确地提取高质量、结构化的知识及关联性,将成为知识图谱构建的重要突破点。知识图谱自动构建总体架构的两个核心要素是后台的领域知识库与强化学习配合的人机交互。如图13.7所示,具体步骤如下。

(1) 数据自动获取:通过使用较为流行的网络数据获取工具,如Scrapy,JSpider,Larbin等获取多源异构数据。

(2) 三元组自动抽取:结合自然语言处理工具和领域知识库,初步识别和抽取文本中的三元组信息。其中,由领域专家和专业组织提供的领域知识库能够有效提高实体、关系的识别和抽取精度。

(3) 自动纠错和自主学习:结合智能模型和强化学习方法,通过人机交互接口对代表性错误三元组进行人工纠正,并以此对强化学习模型进行训练和提高,实现自动纠错和自主学习。

在深度学习发展进入瓶颈的时期,结合知识的推理成为下一步人工智能技术突破的关键,而知识图谱必然是核心驱动力之一,期待这一技术在未来有更大、更广的应用。

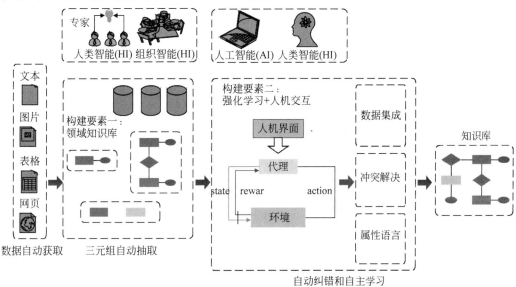

图13.7 基于领域知识库与强化学习的知识图谱架构

应用案例13.3：个性化推荐研究热点：深度学习、知识图谱、强化学习、可解释推荐

推荐系统是一种信息过滤系统，能根据用户的档案或者历史行为记录，学习出用户的兴趣爱好，预测出用户对给定物品的评分或偏好。它改变了商家与用户的沟通方式，加强了和用户之间的交互性。因此，如何搭建有效的推荐系统意义深远。从深度学习的应用、知识图谱的应用、强化学习的应用、用户画像、可解释推荐等几个方面，可以看到推荐系统的未来。

在多数推荐场景中，物品可能包含丰富的知识信息。物品端的知识图谱极大地扩展了物品的信息，强化了物品之间的联系，为推荐提供了丰富的参考价值，更能为推荐结果带来额外的多样性和可解释性。将知识图谱引入推荐系统，主要有两种不同的处理方式：基于特征的知识图谱辅助推荐，基于结构的推荐模型。

目前往往假设用户数据已充分获取，且其行为会在较长时间之内保持稳定。然而对于诸多现实场景，例如，电子商务或者在线新闻平台，用户与推荐系统之间往往会发生持续密切的交互行为。在这一过程中，用户的反馈将弥补可能的数据缺失，同时有力地揭示其当前的行为特征，从而为系统进行更加精准的个性化推荐提供重要的依据。强化学习为解决这个问题提供了有力支持。依照用户的行为特征，将涉及的推荐场景划分为静态与动态两种情况。在强化学习的框架之下，推荐系统被视作一个智能体（Agent），用户当前的行为特征被抽象成为状态（State），待推荐的对象（如候选新闻）则被当作动作（Action）。在每次推荐交互中，系统依据用户的状态，选择合适的动作，追求以最大化特定的长效目标（如点击总数或停留时长）。推荐系统与用户交互过程中所产生的行为数据被组织成为经验（Experience），用以记录相应动作产生的奖励（Reward）以及状态转移（State-transition）。基于不断积累的经验，强化学习算法得出策略（Policy），用以指导特定状态下最优的动作选取。

目前推荐系统的研究大都将重心放在提高推荐准确性上，与推荐对象的沟通考虑得不够。近期，学者们开始关注推荐是否能够以用户容易接受的方式，充分抓住用户心理，给出适当的例子与用户沟通。研究发现，这样的系统不仅能够提升系统透明度，还能够提高用户对系统的信任和接受程度、用户选择推荐产品的概率以及用户满意程度。作为推荐领域被探索得较少的一个方向，可解释推荐的很多方面值得研究与探索。

思考题

1. 什么是知识图谱？
2. 构建知识图谱的要素包括哪些？
3. 知识图谱的应用场景有哪些？

13.4 大语言模型 ChatGPT

13.4.1 自然语言模型的变迁

视频讲解

自然语言处理（NLP）赋予了 AI 理解和生成能力，大规模预训练模型是 NLP 的发展新趋势。NLP 的两个核心任务分别是自然语言理解（NLU）和自然语言生成（NLG）。自

然语言处理模型(算法)的发展经历过小规模专家知识、浅层机器学习算法、深度机器学习算法和大规模训练模型等多个阶段,如图 13.8 所示。

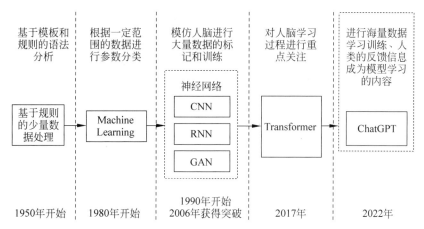

图 13.8 模型的变迁

ChatGPT 是 NLP 发展中具有里程碑式意义的模型之一。关于 ChatGPT 百度百科给出的定义是"ChatGPT(Chat Generative Pre-trained Transformer)是美国 OpenAI 研发的聊天机器人程序,于 2022 年 11 月 30 日发布。ChatGPT 是人工智能技术驱动的自然语言处理工具,它能够通过理解和学习人类的语言来进行对话,还能根据聊天的上下文进行互动,真正像人类一样来聊天交流,甚至能完成撰写邮件、视频脚本、文案、翻译、代码、写论文等任务"。

13.4.2 注意力机制与 Transformer 模型

自注意力机制是指在处理输入序列时,会为每个位置计算一个权重分布。这个权重分布描述了模型如何将当前位置的信息与其他位置的信息结合起来。多头自注意力则是自注意力机制的扩展,它首先将输入序列的每个位置的表示分成多个头,然后分别对每个头进行自注意力计算,这样可以让模型在不同的表示子空间学习到不同的依赖关系。与 Seq2Seq(Sequence to Sequence,从序列到序列)模型相比,注意力模型最大的改进在于其不再要求编码器将输入序列的所有信息都压缩为一个固定长度的上下文序列 C 中,取而代之的是将输入序列映射为多个下文序列 $c_1, c_2, \cdots, c_n$,构成带注意力机制的 Seq2Seq 模型。

技术洞察 13.5:注意力机制与注意力模型

"注意力"是指人的心理活动指向和集中于某种事物的能力。注意力机制是数学界的最新进展,特别应用于机器翻译、图像字幕、对话生成等自然语言梳理任务,解决训练语料库"上下文"关联问题。人类视觉的注意力及语言模型中的注意力机制如图所示,图像中的热点区域是视觉的关注点,同理,文本中与上下文关联密切的则是重点的关注词汇。

视频讲解

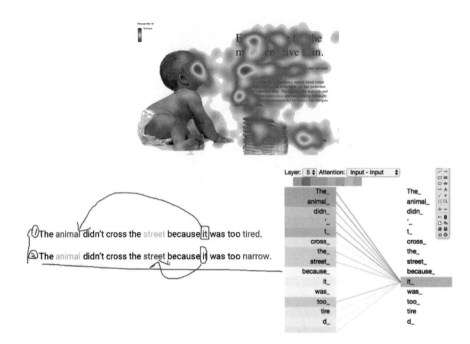

在注意力模型中,注意力权重系数是通过构造一个全连接网络并对该网络输出向量进行概率化得到的。全连接网络的训练与整个模型其他部分的训练同时完成(即实现端到端训练),如下图所示,其中,α_{ij} 为注意力权重系数,该权重系数越大,表示第 i 个输出在第 j 个输入上分配的注意力越多,即生成第 i 个输出时受到第 j 个输入的影响也就越大。图中的词向量编码器(Encode)包含该词的所有上下文信息,如语义特征、句法特征、上下文特征、自注意力机制等,在输出解码时,也可以对应映射出不同的模态。

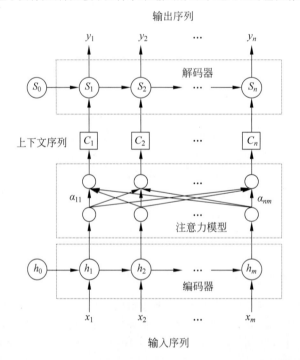

Transformer 模型采用的也是编码器-解码器架构，但是在该模型中，编码器和解码器不再是 RNN 结构，取而代之的是编码器栈（堆叠）和解码器栈。将自注意力机制堆叠多层后，即构成多层自注意力网络，如图 13.9 所示。

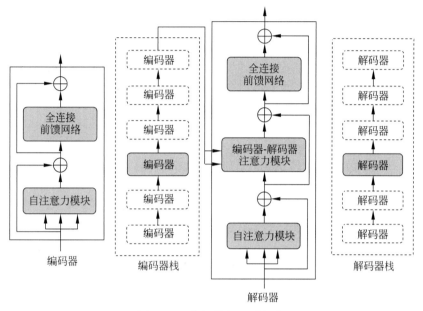

图 13.9　编码器-解码器架构

Transform 机制的深远意义在于它问世后迅速取代循环神经网络 RNN 系列变种，成为主流的模型架构基础。Transformer 所提出的革命性变革，从根本上解决了两个关键障碍：①在无监督的大数据集上进行预训练，摆脱了人工标注数据集，大幅度降低人工数量。其方法可以简单描述为：通过 mask 机制，遮挡已有文章中的字段，让 AI 去填空。很多现成的文章，如网络知乎问答、百度知道等就是天然的标准数据集。②自注意力机制允许网络捕获序列元素之间的长期信息及依赖关系，RNN 的重大缺陷就是顺序计算、单一流水线的问题，自注意力机制结合 mask 机制和优化算法，使得一篇文章一句话、一段话能够并行计算。

13.4.3　GPT 与 ChatGPT

1. GPT 模型的核心主张

GPT 模型的核心主张包括两点，一是预训练（Pre-trained），二是生成式（Generative）。具体来说，GPT 的思路是利用 Transformer 等深度神经网络模型，在大规模语料上进行预训练。在预训练中，模型学习使用无监督任务来学习语言表示。在这个过程中，模型可以学习语言中的各种语言知识和语言规则，包括语意、语法、语义等。这些学习到的知识可以用于后续监督训练的微调，从而提高模型在特定任务上的性能。GPT 方法的优点是它可以在大规模标准语料上进行训练，从而提高模型的泛化能力。此外，通过预训练模型可以学习到更为通用的语言表示，可以用于多个自然语言处理任务。打个比方，就好像培养一个小孩儿分为两个阶段：大规模自学习阶段＋小规模指导阶段。

技术洞察 13.6：ChatGPT 的预训练数据从哪里来

ChatGPT 的训练数据来源十分广泛，可以从公共语料库、社交媒体和专门数据集中获取，如下图所示。

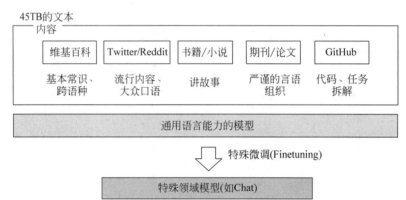

GPT 顾名思义采用了生成式模式。在机器学习中有判别式模式和生正式模式两种。判别式更适合精确型样本，而生成式模式相比判别式模式更适合大数据的"自我学习"。ChatGPT 采用的是自监督学习的方法，即通过给定的输入和输出进行训练。在 ChatGPT 中，输入是一个长度为 n 的文本序列，而输出则是预测这个序列的下一个单词。为了能够准确地预测下一个单词，ChatGPT 需要考虑前面的 $n-1$ 个单词。因此，ChatGPT 采用了自回归模型，即通过前面已经生成的部分，来预测下一个单词的概率分布。这种方法可以通过不断地给定输入和输出来进行训练，从而得到一个高质量的语言模型。

GPT 虽然基于 Transformer 模型，但只使用了解码器部分而没有编码器部分，其总体架构如图 13.10(a)所示。输入的 k 个词在正式送入 GPT 的解码器栈之前，首先进行词嵌入和位置嵌入，得到带有位置信息的词嵌入特征表示。随后词嵌入特征被送入 GPT 的解码器栈，解码器栈中堆叠的 n 个一模一样的解码器对输入的数据进行依次加工。

GPT 在预训练结束后，会再进行一轮有监督的微调训练，以使得 GPT 模型的参数能够更好地适配 NLP 其他下游任务。如图 13.10(b)所示，GPT 的监督微调被设定为一个文本分类任务：在一个带有标签的数据集中，每一个样本都是一个单词序列（一句话）$x=\{x^1,x^2,\cdots,x^n\}$ 和对应的标签 l，GPT 有监督的微调即根据句子 $x=\{x^1,x^2,\cdots,x^n\}$ 预测标签 l，如图 13.10(b)中输入为"我爱我的女儿"，输出为"幸福的"这类情感类别。可见，GPT 的思路更符合自然语言处理的"第一性原理"：单向编码、人的语言天性（概率统计）、生成式（文字接龙）。

2. GPT 家族的演化

GPT 家族的演化过程如图 13.11 所示，其中，InstructGPT 是 GPT3 的微调版本，加

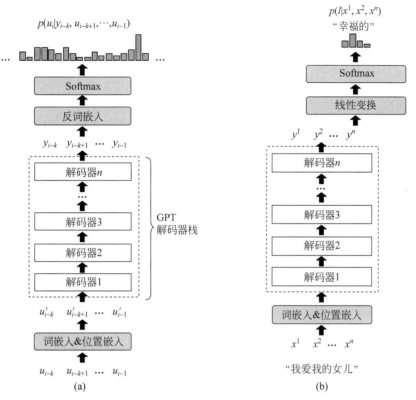

图 13.10 GPT 的预训练与微调

入了"人类反馈机制",而 ChatGPT 与 InstructGPT 非常相似,不同之处仅在于训练模型的数据量。

图 13.11 基于神经网络的语言模型演进历程

GPT-1 采用无监督预训练 + 有监督微调,只有简单的单向语言模型任务;GPT-2 用的是纯无监督预训练,使用更多的数据、更大的模型,又新增了几个辅助的训练任务。GPT-2 的目标意在训练一个泛化能力更强的词向量模型,没有对 GPT-1 的网络进行过多的结构的创新与设计,只是使用了更多的网络参数和更大的数据集。GPT-2 的学习目标是使用无监督的训练模型做有监督的任务。GPT-2 的核心思想概括为任何有监督任务都是语言模型的一个子集。当模型的容量非常大且数据量足够丰富时,仅靠训练语言模型的学习,便可以完成其他有监督学习的任务,即验证了通过海量数据和大量参数训练出来的模型有迁移到其他类别任务中,而不需要额外的训练,从而为各种应用场景提供保证。GPT-3 沿用了 GPT-2 的纯无监督预训练,但使用 45TB 的超大规模数据、175B 的超大参数量模型。同时,GPT-3 还表现出在执行零样本学习(Zero-Shot)和少样本学习(Few-Shot)任务时的惊人表现。它可以通过非常少量的样本数据来完成各种任务,甚至可以完成从未见过的任务。

技术洞察 13.7:什么是"在上下文中学习"

以往的预训练都是两段式的,即首先用大规模的数据集对模型进行预训练,然后再利用下游任务的标注数据集进行微调,时至今日这也是绝大多数 NLP 模型任务的基本工作流程。GPT-3 则开始颠覆了这种认知,提出了一种"在上下文中学习(In-Context Learning),示例如下。

- 用户输入到 GPT-3:你觉得 JioNLP 是个好用的工具吗?
- GPT-3 输出 1:我觉得很好啊。
- GPT-3 输出 2:你饿不饿,我给你做碗面吃……
- GPT-3 输出 3:Do you think JioNLP is a good tool?

按理来讲,针对"机器翻译任务",我们当然希望模型输出最后一句;而针对"对话任务",我们希望模型输出第一句。另外,"做碗面"这个输出的句子显得前言不搭后语,是个低质量的对话回复。采用"在上下文中学习"就是对模型进行引导,教会它应当输出什么内容。

如果希望它输出翻译内容(输出 3)或回答问题(输出 1),那么,应该分别给模型如下"提示(Prompt)"。

- 用户输入到 GPT-3:请把这句中文翻译成英文"你觉得 JioNLP 是个好用的工具吗?"
- 用户输入到 GPT-3:模型模型你说说,你觉得 JioNLP 是个好用的工具吗?

如果只给出简单提示,如"苹果 => apple",称为 Zero-Shot(零次提示);给一个完整的自然语言范例称为 One-Shot(一次提示);给多个范例称为 Few-Shot(多次提示)。对 ChatGPT 分别进行的不同提示的实验结果如下图所示,结果曲线图表明采用 1750 亿(175billions,175B)个参数的模型可以得到更准确的结果。

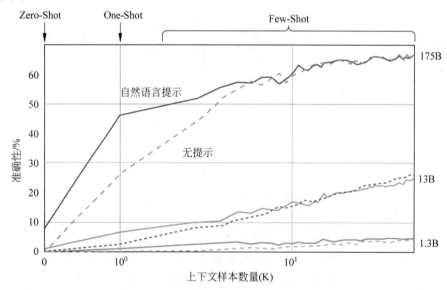

大模型及其高计算能力对应的是高资本消耗，据估算，GPT-3 训练一次的成本约为 140 万美元，以 ChatGPT 在 2023 年 1 月的独立访客平均数 1300 万计算，其对应芯片需求为 3 万多片英伟达 A100 GPU，初始投入成本约为 8 亿美元，每日电费在 5 万美元左右。此外，ChatGPT 估算生成一条信息的成本约为 1.3 美分，是目前传统搜索引擎的 3~4 倍。

3. 基于人类反馈的强化学习

ChatGPT 加入了近两年流行的 Prompt-learning，另外更重要的是，加入了强化学习，即 RLHF(Reinforcement Learning from Human Feedback，基于人工反馈机制的强化学习)。ChatGPT 的训练过程有三步，RLHF 技术主要涉及第二步和第三步的内容。

利用 GPT 自回归式的语言模型在大规模的语料中预训练，得到生成模型；然后人工对用户提示文本后的 GPT 生成句子的结果进行打分。产生形式为(提示文本，GPT 生成句子，得分)的数据集，训练打分模型；最后利用强化学习的方式，让打分模型去优化生成模型的效果。

ChatGPT 效果如此好，主要可以归结于两个原因：① 训练语料的质量、多样性。OpenAI 搭建了 40 多人的团队去收集和标注数据。而且训练一个 GPT-3.5 大约要花 1000 万美元，所以数据和算力不容忽视。② 基于强化学习的训练方式，其实就利用人类的反馈去优化目标模型，让模型输出更符合人类直觉的结果。人类反馈得到的奖励模型及应用示意图如图 13.12 所示。

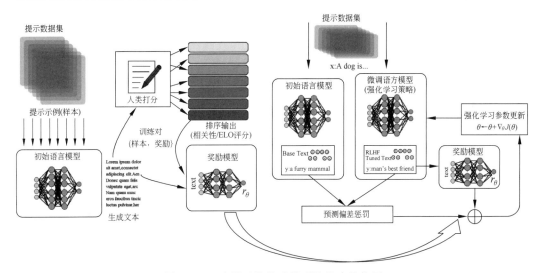

图 13.12　人类反馈奖励模型的构建及使用

与传统的强化学习方法相比，RLHF 的关键优势在于能更好地与人类的意图保持一致，以及以未来的反馈为条件进行规划，从各种类型的反馈中进行流畅的学习，并根据需要对反馈进行整理，所有这些都是创建真正的智能体(Agent)所不可缺少的。它还允许机器通过抽象人类的价值来学习，而不是简单地模仿人类的行为，从而使智能体具有更强的适应性、更强的可解释性，以及更可靠的决策。RLHF 的目的是达到用户的意图与输出结果"匹配"(对齐)，以下三点为原则。

- 有用的(Helpful)：它是否解决了用户的任务？
- 可信的(Honest)：是虚假信息还是误导性信息？
- 无害的(Harmless)：它是否对人或环境造成身体或精神上的伤害？

可以这样理解，此前的大模型是在海量数据上自由奔跑，因为见识多，所以能预测，但会乱说话，有风险。"人类反馈强化(RLHF)"的数据反馈策略的加入，让 ChatGPT 在"自由奔跑"的基础上，用少量数据学会了遵循人的指令，揣摩人的喜好，不乱说话，说有用的话。通过这一方法在机器和人类之间架起一座桥梁，RLHF 允许人类直接指导机器，并允许机器掌握明显嵌入人类经验中的决策要素。同时，可以根据不同的任务对模型进行个性化的优化和训练，从而提高模型的性能和适应性。

> **想一想 13.2：人类反馈是如何打分的**
>
> ChatGPT 中人类反馈打分的简单示例如图所示。可见，ChatGPT 是人机融合的完美杰作，并且随着使用者的不断增加，又会不断提供"优质的"人类反馈结果，使得 ChatGPT 内部的 DIKW 循环持续下去，得到不断迭代优化的结果。这些底层逻辑你清楚了吗？
>
>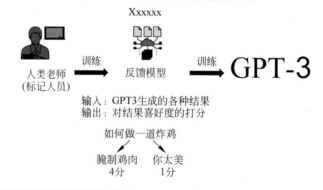

4. GPT-4 多模态模型

最近发布了一个名为 GPT-4 的多模态模型，是一个可以接受图像和文本作为输入，输出文本的大型模型。GPT-4 在许多专业和学术的基准测试上表现出了人类水平的性能，例如，通过了模拟的律师资格考试，也比之前的 GPT-3.5 模型更可靠、更有创造力、更能处理复杂和细致的指令。根据 OpenAI 的技术报告，GPT-4 在各种专业和学术测试中都超过了 GPT-3.5 的表现，甚至达到了人类水平。GPT-4 的发布是深度学习领域的一个重要里程碑，它可能会开创以下一些新的研究方向。

(1) 多模态对话系统：利用 GPT-4 的图像和文本输入能力，开发能够与用户进行更丰富和自然的对话的系统，如可以描述、解释、评论图像，或者根据用户提供的图像生成相关的文本内容。这样的系统可以应用在教育、娱乐、社交等领域，提高用户的参与度和满意度。

(2) 多模态知识抽取和推理：利用 GPT-4 的图像和文本输入能力，开发能够从多种类型的数据中抽取和整合知识，以及进行逻辑和常识推理的系统，例如，可以根据图像和文本中的信息回答问题，或者根据图像和文本中的线索推断出隐含的信息。这样的系统可以应用在科研、医疗、法律等领域，提高信息的获取和利用效率。

（3）多模态生成和编辑：利用 GPT-4 的图像和文本输入能力，开发能够根据用户的需求和偏好生成或编辑多种类型的内容的系统，例如，可以根据用户提供的文本生成相应的图像，或者根据用户提供的图像生成相应的文本，或者根据用户提供的修改意见对图像或文本进行编辑。这样的系统可以应用在创作、设计、营销等领域，提高内容的质量和个性化程度。

技术洞察 13.8：百度"文心一言"

IDC 搭建了大模型评估框架 V1.0，选取国内 9 个主流厂商，从模型能力、工具平台能力、开放性、应用广度、应用深度、应用生态共 6 大维度的 11 项指标，进行打分评估。结果显示，百度文心大模型的产品能力、生态能力达到 L4 水平，应用能力达到 L3 水平，处于第一梯队。IDC 中国副总裁兼首席分析师武连峰认为，百度文心大模型是其打造文心一言的坚实基础。从现实进展来看，百度率先打开局面，并在国内最先推出类 ChatGPT 的生成式对话产品：文心一言。

中国大模型市场2022年评估结果——百度文心

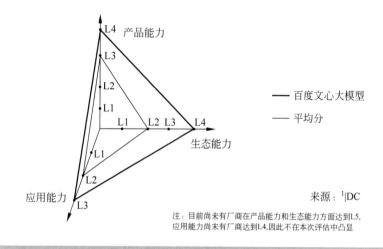

注：目前尚未有厂商在产品能力和生态能力方面达到L5，应用能力尚未有厂商达到L4，因此不在本次评估中凸显

13.4.4 AIGC 智能创作时代

AIGC(AI Generated Content)是人工智能的"生成内容"，这里说的"内容"可以是一段文字，可以是一张图片，也可以是一段音频和视频。在智能创作时代，在 AI 的加持下，创作者生产力的提升主要表现为三个方面：第一，代替创作中的重复环节，提升创作效率；第二，将创意与创作相分离，内容创作者可以从人工智能的生成作品中找寻灵感与思路；第三，综合海量预训练的数据和模型中引入的随机性，有利于拓展创新的边界，创作者可以生产出过去无法想出的杰出创意。2022 年，AIGC 发展速度惊人，迭代速度更是呈现指数级发展，这其中深度学习模型不断完善、开源模式的推动、大模型探索商业化的可能，都在助力 AIGC 的快速发展。超级聊天机器人 ChatGPT 的出现，更是拉开了智能创作时代的序幕。

应用案例13.4：一个伟大的公司需要几个人

Transformer架构的出现，彻底改写了图像合成的历史。从此，多模态深度学习整合了NLP和计算机视觉的技术，成为图像合成的艺术方法。于是，借着生成式AI的东风，一款 *Midjourney* AI绘画工具于2022年3月引爆全网，一年实现1000万用户和1亿美元营收。而令人惊奇的是，这个"伟大"的公司团队成员仅11人，其中1位创始人、8位研发人员、1位法务、1位财务。

从Midjourney看似不可思议的创业经历可以发现，在这次AIGC时代的浪潮中，能够脱颖而出的企业、团队，未必是财大气粗的头部大公司。因为在生成式AI、云计算等技术逐渐抹平大企业与中小企业之间的技术、成本差距后，各企业真正比拼的，只剩下人才、创意与执行力。

更为惊人的是2023年4月横空出世的Pika。华裔女创始人郭文景与其博士同学创办Pika的目标是打造更易于使用的人工智能视频生成器。目前，Pika 1.0能根据文字图片生成视频，不仅速度快，而且画面流畅度、视觉效果、清晰度、转场效果都令人叹为观止。Pika 1.0附带一个工具，可延长现有视频的长度或将其转换为不同的风格，例如由"真人"到"动画"，或者修改视频的画布尺寸或宽高比。此外，还有一个模块可以使用人工智能编辑视频内容，比如改变某人的衣服，甚至添加另一个角色等。这个由4个人组建的公司仅创办半年估值就达2亿美元。

想一想：
AIGC未来还会带来哪些惊喜？

思考题

1. 什么是ChatGPT？为什么说"生成式"语言模型更有生命力？
2. ChatGPT为什么需要人类反馈强化学习RLHF？
3. 什么是AIGC？举例说明其应用领域。

13.5 探究与实践

1. 百度大脑探秘。

（1）进入百度大脑——AI开放平台 https://ai.baidu.com/。

（2）了解百度的"开放能力""开发平台""文心大模型"栏目下的核心技术。

（3）找到你感兴趣的某个主题，用某种思维方法（STW、5W1H、5Why等）对该主题展开你的思考，并分享你的所思所想。

2. 这些"小"公司为什么这么厉害？

在智能时代，除了耳熟能详的独角兽公司外，还有很多厉害的小公司，如 NVIDIA（英伟达）、DeepMind、大疆等。你知道它们为什么这么厉害吗？你知道它们的成长历程吗？你能够预测它们的未来吗？试着百度一下，了解它们的历史，从中会得到属于你自己的领悟。

3. GPT4的多模态指的是什么？举例说明基于AIGC的新行业新机遇在哪里？

4. 什么是"机器创造"？你认为"生成"就是"创造"吗？

第14章 从DIKW视角看产业未来

腾讯进军"新能源"

2022年6月9日,腾讯正式对外宣布其能源战略,两款"杀手锏级"产品——"能源连接器(Tencent Enerlink)"和"能源数字孪生(Tencent EnerTwin)"全面进军新能源。

"能源连接器"首先可依托大数据、物联网、边缘计算等技术,实现综合能源数据汇集、可视、分析和预测,完成碳盘查;其次,提供腾讯会议、腾讯千帆、腾讯企点等200多个应用连接工具,助力企业一站式自由搭建能源管理协同平台;最后,可基于小程序、企业微信等连接工具,帮助企业快速触达用户和产业链上下游伙伴,持续助力生态构建和拓展。

在智能生产和制造领域,"能源数字孪生"可以快速构建3D可视化模型,实现远程高逼真、沉浸式的能源管控;同时,依靠高性能运算和AI技术,能源数字孪生可以对监控图像、视频数据进行智能分析,自动识别设备缺陷和环境异常,全面提升能源企业生产效率和安全水平。这对生产线、海上风电场等复杂设施、高危作业环境尤为关键。两款产品依托腾讯连接协同优势,发挥大数据、人工智能、数字孪生等技术能力,将有力促进企业提质增效和节能降碳,助力行业加速迈向数字化和碳中和。

当"碳中和遇到数字化",未来会怎样?

学习目标

学完本章,你应该牢记以下概念。
- 数字化转型、数据驱动。
- 数字孪生。
- 弱人工智能、强人工智能。

学完本章,你将具有以下能力。
- 理解"数据化—信息化—数字化—智能化"各环节的关键点。
- 能够从DIKW视角分析不同行业智能化的发展层次,并理解数据积累的重要性。

学完本章,你还可以探索以下问题。
- 政府大数据应该如何进一步惠民?目前可行的方案是什么?
- 探讨从数据产品设计的角度出发,采用创新设计思维,构建一款创新型数据产品的实施方案。

14.1 数字化转型与数据驱动

14.1.1 数字化转型与数据驱动

数字化原本是指"模拟信息转换成数字形式(二进制的数据)",在大数据时代,则强调的是"数字化带来的整体和社会效应",数字化技术使数字化的过程得以实现,从而为改变和改造现有的商业模式、消费模式,乃至社会经济结构、法律和政策措施、组织模式、文化形式带来了更多的机会。所以,数字化转型强调的是带来的效果,是区别于传统的组织形式、沟通形式、技术手段所产生的变化本身。

数据驱动是通过移动互联网或者其他的相关软件为手段,采集海量的数据,将数据进行组织形成信息,之后对相关的信息进行整合和提炼,最终形成自动化的决策模型。当新的情况发生,新数据输入的时候,系统可以用前面建立的模型以人工智能的方式直接进行决策。

当前,数字化转型已经进入了颠覆性的时代,从"流程驱动"的转型,进入"以数据为核心"的转型,再到"数据驱动"的转型是一条进化的旅程。数据驱动是企业数字化的主线,且数据驱动是一个闭环过程,如图14.1所示。在这里,信号是机器可读的模拟或者数字脉冲,数据是人类可读的信号,信息是经过索引后可以查询的组织化的数据,而情报是对特定人在特定场景下有针对性的信息,知识是大量情报积累后可以改变人的知识结构的部分,智慧是基于知识和经验可用于决策的部分。这个决策在人工智能时代就是基于数据和算法,特别是机器学习建立模型和使用模型的决策。

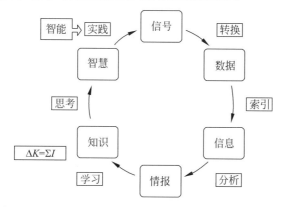

图 14.1 数据驱动的闭环

如图14.1所示,信号、数据、信息、情报、知识、智慧,一环扣一环,不断地上升迭代,完成一个又一个决策。这个过程需要数据的不断输入,需要模型根据比对决策结果和现实数据把偏差信息反馈给机器学习,在其后不断的机器学习迭代过程中自我完善。从这个过程的描述中可以看到,数据驱动对企业的要求非常高,要有流式的数据不断地注入,要有以机器学习为基础的决策模型,要有能依赖模型输出结果可以推动的业务系统,要有可以反馈预测偏差的反馈机制。

> **想一想 14.1:数据驱动你体会到了吗**
>
> 近几年,各种驱动在天上飘,有产品驱动、技术驱动、政策驱动还有老板驱动,大数据也不甘寂寞,于是"数据驱动"一词渐渐热了起来。很多企业都说自己在搞数据驱动,也有不少从事数据技术的公司在对外提供数据驱动的技术咨询和实施服务。各个行业都在激动地讨论着"数据驱动",有些公司甚至宣称已经实现了"数据驱动"。
>
> 滴滴打车就是一个很好的例子。我们首先打开手机移动应用App,App页面会有优惠码提示:转发优惠码或线下使用该优惠码,你将获得优惠;在用车时,App会根据坐车时间段和车辆紧张程度,提醒溢价的倍数,你如果不接受,则订单取消;打车结束后,App自动选择优惠券进行结算,无须手动选择。整个过程全部由系统自动完成,无须人工决策。包括转发优惠码的部分,也是由系统自动提醒,刺激用户点击完成的。
>
> 这才是真正的"数据驱动",对比一下前述的各种"驱动",它们是真的达到"数据驱动"了吗?

14.1.2 数据驱动的特征

在一个真正的数据驱动的企业，数据是提供报告、深度模拟预测的来源，企业决策者应该将数据分析纳入公司决策流程，并对公司的决策提供价值和影响。数据驱动企业最大的特点是拥有一套完整的数据价值体系，即一套完整的从数据收集、整理、报告到转换成行业洞见和决策建议的流程。而落实到操作层面则是通过对数据的收集、整理、提炼，总结出规律形成一套智能模型，之后再通过人工智能的方式做出最终的决策。

因此，真正的数据驱动企业应该具备以下特征：①海量的数据；②自动化的业务；③强大的模型支持自动化决策。这三个条件缺一不可，并形成一个循环，不断地进行数据收集，完成建模，自动决策。到目前为止，好多宣称自己是数据驱动的业务公司，其实并没有真正做到数据驱动，也许只是一个"以数据为中心"进行决策的公司，只是在利用数据，并没有真正实现数据的价值。

"以数据为中心进行决策"，顾名思义就是用数据来支持决策，这些数据包括历史记录中的和现在产生的。通过对数据的整理、抽取，将数据转换为可读的知识，形成分析结果，决策者根据分析报告的结果考虑并决定决策结果，最终决策由人为参与。这类公司表面上公司所有人员，如产品、运营、技术、销售都可以贡献数据，也可以从数据里得出东西，但中间做决策的是人。"以数据为中心进行决策"的方式与"数据驱动"相比，没有数据驱动那样的智能，也没有数据驱动那样的高效。数据价值链与数据驱动的关系如图14.2所示，从DIKW视角来看，从数据监测到智慧决策，数据的加工精度由浅入深，数据的价值由低到高，是一个不断进化"攀登"的过程。

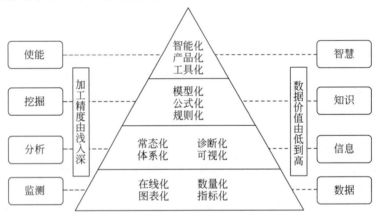

图 14.2 数据价值链与数据驱动

14.1.3 数字化转型与赋能

基于生产生活中的海量数据资源，整个经济社会的数字化水平将遵循"数据化—信息化—数字化—智能化"的演进路线持续升级。"数据化"是关键基础，它确定了数据的采集边界和标准；"信息化"是关键流程，它规范了数据采集、存储、分析的具体方法；"数字化"是关键手段，它明确了应用大数据、人工智能等新一代信息技术开展分析和应用的新思路新模式；"智能化"是关键效果，它反映了数字化转型的成效，覆盖社会治理、公共服务和产业发展等多领域。数字化转型的4阶段演进示意如图14.3所示，不同阶段要解决的关键问题有所不同。

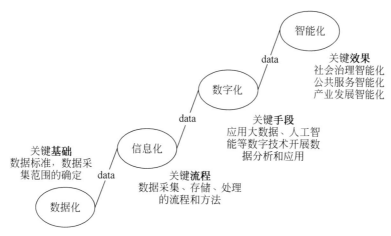

图14.3 数字化转型4阶段

需要关注的是，数字化能够给企业带来的改变是巨大的，涉及有效赋能其运营发展的各个方面，这也是企业纷纷进入数字化转型的动力源泉。

（1）促进销售。数字化的一大优势是迎合流量的转移、捕捉目标消费者。企业的营销与推广模式发生变化，更容易获得线上线下流量，通过新的传播推广方式有效触达消费者。例如，短视频等营销模式、小程序及App的应用等。对于中上游企业而言，可增强其与下游企业的供应链配合，实现以消费者需求变化为导向的产业链改造，使产品更加适销对路。

（2）产品创新。大数据分析和消费者精准画像能够为企业的产品研发与创新提供动力。基于数字化，产品的研发和生产能够更加千人千面、个性化，家电、家具、服装的定制业务就是很好的例子。数字化还能够带来流通与服务业的模式创新，例如，超市到家业务、餐饮外卖业务、智慧酒店等，都是以数字化为前提的。

（3）提升效率。数字化还可帮助企业实现管理和运营模式的深度改造，实现供应链、生产、销售、物流等各个环节的数据交互与运营配合。例如，经营模式重塑，包括管理流程自动化、供应链和库存的实时管理等；销售模式重塑，包括渠道扁平化、线上与线下协同的全渠道发展等。

（4）优化成本。人力资源成本日益提高的当下，智能化与人工替代能够帮助企业降本增效；信息化的互动管理能够帮助企业降低损耗、优化成本结构和资源配置。

企业数据能力按照DIKW模型可分为如下几层，即数据服务层、信息服务层、知识服务层与智慧服务层。图 14.4 呈现了数据价值流动的过程,即从数据价值到经济价值的赋能过程。

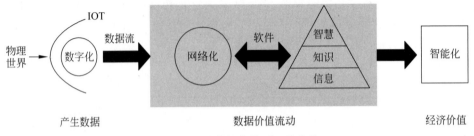

图 14.4　从数据价值到经济价值

当前各个行业数据驱动的程度差异大致示意图如图 14.5 所示,图中内外 4 环分别对应 DIKW 的 4 层,可以看到有些行业发展领先,行业内数据价值已被充分挖掘并达到了真正的数据驱动(零售行业),而医疗健康及金融服务行业也已经积累大量高质量的数据,蓄势待发;而环境、教育等领域还处在积累数据阶段,行业未来发展潜力巨大。

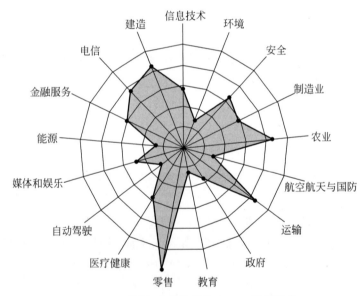

图 14.5　不同行业的数据集 DIKW 发展层次

思考题

1. 什么是数据驱动?
2. 数据化—信息化—数字化—智能化的关键点在哪里?
3. 举例说明"以数据为中心的决策"与"数据驱动的决策"的区别。

14.2 大数据产业的趋势

14.2.1 政府大数据从管理走向服务

随着数字政府和新型智慧城市建设的持续推进,与社会治理、民生服务、政务应用密切相关的政府大数据应用成为热点。例如,中国政府掌握着80%的高价值公共数据,如何盘活这些海量数据资源,是未来政府大数据发展的关键。中国政府大数据的发展历经三个阶段:2010年以前的重点是信息化建设;2011—2016年步入大数据平台建设和数据整合;2017年至今,数据资产管理和应用成为新主题。从趋势上看,未来政府的大数据应用将逐步向"大监管大服务"方向迈进,用以实现更精准高效的监管和更便捷深入的服务。未来,通过结合5G、人工智能、大数据、云计算和物联网等诸种信息技术,顺应数字经济和数字政府建设浪潮,落地城市大脑、平安城市、社会信用、交通感知与管理、社会舆情管理等应用,切实提升政府服务能力,将成为政府大数据发展的机会点所在。

> **应用案例 14.1:数字孪生与数字城市**
>
> 21世纪初,"数字孪生"的设想被提出。作为一种仿真技术,在理论上不仅要求与物理实体的几何结构保持一致,而且能够在信息系统中镜像复原物理实体的状态和行为,技术上即利用大量的传感器监测物理实体的运行状态,通过数据建模仿真来验证物理实体的控制效果,最终可以控制物理实体的运行。数字孪生技术和创新的价值,可以抽象为"过去、现在与未来"三大维度:对于过去,数字孪生可以沉淀数据,辅助分析提升;对于现在,数字孪生场景可以实现全局感知、智能运控和实时调度;对于未来,数字孪生场景则起到了模拟推演、仿真预测和辅助决策的关键作用。
>
> 数字孪生城市是"数字孪生"在城市空间中的应用。城市是由物理空间、社会空间和信息空间相互交叠而成的开放复杂的巨系统。而在"数字孪生城市"中,信息则将成为"物理"和"社会"的载体。换句话说,在"数字孪生城市"中,物理空间和社会空间都将以信息的形式呈现在人们面前。
>
> 世界经济论坛和中国信息通信研究院联合发布报告《数字孪生城市:框架与全球实践》,归纳了以下数字孪生城市的4个典型技术特征。
>
> (1) 物理城市与数字城市的精准映射。通过利用物联网技术(IoT)、地理信息系统技术(GIS)、智能建筑模型技术(BIM)等,数字孪生城市可以呈现出物理城市运行的全貌,包括城市建筑物、交通道路、植被、水系、城市部件、管线等全要素静态地理实体,以及人、车辆、终端、各类组织等城市动态变化的各类主体。
>
> (2) 数字城市的深度洞察。在数字空间中,基于物理城市采集数据的汇聚整合,人们可以分析城市拥堵情况、楼宇能耗情况、规划是否合理、地下管线是否需要维修等,洞察城市运行风险,并以数字化模拟的方式呈现出真实场景效果。在此基础上,可以通过修改信号灯配时、控制高耗电设施、改变规划选址等,制定策略举措,以改善城市运行状态。
>
> (3) 数字城市与物理城市的虚实交互。物理城市在数字空间中得以丰富、延展、扩大,例如,城市管理者可以基于数字平台界面与物理城市互动,为居民创造一个更舒适的环境。此外,平台还可以随时叠加噪声图、能源消耗热力图等,进行分析模拟计算,制定改善环境的措施。
>
> (4) 数字城市对物理城市的智能干预。在数字孪生城市平台可以实时呈现城市运行状态,一旦物理城市出现事故、灾害等警报,城市管理者可以快速地应对及决策部署。此外,也可以通过深度学习、模

拟仿真来预测城市可能发生的问题或风险，加以预防，以降低财产损失，保障人民安全。

近几年启动的北京雄安新区项目，在设立之初就提出"地上一座城、地下一座城、云上一座城"的理念。"云上之城"指的就是数字孪生城市，在我国城市建设史上，雄安新区首次全域实现了数字城市与现实城市同步建设。可以预见，未来的雄安新区可进行跨部门、跨领域、跨区域的实时数据处理和数据融合应用创新。

14.2.2　电信大数据从小圈子走向大生态

电信行业的信息化和数字化水平走在行业前列源于大量高质量的相关行业数据，因此电信大数据率先进入细分产业，正在从"小圈子"走向"大生态"。"小圈子"的焦点是运营商自身业务能力和效率的持续提升，如顺应业务集中化的趋势，运用大数据技术提升企业运营能力，实现集团—地方两级大数据架构的融合优化，加速布局5G和AI的等新应用场景。"大生态"意指运营商既有能力的外部拓展和迁移，通过对外提供领先的网络服务能力，深厚的数据平台架构和数据融合应用能力，高效可靠的云计算基础设施和云服务能力，打造新的、以运营商为核心的数字生态体系，加速非电信业务的变现能力。

> **想一想 14.2：免费 WiFi 谁会受益**
>
> 你经常使用公共场所的免费 WiFi 吗？你想过吗？商场提供的免费 WiFi 可以从你的手机或其他移动设备中获取什么数据，这些数据又有什么价值？
>
> 假如一位顾客走进了一座大型购物广场，该顾客先在化妆品区溜达了二十几分钟，拐弯去金饰区，十分钟后乘电梯上楼；他（她）对男装区视而不见，却在成熟女装区足足逛了一个半小时；接着路过少女服装区、运动区、电子产品区，然而也仅仅是路过而已；然后抵达顶层，在用餐区停留两小时，最终又去儿童玩具区徘徊了一小时……
>
> 要是这位顾客在进行以上活动时连接了 WiFi，那么上述"溜达""徘徊"和"停留"以及进行这些活动的时间都可以转换成数据。通常商场内会分布着若干个 WiFi 点，它们探测顾客的移动设备收集信息，移动设备的信号强弱可以近似视为距离，而如果将收集信息的采样频率设为每 30 秒一次，就可以得到顾客在区域的停留时间，手机信号被抓取一次，即可认为他（她）在此区域停留了 30s，当然为了得到更精确的数据，可以进一步增设 WiFi 探测点、增加抓取频率等。
>
> 数据不同于文字，但可以看出，如果你懂得各个字段的含义，以上数据就可以转换成一段描述性文字，构建出这位顾客某天在商场内的活动。从时间和空间两方面塑造"用户画像"模型，它是立体的、客观的。通过数据可以对这位顾客有一些初步的了解，如他（她）可能是一位年轻的已婚女性，家里有年纪较小的孩子……
>
> 除了这些外部活动信，WiFi 连接也能检测到顾客移动设备上的非加密浅层活动，例如，顾客打开了某个 App 或者开始浏览网页、收发邮件等，通过这些信息显然能够对这位顾客有进一步的了解，并可以通过高级算法添加各种未知标签，这样就获得了这位客户相对完整的画像。那么如果探测的不仅仅是一位顾客会怎样？如果获得了几个月的探测数据，构建起成千上万个"顾客时空模型"又会怎样呢……
>
> **想一想：**
> 还记得抗疫新词"时空伴随"吗？它的底层逻辑是什么？未来可以应用到哪里？

14.2.3 健康医疗大数据从大走向精准

医疗信息化建设已经持续推进,在中国年增速保持在 20% 以上的较高水平。从面向医院管理信息化(HIS),到以患者和医疗过程为核心的医院临床管理医疗信息化(如 PACS、LIS、RIS、EMR 等),再到区域医疗服务信息化(GMIS),广覆盖的医疗信息化建设项目累积了海量数据,为健康医疗大数据业务的开展奠定了坚实基础。

健康医疗大数据将从当前简单的"大"走向"精准",通过获取更高质量、更精准的数据,助力健康医疗服务的提升。当前,健康医疗大数据行业面临 4 方面挑战:①求数无源,需采集的数据标的不明确,采集工具的标准化和规范化有待提升;②有量无质,所采集数据无法满足既定用途所需的数量和质量;③有病无数,临床救治与数据应用需求脱轨,大数据和 AI 等技术的临床应用不足,临床一线数据的收集和汇聚不足;④有数无据,在数据深加工方面的工作不足,尚未形成数据驱动的临床科研、医药研发、器械生产、分级诊疗、健康养老、医养结合等产品和服务。未来,健康医疗大数据破局的关键在于汇集整合更精准的数据,为临床决策和药品器械研发提供数据分析支撑。

> **想一想 14.3:你的智能手环真的"智能"吗**
>
> 现今的智能手环可谓遍地开花、百家争鸣。它一般可以全天候追踪用户的运动、睡眠甚至饮食数据。那么你的智能手环"智能"吗?它真的具备将数据转换为知识及智慧的能力,还是仅仅是数据采集及呈现设备呢?不过,智能设备所产生的数据的确是价值连城,但如果要具备"智能",关键环节及技术应该包括哪些?从 DIKW 模型角度来思考,如数据的质量、量化模型等。
>
> 那么,目前的智能穿戴设备,对于用户和厂商来讲基本上是噱头大于实用。你同意这个说法吗?

14.2.4 工业大数据围绕小场景从项目走向产品

工业大数据立足工业企业的降本增效,当前主流应用场景以电网和离散型制造业为主,设备故障预测、综合能耗管理、智能排产、库存管理和供应链协同成为应用热点。然而,工业大数据解决方案的高成本、工业企业的数据意识不强,以及工业互联网营利模式的模糊,制约了工业大数据应用的快速拓展。

未来,工业大数据将围绕"小场景"从"项目"走向"产品"。小场景由于投入相对少,需求更精准,有助于在短期内取得成效,培育企业的数字化认知,也便于供应商积累行业数据和经验,降低实施成本,推动从项目到标准产品的转变。通过以龙头企业和行业特色企业为引领,加速布局一批小场景,持续推进工业设备数据化和应用产品化,工业大数据有望加速落地。

应用案例 14.2：自动驾驶迎来这样一个新阶段

经过十年技术的演进，自动驾驶迎来这样一个新阶段。首先是自动驾驶的算法训练正在从深度学习早期的 CNN 等神经网络模型转向以注意力机制（Attention）为特征的 Transformer 大模型的使用，自动驾驶在感知、认知乃至极端场景的仿真训练、大规模数据标注都有大模型参与其中。其次是围绕大模型训练的云端算力平台，与车端多模态、多数量、高质量传感器以及车端算法适配的高算力计算平台也已经纷纷落地，从理论上已经可以支持完全自动驾驶级别的算力要求。同时，乘用车辅助驾驶迎来爆发期，大规模多传感器、高算力车型的量产落地，使得"数据驱动"技术升级形成闭环，为自动驾驶算法和算力提供了源源不断的燃料。

为期 10 年的数据闭环是如何发生的？行业里优秀的答案是特斯拉的 Autopilot 和完全自动驾驶（Full Self-Drive, FSD），具体体现在以下三个方面。

首先是 Autopilot 软硬件系统的快速迭代，确保了特斯拉车型实现规模量产的同时，其车端无线访问节点（Access Point, AP）系统的数据积累能够保持同样的高速增长。而且从 Autopilot 2.0 起，其感知系统就标配了 8 颗摄像头，确保了采集数据的一致性，为后面数据处理的成本打下基础。

其次是特斯拉车端高端算力芯片的预研和超算中心的建设。特斯拉不仅自研了 FSD 车端大算力芯片，而且实现了车端的预装，并通过软件售卖的模式来实现商业化。这一举措无形中确保车辆具备了实现高阶辅助驾驶的能力。同时，特斯拉在近两年加快了超算中心的建设，来进一步处理数十亿千米的辅助驾驶的行驶里程数据。这奠定了特斯拉自动驾驶技术的基础设施。

最后是特斯拉对以 Transformer 大模型为代表的最新 AI 技术在自动驾驶上的探索和应用。从连续两年的"特斯拉 AI 日"看出，特斯拉找到了让视觉感知能力快速提升的方法，尤其是基于 Transformer 实现的 BEV（Bird's-Eye-View，鸟瞰图）感知空间，如今已成为当前自动驾驶感知的主流。简单理解 BEV 的优势，就是基于 BEV 空间下的感知结果与决策规划所需的坐标系统是统一的，感知和下游的联系得到进一步增强。

AI 三要素：数据、算力、算法你明白了吗？

14.2.5 营销大数据从流量营销走向精细运营

营销大数据是大数据商业化应用效果最好的细分领域，它通过应用数字技术沟通了广告主和目标用户，实现了产品和服务的精准推广。未来，营销大数据将从"流量营销"走向"精细运营"。在流量营销阶段，广告主通过采买高流量平台的流量即可实现业绩和投入的同步提升，这一时期的营销大数据被用于提升展示广告、搜索广告、社交网络广告和电商广告的运行效率，更好地实现广告主与目标用户的对接，丰富广告投放的场景和渠道。而在精细运营阶段，更精准的用户触达、更明智的预算分配成为广告主的关注核心。营销大数据在这里被用于整合多维多源数据，提供能力支撑。在更精准的用户触达方面，线下场景需要更为精准（如机场航站楼、4S 店等）。通过整合线下和线上数据，定向推送广告，有助于提升营销效率。此外，基于"小数据"的因果关系洞察，配合大数据分析挖掘能力，同样可以实现更精准的投放，提升营销效率。

应用案例 14.3：广告投放从"千人一面"到"一人千面"

2021年，全球互联网巨头在广告收入方面有一个趋势非常明显，就是各家巨头的广告收入比上一年同期大幅反弹，增长势头很猛。如 2021 年第二季度广告收入谷歌同比增长 69%，亚马逊同比增长 87.5%，脸书增长 56%，YouTube 增长 84%。再看国内，2021 年二季度国内互联网广告同比增长 19.6%，虽然没有美国同行那么夸张，但数据也够亮眼了。

广告业对受众的了解经历了从"千人一面"到"千人千面"再到"一人千面"的演变，通过对精准画像的精准定位，跟踪到一个人在不同媒体场景下的需求，达到定制化推送的效果。与此同时，广告的寿命越来越短。因为在算法时代，广告的功能变了。在电视广告时代，广告的主要功能是传播影响力，形态是"千人一面"，也就是拍一条广告，恨不得给全国上亿人看到，然后一播就播一年。后来，有了大数据和算法，广告的主要功能从传播影响力变成了精确找到消费者，形态是"千人千面"，根据你的喜好来向你推荐。至今广告的功能又有了变化，不是"找到消费者"，而是"制造消费者"。例如，一个男人给自己买袜子，可能越便宜越好，主要考虑价格；但如果他是在给自己选一副发烧级的耳机，则主要考虑品质；而给女朋友买包时则关注品牌。可见，并不是说一个人就有一个特定的消费偏好、特定的消费档次。场景不同，偏好就不一样。

所以，最先进的算法应该是根据不同的场景和偏好，把一个人分成很多个不同的"需求"，然后启用不同的广告来触发这些需求，即广告形态进入了"一人千面"的时代。从"千人一面"，到"千人千面"，再到"一人千面"，广告行业的变化，让广告本身从艺术品变成了快消品。以后的广告行业，可能拼的不再是创意，而是模块化生产、成本控制和渠道管理能力。

14.2.6 金融大数据从强管控走向创新服务

金融大数据是隶属于金融科技的关键技术，它服务于金融机构的核心业务环节，解答诸如贷不贷款、贷款多少、风险如何等关键问题。随着金融监管日趋严格，基于数据规范行业秩序，降低金融风险，成为金融大数据的主流应用场景。

未来，随着技术的成熟，金融大数据将逐步由"强管控"走向"创新服务"，通过汇集多源多维的数据，提供创新服务支撑。例如，与社会信用体系建设相融合，提供基于金融数据的个人信用报告、企业财务信用报告、授信评估、贷中预警、中小微企业信用评估等新服务，以及与此间接相关的、高效便捷的清算支付和出行服务。与此同时，积极创新金融反欺诈、供应链金融等新兴金融服务，切实助力实体经济的资金融通，确保资金安全高效使用。

应用案例 14.4：你的芝麻信用评分是多少

芝麻信用评分（简称芝麻分）是在用户授权的情况下，依据用户各维度数据（涵盖金融借贷、转账支付、投资、购物、出行、住宿、生活、公益等场景），运用云计算及机器学习等技术，通过逻辑回归、决策树、随机森林等模型算法，对各维度数据进行综合处理和评估，在用户信用历史、行为偏好、履约能力、身份特质、人脉关系 5 个维度客观呈现个人信用状况的综合评分。

支付宝上的芝麻信用积分的信誉能力，直接和生活中的各种事情都是有挂钩的，实名认证后，一旦信用非常低,在这种方面都会受到限制。在支付宝里面有许多可以借款的地方,芝麻分越高的用户,可以享受更高的借款金额。芝麻信用分是通过 5 个方面综合评定的,分别是信用历史、行为偏好、履约能力、身份特征和人脉关系。

目前芝麻信用分一共划分为 5 个等级,最高等级和最低等级差 600 分。

(1) 最高等级:700~950 分,信用极好,这部分人群是最优质的支付宝用户了,除了自身条件优质外,还必须是支付宝的活跃用户方,目前有 900 多分的,但是满分 950 分的从未出现过。

(2) 第二等级:650~700 分,信用优秀,活跃度高,很守信用。

(3) 第三等级:600~650 分,信用良好,较活跃,履约行为较好。

(4) 第四等级:550~600 分,信用中等,一般有过几次不良行为。

(5) 最低等级:350~550 分,信用较差,基本属于"老赖"了。

你的芝麻信用是多少?你觉得基于数据的信用计算(建模)合理(可信)吗?为什么?

思考题

1. 举例说明政府大数据包括哪些内容。你认为这些数据的价值在哪里?
2. 工业物联网及工业大数据是未来新的增长点吗?你的观点是什么?
3. 金融数据创新的风险和机遇在哪里?如何看待国家阻止"蚂蚁金服"上市?
4. 基于大数据的教育未来是什么?

14.3 智能时代

14.3.1 AI 的角色

数据科学项目一旦落地运行就形成的真正的数据驱动,就可以称之为人工智能。既然认识到人工智能的应用仅仅是将感知、分析、反应循环应用于某个领域动作的问题,那么接下来的问题就是如何系统地发现可以应用的行业领域。人工智能在业务中可以扮演的高级角色是有限,可以使用如图 14.6 所示的分类法来指导判别获取可以帮助人工智能的可用业务操作。从用户的角度来看,人工智能角色所发挥的作用体现在一个一个"数据产品"上,所有数据产品的呈现都逃不开从数据采集清洗、数据存储管理到数据展示分析、挖掘应用的整个链路上,即完成数据科学的"三个转换"和"一个实现"任务。

14.3.2 从弱 AI 到强 AI

严格来说,人工智能与数据科学的区别在于目标不同,数据科学的核心是"发现",而人工智能则关注"实现",人工智能强调"行动",这里通常需要经过 5 步才能够模拟人类的智能,如图 14.7 所示,其中基本的技能是感知智能,即做人的眼睛和耳朵,去辨别不同的事物,这是第一步;做到识别后还需要进行理解,这是第二步,这需要利用知识图谱;

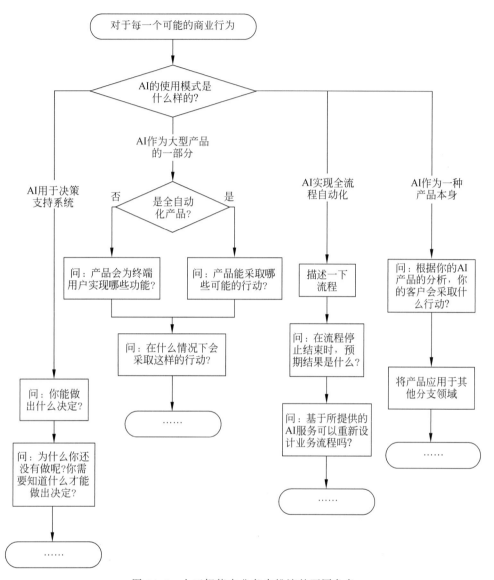

图 14.6 人工智能在业务中扮演的不同角色

(图片来源:《Succeeding with AI: How to make AI work for your business》)

第三步则是需要人工智能做出一些分析;第四步是在分析的基础上自动决策,这时的人工智能才能创造最大的价值;第五步则是人工智能协助创新。

从 DIKW 的角度来思考,可以看出,从 L1 到 L3 基本属于从数据到知识的过程,而 L4 则强调"行动"必须解决的主要问题,也是真正的人工智能研究领域及内容,具体包括搜索与求解、知识与推理、学习与发现、理解与交流、记忆与联想、竞争与协作、感知与响应等几方面,这些构成了人工智能学科的总体框架。

以人工智能是否具有独立意志,即能否在设计的程序范围外自主决策并采取行为为依据,可将人工智能分为弱人工智能和强人工智能,如图 14.8 所示。

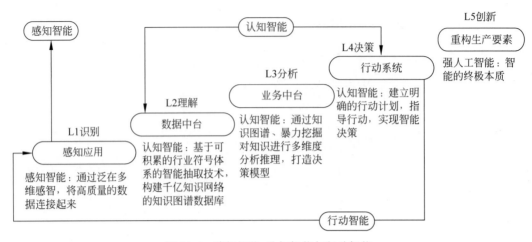

图 14.7 感知智能、认知智能与行动智能

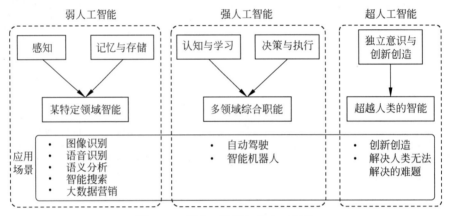

图 14.8 弱人工智能与强人工智能

弱人工智能是指不具备独立意志,只能在设计的程序范围内决策并采取行动的人工智能。弱人工智能属于专用型人工智能,即只能在某一领域行动,只能专注于一件事情。对超出其预设的程序范围的事情,弱人工智能是束手无策的。

强人工智能是指具有独立意志,能在设计的程序范围外自主决策并采取行动的人工智能。这是强人工智能和弱人工智能最大的不同。强人工智能属于通用型人工智能,它的活动已经不再局限于某一领域。强人工智能在各方面都和人类相似,可以胜任人类所有工作。强人工智能应当包括以下几种高智能的机制:意识机制、情感机制、预判机制、决策机制和进化机制。

当前强人工智能只存在于概念中,随着深度学习、云计算等技术的不断发展,强人工智能出现是可能的。因为这些技术使得人工智能的思维模式更加像人,使人工智能的决策更加具有合理性。当人工智能对外界环境的反应像人一样合理时,则可认为其与人类相差无几。这也达到了人类创造人工智能的目标——实现机器对人类智能的模仿。对人类智能的模仿关键是对人的行为的模仿,因为行为是意志的表达。具有人类一样的行为,也就意味着具有和人类相同的意志。可以认为 CharGPT 是强人工智能的开始,但未来的发展还有很大的不确定性。

 技术洞察 14.1：AGI 何时实现——来自顶级大佬的预测

当前 AI 领域的热词"通用人工智能"（Artificial General Intelligence，AGI）与"强人工智能"可以理解为同义词，AGI 被普遍认为是 AI 研究的终极目标。对于 AGI 何时成为现实，每个人都有自己的看法，但并非所有的观点都是相同的。看看科技行业最杰出的一些人对这件事的预期吧。

2016 年的一项对人工智能领域排名前 100 的专家进行的"人类何时实现高水平机器智能？"的预测数据如下：10% 的概率认为，实现的中位数年份是 2024 年，平均年份是 2034 年；小于 50% 的概率认为，实现的中位数年份是 2050 年，平均年份是 2072 年；小于 90% 的概率认为，实现的中位数年份是 2070 年，平均年份是 2168 年。可见，此时大部分专家持悲观态度。

2018 年在对全球 23 位顶尖 AI 学者的一次调查中，最乐观的人给出的时间为 2029 年，最悲观的人认为要到 2200 年。平均来看，这个时间点为 2099 年。这些顶尖学者包括谷歌 DeepMind 首席执行官 Demis Hassabis 和首席科学家 Jeff Dean，以及斯坦福 AI Lab 当时的负责人李飞飞等。以那时的观点，我们中的有些人也许有生之年能够见证 AGI 的实现。

ChatGPT 横空出世后的 2022 年底，专家们给出的 AGI 实现的节点为 2029 年，而 2023 年底的同样预测则提前到 2026 年 4 月。

"未来已来"，你准备好了吗？

14.3.3 人机融合的未来

随着机器人产业的发展，人机融合（或称人机共融）模式正成为各领域研究的重点。人机共融就是人与机器人从单一的人类控制机器人，转变为人类与机器人在同一空间共存，既能紧密协调工作、自主实现自身技能，又能保证安全而不至于担心机器人失控，这是一种更加自然的作业状态。

人机共融体（Humachine）一词最早出现在 1999 年《麻省理工技术评论》一期专刊封面上，用来描述人类和机器之间正在发展的共生关系。"人机共融体"的观点认为，人机共融体是地球生命历史中出现的一种新型智能，这种智能并不是能模仿人类的电子人、机器人或人工智能，也不是将人的某些属性与机器结合起来，或是将某些机械属性结合到人身上，人机共融体是指将人类的品质（如创造力、直觉、同情心、判断力）与机器的机械效率、规模经济、大数据处理能力结合在一起，再加上人工智能，在保持人类和机器优点的同时克服它们的局限和缺点。

人机共融关键技术包括结构设计与动力学设计、共融机器人的环境主动感知与自然交互、智能控制和决策方法、体系构建和操作系统完善等方面。具体来看，要想实现人机共融，离不开人机交互、人工智能及传感器技术。

人机共融的目标是：人与机器人可以相互理解、相互感知、相互帮助，实现人机共同演进。所谓人机共融是人与机器人关系的一种抽象概念，它有以下 4 个方面的内涵，人与机器人的关系将朝着这 4 个方面发展。

- **人机智能融合**：人与机器人在感知、思考、决策上有着不同层面的互补。

- **人机共进**：人与机器人相处后，彼此间的认知更加深刻。
- **人机协调**：人与机器人能够顺畅交流，协调动作。
- **人机合作**：人与机器人可以分工明确，高效地完成同一任务。

> **想一想 14.4：现在的自动驾驶到了哪一级**
>
> 自动驾驶等级根据不同程度，从零到完全自动化共分为 6 个等级。从"人机共融体"的观点来看，其实就是人与机器融合共同演化的过程。你觉得全自动化驾驶（L5）会在什么时候实现？主要关键技术在哪里？
>
> 美国国家公路交通安全管理局（NHTSA）、美国汽车工程师学会（SAE）自动驾驶分级标准
>
> | 分级 | NHTSA | L0 | L1 | L2 | L3 | L4 | |
> | --- | --- | --- | --- | --- | --- | --- | --- |
> | | SAE | L0 | L1 | l2 | L3 | L4 | L5 |
> | 称呼 | | 无自动化 | 驾驶支持 | 部分自动化 | 有条件自动化 | 高度自动化 | 完全自动化 |
> | 定义 | | 由人类驾驶者全权驾驶汽车，在行驶过程中可以得到警告 | 通过驾驶环境对方向盘和加速减速中的一项操作提供支持，其余由人类操作 | 通过驾驶环境对方向盘和加速减速中的多项操作提供支持，其余由人类操作 | 由无人驾驶系统完成所有的驾驶操作，根据系统要求，人类提供适当的应答 | 由无人驾驶系统完成所有的驾驶操作，根据系统要求，人类不一定提供所有的应答。限定道路和环境条件 | 由无人驾驶系统完成所有的驾驶操作，可能的情况下，人类接管，不限定道路和环境条件 |
> | 主体 | 驾驶操作 | 人类驾驶者 | 人类驾驶者/系统 | 系统 | | | |
> | | 周边监控 | 人类驾驶者 | | | 系统 | | |
> | | 支援 | 人类驾驶者 | | | 系统 | | |

思考题

1. 弱 AI 与强 AI 的区别在哪里？
2. 举例说明 AI 对日常生活的影响，并解释这些 AI 所起作用的强弱程度。
3. 未来人机共融有哪些机遇与挑战？

14.4 探究与实践

1. 从 DIKW 模型的角度理解信息化、数字化、智能化、智慧化，给出你的观点。
2. 探秘大语言模型的"现在与未来"。

提到大模型，很多人的关注点都会放在"大"字上，毕竟足够量级的参数是语言模型实现智能涌现、形成质变的基础。不过，目前类 GPT 模型普遍采用的是 Transformer 架

构,所以必然包含市面上存在的大量文本数据,例如,小说、教科书、论坛、开源代码等内容的无监督预训练过程。在此基础上,仅需根据具体任务输入少量的标签数据进行监督学习。在这样的模式下,训练数据集质量的重要性开始愈发凸显。

目前大语言模型的评测主要考察各大语言模型在中文语境下的理解与生成能力,基于目前用户对大语言模型在生活、办公中的普遍需求,选取语义理解、逻辑推理、情感分析、百科知识、文本质量5个通用底层维度,以评估各大语言模型协助用户日常处理事务、解决核心问题的能力,取0(无效应答)、1(有效应答)两个分数,其中,文本质量维度按照行文逻辑、信息密度,取0(一般)、0.5(良好)、1(优秀)三个分数。最新评价结果如下:

2023 AI大语言模型TOP10

排名	模型	机构	综合
1	ChatGPT	OpenAI	92.5
2	文心一言	百度	87.5
3	PaLM	谷歌	86.5
4	Claude	Anthropic	85.0
5	LLaMA	META	83.5
6	通义千问	阿里云	82.0
7	ChatGLM	清华	81.5
8	MOSS	复旦	80.5
9	MIMO	MiniMax	79.0
10	星火认知	科大讯飞	77.5

关于大语言模型,你还有哪些新的发现?关于它的未来,你有什么不同的观点?你的观点是什么?你为什么这样说?

3. 关于ChatGPT,你"看到的"和你"没看到的"如下图所示,从这个图中你有什么新发现吗?你对ChatGPT的未来怎么看?国内大语言模型有哪些?你体验过了吗?你认为它在哪些领域及行业最先应用?它会影响你今后的就业吗?

第15章 数据科学的未来

 **数据科学的 4.0 版**

如果将数据科学的演进拉长,可以横跨 50 年。数据科学在过去 50 年里从 1.0 的小数据时代走入 2.0 的大数据时代,当前数据科学正在向 3.0 的 AI 时代飞奔。数据科学在 AI 驱动下持续进行技术融合,成为智能时代的技术集大成者。数据—知识—智慧的价值生产链如图 15.1 所示。未来数据科学将迈向 4.0 的数据原生时代,数字技术的大融合将产生叠加态,用数据科学构建更智能的世界值得期待……

数据—知识—智慧的价值生产链条迭代

 数据伴生 —————— 数据孪生 —————— 数据原生

数据伴随各类活动产生,具有"被动式、低价值、随机产生"的特点。特征通过对单一数据进行存储和分析,识别具体事件发展趋势并做出预测。

数据与物理空间相关联,通过数字化的方式,形成物理世界的映射,通过映射模拟预测趋势,辅助人类决策。该阶段物理空间"先感后知",具有一定的滞后性,是将已有的知识应用于数字虚拟世界的过程。

物理空间本身就是信息空间,每个节点都是产生自我感知、自主运行的智能主体,物理空间"即感即知"。数据原生不同于过去,是生产人类认知之外的新知识,而数据价值的完整实现均可在终端实现。

数字排放,应用先行,人类决策 ➡ 数据先行

图 15.1 数据—知识—智慧的价值生产链

> **学习目标**
>
> 学完本章,你应该牢记以下概念。
> - 数据空间、数据共享。
> - 数据科学家的 3C 精神。
>
> 学完本章,你将具有以下能力。
> - 理解数据科学与系统开发流程的区别。
> - 了解数据科学相关职位的技能需求。
> - 理解为什么需要数据科学家团队。
>
> 学完本章,你还可以探索以下问题。
> - 探究当前数据科学相关职位的称谓及内涵。
> - 分析自我的特点,找到自我的定位。
> - 明确当前的学习方向及长远职业规划。

15.1 数据科学的挑战

15.1.1 数据科学的 4 大科学任务

数据科学在各个领域都已经取得非凡成就,特别是在大数据的科学认知与利用、统

计学分析方法、数据驱动的存储计算、机器学习与人工智能的应用实践等方面。但是从根本上说，所有这些成就更多归因于统计学、计算机科学、机器学习等这样一些相关学科的突破，与数据科学本质依存度及相关联性仍嫌不够。数据科学希望能从它独特的视角和方法，开拓形成更加重大的科学新理论、认知新方法、应用新技术，能在推动科技进步、解决重大现实问题中彰显独特价值。数据科学当前发展中亟待解决的4大科学任务是：探索数据空间的结构与特性、建立大数据统计学、革新存储计算技术与夯实人工智能基础。

（1）探索数据空间的结构与特性是数据科学研究的根本。

信息空间（数据空间）是由数字化现实世界所形成的数据全体，也可称为数据界。它是平行于现实世界而被认为是三元世界中虚拟的那一个世界。人类社会是由人构成的，物理世界是由原子构成的，而虚拟世界（数据空间）是由数据所构成的，数据空间也是数据科学研究对象之全体。从这个意义上，数据空间本应是数据科学最基本的研究对象，但由于其基础性，现今的数据科学研究基本上都聚焦在将其作为知识发现的工具，而并没有把数据空间自身作为最主要的研究对象。数据空间研究对于数据科学而言是具有基本的重要性，特别是对数据空间所具有的特征、结构、特性的研究。

（2）建立大数据统计学是解决统计学向数据科学的急剧变革下某些方向性问题的关键环节。

统计学一直被认为是主导人们分析和利用数据的学科。传统上，它根据问题需要，先通过抽样调查获得数据，然后对数据进行建模、分析获得结论，最后对结论进行检验。所以传统统计学是以抽样调查数据为研究对象，遵循了"先问题、后数据"的模式和"数据→模型→分析→验证"的统计学流程。大数据时代呼唤了"先数据、后问题"的新模式。这一新模式从根本上改变了统计学的研究对象：过去研究基于人工设计而获得的有限、固定、不可扩充的结构化数据，而现时需要研究基于现代信息技术与工具自动记录、大大超出了传统记录与存储能力的非结构化大数据。这一根本性改变将带来一系列容易引起"迷失"的基础问题，如统计的流程、统计的角色、统计的中心任务等问题。即使在原有流程框架下，大数据对统计学也构成了全面的挑战，如大数据建模与表示、大数据重采样、大数据分析、大数据假设检验等问题。

（3）研究大数据存储计算技术的变革方法至关重要。

大数据的一些显著特征包括规模大、种类多、变化快、价值密度稀疏等。这些特征使得计算机在处理大数据存储、计算、分析及决策等价数据价值链的各个环节中面临挑战。革新存储计算技术包括计算理论问题、硬件基础架构问题、软件系统的重构问题及数据驱动的应用模式变革。

（4）人工智能是实现数据价值并彰显数据价值的代表性技术。

在第二次、第三次信息化浪潮推动下，人工智能技术得到迅猛发展，并取得了举世瞩目的成就。这些成就诱发了资本市场的无限吹捧，迅速掀起了全球的人工智能热潮。几乎所有人都明白，这其实是大数据红利和计算能力提升所释放的结果，一些深谋远虑的科学家担心"市场化泡沫"，忧虑"尚无基础的人工智能到底能走多远"。所有这些都体现了建立人工智能基础的重要性和紧迫感。

15.1.2　数据科学的 10 大技术方向

当前,数据科学面临大量亟待解决的方法和技术问题。对这些问题的探索已经形成一些前沿的研究领域。数据科学未来发展的 10 大技术包括:①在数据感知层面的物联网技术;②数据共享层面的互操作技术;③数据流通层面的大数据安全技术;④数据存储管理层面的新型数据库技术;⑤数据计算层面的分布式协同技术;⑥数据分析层面的大数据基础算法;⑦大数据智能技术;⑧数据应用层面的区块链基础;⑨数据展示层面的可视化;⑩人机交互技术。从 DIKW 的视角来看,以上 10 大技术分别对应从数据到信息、从信息到知识以及从知识到智慧的不同层面。

物联网技术在大数据价值链中处于数据与感知层面。物联网不仅为实现现实世界的数据化提供了更为广阔的手段,也为大数据应用带来了更广泛的需求和巨大的产业发展空间。未来物联网研究需要重点突破,包括标准问题、安全问题、感知技术存储、调动及复杂网络行为等基础问题。

大数据共享是大数据价值实现的前提。然而由于不同领域机构、学科和不同业务所产生和使用的大数据类型千差万别、格式不一致、平台不统一、质量不均衡、概念与模型不一致。因此,要实现数据的汇集和共享就迫切需要大数据互操作技术,这是实现大数据价值链所必需的。未来研究重点需要关注大数据互操作标准协议,即高频、高噪声、大数据环境下的互操作技术、软件定义的大数据交换与协同互操作技术、全属性保持和标签化的数据互操作技术等。

数据安全防护、数据确权、隐私保护等安全技术是大数据流通应用的基础。由于数据体量庞大、数据类型多样以及大数据处理时效性等因素的影响,传统的数据安全保护措施技术不能完全适用。大数据清洗及大数据安全技术涉及国家数据空间主权安全,关系到个体隐私防护,是一项复杂的理论和技术体系,涉及面非常广泛。一般而言,保护大数据安全可以从数据安全的几个基本特征出发,即保密性、完整性、可用性和可控性。

大数据的内在关联错综复杂,将其以图形图像化方式呈现日益成为人们理解大数据内涵进而用于辅助决策的重大需求。事实上,可视认知本是人类认知的一种特别有效的手段,利用可视化分析方法可洞察错综复杂的大数据之内在关联。数据可视化涉及计算机图形学、计算机视觉、图像处理、计算机辅助设计等多个技术领域。在数据科学领域建模、分析、计算和学习都是围绕着数据展开的,此时数据可视化可以在数据科学全生命周期发挥作用。然而不同数据类型及可视化的方式有很大差异,几项当前研究热点技术包括文本可视化、网络可视化、时空可视化、跨越可视化交互式分析等。

技术洞察 15.1:2023 年 Gartner 新兴技术成熟度

在 Gartner 的一系列技术成熟度曲线报告中,新兴技术成熟度曲线报告属于最为独特的一种。这是因为此类报告从 Gartner 每年覆盖的逾 2000 种技术和应用框架中发掘独到见解,这些技术和趋势有望在未来 2~10 年内为企业机构带来高度的竞争优势。2023 年发布的新兴技术成熟度如图所示。

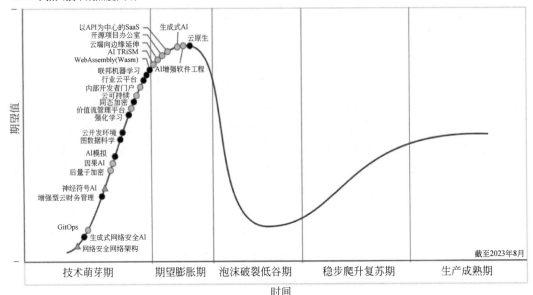

2023年新兴技术成熟度曲线

需要特别关注的是，AI正在日益普及并成为产品、服务和解决方案的一个重要组成部分。这一趋势正在加快专用AI模型的创建速度，然后用来支持自动化模型的开发、训练和部署。AI自动化重新聚焦人类在AI开发中的作用，可提高预测与决策的准确性并缩短实现预期效益的时间周期。这类技术包括自主系统、因果AI、基础模型、生成式设计AI、和机器学习代码生成。

15.1.3 数据科学的发展趋势

数据科学本是数学、统计学、计算机科学、人工智能等学科内部发展的产物，是其内部分支适应科学发展新态势、社会发展新需求而展开的主动探索与实践的结晶。这样的本源性是数据科学在不同学科中含有不同的目标定位、内涵理解甚至不同的称谓，但经过多年的实践后，今天对数据科学的认识已逐渐趋于一致。但是出于惯性，根植于数据科学自身学科发展在以后的相当长时间内将会是数据科学的主要存在形式。

如前所述，大数据促进数据科学的形成，而数据科学承载着大数据的未来。数据科学发展应更加聚焦数据汇集效应，更加聚焦大数据分析价值这样的数据价值链。同时，数据开放、隐私保护兼备等大数据管理技术也将受到更大的关注。

一些数据科学独有的、迫切需要解决的问题还很多，包括诸如数据范式是否比知识范式更有效，第四范式与其他范式的本质区别在哪里，更好的算法重要还是更多的数据重要，因果分析与相关分析哪个更重要，大数据应用中查询是否能代替推断，大数据是否能被看成样本总体。以上这些问题实属"看似容易其实很难，乍看是一个答案但深思后则是另一答案"的问题，这在数据科学研究中经常遇到。可以肯定的是，所有这些迷惑性问题都是涉及数据科学基础的重大问题，只有把这些问题从科学上搞明白，才能算是为数据科学"立了魂"。终归，我们需要的是一个严密的数据科学，而不是一个似是而非的数据科学。

> **想一想 15.1：科学、工程与技术**
>
> 　　科学、技术和工程三者之间的联系可简单理解为：技术是科学进步的体现，科学是技术进步的基础，一项技术是关于某一领域有效的科学（理论和研究方法）的全部；工程是科学和技术的某种应用。科学帮助理解自然世界，解释客观规律，解决理论问题。技术是解决问题的方法，用来解决实际问题。工程则是设计满足社会需求、对人类有用的东西。科学、技术和工程是三个独立的维度。同时，科学、技术和工程又相互交织，三者的进步是相辅相成的。将科学知识运用于技术和工程中，可以创造出服务于人类的工艺和产品，技术的提高又能进一步促进科学活动。数据科学任重道远。
>
>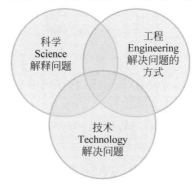

思考题

1. 数据科学的 4 大科学任务是什么？
2. 数据科学的 10 大技术方向是什么？
3. 关于"更好的算法重要还是更多的数据重要"，你的观点是什么？你为什么这样认为？

15.2 数据科学家团队

15.2.1 数据科学与系统开发

　　根据数据科学的定义，数据科学的目标是完成"三个转换与一个实现"的全过程，这需要一个"数据科学系统"来支撑。而所谓的"产品开发系统"是数据科学研究结果的部署及实施。开发系统和数据科学系统之间的最主要区别在于，开发系统是持续运行的实时系统；而数据科学系统更关注"从数据到知识（模型）"，数据必须得到处理，模型必须不断更新，模型经常每隔几小时就使用可用数据重新训练一次，然后加载入开发系统中。开发系统通常采用高效的网络应用的设计和开发方式架构，通过接口提供数据，确保降低开发的复杂性，提高系统的可伸缩性，追求性能和稳定性。开发系统和数据科学系统的关系如图 15.2 所示。

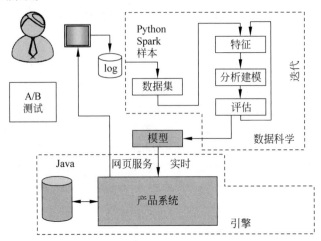

图 15.2　数据科学系统与开发系统

图 15.2 中数据科学系统部分使用 Python 这样的编程语言或者 Spark 这样的分布式计算系统,但通常包含手动触发的一次性计算和为了优化系统而进行的迭代,其结果是一个模型,它本质上就是学习模型的数字描述。开发系统是一套更为传统的企业系统,用 Java 这样的语言编写,并且保持持续运行。开发系统会加载数据科学系统构建好的模型。实际上,模型必须反复训练,因此还必须将某个版本的数据处理管道嵌入开发系统中,以便时不时地更新模型。

图 15.2 中的 A/B 测试环节通常会在实时系统中执行,对应的是数据科学系统中的评估步骤。通常来说,A/B 测试和模型评估不完全具有可比性,因为在没有真正把推荐商品显示给用户看的情况下,A/B 测试很难模拟出线下推荐的效果,但 A/B 测试应该有助于模型性能的提升。

需要注意的是,整个系统不是建立后就"完事"。如同必须先迭代和精调数据科学系统的数据分析管道一样,整个实时系统也需要随着数据分布情况的变化进行迭代,并且为数据分析打开新的可能性。这种"外部迭代"既是最大的挑战,也是最重要的挑战,因为它将决定你能否持续改善系统,保证最初对数据科学的投资不会付诸东流。

15.2.2　数据科学家和开发人员的合作

如何协调数据科学家和开发人员之间的合作是一个重大的挑战。从某种程度上来说,"数据科学家"还是一个新职业,但他们所做的工作明显有别于开发人员所做的工作,两者很容易在沟通上存在误解和障碍。数据科学家与软件开发人员的关注重点不同,如图 15.3 所示。

数据科学项目常常始于一个模糊的目标,或者有关哪种数据和方法可用的设想。因此,数据科学家的工作通常具有高度的探究性,有时往往只能实验想法、洞悉数据。数据科学家会编写大量代码,但其中很大一部分代码都是为了探索性分析及测试想法,并不

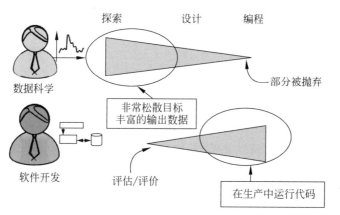

图15.3 数据科学家与软件开发人员

会直接用在最终的解决方案中。而开发人员把更多的精力用于编写真正运行的代码,其目标就是开发系统,打造具有所需功能性的程序。开发人员有时也从事探究性的工作,如原型建造、概念验证或者基准测试,但他们的主要工作就是写代码。

 技术洞察15.2：数据科学与开发系统的工作流

数据科学家与系统开发工程师思维的不同之处也在代码日渐开发出来的方式上表现得非常明显。

开发人员常常尽量遵循一个明确定义的过程,其中涉及为独立的工作流创建分支程序,接着对各个分支进行检查,然后再并入主干。开发人员可以并行工作,但需要把已核准的分支集成到主干程序中,然后再从主干上建立新的分支,如此往复。这一切是为了确保主干能以有序的方式完成开发,如图(a)所示。

数据科学家也会编写大量代码,但这些代码常常是为了探索和尝试新的想法,他可能会先开发出一个1.0版,但并不太符合预期,接着便有了2.0版,进而产生2.1和2.2版。然后还可能放弃这个方向,又做出了3.0和3.1版。这时又突然意识到,如果把2.1版和3.1版的一些想法结合起来,就能得到更好的解决方案,因此有了3.3和3.4版,这便是最终的解决方案,如图(b)所示。

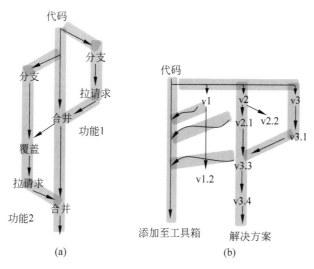

有意思的是,数据科学家通常很想保留那些走进死胡同的版本,因为以后可能还会再用到它们。也可能会把其中一些满意的成果加入一个日渐壮大的工具箱,就像数据科学家个人的机器学习库,而

系统开发人员喜欢删除"死亡代码"(也是因为他们知道以后随时都能重新恢复那些代码,而且他们知道如何快速地做到这一点),而数据科学家则喜欢保留代码,以防万一。

让数据科学家和开发人员各自为政是无法做到这一点的。但同时,必须承认他们的工作模式不同,因为他们的目标不同:数据科学家的工作更具探究性,而开发人员更关注于打造软件和系统。

在实践中,这两个不同之处意味着开发人员和数据科学家在一起工作时常常会出问题。标准的软件工程实践并不适合数据科学家的探究性工作模式,因为两者致力于的目标不同。系统开发遵循的代码检查和"分支-检查-整合"这套有序的工作流程在数据科学家这边完全行不通,只会拖慢他们的进度。同理,把探究性模式应用于开发系统也行不通。

那么,如何让数据科学家和开发人员之间的合作对双方都最有利?第一反应可能是把二者分开。例如,彻底分开代码库,让数据科学家独立工作,制作规范文档,然后由开发人员加以实现。这种方法可行,但效率很低,而且容易出错,因为重新实现可能引入错误,尤其是在开发人员不熟悉数据分析算法的情况下。另外,进行外部迭代以改善整个系统,也取决于开发人员是否有足够的能力来实现数据科学家的规范文档。

数据科学项目实施最重要的是能够迅速迭代、尝试新方法和在 A/B 测试中用实时数据测试结果。让数据科学家和开发人员各自为政是无法做到这一点的。由于他们的目标不同、工作模式不同,让双方以一种最适合这些目标的方式工作,并在他们之间定义一个明确的接口,就有可能把双方结合在一起,迅速地尝试新方法。这就要求数据科学家具备更多的软件工程技能,或者至少要有能够架通两个世界的基本技能。

幸运的是,很多数据科学家也想成为更好的软件工程师,很多软件工程师也有心成为更好的数据科学家。因此,更加直接一点有助于加快整个过程的合作模式是:数据科学家和开发人员的代码库仍然可以分开,但数据科学家可通过一个明确定义的接口,把他们的算法和一部分的开发系统连接起来。显然,与开发系统进行通信的代码必须遵守更严格的软件开发实践,但仍然由数据科学家负责。这样一来,他们不仅能在内部迅速迭代,还能在开发系统中迭代,如图 15.4 所示。依靠像这样的方法,数据科学家能够迅速行动,用离线数据迭代,并遵从软件开发的具体要求迭代,整个团队能把稳定的数据分析解决方案逐渐移植到开发系统中,并不断适应和改进。

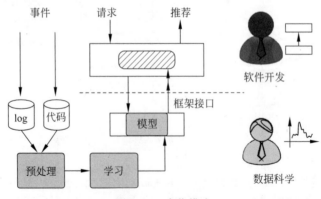

图 15.4 合作模式

15.2.3 数据科学相关职位与技能

数据科学项目从研究开始到真实部署,实质上就是 AI 项目的真正实施,可分为数据工程、建模、部署、商业分析、AI 基础设施 5 部分工作内容。从数据科学开发流程来看这 5 种工作内容,不同职位在整个流程中的位置不同,所需要的技能也不相同,如图 15.5 所示。

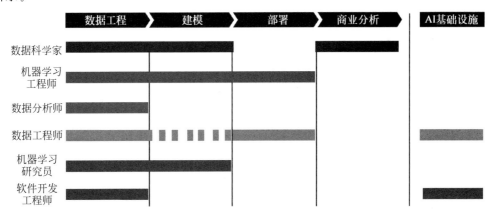

图 15.5　数据科学工作的流程与职位

大数据时代,与数据科学研究与开发的岗位需求很大,对技能的要求也不尽相同,岗位名称有时也"五花八门"。这里以对"数据科学"的认知、商业头脑、沟通能力、数学、机器学习、算法编程、软件工程的几方面技能,按照初级、中级、高级三级分类,可以得到数据科学相关职位的"画像"。以数据科学家、数据分析师与机器学习研究员为例,职位技能需求对比如图 15.6 所示。

1. 数据科学家

在上面提到的 AI 项目开发的 5 种工作内容中,数据科学家的覆盖了其中三种,包括数据工程、建模以及商业分析。同时,他们的工作为 AI 底层开发以及模型部署做了很好的补充。除了数据科学家,不同公司可能会有不同的职位名称,如研究员、统计学家量化分析师、全站数据科学家等。

对于数据科学家来说,除了非常扎实的学科基础以外,对商业的敏感度也是极为重要的,自己所进行的技术类活动一定要有商业导向,使其为公司的商业决策提供更合理准确的依据,与此同时,沟通能力和算法能力出色也是很好的加分项。

2. 数据分析师

数据分析师的工作内容主要是负责数据工程,部分工作涉及训练模型、部署模型和搭建 AI 底层。除了数据分析师岗位名称外,不同公司也会有不同的称谓,如研究员、商业分析师、风险分析师、市场分析师等。

对于数据分析师来说,必不可少的是很强的数据分析能力,包括数据分析工具以及

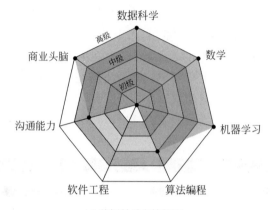

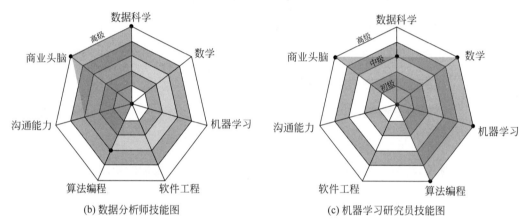

图 15.6　不同岗位技能需求图

各类分析语言的使用等。这里并不需要很强的计算机技能,如算法、编程、模型搭建等,只需要可以灵活准确地应用这些。另外,商业头脑也是一个必不可少的能力,数据分析必然伴随着商业结果,通过数据可以给商业决策带来什么样的结果提供依据。沟通能力也很重要,一般来说,不同公司根据岗位不同对沟通能力要求差别也很大。

3. 机器学习研究员

机器学习研究员主要负责数据工程和建模任务,他们主要进行算法研究,并需要得到负责部署业务和 AI 基础架构的团队的支持。不同公司可能会有不同的岗位名称,如研究科学家、研究工程师、数据科学家等。

对于机器学习研究员来说,最重要的是出色的研究能力,包括数学基础及其学习理论基础以及计算机算法编写的能力。另外还需要一定的商业头脑,能够准确洞察出机器学习发展的方向,以促进公司整体业务的提升与改进。

> **想一想 15.2:入职的门槛你准备好了吗**
>
> 　　一种更简单的职位分类方法是将数据相关职位分为三类,即数据分析师、数据工程师和数据科学家,大致的工作内容、相关技能及入职门槛对比如下,你准备好了吗?

	数据分析师	数据科学家	数据工程师
职位	data analyst	data scientist	data engineer
专业	统计、数学、数据分析	统计、数学、计算机	计算机
软件	Excel、Tableau、SQL，可能有 SAS 或 R	R、SAS、Python、SQL	Hadoop、Java、Spark SQL、Hive、HBase、Linux 等
工作内容	写分析报告，描述趋势、销量、占比等	创建预测模型，如银行根据个人信息历史账单等，建模，决定是否拒绝给申请人开信用卡	提取数据，数据量极大，如上亿条数据；从 Web Server 上清理提取日志数据，存入非关系型数据库，再用 Java 或 Scala 根据业务逻辑写代码；用 Hive 查询数据；将数据给数据分析师
数据量	可大可小	可大可小，数据太大跑不动，几万条已经可以了	大数据，上亿条
入职门槛	基本都可以，但统计相关专业更好	学习过数据挖掘或相关专业	Java 基础，Linux 基础，计算机基础

学习是一个永不止步的旅程，学习的内容，不仅是为了毕业，也是为了更好地适应职场，快速而准确地找到最适合自己发展的道路。努力的方式有很多，但是如果路径选择错误，所有的努力都会让你想要的生活越来越远。

所谓数据科学家的 3C 精神，包括解决问题的原创性（Creative）、思考问题的批判性（Critical）和提出问题的好奇性（Curious）。部分招聘公告将数据科学家的 3C 精神称为"喜欢有挑战的工作"，且特别提到上述三种精神的"天生"特点，强调应聘人才对数据问题的热爱和天生才华。数据科学家应该具备的基本知识结构与综合能力高度匹配：他们沉浸在大数据中时能有价值发现，会编写程序代码，永远对数据充满好奇心，并且具备数据分析和交流沟通能力。上述与数据技能非直接相关，但是是数据科学家所需要具备的素质，同时也是企业招聘中所非常看重的能力，包括团队工作中的沟通与合作能力、解决问题的能力、自学能力、细节导向型、抗压和应变能力、领导能力和数据科学家的 3C 精神。

15.2.4 数据科学家团队

一个企业往往具有一个数据科学家团队。在整个数据科学过程中，从数据的最初采集和探索，到项目期间不同模型的产出以及对分析结果的比较，都采用了统计和概率分析的方法。机器学习包括使用各种先进的统计和计算技术来处理数据以找到正确的模式。参与机器学习应用的数据科学家不必亲自从头开始编写机器学习算法。通过理解机器学习算法，知道它们可用于做什么，明白它们生成的结果意味着什么，以及何种算法适应特定数据类型，数据科学家可以将机器学习算法视为一个黑盒。这能使数据科学家专注于数据科学的应用，并测试各种机器学习算法，以了解哪种算法最适合他关注的场景和数据。最后,成为一名成功的数据科学家的一个关键因素是能够围绕数据"讲故事"。这个故事可能揭示了数据分析的深刻见解,或者项目期间创建的模型如何适配组织的流程,以及它们对组织功能可能产生的影响。开展一个大而全的数据科学项目是没有意义的,除非它的输出是有用的,并且能被非技术人员理解和信任。

如果说数据工程师负责整理数据,减少存储成本,方便其他部门调用。数据分析师偏重于数据清洗、挖掘及可视化,与商业应用相结合,最后形成切实可行的商业方案,那么数据科学家需要具备以上所有能力,他们不仅会编程,还要有周密的产品思维及商业敏感度、深厚的数理功底及过人的沟通技巧,业务和技术两手抓,因此,数据科学家的薪资是数据行业中最高的。简单来说,一个优秀的数据科学家需要具备的素质有懂数据采集、懂数学算法、懂数学软件、懂数据分析、懂预测分析、懂市场应用、懂决策分析等。

> **想一想 15.3:你想转行吗**
>
> 数据科学家是一个综合的岗位,是大数据各方面的专家,当你在大数据架构、算法模型、数据分析、数据产品和应用、数据化运营、数据价值变现等方面都成为专家之后,你就是一个数据科学家。相关的职业生涯的早期,提倡有关大数据方面的岗位都去做,去轮岗研究,掌握各岗位的工作核心内容和工具技能,将会非常有利于你未来成为一位数据科学家。

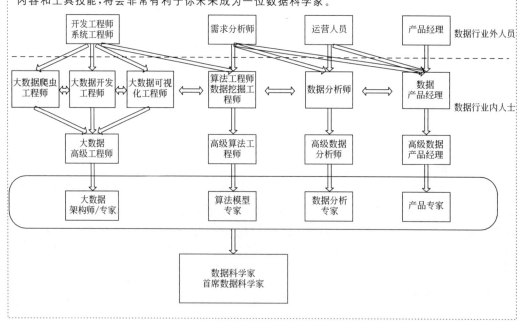

思考题

1. 数据科学的职位有哪些?分别需要什么技术?
2. 什么是数据科学家?需要具备哪些重要素质?
3. 数据科学的3C精神具体指什么?如何理解?

15.3 探究与实践

1. 对以下数据科学的幽默定义你是如何理解的？为什么？
- "数据科学是数据的土木工程"。——O'Neil 和 Schutt(2013)
- "关于数据科学。它是这些跨学科、非学科的空间之一，人们以有趣的方式完成东西，但甚至不知道自己该怎么称呼它。"——Cathryn Carson (2014)
- "数据科学是使数据有用的科学。"——Cassie Kozykorv (2018)
- "数据科学就是基于你所拥有的数据——或者往往是你没有的数据，但提出有趣的问题。"——萨拉-贾维斯(2020)
- "数据科学80%是准备数据，20%是抱怨准备数据。"——理查德-科内利斯-苏万迪(2020)
- "定义数据科学就像定义互联网一样，问10个人，你会得到10个不同的答案。"——Micaela S. Parker(2021)
- "数据科学不是关于数据的数量，而是关于质量。"——Joo Ann Lee (2021)
- "很多人认为数据科学是一项工作，但更准确的是把它看成一种思维方式，一种通过科学方法提取见解的手段。"——Coresignal(2021)
- "数据科学的座右铭：如果一开始不成功；就叫它1.0版本。"——Pranay Pathole
- "数据科学是艺术和科学的结合，只受限于赋予数据科学家探索的自由度加上他们的创造能力。"——Ken Poirot
- "学习数据科学就像去健身房，只有坚持不懈地做，你才会受益。"——Moez Ali(2022)

2. "数据"相关职位初探。

在BOSS直聘网站上查找与"数据"相关的你感兴趣的招聘信息。注意各筛选项目的组合：地区、职位、工作年限等（最好同一组合里面选择三个以上的招聘信息，这样便于总结出这一类职位的共性），并猜猜该岗位属于数据流程（DIKW）中的哪个环节？

搞清楚各个职业的区别以及了解自己的基础，知己知彼。最关键的是要在自己的最佳领域工作，所谓最佳领域就是你热爱的、你擅长以及社会需要的这三个重叠的领域。

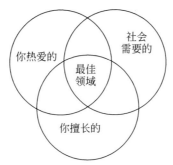

还有哪些新的岗位呢？如"人工智能分析师""提示词工程师"……这些岗位的工作职责是什么？你感兴趣吗？

3. 体验"百度 AI——飞桨文心大模型"。

百度发力 AI 已经有 5 年时间了,不过主要还是在自动驾驶、智慧城市、工业 AI 这些方向,我们平时生活中并没有什么感知。而百度 2022 年推出基于"百度 AI——飞桨文心大模型"的新技术、新应用则是百花齐放。到 https://wenxin.baidu.com/ 上做一次发现之旅吧……

4. 想一想,你目前所学课程(数据科学导论)的知识图谱构建起来了吗?

参 考 文 献

[1] 徐宗本,唐年胜,程学旗.数据科学:它的内涵、方法、意义与发展[M].北京:科学出版社,2022.
[2] 沙尔达,德伦,特班,等.商业分析:基于数据科学及人工智能技术的决策支持系统[M].蔡晓妍,译.北京:机械工业出版社,2022.
[3] 林子雨.大数据导论:数据思维、数据能力和数据伦理(通识课版)[M].北京:高等教育出版社,2020.
[4] 胡广伟.数据思维[M].北京:清华大学出版社,2021.
[5] 杨旭,丁刚毅.数据科学导论[M].3版.北京:北京理工大学出版社,2021.
[6] 索托伊.天才与算法:人脑与AI的数学思维[M].王晓燕,陈浩,程国建,译.北京:机械工业出版社,2020.
[7] 潘蕊.数据思维实践:从零经验到数据英才[M].北京:北京大学出版社,2018.
[8] 欧高炎,朱占星,董彬,等.数据科学导引[M].北京:高等教育出版社,2017.
[9] 凯莱赫,蒂尔尼.人人可懂的数据科学[M].张世武,黄元勋,译.北京:机械工业出版社,2019.
[10] Schutt R,O'Neil C.数据科学实战[M].冯凌秉,王群锋,译.北京:人民邮电出版社,2015.
[11] 丁磊.AI思维:从数据中创造价值的炼金术[M].北京:中信出版集团,2020.
[12] 朝乐门.数据科学理论与实践[M].北京:清华大学出版社,2017.
[13] 李渝方.数据分析之道:用数据思维指导业务实战[M].王道远,译.北京:电子工业出版社,2022.
[14] 王汉生.数据思维:从数据分析到商业价值[M].北京:中国人民大学出版社,2017.
[15] 方匡南.数据科学[M].北京:电子工业出版社,2018.
[16] 覃雄派,陈跃国,杜小勇.数据科学概论[M].2版.北京:中国人民大学出版社,2022.
[17] 王伟,刘垚.数据科学与工程导论[M].上海:华东师范大学出版社,2021.
[18] Pierson L. Data science for dummies[M]. 3rd. Hoboken: John Wiley & Sons Inc. ,2021.
[19] Zhilkin M. Data science without makeup: A guidebook for end-users, analysts, and managers[M]. Boca Raton: CRC Press,2022.
[20] Shron M. Thinking with Data[M]. Sebastopol: O'Reilly Media Inc. ,2014.
[21] Godsey B. Think Like a Data Scientist[M]. New York: Manning Publications Co. ,2017.
[22] Jägare U. Data Science Strategy for Dummies[M]. Hoboken: John Wiley & Sons Inc. ,2019.
[23] Mueller J P,Massaron L. Machine learning for dummies[M]. Hoboken: John Wiley & Sons Inc. ,2021.
[24] Pinheiro C,Patetta M. Introduction to statistical and machine learning methods for data science[M]. North Carolina: SAS Institute,2021.
[25] Cady F. Data Science: The Executive Summary[M]. Hoboken: John Wiley & Sons Inc. ,2021.
[26] Panda S K,Mishra V,Balamurali R,et al. Artificial intelligence and machine learning in business management: Concepts, challenges, and case studies[M]. Boca Raton: CRC Press,2022.
[27] Krunic V. Succeeding with AI: How to make AI work for your business[M]. New York: Manning Publications Co. ,2020.
[28] 威克姆,格罗勒芒德.R数据科学[M].陈光欣,译.北京:人民邮电出版社,2018.

[29] 李航.统计学习方法[M].北京:清华大学出版社,2012.

[30] 吴军.数学之美[M].3版.北京:人民邮电出版社,2020.

[31] 周志华.机器学习[M].北京:清华大学出版社,2016.

[32] Patterson,Josh Consultant. Deep learning 深度学习[M].南京:东南大学出版社,2018.

[33] 唐亘.精通数据科学:从线性回归到深度学习[M].北京:人民邮电出版社,2018.

[34] 丘祐玮.机器学习与R语言实战[M].潘怡,叶晖,译.北京:机械工业出版社,2016.

[35] 谢梁,缪莹莹,高梓尧,等.数据科学工程实践:用户行为分析与建模、A/B实验、SQLFlow[M].北京:机械工业出版社,2021.

[36] 林子雨,赖永炫,陶继平.Spark编程基础:Scala版[M].北京:人民邮电出版社,2018.

[37] 毕马威中国大数据团队.洞见数据价值:大数据挖掘要案纪实[M].北京:清华大学出版社,2018.

[38] Han J W,Kamber M.数据挖掘:概念与技术[M].北京:高等教育出版社,2001.

[39] Dean J,Ghemawat S. MapReduce:Simplified Data Processing on Large Clusters[J]. International Journal of Research and Engineering,2018,5(5):2348-7852.

[40] Fay Chang J D,Ghemawat S,Hsieh W C,et al. Bigtable:A Distributed Storage System for Structured Data[J]. ACM Transactions on Computer Systems,26(2):4.

[41] Ghemawat S,Gobioff H,Leung S T. The Google file system[J]. ACM Sigops Operating Systems Review,2003,37(5):29-43.

[42] Laudon K C,Laudon J P. Management information systems:Managing the digital firm[M]. 16rd. New Jersey:Pearson Educación,2020.

[43] 林子雨.大数据技术原理与应用:概念、存储、处理、分析与应用[M].2版.北京:人民邮电出版社,2017.

[44] Kleppmann M.数据密集型应用系统设计[M].赵军平,吕云松,耿煜,等译.北京:中国电力出版社,2018.

[45] 卡劳,肯维尼斯科,温德尔.Spark快速大数据分析[M].王道远,译.北京:人民邮电出版社,2021.

[46] Amershi S,Begel A,Bird C,et al. Software engineering for machine learning:A case study[C]// 2019 IEEE/ACM 41st International Conference on Software Engineering:Software Engineering in Practice (ICSE-SEIP). IEEE,2019:291-300.

[47] Gutman A J,Goldmeier J. Becoming a data head:How to think,speak,and understand data science,statistics,and machine learning[M]. Hoboken:John Wiley & Sons Inc.,2021.

[48] Mohanty S N,Chatterjee J M,Mangla M,et al. Machine Learning Approach for Cloud Data Analytics in IoT[M]. Hoboken:John Wiley & Sons Inc.,2021.

[49] Mohan N,Singla R,Kaushal P,et al. Artificial Intelligence,Machine Learning,and Data Science Technologies:Future Impact and Well-being for Society 5.0[M]. Boca Raton:CRC Press,2022.

[50] DeRoos D. Hadoop for dummies[M]. Hoboken:John Wiley & Sons Inc.,2014.

[51] 张杰.R语言数据可视化之美:专业图表绘制指南[M].北京:电子工业出版社,2019.

[52] Perros H G. An Introduction to IoT Analytics[M]. Boca Raton:CRC Press,2021.

[53] 廉师友.人工智能概论:通识课版[M].北京:清华大学出版社,2020.

[54] Stuart J R,Peter N.人工智能:一种现代的方法[M].3版.北京:清华大学出版社,2013.

[55] 刘伟.人机融合:超越人工智能[M].北京:清华大学出版社,2021.

[56] 斯蒂芬·D.批判性思维教与学:帮助学生质疑假设的方法和工具[M].钮跃增,译.北京:中国人民大学出版社,2017.

[57] 保罗,埃尔德.批判性思维工具[M].侯玉波,姜佟琳,译.北京:机械工业出版社,2013.
[58] 鲁百年.创新设计思维:设计思维方法论以及实践手册[M].北京:清华大学出版社,2015.
[59] 巴沙姆,欧文,纳尔多内,等.批判性思维[M].舒静,译.北京:外语教学与研究出版社,2018.
[60] Chen Z. Behavior mining for big data: promoting critical thinking in data science education[C]// Proceedings of the International Conference on Frontiers in Education: Computer Science and Computer Engineering(FECS). The Steering Committee of The World Congress in Computer Science, Computer Engineering and Applied Computing(WorldComp),2014:1.
[61] 布朗,基利.学会提问:批判性思维指南[M].7版.赵玉芳,向晋辉,译.北京:中国轻工业出版社,2006.
[62] Nosich G M.学会批判性思维:跨学科批判性思维教学指南[M].2版.柳铭心,译.北京:中国轻工业出版社,2005.
[63] 明托.金字塔原理:思考、表达和解决问题的逻辑[M].汪洱,高愉,译.海口:海南出版公司,2019.

附录

附录 A 布鲁姆(Bloom)认知分类法

1. 布鲁姆教育目标分类

布鲁姆教育目标分类法是一种教育的分类方法。布鲁姆教学目标把所有知识点(学习内容)的掌握分为 6 个阶段,由初级到高级分别是识记(记忆)、理解、应用、分析、评价、创造。具体各层次要求及关系如图 A.1 所示。

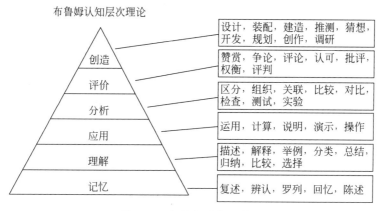

图 A.1 各层次要求及关系

阶段 1:记忆——学习者能回忆或记住信息

学习者必须记住概念、理论、日期、事件、地点、事实、关键思想和图表。在任何分析过程开始之前,他们都被期望认识新的概念、模型、图表和方程式。没有死记硬背,思考过程无法进一步进行。

阶段 2:理解——学习者能解释想法或概念

这是最关键的阶段,因为学习者必须对概念有充分的理解才能在整个学习过程中取得成功。对材料的清晰认识是重要的一步,它代表了深度学习和学生批判性思维过程的参与。

为了很好地理解所学内容,学习者们需要回忆、定义和解释具体理论中概述的原则。为了便于理解和解释概念,学生必须理解所需的概念、定义或方程式;解释事实;推断原因和结果;并将理论转换为实际概念。这样的解释过程,就形成了理论与生活经验的联系,并期望通过测验、作业、报告或项目得以强化。

阶段 3:应用——学习者能以一种新的方式使用所学知识

学习者能够在新的情况下运用他们已经记住并理解了的知识解决问题。对于大多数学习者来说,将理论应用于现实世界的问题是很困难的。围绕应用提出问题将有助于通过应用过程来识别问题,并选择一种方法、原则、模型、方法或应用特定的原理来解决问题,从而实现理论与应用的结合。

阶段 4:分析——学习者能区分不同的部分

学习者被要求分解一个特定的思想或知识体系。建议使用那些专注于将整体分解为部分的问题,识别这些部分之间存在的关系,并揭示理论原理。通过认识并解释模式和联系,将概念和理论用于分析材料、揭示各部分关系的整体视角。这种分析过程是批判性思维的核心,因为它帮助学习者发展在对情境和假设的认识中具体理论所起的作用,从中学会独立表达和思考。

阶段 5:评估——学习者能证明自己的立场或决定是正确的

学习者应该用他们的批判性判断来评估他们所拥有的想法。通过提问让他们做出判断并展示专业知识。他们还将提出建议、评估价值观、做出选择和批评想法。通过遇到各种各样的问题并努力解决问题,从中逐渐认识到理论和实践的重要性,现实永远不会被完美地叠加,但可以证明理论和实际的结合会产生有意义的结果。

阶段 6:创造——学习者能否创造一个新产品或新观点

在这个阶段,学习者已经准备好创造性地应用他们对概念和理论知识的理解。"创造"的意思是产生一些新的东西,可以通过质疑假设,并在想象的情况下应用概念和发现预期学习任务的解决方案。

2. 认知层次自检表及问题集

美国密涅瓦(Mineva)大学提出的 5 级知识掌握量化表及通用问题集如表 A.1 和图 A.2 所示,可用于对照进行关于所学知识的理解程度进行自检,并反复实践。

表 A.1　5 级知识掌握量化表及通用问题集

	等　级	评 分 标 准
1	知识贫乏 Lacks knowledge	受到提示时,无法回忆或使用学习内容,或者回忆和使用时完全不准确
2	知识浅显 Superficial knowledge	只是部分地回忆或使用学习内容,或在回忆和使用该技能或概念时,无法解决相关的问题或达成目标
3	基本知识 Knowledge	可以准确回忆、使用、解释、总结概述或再现直接的学习内容,并且能解决相关问题和达成目标
4	深层知识 Deep knowledge	展示对学习内容更深入的理解,运用这些列举简洁、非标准化的例子,通过分析材料之间的关系区分知识
5	知识渊博 Profound knowledge	以创新和有效的方法利用学习内容,依靠新颖视角解决现有问题的技巧,或创建更有效的方法

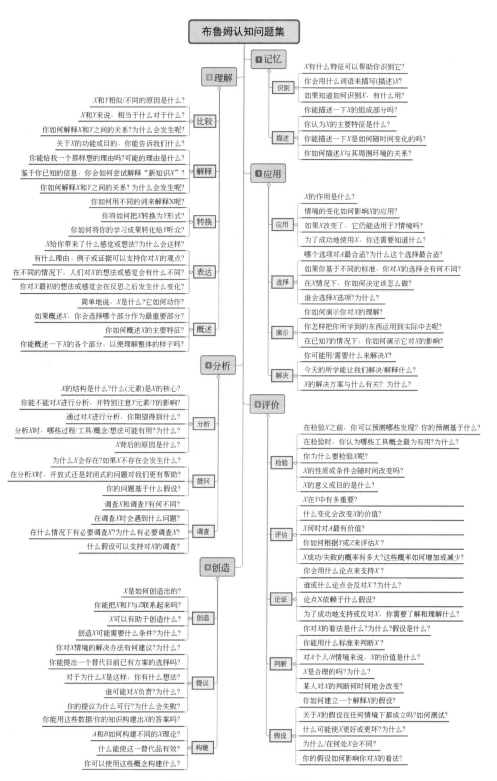

图 A.2 布鲁姆认知问题集

附录 B 商业分析方法

视频讲解

1. 金字塔原理及示例

金字塔原理可以提供有序高效的解读论和方法论,从而帮助提炼逻辑思考和与人高效沟通的能力。从大脑思考逻辑的角度看,人们思考的方式倾向于对获取的信息进行自动关联分类;而对于没有逻辑关联的信息则很容易被大脑忽略。采用金字塔结构的目的是在阅读中加入逻辑思考,更加容易理解并整理相关信息;在写作(演示与表达)时使读者(或听者)更加容易读懂你。

金字塔原理对于结构化思考有很大帮助。金字塔原理的中心思想非常明确:结果先行,以上统下,归类分组,逻辑递进,如图 B.1 所示。先重点后次要,先全局后细节,先结论后原因,先结果后过程。

视频讲解

金字塔原理是以结论为导向的论述过程。其核心点在于:①结论先行,位于金字塔顶端,主要用于确定初始问题,引出中心思想,特点是开门见山式;②纵向关系表现为不同级别之间论点的关系,其中,拆解纵向关系包括自上而下(主动思考这个问题,从中心开始分散)、自下而上(偏被动的一种方式)。

视频讲解

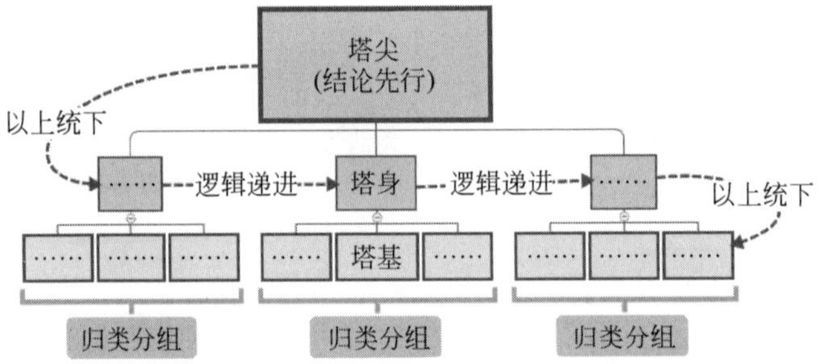

图 B.1 金字塔原理

无论阅读与写作其本质是与一种思想打交道,阅读是理解他人的思想,写作是表达自己的思想。首先要找出将这些思想联系起来的逻辑框架,且需要确定其逻辑顺序,其逻辑分析活动可如下分类:①确定前因后果——时间(步骤)顺序;②将整体分割为部分,或将部分组成整体——结构(空间)顺序;③将类似事务按重要性归为一组——程度(重要性)顺序。两个具体示例如图 B.2 所示。

金字塔原理思考结构应该借助绘制思维导图来实现。思维导图是帮助思考的利剑,推荐使用免费 Xmind(https://xmind.cn/download/)。

2. 5W1H 分析法及问题集

视频讲解

5W1H 分析法也叫六何分析法,是一种思考方法,也可以说是一种创造技法。在企业管理、日常工作生活和学习中得到广泛的应用。5W1H 是对选定的项目、工序或操作,都要从原因(何因 Why)、对象(何事 What)、地点(何地 Where)、时间(何时 When)、人员(何人 Who)、方法(何法 How)6 个方面提出问题进行思考,如图 B.3 所示。剖析其内在联系,寻求最佳实践。通过多维度、更全面、清晰、条理的分析,看待问题,提高效率。长

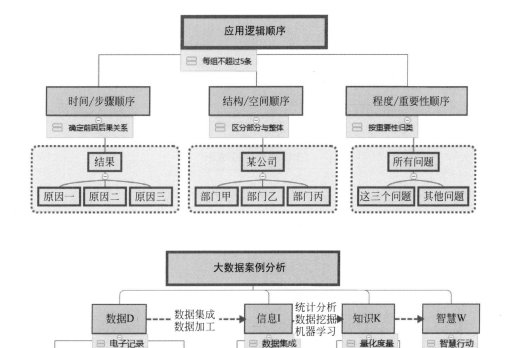

图 B.2　金字塔原理应用示例

期应用可形成全面考虑问题的思维习惯。

5W1H 分析法也可以缩简为最小金字塔模式,即包含一个中心、2W1H 及三个理由,也可以增加"How much",扩展为 5W2H 分析法,从 7 个维度进行思考。另外还可以和布鲁姆认知层次"描述-分析-评价-创新"相对应,或称为 5W1H 扩展分析法。应用示例如图 B.4 所示。

图 B.3　5W1H 分析法

3. 5Why 分析法及示例

5Why 分析法是一种诊断性分析方法,被用来识别和说明因果关系链,引导并给出问题的正确定义。虽为 5 个为什么,但使用时不限定只做"5 次为什么的探讨",主要是必须找到根本原因为止,有时可能只要 3 次,有时也许要 10 次,如古话所言:打破砂锅问到底,如图 B.5 所示。

5Why 分析法的关键在于鼓励解决问题的人要努力避开主观或自负的假设和逻辑陷阱,从结果着手,沿着因果关系链条,顺藤摸瓜,直至找出原有问题的根本原因。关于"大数据为什么火了"这一问题的 5Why 分析法示例如图 B.6 所示。

4. 鱼骨图因果分析法及示例

鱼骨图是一个非定量的工具,可以帮助我们找出引起问题潜在的根本原因;分析导致问题的各原因之间相互的关系。任何问题的特性总是受到一些因素的影响,通过头脑风暴

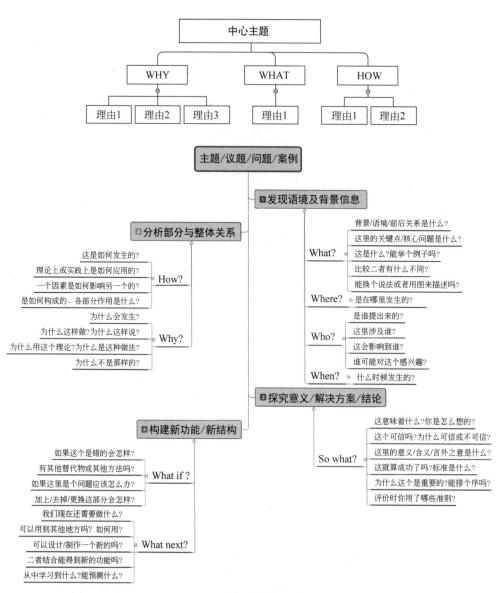

图 B.4 5W1H 分析法应用示例

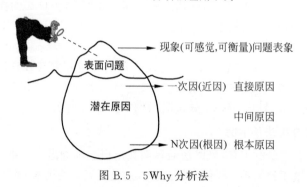

图 B.5 5Why 分析法

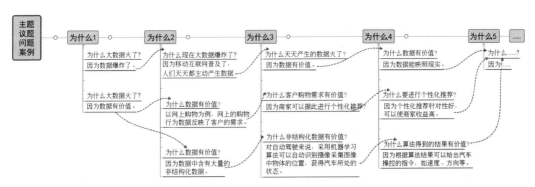

图 B.6 5Why 分析法示例

找出这些因素,并将它们与特性值一起,按相互关联性整理成鱼骨图,层次分明、条理清楚。鱼骨图按照使用的场景可分为以下几种类型:①整理问题型鱼骨图(各要素与特性值间不存在原因关系,而是结构构成关系);②原因型鱼骨图(鱼头在左,特性值通常以"为什么……"来写);③对策型鱼骨图(鱼头在右,特性值通常以"如何提高/改善……"来写)。

鱼骨图因果分析法聚焦"问题为什么会发生?"这类问题,聚焦于问题的原因,而不是问题的症状。辨识导致问题或情况的所有原因,并从中找到根本原因;并采取补救措施,正确行动。用于分析"大数据挑战"及"Hadoop 生态系统"的示例如图 B.7 所示。

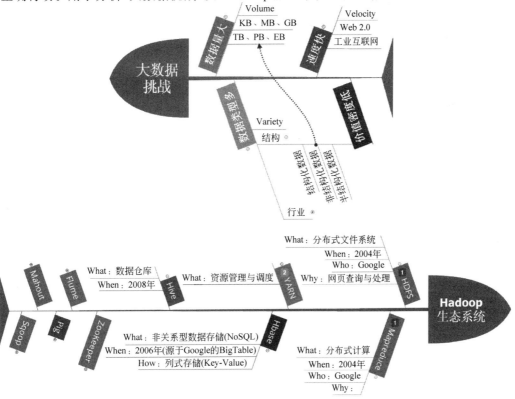

图 B.7 鱼骨图因果分析法示例

5.6 顶帽子思考法及问题集

所谓6顶帽子是指使用6种不同颜色的帽子代表6种不同的思维模式。思考从混乱到清晰，从片面到全面的方法就是：一次只解决一个问题，戴上什么帽子解决什么问题。当你困惑迷茫，不知该听谁的意见时，采用该方法假设戴上一种颜色的帽子，从这个颜色代表的特质来思考，之后再换一顶帽子。即换位思考、自我觉察，就能虑事周全。

- 白色思考帽：白色是中立而客观的。戴上白色思考帽，思考的关注点是客观事实和数据。
- 黄色思考帽：黄色代表价值与肯定。戴上黄色思考帽，则从正面考虑问题，表达乐观的、满怀希望的、建设性的观点。遇到新观点时，首先用肯定态度来思考这个观点都有哪些可取之处，哪些值得学习？
- 黑色思考帽：戴上黑色思考帽，可以运用否定、怀疑、质疑的看法，合乎逻辑地进行批判，尽情发表负面的意见，找出逻辑上的错误。
- 红色思考帽：戴上红色思考帽，解决的是情绪问题。从情绪层面进行思考，还可以表达直觉、感受、预感等方面的看法。
- 绿色思考帽：绿色代表茵茵芳草，象征勃勃生机。绿色思考帽寓意创造力和想象力，即具有创造性思考、头脑风暴、求异思维等功能。
- 蓝色思考帽：蓝色代表冷静，负责控制各种思考帽的使用，规划和管理整个思考过程，并负责做出结论。

应用6顶帽子思考法的示例及问题集如图 B.8 所示。

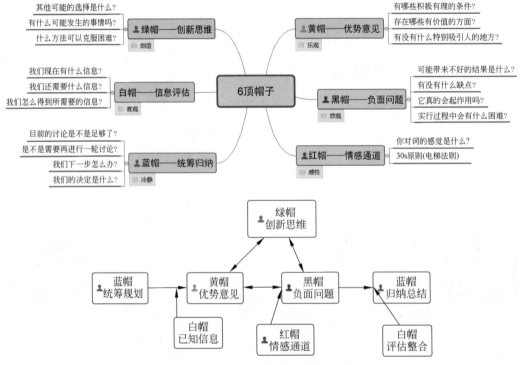

图 B.8　6顶帽子思考法示例及问题集

附录 C 批判性思维工具

1. 批判性思维要素及问题集

批判性思维就是对思考过程的再思考。理查德·保罗（Richard Paul）是国际公认的批判性思维权威，美国"批判性思维国家高层理事会"主席。他认为：人类所有的思维本质都是推论性质的。批判性思维是一种对思维方式进行思考的艺术，该艺术能够优化我们的思维。

涉及思维、艺术这一类的词汇，一般可能会觉得很抽象和感性，但批判性思维是具体的、理性的，理查德·保罗提出的"批判性思维工具"指出：人类的思维结构由 8 个思维元素构成。这是人类的共同思维结构，共同的含义是，不论讲什么语言、哪国人、有什么样的宗教信仰，思维的基本元素都是一样的。

- 目的：人类的思考总有一定的目的。
- 问题：要达到目的，总会有悬而未决的问题。
- 信息：要解决问题需要使用一定的信息。
- 概念：使用一定的概念；概念也就是语言，语言是思维的载体。
- 假设：基于一定的假设。
- 推理：要解决问题就要推理，推理就是思考，推理要使用概念、信息、假设、针对问题。
- 结果：思考最后要有一定的意义和结果。
- 观点：形成一定的观点。

掌握批判性思维元素的关键在于用不同的方式对这些基本元素进行解释与整合，直到这些元素间非线性的复杂联系在你的头脑中形成直觉性的概念连接，如图 C.1 所示。特别是用自己的语言进行详尽的描述说明，对这些概念的精细加工将有利于你对知识的内化。要养成批判性思维，重要的一点就是要求我们将思维从无意识层面提升到意识化觉知层面。这其中就包括识别（要素）和重建推论（用自己的语言）的过程。

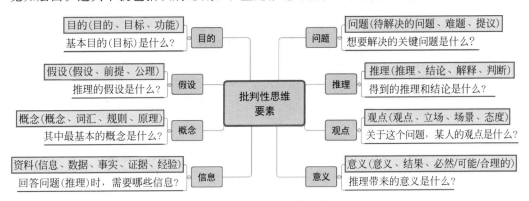

图 C.1 批判性思维要素

无论学习任何学科与知识，学习者应该主动地对学科和主题进行思考，而不是成为一个被动的接受者。在每章、每个单元、每次演讲、每次展示中确定学科的关键概念，学会用自己的经验来构建概念的意义,整合概念,并画出概念示意图。在频繁的练习中,明确地说明关键问题,发现相关资料,评价它们的意义,并且寻找其他方法。

当学习一门科学时,应当努力领悟这一学科的视角并以此为主导进行思考,即搜索基本的原理、概念、方法与程序,试图以该学科的逻辑进行思考。如果达成学习的深度,就有比考试更重要的事情。你需要在学习的过程中学会思考、内化核心概念,并且获得对这门课程最基本的见解。你需要吸收该学科中的思维模式,使它变成你自己思维的永久部分。

批判性思维工具也可以结合阅读、思考题、探究实践来实施。从课程开始(阅读本书)时就分析重要的课程资料。每章结束时用这样的思维活动练习,洞察学习者在课程中所处的确切地位(小组、个人、课堂、作业、口头、写作)。几种批判性思维工具应用示例如图 C.2 所示。

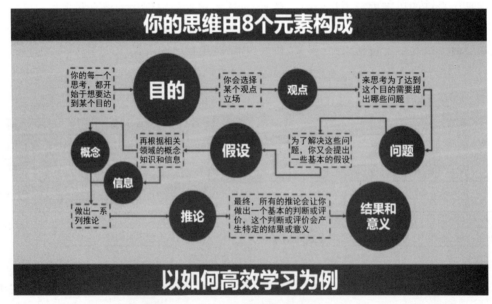

图 C.2　几种批判性思维工具应用示例

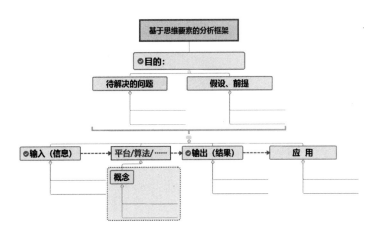

×××要素表

要素	内 容 说 明
目的	
问题	待解决问题1
	待解决问题2
	……
假设	假设1
	假设2
	……
概念	概念1
	概念2
	……
信息	
结果	
应用	

图 C.2(续)

2. 批判性思维的评估及问题集

怎么改善我们的思维方式呢？理查德·保罗提出了通用的改善思维结构的理性标准，如图 C.3 所示。即可以用一个共同的评价标准来评估思维能力的强弱和思维方式（也就是前面提到的 8 个思维元素）中的缺陷，衡量和评估思维各个环节（元素）符合标准的程度。其中有 9 条比较重要的标准来评估自己的思维元素，因为我们都知道只有评估才能带来进步。

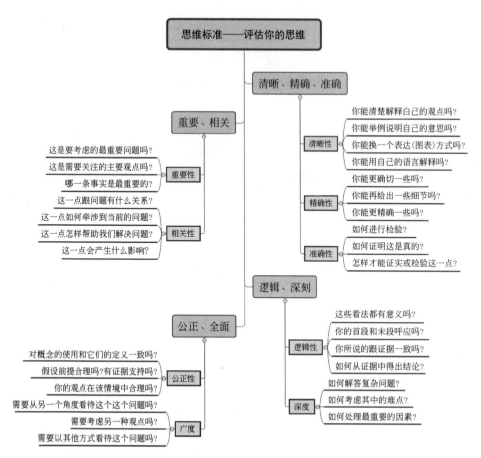

图 C.3 思维标准

附录 D 哈佛大学"思维可视化"路径集

1. 哈佛大学"零点计划"

"零点计划"(Project Zero, PZ)——"创新与智慧"是哈佛大学教育学院(Harvard Graduate School of Education)完成的一个为期 5 年的项目,主要研究学校教育对学生思维能力的培养。该项目在借鉴思维习惯和教学环境相关研究的基础上探索出一套路径(Thinking Routines),将探索学生思维的方法与教师正在进行的课堂实践有机结合起来,统称为"思维可视化",详情参见网址 www.pz.harvard.edu/vt。

以超越教育家布鲁姆为目标,"零点计划"的研究表明,理解力并不是应用、分析、评价和创造的先导,而是其结果。思维并不是一直静止不动,而是从低级向高级逐层发展的过程,它具有复杂凌乱、变化多端、各部分紧密联系的特点。学习意味着不断质疑,它旨在揭示思想的复杂性。同时学习也是一个需要主动参与的过程。

哈佛大学的"零点计划"通过研究找到高水平的思路从而帮助学生更好地进行理解,他们的目的并不是找到理解力包含的思维形式,而是找到能够帮助人们提高理解力的思维形式,即对理解力提高必不可少的思维步骤。该一种思维方式可以用于理解所有学科,是能够帮助人们理解新概念、新观点和新事物的思维方式。具体包括以下几步:①细心观察、仔细描述;②解释说明;③给出例证;④建立联系;⑤考虑不同观点和角度;⑥抓住中心并做出结论;⑦质疑并提问;⑧揭示问题的复杂性并深入思考。

2. 思维可视化

教育绝不仅仅是在传授知识,思考应该是教学的中心,思维可视化问题是指那些能够帮助学生提高理解力的特定的思维策略和思维过程。思维可视化研究有两大主要目标:一是提高学生的理解能力,二是提高学生的参与性与独立性。思维可视化的过程充满挑战,实现思维可视化的方法应当包括提问、倾听和记录练习。

哈佛大学"零点计划"提出的"思考路径"的作用在于以下三个方面:①"思考路径"是思维培养的工具;②"思维可视化"和"思考氛围"提出了可应用于任何学科的具体思考结构,有助于增强学生思维的条理性;③由于路径属于共享的"行为模式",因而学习就成了联系彼此观点的过程。无论对于个人还是小组或整个班级,无论是在自学环境还是课堂上,路径的实施均包括以下几个步骤:对于特定的研究对象(研究内容),明确理解的目标,按路径的步骤展开,通常都是从仔细观察开始。非常鼓励大家分享各自的思考,并按照步骤进行更大层面的探索,如小组或班级。

为了更好地执行单元学习计划,"零点计划"将路径按照最早出现、中间出现和高潮部分的顺序进行分类。第一阶段"引入和探索型思路"有助于介绍和探讨新观点的思路,可选在单元最初使用这类思路,从而激发学生的学习兴趣和提问热情;第二阶段"综合和系统化思路"一般出现在学生在对话题进行初步探讨之后,有利于学生阅读、讨论和观察每个单元的新知识点;第三阶段"深入性和延展性思路"则帮助学生深入思考并考察问题的复杂性。有助于引入话题的思路同样适用于深入挖掘知识点并做出单元总结,从而引导学生发散思维,提高解决问题灵活性。

本书选择部分路径如下,可以灵活采用与实践。

3. 思维可视化路径集

1) 引入和探讨型路径

(1) 观察—思考—怀疑(See-Think-Wonder,STW)。

观察一个对象,回答下列问题。

- 你观察到什么?(I see)
- 基于你所观察和注意到的事物特征,你想到什么?(I think)
- 你有什么疑问?(I wonder)

"观察—思考—怀疑"思路将观察看作思考和解释的基础。"观察"先于解释,将"怀疑"放在最后是为了能够确保有充足的时间仔细观察、认真思考、综合信息并考虑其他可能性,怀疑有助于开辟崭新的探索和思考空间。

(2) 思考—疑惑—探究(Think,Puzzle,Explore,TPE)。

请认真思考下列问题。

- 对这个话题,你认为自己了解多少?
- 你对这个话题有什么问题或疑惑?
- 你怎么围绕这一话题探究自己的疑惑?

"思考—疑惑—探究"要求充分激发自己的好奇心和求知欲,利用已有知识独自或与小组协作探究问题。该路径用于某个单元的开始,有利于为学生深入探究奠定基础。而在单元的中间部分使用,能够更好地助力答惑解疑。在单元的最后采用这一路径思考问题,反思对本单元的理解程度并陈述已经掌握的知识点。"疑惑"能够不断提醒学习者学无止境,即使已经花费了大量时间来探讨某个话题,仍有更多的知识等待去探究。

(3) 3-2-1 关联法(3-2-1 Bridge)。

请思考下列问题:

旧观点	新观点
• 3 个关键词	3 个关键词
• 2 个问题	2 个问题
• 1 个比喻(明喻/暗喻)	1 个比喻(明喻/暗喻)

"3-2-1 关联法"的目的是在学习过程中建立新旧知识、问题和理解的联系,从而准确找到自身定位。"3 个关键词"能够激活思维,"2 个问题"有助于深入思考,而"1 个比喻"负责检验对问题的理解程度。该路径的最终目标是帮助学习者认清自身的学习和发展过程,有助于培养元认知能力,即检验自己思想和学习情况的能力。"3-2-1 关联法"适用于主题唯一且具有一定的知识基础的内容。

(4) NEWS 定位法(Compass Points)。

对某一个观点、命题,请思考以下问题。

- E=兴奋。这个观点/命题哪里吸引你?它的优点是什么?

- W＝苦恼。这个观点/命题哪里令你苦恼？它的缺点是什么？
- N＝需求。对这个观点/命题你还有什么需要了解的？
- S＝态度、步骤和建议。你对这个观点/命题持什么态度？下一步你打算怎么做？你有什么建议？

任何人一旦对某个观点感兴趣,思维会很自然地受个人情绪影响,因此很容易过度兴奋。"NEWS定位法"通过对不同角度和领域的探索,促使开展深入思考,避免直接跳到评价环节。该方法不同于赞成/反对的争论方法,而是按照兴奋(E)—苦恼(W)—需求(N)的顺序思考后,再将注意力转移到态度、步骤或建议(S)上。"NEWS定位法"包含兴奋和苦恼两方面,有助于情绪平复。"需求"往往是最复杂的步骤,需要在思考、分析原有认识的基础上,区分已知和未知的差别,再给出合理的回答。"需求"相当于"行动呼吁",应首先考虑自己想要了解的内容,然后提出建议(S)。

(5) 精细推敲(Elaboration Game,EG)。

仔细观察物体(对象),按照以下步骤回答问题。

- 定义：定义你所观察到的物体特征。
- 分析：这是什么物体？它的功能和作用是什么？它为什么会在那儿？
- 解释：你那么说的原因是什么,你为什么觉得事情会朝那个方向发展？
- 替代：还有什么其他可能？能说明理由吗？

"精细推敲"和"观察—思考—怀疑(STW)"一样都需要在仔细观察的基础上做出解释和分析。"观察—思考—怀疑"要求学生依靠仔细观察、认真分析形成对研究对象(图像或物体)的认识,而"精细推敲"的前提是对物体已有清晰的认识,需要把更多的注意力放在分析物体结构、作用、功能、地位和目标上。"精细推敲"有助于学生仔细观察事物的特征和细节,然后了解它的存在原因。由此而言,这一路径的实质就是解构物体或者由局部到整体分析物体。

2) 综合和系统化路径

(1) 归纳法(Headline)

认真思考并回答下列问题。

- 请归纳总结话题/问题的主旨或核心观点。

归纳课程内容或概念的根本目的是抓住重点,是增强理解力的关键。如果学生不能抓住学习的重点,就无法在今后的学习中构建知识体系。归纳整理强调从不同角度考虑问题,产生丰富的联想,从而分清主次和中心。

(2) 收集—排序—连接—细化(Generate-Sort-Connect-Elaborate,GSCE)。

选择一个话题、概念或问题,按以下步骤构建概念图(Concept Map)。

- 首先,列出看到这一话题时能够联想到的全部观点(或概念)。
- 其次,根据主次进行排序,将最重要的概念放在图的中心位置,然后围绕中心依次写出其他观点(或概念)。
- 再次,用连接线将具有共性的观点连接起来,并用连接词标注各观点之间的联系。
- 最后,进一步细化已经列出的观点,在此基础上进行扩展和延伸。

概念图能够揭示学习的非线性思考模式，加深对话题的理解。同时，绘制概念图有助于组织思路，弄清各观点之间的联系，巩固思维和理解能力。"收集—排序—连接—细化"这一思路强调在合理利用概念图图形特征的基础上关注思维步骤的变化。所探究的主题通常由不同分支构成，因此存在多个层次。在进行发散思维后列出一系列观点，之后对核心观点的讨论有助于对主题理解的深度和广度。通常情况下，在单元学习结束后绘制概念图有助于设计一篇论文或者回顾已学知识。

(3) "过去我认为……但现在我认为……"(I used to think, Now I think)。

根据你现在对话题的理解，回答下列问题。

- 过去我认为……
- 但现在我认为……

该路径在于回顾话题内容，探究思维改变的方法及其原因，这有助于在巩固新知识的同时加深对问题的理解。通过探究思维改变的方法和原因，能够辨别其中存在的因果关系并提高自身的分析能力。同时，它有助于提高元认知能力，即认知过程的自我觉察和自我评价。

(4) 联系—拓展—挑战(Connect-Extend-Challenge, CEC)。

根据你所阅读、观察和听到的材料，思考下列问题。

- 这些新观点/信息与已有知识存在怎样的联系？（"这句话让我联想到……"）
- 如何利用新观点/信息拓展思路？（"这句话能够拓展我的想法，因为……""过去我认为……但现在我认为……"）
- 看到这些观点/信息你有什么疑惑？（"这句话让我疑惑的是……"）

"联系—拓展—挑战"有助于学习者建立知识体系和培养提问意识。该路径通过引导联系新旧知识、进行拓展训练、寻找全新的思考角度或提问策略从而挑战自我，最终提高处理信息能力。"联系—拓展—挑战"首先要求仔细阅读、观察或聆听，然后思考新旧观点之间的关联性并寻找思路拓展的方法。"联系"和"拓展"强调观点和想法的动态性（即它们能够不断发展、深化）以及学习与吸收新知识的关系。通过观察和分析难点，树立问题意识，善于发现核心观点，从而提高自身理解力。

(5) 联系—质疑—观点—变化(Connection-Challenge-Concept-Change, 4C)。

请仔细阅读，然后回答下列问题。

- 联系：这段内容和你的学习、生活有哪些联系？
- 质疑：你认为材料中的哪些观点、立场或假说存在问题？
- 观点：有哪些发人深思的重要观点？
- 变化：通过分析，你和他人的态度、思想和行为有什么改变？

4C 作为阅读分析的一种方法，要求从联系的角度出发，不断提出质疑，寻找核心概念，最终学会灵活运用。4C 的每个步骤都对应一种视角，它提倡在细读文本时联系自己的生活经历，使内容更加生动丰富。尽管该方法的思考顺序能够保证讨论的顺利进行，但是对于理解并没有直接作用。熟悉 4C 的步骤之后，可以进行适当调整。

3）深入性和延展性路径

（1）你为什么这样认为（What makes you say that）。

在听到某一陈述、声明、观点后，回答下列问题。

- 你为什么这样认为？
- 这里发生了什么？你为什么这样说？

该路径旨在要求学习者详细说明答案背后的思考过程，注重训练证据推理的能力，即要求在回答问题时提供论据解释。在多角度考虑问题的同时深化对话题或观点的理解。"你为什么这样认为"既是日常用语，又是一种思维习惯。反复练习可培养思维的理性和解释问题的自觉性。类似的问题还包括"你有什么证据"或"你能找到什么论据来支持这一观点"。可将"你为什么这样认为"分别与"观察—思考—怀疑"和"精细推敲（解构）"结合。

（2）环形视角（Circle of Viewpoints，COV）。

根据阅读、观察和倾听过的材料所包含的角度思考问题，围绕话题或事件进行分析，选择其中一个视角深入探讨并完成下列句子。

- 我从……角度思考……（事件/问题）
- 在我看来（请描述话题，站在人物的角度进行分析），因为……（解释原因）
- 从这个角度分析存在一个问题……

"环形视角"源于围坐一圈或在剧院看戏时，所处的位置不同，看问题的视角自然存在差异。它旨在获得对话题、事件或问题全面而深刻的理解。通过识别同一话题、事件或问题的不同视角，了解他人的观点和感觉，从而领悟切入点的不同对理解同一事件的影响。"环形视角"不仅有助于识别问题的多个角度，而且能够引导学习者从某一角度出发深入探讨问题。

（3）"红黄灯"法则（Red Light，Yellow Light）。

一边阅读、观察或倾听手中的素材，一边思考下列问题。

- 这里"红灯"指什么？它一般指阻碍你（作为读者/倾听者/观察者）继续阅读、聆听或观察的材料，因为它的真实性和准确性值得怀疑，或相关点已经超出你的认知范围。
- "黄灯"指什么？它一般指那些迫使你延迟行动或暂时停止，怀疑其真实性和准确性的材料。

"红黄灯"法则旨在探究材料中表明疑惑的具体时刻和标志。运用"红黄灯"法则易于揭露谜题、观点、结论或归纳中存在的疑问，提高对问题的敏感度。区分"红灯"和"黄灯"问题并展开讨论，有利于引导仔细研究问题的差异性和复杂性，而不会轻易做出判断。即分清场合，不盲听盲从，变得更加深思熟虑。"红黄灯"法则适用于明确表明立场或态度、给出结论或归纳的分析材料。应确保选择的话题、冲突或争论具备一定的争议性，这样才能充分利用"红黄灯"法则。

（4）主张—支持—提问（Claim-Support-Question）。

对某个主题提出以下问题。

- 你对这一话题有什么看法、主张或解释？
- 有什么证据能够证明推论的真实性？

- 你为什么有所怀疑？

我们经常需要判断推论的真实性和准确性，而"主张—证明—提问"能够帮助我们识别和探究这些观点。证明推论的过程中要求首先寻找证据，然后总结归纳，最后进行识别判断。这样可以避免在进行分析讨论时，只回答同意或是不同意，长此以往，讨论变得越来越没有深度和挑战性。"主张—支持—提问"适用于任何能够进行多元解读和深入探究的内容。

（5）"拔河"（Tug of War）。

假设在桌子的中间画一条线代表拔河绳，从多个角度思考自己面临的困境，依照下列步骤完成任务。

- 首先，确定令你犹豫不决的对立双方，分别在绳子两端标记出来。
- 其次，尽可能多地收集各种"分力"或迫使你"前倾"的原因，即分别寻找支持双方观点的论据，记录在便利贴上。
- 然后，比较每一条"分力"的大小以便安排其位置，按照力量由弱到强的顺序从绳子中间依次向两边延伸。
- 最后，回答"假使……该怎么办"类型的问题，将答案记录在便利贴上，放置在"拔河绳"的两侧。

人们处于进退维谷的境地时，最常联想到的就是拔河比赛的场景。这里借用"拔河"的引申义来探索问题和观点，即帮助理解困境或问题的对立双方包含的复杂要素，鼓励全面考察，认真思考矛盾双方的各个因素。通过不断探讨，最终能够理解矛盾的复杂性。"拔河"适用于研究对比鲜明、解决方法明确的问题或事件（注：对立因素一般不止两种）。最好不要轻易选择自己的立场，而应从多个角度寻找、探究论据，这对深刻理解复杂问题至关重要。可以在运用"拔河"路径思考问题之后结合"过去我认为……但现在我认为……"进行分析，这样方便迅速回顾原有想法。

（6）句子—短语—单词（Sentence-Phrase-Word，SPW）。

复习一篇你阅读过的文章，完成下列任务。

- 选择你认为重要的句子，即表达文章主旨的中心句。
- 标出令你震撼感动或深有感触的短语。
- 画出引起你重视的单词，或与其他小组成员展开讨论并记录下来；每个人依次说出自己挑选的单词、短语和句子，然后解释这样选择的原因。

总结小组内各名成员的答案，回答下列问题。

- 文章的主旨是什么？
- 文章有什么寓意？基于已有答案，你能做出怎样的推测？
- 文章的哪些方面是你未涉及的？

"句子—短语—单词"旨在帮助学习者理解文本内容，它要求应用者从一个单词、短语和句子入手深入思考文章的主旨大意并展开丰富的讨论。此外，还需要给予说明并分析，评价对方的选择，这样能够意识到关键词与文章大意的关系，特别适合学习者自检回答以下问题：抓住文章的主旨了吗？掌握文章包含的重要概念了吗，还是只能找到一些无关紧要的信息？自己所做出的选择有什么深层联系吗？

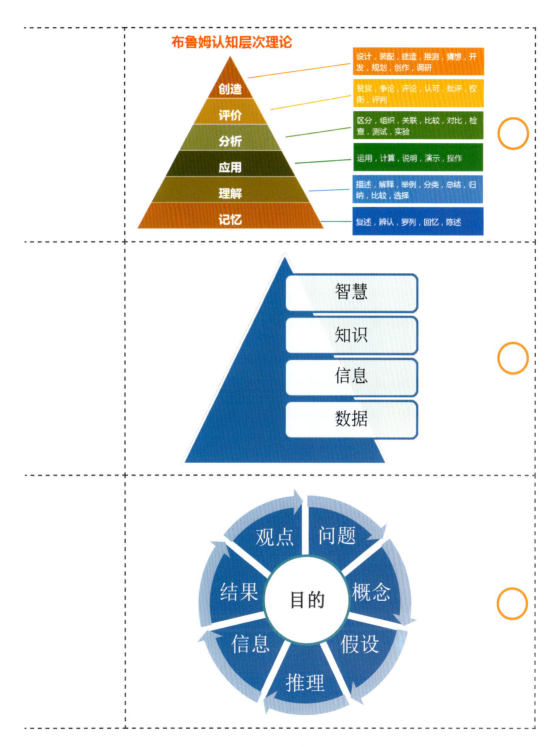

此页为书签页（正反面），可沿虚线裁剪下来使用。

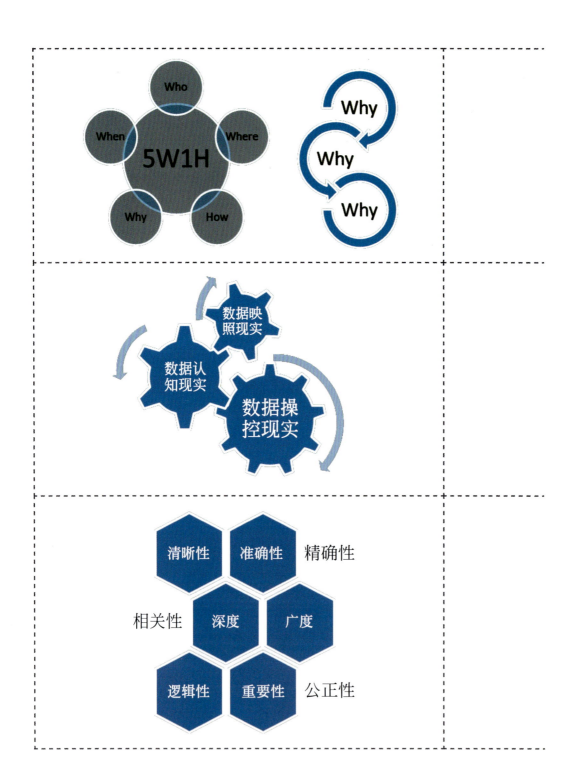